U0138704

LEGACY OF ASHES: THE HISTORY OF THE CIA

罪與罰的六十年

普立茲獎得主 提姆・韋納／著
杜默／譯 林添貴／審訂 林博文／導讀

國際佳評

本書以最近在伊拉克諸多慘事收尾，是一部適時、可讀性與批判性極高的中情局史。

——馬克・鮑頓（Mark Bowden）／《黑鷹計畫》（*Black Hawk Down*）作者

提姆・韋納博覽深耕，寫出這本橫跨六十年、既精彩又有說服力的中情局史，書中每段引言皆斑斑可考，足證他寫作功力不凡，也見證美國政治制度的透明度。

——史提夫・柯爾（Steve Coll）／《幽靈戰爭》（*Ghost Wars*）作者、前《華盛頓郵報》編輯部主管

本書和所有的一流歷史作品一樣，結合深厚的歷史素養、翔實報導和發人深省的祕聞，深具教育性、啓發性，見解不凡。提姆・韋納這本中情局史說古道今，娓娓細說從第一天起就有的結構和理念缺失，與中情局如影隨形，不斷造成國家無謂的傷害。

——泰德・戈普（Ted Gup）／《祕密國家》（*The Nation of Secrets*）作者

這是一本很有意思，也相當嚇人的書。提姆・韋納以豐富的報導和檔案資料，寫出中情局在傳統情報上表現得如此差勁的原因。它是一則扣人心弦的故事，也是個警訊。美國必須培養了解和面對世界現實的能力與意志。

——華特・艾薩克森（Walter Isaacson）／《愛因斯坦：他的生平與宇宙》（*Einstein: His Life and Universe*）作者、鵜毛筆獎最佳傳記得主

目次

3.
1961-1968
甘迺迪與詹森時期的中情局：大義淪喪

4. 1968-1977 尼克森與福特時期的中情局：甩開群丑

5. 1977-1993 卡特、雷根與老布希時期的中情局：勝不足喜

6. 1993-2007 柯林頓與小布希時期的中情局：思量評估

導讀

向全世界展示醜陋美國的中情局

林博文

一九四七年成立的中央情報局（CIA），是美國建國以來最臭名昭彰的聯邦機構之一，也是最具爭論性、最受詬病的特工單位。六十多年來，中情局這三個字已變成「無法無天」的代名詞，一頭難以駕馭的「兇野的離群象」（rogue elephant）、一個人人討厭的「科學怪人」（Frankenstein monster）。

違反美國立國原則

中情局在海外的所作所爲，從進行滲透、顚覆、破壞、政變、暗殺、散播謠言、擾亂社會和人心，無一不是和美國立國原則背道而馳。美國開國先賢和歷代碩彥標榜民主、自由、幸福、人權、法治和尊嚴爲美利堅合眾國的建國精神，並迭次或軟或硬地向海外推銷所謂「美式民主」（入侵伊拉克即爲最新一例）；但中情局的爲非作歹，卻完完全全違反了美國的建國精神與立國原則。杜魯門時代的國務卿艾奇遜即曾質疑中情局的鬼鬼祟祟與美式民主的開放性大相逕庭；他警告杜魯門：到時候，連總統、國安會和任何人都無從知悉中情局在做什麼，亦無從控制它。中情局即是在杜魯門時代成立，而艾奇遜的預言與警告，皆不幸言中。

一九九二年春天，臺灣國家安全局局長宋心濂在立法院報告有關國安局法制化問題時，曾特別介紹中情局的組織型態，可供國安局借鏡，彷彿中情局是他頗爲心儀的情報機構。軍人出身的宋心濂也許不知道他口中的中情局，早已陷入士氣低落、效率不彰、大權旁落、浪費民脂民膏、受當政者（以白宮爲主）擺布，以及在後冷戰時代角色不清、任務不明的谷底。

中情局已無可救藥

九〇年代初，老布希時代的中情局局長羅伯特・蓋茨（Robert M. Gates，二〇〇六年年底應小布希之召，從德州農工大學校長轉任國防部長），上臺伊始即任命十二個小組研究中情局病在哪裡？並要求他們提供改革之道。當時即有專家認爲中情局已無可救藥、已病入膏肓，下什麼猛藥都救不起來。事實證明的確如此，一名老外交官投書《紐約時報》說：「有一個單位，平常是沒有必要的，經常是令人討厭的，這個單位就是中情局。」這位老外交官並以親身經驗舉了一個例子，他說新加坡在五〇年代末期獨立後，中情局即在該國活動，其任務不是在蒐集情報，而是在想辦法把李光耀趕下臺。老外交官又說，李光耀年輕時以左翼運動起家，中情局即擔心他會赤化星洲。

二次大戰期間的美國情報頭子唐諾文（William J. Donovan）喜歡找常春藤盟校畢業的秀異之才或是華爾街的幹練律師當海外特工。他說：「你找一個平庸的小偷當特務，只能使他變成一個比較好一點的小偷；如果你找一個律師、銀行家或教授當特務，那成果就不一樣。」因此，他所領導的戰略情報局（OSS）即不乏名校出身的高材生。二戰結束後，戰略情報處的大批特工投閒置散，有的重返華爾街，有的到大學教書。其中有四個特工緬懷特務生活，不願改行，偷偷成立了一個祕密反間組織「政策協調處」（OPC）。中情局成立後，政策協調室即被納入該局，專事負責對共黨國家的滲透和顛覆工作，在冷戰時代到處進行不擇手段的破壞活動，以阻止赤禍蔓延。這四個資深特工的言行爲中情局塑造了令人側目的「特務文化」。

四大特工開創惡例

然而，他們的自大、傲慢和盲動，不但沒有幫美國和中情局打一場漂亮的勝仗，且開創了中情局在海外從事暗殺、政變的惡例。更可哀的是，他們自己亦都走上悲劇之路。這四名悲劇特工是法蘭克・魏斯納（Frank Wisner），維吉尼亞大學法學士；戴斯蒙・費茲傑羅（Desmond FitzGerald），哈佛法學士；崔西・巴恩斯（Tracy Barnes），哈佛法學士；李察・畢賽爾（Richard Bissell），耶魯學士、倫敦政經學院碩士、耶魯教授。其中與海峽兩岸關係最深的是費茲傑羅，二戰時在滇緬邊區當情報員，與戴笠的部下並肩作戰，一起對付日本人、一起吃猴腦。中情局成立後，主管遠東業務，在臺灣、金門、中國大陸、西藏、滇緬泰越菲寮和日本、南韓大張旗鼓，對中共發動一波又一波的諜報攻勢。中情局出身、與臺灣關係甚佳的李潔明（James Lilley），就是他的部下。

介入西藏抗共活動

費茲傑羅的兩大傑作是五〇年代初期利用中情局所控制的民航公司（CAT），空運武器支援緬甸境內的國軍李彌部隊，騷擾雲南一帶，效果極微。另外就是五〇年代後期策動藏胞武裝抗共，從一九五八年十月至一九五九年二月，中情局空投十噸軍火支援反共藏胞，並暗中空運好鬥的康巴族戰士至美國科羅拉多州山谷受訓。藏胞與中共進行武裝衝突時，西藏境內始終有中情局特工在地面指揮突襲行動。

二〇〇八年春天，「世界屋脊」西藏又發生動亂，北京奧運聖火隊在雅典、倫敦、巴黎和舊金山等地傳遞，屢受反中共和支持藏胞人士抗議，殊不知中情局與西藏問題關係極深。

魏斯納是中情局第一任祕密行動處處長，五〇年代初期在塞班島訓練「第三勢力」游擊隊，二百多名游擊隊員空降中國東北，不是被殺就是被俘，無一倖免。一九五六年匈牙利點燃抗暴怒火，即與中情局所屬的「自由歐洲電臺」廣播煽動性言論有關，而魏斯納即爲中情局處理匈牙利抗暴的主要負責人。

巴恩斯在二戰時深入納粹敵後，加盟中情局後則在拉丁美洲一帶從事顛覆活動。

豬灣登陸遺臭千古

四名老特工中頭腦最好的是畢塞爾，他是戰後歐洲經濟復元工作（即馬歇爾計畫）的設計人之一；陳懷生所駕駛的高空偵察機U-2就是他構想出來的。畢塞爾號稱「華盛頓最聰明的人」，但他卻幹了一樁讓中情局遺臭萬年的蠢事，他爲了要推翻古巴卡斯楚政權，設計了所謂豬灣登陸計畫，由中情局祕密訓練一千多名古巴流亡反卡人士。一九六一年四月這批人登陸豬灣，試圖光復古巴，結果全軍覆沒，使剛上臺的甘迺迪總統大失顏面、臉上無光。不久，中情局局長艾倫．杜勒斯被迫辭職，畢塞爾和巴恩斯亦跟著倒楣。

巴恩斯的妻子珍妮說：「他們這批聰明之士，爲什麼竟如此愚蠢呢？」他們並不笨，而是自以爲是，他們認爲唯有進行地下工作才能保護美國和保佑自由世界。他們所付出的代價是：魏斯納自殺、畢塞爾和巴恩斯被撤職，四個人中只有一個活到六十二歲。四個老特務的下場，標誌了中情局黯淡無光的歷史。

大錯不斷失誤連連

六十多年來，中情局在世界各地從事傷天害理的「海外奧步」工作，許多國家和許多政客蒙受其害，從越南到智利、從伊朗到瓜地馬拉，中情局特工都留下了血跡與災難。季辛吉於一九七一年祕訪北京時即對周恩來說：「不必高估中情局，他們沒外面所說的那麼厲害。」一九七九年德黑蘭群眾劫持美國駐伊朗大使館，當伊朗革命分子發現中情局德黑蘭站長竟連波斯話（伊朗國語）亦不會說時，感到奇恥大辱：中情局怎麼會派這樣一個人來伊朗當特工？

儘管中情局充斥了常春藤盟校畢業的「一時俊彥」（the very best man），但中情局卻大錯不斷，失誤連連。情報工作最重要的是防患於未然，要盡早知道敵方的意圖，中情局在這方面的成績，幾乎是鴨蛋。

中情局在一九四九年沒有預測到蘇聯會試爆原子彈，亦沒有猜到一九五〇年的韓戰和五〇年代的東歐抗暴。六〇年代初，他們沒有偵察到蘇聯在古巴部署飛彈，亦未偵測到中共於一九六四年試爆核彈；更未想到中蘇會分裂、文革會爆發、林彪會叛逃。他們拿不到赫魯雪夫在一九五六年發表的清算史達林祕密演說稿，只得花錢向以色列情報局購買。他們未看到一九七三年中東會爆發戰事，一九七九年蘇聯侵略阿富汗亦未預料到；更未想到一九八九年蘇聯共黨帝國會崩潰、一九九〇年伊拉克會入侵科威特、一九八九年印度會試爆核彈，更遑論賓拉登的門徒二〇〇一年駕機襲擊美國本土。甚至連伊拉克有沒有核/生化大規模毀滅性武器，亦一無所知，只會亂猜。

歷任總統糟蹋特工

中情局對外無能，對內亦粗手粗腳，該局頭號反間頭子傑姆士·安格頓（James J. Angleton），曾在六、七〇年代瘋狂地進行內部整肅，懷疑一百二十名特工是蘇聯臥底間諜，導致中情局大量失血、元氣大傷。中情局亦曾在六、七〇年代在美國國內採取祕密非法手段對付反戰人士和團體，竊聽電話、偷拆信件、以藥物對付反戰學生。而美國歷屆總統，從甘迺迪、詹森、尼克森以至今天的布希，一直無所不用其極地蹂躪中情局，把它當私人政爭工具。

披露醜史榮登金榜

六十多年來，有關中情局的著作多如恆河沙數，其中不乏可讀性很高的好書。曾獲普立茲獎的《紐約時報》記者提姆．韋納（Tim Weiner）閱讀五萬多份中情局、白宮和國務院祕檔，兩百份口述歷史，並進行三百多次採訪而寫成的中情局失敗史：《灰燼的遺產》（*Legacy of Ashes*，中譯本書名爲：《CIA——罪與罰的六十年》），可說是一部瞭解中情局恥辱史的最佳著作。資料詳贍、文筆流暢、發人深省，很少中情局專書可與之相比。二〇〇七年秋冬，美國國家書卷獎（National Book Award）非小說類評審小組在評審入選著作時，經過熱烈討論，終於決定韋納的新書獲獎。韋納在二〇〇七年十一月十四日晚上領獎時感慨地說，儘管美式民主問題很多，不過至少還能開放到讓我們瞧一瞧我們在海外所做的一些壞事。

二〇〇八年四月中旬於紐約

引言

《CIA——罪與罰的六十年》記錄中央情報局六十年歷史，縷述西方文明史上最強大的國家，何以未能建立第一流的諜報機關，此種失敗構成美國國家安全上的一大危機。

情報工作是一種祕密活動，目的是爲了瞭解或改變國外形勢，艾森豪總統形容爲「很討人厭，但極爲必要」。一個國家要將力量投諸疆外就得高瞻遠矚，以便瞭解大勢、預防人民受到攻擊。少了強大、精明、敏銳的情報機關，總統和將領們將可能有目如盲，蹣跚難行。然而，縱觀美國歷史，身爲超級強國，偏就沒有這麼樣的情報機關。

吉朋（Edward Gibbon）在《羅馬帝國衰亡史》裡寫道，歷史「不過是記錄人類的罪行、蠢事與不幸」罷了。中情局的編年史在記錄英勇與狡智行徑之餘，也充斥著蠢事與不幸。史料裡盡是在海外短暫的成功和永遠的失敗，在在凸顯國內的政治交鋒和權力鬥爭。中情局的成就救了些要人與財貨，中情局的失誤卻是造成人財兩失。事實證明這些失誤對美軍和海外工作人員造成極大傷害；二〇〇一年九月十一日，紐約、華盛頓和賓州約有三千人喪生；自伊拉克和阿富汗戰爭至今，已有三千餘名美軍送命。沒有能力執行「告知總統世界情勢」這個核心任務，乃是中情局永難磨滅的罪愆。

第二次世界大戰開打的時候，美國沒有情報機關可言，終戰後的幾個星期也只是聊備一格。如火如荼的解甲復員之後，只剩區區幾百名在特勤界有點經驗的人員和些許繼續對抗新敵人的意志。一九四五年八月，戰時的「戰略情報局」（Office of Strategic Services, OSS）指揮官唐諾文將軍提醒杜魯門總統：「除了美國，主要強權國家都有歷史悠久的常設性全球情報機關，直接對政府最高層負責。在此次戰爭之前，美國沒有海外祕密情報機關。以前沒有，現在也沒有一個統合的情報組織。」可悲的是，直到今天美國仍付之闕如。

中情局原本是要成爲這種組織的，可惜該局的設計藍圖失之草率，治不了美國的老毛病：隱密和欺瞞終究非所長。大英帝國瓦解後，美國成爲對抗蘇維埃共產主義的唯一力量，拚命地瞭解這些敵人，事到臨頭時方能以其人之道還治其人。中情局最主要的任務乃事先提醒總統防範奇襲，避免重蹈珍珠港事變的覆轍。

一九五〇年代的中情局，員額數千人，都是愛國之士，其中不乏勇士和歷經戰爭淬煉之士，也有些才智之士，但眞正瞭解敵人者幾希。總統在缺乏瞭解的情況下，下令中情局透過祕密行動來改變歷史進程。當時擔任中情局歐洲祕密行動主管的米勒（Gerald Miller）寫道：「和平時期的政治與心戰行爲，乃是一門新技術，有些技巧我們雖已知道，卻仍欠缺理論和經驗。」中情局的祕密行動大致上是摸黑瞎搞，唯一的辦法是邊做邊學，從戰爭的錯誤中學習；那時中情局向艾森豪和甘迺迪總統謊報，隱瞞在海外的種種失敗。它靠這些謊言來保住自身在華府的地位。冷戰時期老練的站長葛瑞格

（Don Gregg）說，中情局的勢力如日正中天，固然盛名在外，實績卻是慘不忍睹。

越戰期間，如同美國大眾一般，中情局對自身的風險莫衷一是。中情局發現自己也和美國媒體一樣，若是匯報的內容與總統先入之見不符，便會遭到駁斥。中情局屢受詹森、尼克森、福特和卡特這幾位總統的責難與嘲諷。他們都不瞭解中情局的運作情況。前中情局副局長寇爾（Richard J. Kerr）指出，他們在位時「不是期望中情局可以解決所有問題，就是認爲它什麼事都做不好，接著又持相反的看法。於是，他們一安頓下來便蛇鼠兩端，游移不定」。

作爲一個華府機關，中情局要生存就得先贏得總統的注意；但它很快便發覺，盡對總統說些他不想聽的話實在很危險。中情局分析人員於是學會蕭規曹隨，因循守舊。他們誤解敵人的意圖和能力、誤算共產主義的勢力、誤判恐怖主義的感脅。

冷戰時期中情局的最高目標是吸收間諜竊取蘇聯機密，但它始終無法掌握到可以深入瞭解克里姆林宮運作的人。握有重要情報可向美方透露的蘇聯間諜，屈指可數，他們都是出於自願，並不是美方吸收而來，且這些人都送了命，全遭莫斯科當局逮捕和處死。在雷根和老布希總統時期，這些人幾乎都是被中情局蘇聯情報課的內奸出賣而葬送性命。雷根時期的中情局啓動一項規畫不周的第三世界任務，即販售軍火給伊朗革命衛隊，再把所得挹注在中美洲的戰爭，不但違法犯紀，更把僅餘的一絲信譽消耗殆盡。更可嘆的是，中情局漏掉了主要大敵最致命的弱點。

瞭解敵方的重責大任落在「機器」上，而不是由「人」肩負。偵測科技無遠弗屆，中情局的目光卻越來越短淺。偵察衛星使得中情局有能力計算出蘇聯的武器數量，卻無法提供共產主義行將崩解的重要情報。中情局的頂尖專家在冷戰結束後才看到敵人。中情局投下數十億美元的武器，協助阿富汗抵抗紅軍占領勢力，讓蘇聯大失血，這是殊堪嘉許的成就。然而，它既未能預見自己所支持的伊斯蘭戰士會把矛頭轉向美國，驀然憬悟後又未能採取行動，這是極嚴重的挫敗。

冷戰時期維繫中情局的單一目標，在一九九〇年代柯林頓主政時開始鬆動。中情局還是有些人很努力地想要認清世局，可惜人微言輕；雖不乏有才幹的官員致力於在海外爲美國效力，只是人數太少了。聯邦調查局單在紐約的探員，就比中情局駐外官員還要多。二十世紀接近尾聲時，中情局已稱不上是機能完整的獨立情報機關了。它成了五角大廈的二級分局，盡是替一些無中生有的戰爭做些戰術評估，而不是著重眼前戰鬥力的戰略，難怪它會無力防止珍珠港事變再現。

紐約與華盛頓遭受恐怖攻擊後，中情局派出一些老練的祕密行動幹員前往阿富汗和巴基斯坦，追捕基地組織（al Qaeda，或稱蓋達組織）領導人。然後，中情局向白宮提交「伊拉克擁有大規模毀滅性武器」的假報告，致使它作爲可靠機密情報來源的地位蕩然無存。它根據些許微不足道的情資，提出大量的匯報。緊接著，小布希總統和政府又濫用當年他父親管理良善的中情局，使它在海外變成了準軍事化的警力，在總部則成了癱瘓的官僚機構。當二〇〇四年小布希說出中情局對伊拉克戰事的評估「純屬臆測」，等於是不經意地就宣判中情局政治死刑。歷任總統從未那樣公開責難中情局。

中情局在美國政府中的核心地位，隨著二〇〇五年中央情報總監一職的撤除而告終，「現在若想救亡圖存就得改組重建，而這勢必要花上好幾年工夫。瞭解國際現勢一直是三個世代的中情局官員的首要之務，但新世代官員中能嫻熟外國的錯綜複雜者卻不多見，能掌握華府政治文化的更是少之又少。於是自一九六〇年代以降，每一任總統、每一屆國會和每一位中情局局長，幾乎都不瞭解中情局的機制。這些人大半都只會讓中情局每下愈況。他們的失敗等於留給後世「灰燼的遺產」——以艾森豪的話來說。美國已回復六十年前中情局草創時期的混亂狀態。

本書旨在陳述，美國何以如今竟無一個未來所需的情報機關。書中引用國家安全機構檔案中所臚列的話語、理念和行爲。檔案記錄了美國領導人把力量投諸海外時眞正的說法、希望和做法。本書立基於作者閱覽五萬多份中情局、白宮和國務院的文件檔案；二千多份美國情報官員、軍人和外交官的口述歷史；以及三百多份自一九八七年開始進行中情局官員與退休人員的訪談（包括十位中情局局長在內）。

書中所言斑斑可考，沒有匿名消息、沒有盲目引述，更沒有道聽塗說，堪稱是第一本完全由第一手報告和原始檔案編纂而成的中情局史。然而，沒有哪一個總統或中情局局長能知道局內所有事情，局外人更是難以掌握全貌；我在書中所寫的雖然不是所有的事實，但已盡我最大能力做到所說的全部屬實。

但願這本書可以作爲殷鑑。歷史上沒有一個共和國能享祚超過三百年。美國除非找回看清世局眞相的耳目，否則可能無法久享強權的地位。這正是中情局原本的任務。

〔注釋〕

1. 〔審訂注〕中央情報總監是美國各情報業務機關之最高統合者，負責匯整情資每日向總統簡報。中央情報總監通常就是中情局局長。九一一事件之後，在九一一委員會的敦促下，國會於二〇〇四年底立法設置國家情報總監一職，統合包括中情局在內十來個情報業務機關，二〇〇五年中央情報總監一職正式走入歷史。

1 ● 1945-1953

杜魯門時期的中情局

毫無所悉

〔第一章〕

情報應該是全球性和極權式的

杜魯門要的只是份報紙。

一九四五年四月十二日，因羅斯福總統過世而突然入主白宮的杜魯門，對原子彈開發和盟國蘇聯的意圖一概不知情。因此，他亟需情報來運用他的權力。

幾年後他寫信給友人：「我剛接事時，總統沒有辦法統籌來自世界各地的情報。」羅斯福雖已成立戰略情報局，充任美國的戰時情報機關，由唐諾文將軍擔任指揮官，但唐諾文所領導的戰情局未竟全功。因此，新設的中央情報局代之而起後，杜魯門便希望它能成爲一個完全爲總統服務的全球性新聞機構，每天提交新聞摘要。他寫道：「我無意讓它變成『斗篷與劍』（Cloak and Dagger）的團體！」原本的用意只是要它當個讓總統知曉世界大勢的中心。」杜魯門堅稱自己根本沒要中情局「充當情報組織，成立之初根本沒這個意思」。

他的看法打從一開始就被推翻了。

＊ ＊ ＊

唐諾文認爲：「在全球與極權的鬥爭中，搞情報也應該是全球性和極權式的。」他在一九四四年十一月十八日致函羅斯福，建議美國成立一個平時的「中央情報部門」。早在一九四三年，他已應艾森豪將軍的參謀長華特・貝岱爾・史密斯（Walter Bedell Smith）中將之請而著手規畫，艾森豪想要知道如何將戰情局變成美國軍事機構的一環。唐諾文告訴羅斯福，他可以在瞭解「外國的能力、意圖和活動」的同時，展開「海外顚覆活動」對付敵國。戰情局員額一直不超過一萬三千人，比陸軍一個師還要少。唐諾文構想此部門能自擁員額，成爲一支嫻熟於打擊共產主義、保護美國免受攻擊、提供白宮機密情報的大軍。他敦促總統「立即起工造船」，並表明他有意當這艘船的船長。[2]

唐諾文綽號「狂野比爾」（Wild Bill），源於一位球速快卻無章法的投手，此人在一九一五到一九一七年間出掌紐約洋基隊。唐諾文是英勇的沙場老將，還曾因一戰期間在法國表現英勇而獲國會頒授榮譽勳章；但他卻是個很差勁的政治人物，信賴他的海陸軍將領少之又少。唐諾文隨興網羅華爾街的經紀人、常春藤盟校的書呆子、傭兵、廣告人、新聞人、特技人員、竊賊和騙子來成立諜報機關的構想，尤其令他們大驚失色。

戰情局已培養一批美國特有的情報分析幹部，但唐諾文以及他那位明星幹部艾倫・杜勒斯（Allen W. Dulles），[3]卻對美國人不熟悉的諜報和破壞等技巧情有獨鍾。唐諾文得靠英國情報機關傳授這些手段祕訣。那些傳爲美談的戰情局英勇人員，深入敵後，冒著槍林彈雨、爆破橋樑，聯合法國及巴爾幹的反抗組織共同對付納粹。二戰最後一年，唐諾文的手下早已廣布歐洲、北非和亞洲，因而他也打算直接派幹員深入德國。人是派了，可也死了。二十一個兩人小組當中，只有一組還有下落。唐諾文日思夜夢的就是這種有點豪勇、也有點虛幻不實的任務。

他的左右手布魯斯（David K. E. Bruce，日後出使法國、德國和英國）指出，「他有無窮的想像力，點子層出不窮。一激動起來，會像賽馬般呼呼噴氣，駁回他提案（因爲一看就知道，縱不是荒誕不經，起碼也是異乎尋常）的官員可就慘了。我就曾在他指導下，好幾個星期辛苦測試利用從西方洞窟捉來的蝙蝠摧毀東京的可行性」——在牠們背上綁上燃燒彈空投。這就是戰情局的精神。

羅斯福一直對唐諾文懷有疑慮。一九四五年初，他命白宮首席軍事助理帕克（Richard Park, Jr.）上校，針對戰情局的戰時活動展開祕密調查。帕克才剛著手調查，由白宮洩漏出去的消息立即成爲紐約、芝加哥和華府各報的頭條新聞，並同聲警告：唐諾文想要成立「美國的蓋世太保」。消息一走漏，羅斯福便力促唐諾文將計畫祕而不宣。一九四五年三月六日，參謀首長聯席會議（Joint Chief of Staffs, JCS，通稱聯參首長）正式將唐諾文的計畫束諸高閣。

聯參首長希望新的諜報機關要服務五角大廈而非服務總統。他們想要的是一個以將校和文職人員爲主的情報交流中心，負責過濾由駐外武官、外交官和諜報人員蒐集到的情報，提供給一些四星上將級指揮官做參考。持續三個世代的美國情報機關控制權爭奪戰，於焉展開。

極危險的事情

戰情局在美國國內不太有地位，在五角大廈裡更是微不足道，該機構不得閱覽竊聽日本和德國通信的資料。用主管軍事情報的副參謀長克雷頓．畢賽爾（Clayton Bissell）少將的話來說，美國高級軍事官員莫不認爲，由唐諾文領導一個獨立且可直通總統的文人情報機關，「在民主國家是一樁極危險的事情」。[4]

他們之中有很多正是珍珠港事變時酣睡不醒的那票人。美國軍方早在一九四一年十二月七日凌晨之前就已破解日方若干密碼，知道日本可能發動攻擊，但萬萬沒想到日方會如此孤注一擲。破解的密碼祕而不宣，也沒有告知前線指揮官。軍方內部對立，也意味情報分散、隱藏與零散。既然沒有人能掌握所有的拼圖板，當然也就沒有人能盱衡全局。一直到戰爭結束之後，國會才調查美國何以遭此突襲；也就是在這個時候，美國才恍然大悟，國家需要以新的方式來自衛。

珍珠港事變之前，在國務院內一小排的檔案櫃裡，就可以找到涵蓋全球廣大地區的相關情報。[5]唯一的消息來源是區區數十位駐外大使和武官。一九四五年春天，美國渾然不知蘇聯爲何物，對其他國家的瞭解更是少得可憐。

唯有羅斯福才能讓唐諾文成立高瞻遠矚、全能全權情報機關的夢想復活。因此，四月十二日這天羅斯福一死，唐諾文頓覺前途黯淡，自怨自艾大半夜之後，走下他最愛光顧的巴黎麗晶飯店樓梯，和戰情局官員凱西（William J. Casey，日後成爲中情局局長）吃了一頓沉悶的早餐。

「你覺得這對組織有什麼影響？」凱西問道。

「恐怕是要完蛋了。」唐諾文答道。

同一天，帕克上校向新總統杜魯門提交極機密的戰情局調查報告。這份直到冷戰結束後才完全解密的報告，可謂是一把由軍方打造、再由一九二四年即擔任聯邦調查局局長的胡佛（J. Edgar Hoover）磨利的政治謀殺凶器；胡佛既看不起唐諾文，自己又懷有掌控全球情報機關的雄心。帕克報告不僅摧毀唐諾文爲保護特工所創造的神話，更在杜魯門心中種下對祕密情報活動深刻而持久的不信任感，斷送了戰情局存在的可能性。報告說，戰情局「對美國人民、商業利益和國家福祉造成嚴重傷害」。

帕克只是無情地列出戰情局失敗的做法，對戰情局有助於贏得戰爭的重大例證，一概不予採信。幹部訓練「粗糙且漫無組織」；英國情報指揮官認爲可以把美國間諜「玩弄於股掌之間」；在中國，國民黨領導人蔣介石利用戰情局以遂其所願；德國滲透戰情局在歐洲和北非各地的活動。日本駐里斯本大使館發現戰情局官員打算偷出日方密碼冊，於是變更密碼，造成一九四三年夏天「重大軍事情報完全中斷」。有位密報者向帕克表示：「戰情局這一愚蠢行爲讓多少美國人在太平洋地區付出生命的代價，不得而知。」一九四四年六月羅馬失陷之後，戰情局提供錯誤的情報，導致數千名法軍在厄爾巴島（Elba）遭納粹大軍圍困，帕克寫道：「戰情局這些失誤以及錯估敵人軍力，大約一千一百名法軍因而喪生。」

報告還對唐諾文進行人身攻擊，說他掉落在布加勒斯特（Bucharest）雞尾酒會上的公事包，「由某羅馬尼亞舞者拾起，轉到蓋世太保手中」；他對高級官員的聘任和陞遷不是看績效，而是根據此人在華爾街和「社會名人錄」（Social Register）的交情人脈；[6]他派特遣隊到賴比瑞亞之類的偏遠工作站之後，就把他們拋諸腦後；他將突擊隊誤投到中立國家瑞典；在法國，他派衛兵保護一處虜獲的德軍彈藥庫，後來卻把他們炸得屍骨無存。

帕克上校承認，唐諾文的手下確實執行過幾次很成功的破壞任務，也救了些遭擊落的美軍飛行員。帕克說戰情局坐辦公桌的研究和分析部門「表現不凡」，所以他的結論是：戰後，分析人員可以安插到國務院，其他的人必須走路。「讓幾乎是不可救藥的戰情局人員，在戰後祕密情報機關裡濫竽充數，豈不讓人匪夷所思。」他提醒道。

歐洲勝利日（V-E Day）之後，[7]唐諾文返回華府，設法搶救他的諜報機構。羅斯福去世後一個月國殤期裡，華府上下爭權奪位不可開交。五月十四日在總統辦公室裡，唐諾文向杜魯門提議挖克里姆林宮牆角來抑制共產主義。杜魯門聽不到十五分鐘就草草打發他。

整個夏天唐諾文都在國會和新聞界展開反擊，最後在八月二十五日告訴杜魯門，他必須在知與無知（knowledge and ignorance）之間做一選擇。他提醒道：「美國現在還沒有一個統籌性的情報系統，這種狀況的缺失和風險已是人所共知。」

唐諾文向來以倨傲不屑的態度對待杜魯門，這次原本希望一番好言好語能說動總統成立中情局；可惜他誤判總統的心意，杜魯門已認定唐諾文的計畫具有蓋世太保的特徵。一九四五年九月二十日，也就是美國原子彈空投日本六個星期之後，這位美國總統把唐諾文革職，並下令戰情局在十天內解散。美國諜報機關於焉廢止。

〔注釋〕

1. 〔譯注〕《斗篷與劍》是一九四六年上映的間諜驚悚電影，描述二次大戰接近尾聲時，美國戰情局強迫由賈利・古柏（Gary Cooper）飾演的退休教授加入，搶奪納粹研發原子彈的成果。claok & dagger有「間諜戰」之意。
2. 羅斯福曾說，要不是唐諾文是愛爾蘭裔天主教徒共和黨人，總統很可能是換唐諾文當。
3. 〔譯注〕艾倫・杜勒斯乃約翰・佛斯特・杜勒斯（John Foster Dulles）的胞弟，也是中情局第一位文人局長和任期最久的局長。約翰・佛斯特・杜勒斯於一九五三至五九年在艾森豪總統手下擔任國務卿。
4. 這是當時共通的看法。其實，陸軍在戰時的表現更差勁。陸軍情報首長史壯（George Strong）少將已對唐諾文新設立的獨立機關「戰略情報局」投以銳利的目光，並決定自行成立情報機關，他指示戰爭部（Department of War）所屬軍事情報局長柯洛納（Hayes Kroner）准將，於一九四二年十月成立此一機構。柯洛納把唐諾文旗下的葛隆巴赫（John "Frenchy" Grombach）上尉挖角過來，並交代一些特殊的任務，如專注戰時盟友英國與蘇聯針對美國的諜報及顛覆活動。這個情報組織被葛隆巴赫稱爲「池塘」（The Pond），既不受高層節制，所提報告又完全不可靠。依葛隆巴赫自己的估計，他的工作百分之八十是在製造垃圾。它唯一可取的是一直不爲人所知，只有少數人知道，其中「由於有些活動必須經總統批准，是以他知道它的存在」。不過，葛隆巴赫的雄心倒是不小，柯洛納將軍說道：「他不僅要建立祕密情報機關，瞭解現行的戰爭活動，更要爲一個高瞻遠矚、恆久的祕密情報機關奠定基礎，這是我國政府內高階情報、祕密情報活動的濫觴。」
〔譯注〕戰爭部成立於一七八九年，一九四九年改名爲陸軍部，隸屬國防部。
5. 一九四一年十月，日後出任國務卿的魯斯克（Dean Rusk）上尉，奉命籌組一個涵蓋（從阿富汗經印度到澳洲）全球大部分地區的軍事情報單位。魯斯克表示：「資訊不足的缺失已毋庸贅言，我們目前就碰到這種無知的現象。」他請求調閱美國手頭上現有的檔案：「有位諾絲老太太打開一個檔案櫃給我看，裡面有一份《墨菲觀光手冊》，這份印度與錫蘭觀光手冊之所以會蓋上機密印戳，只因爲它是孤本；還有一份是某武官在一九二五年從倫敦發回來的駐印英軍相關報告，另外就是一大疊諾絲老太太從一戰以來做的《紐約時報》剪報。就是這些了。」二戰期

間，飛越喜馬拉雅山往返於印度與中國之間的美軍飛行員，完全是盲目飛行；魯斯克回憶道：「連一張作業區的百萬之一比例尺地形圖也找不到。」魯斯克想爲軍方籌組一個緬甸語小組的時候，「我們在全國各地想找個緬甸人……好不容易才找到一位，經一查，此人竟是關在精神病院。我們還是把他弄出來，讓他當緬甸語教官」。

6.〔譯注〕「社會名人錄」登錄權貴富紳的姓名與住址，這些人泰半是社會菁英，但未必全是政治人物。

7.〔譯注〕歐洲勝利日指一九四五年五月八日，德國在這一天投降。

〔第二章〕武力邏輯

一九四五年夏天，戰略情報局駐德主事官員艾倫．杜勒斯在柏林廢墟中找到一處配備齊全的大樓當新總部。他手下愛將赫姆斯（Richard Helms）已在設法監視蘇聯人士。

赫姆斯在半個世紀後表示：「各位別忘了，起先，我們毫無所悉。另一方想幹什麼、他們的意圖、他們的能力，我們所知道的等於是零，或接近於零。只要是找到一本電話簿或一張飛機場地圖，就很搶手了。我們對很多國家都懵懂無知。」

赫姆斯欣然重返柏林，他在二十三歲時即以通訊社記者的身分，在一九三六年柏林奧運會上訪問到希特勒，就此一炮而紅。廢除戰情局之舉令他啞然失色。杜魯門命令傳到柏林的那天晚上，在該局的行動中心，也就是那幢徵用的泡沫酒工廠裡，憤怒與烈酒齊飛。艾倫．杜勒斯構想的美國情報中心總部沒了。只有少數的人員可以留駐海外。赫姆斯實在很難相信，任務就此戛然而止。幾天後，戰情局在華府的總部傳來電報，鼓勵他要堅守崗位。

中央情報部門的神聖主張

電報發自唐諾文的副手馬格魯德（John Magruder）准將，「此人是一位儒將，一九一〇年即服役陸軍。他堅信若無情報機關，美國在世界上的新霸權只能靠機運，不然就得仰承英國鼻息。一九四五年九月二十六日，即杜魯門明令廢除戰情局的六天後，馬格魯德大步走過五角大廈無盡的長廊。時機難逢：戰爭部部長史汀生（Henry Stimson）這星期剛辭職，而史汀生向來堅決反對成立中情局的構想，幾個月前他就對唐諾文說：「在我看來極爲不妥。」現在，馬格魯德把握史汀生去職的大好機會。

他和戰爭部助理部長麥克洛伊（John McCloy）共商大計，聯手撤銷杜魯門的命令。麥克洛伊是唐諾文的老友，在華府一呼百諾。

馬格魯德帶著麥克洛伊一紙命令走出五角大廈，命令中說：「爲維持戰情局活動，必須繼續執行活動。」這一紙命令讓成立中情局的希望起死回生。在「戰略情報處」（Strategic Service Unit, SSU）的新名稱下，各工作人員繼續執勤。麥克洛伊接著又請主管空戰事務的老朋友羅維特（Robert A. Lovett，日後出任國防部長）助理部長，成立一個祕密委員會，規畫美國情報業務走向，並告知杜魯門應該要爲所當爲。馬格魯德信心滿滿地告訴手下，「成立中央情報部門的神聖主張」必會勝出。

赫姆斯受到暫緩執行解散令的鼓舞，著手整頓涉入柏林黑市（什麼東西和什麼人都可以賣）的軍官——在美軍福利社用十二美元買二十幾箱駱駝牌香菸，就可以換一部一九三九年分的賓士車。他找出德國科學家和間諜送到西方，希望他們能爲美國服務，避免他們的技術爲蘇聯所用。不過，由於忙著想認清新敵人的緣故，這類任務很快就退居次要。駐紮柏林基地的二十三歲軍官波爾加（Tom Polgar）回憶，到了十月，「我們的主要目標顯然是弄清俄國人到底想幹什麼」。蘇聯正在奪取鐵路並吸收東德政黨。起先，美國間諜所能做的不過是追查調往柏林的蘇軍動向，讓五角大廈留下有人在緊盯紅軍的印象。蘇聯節節進逼之際華府卻一再退讓，讓赫姆斯相當憤怒，他還得設法化解駐柏林美軍的反抗。赫姆斯和他的人馬著手吸收德國警察與政治人物，以便在東德建立起情報網。十一月，另一位戰略情報處派駐柏林的二十三歲軍官希契爾（Peter Sichel）說：「我們眼睜睜看著俄國人全面接收東德。」

聯參首長和極強勢的海軍部部長佛瑞斯托（James V. Forrestal）這才開始擔心蘇聯會像之前的納粹一樣，先動手拿下整個歐洲，接著再往地中海東部、波斯灣、華北和朝鮮推進。舉措稍有失當，就會導致不可收拾的東西對抗。在新戰爭的疑慮逐漸升高之際，美國情報圈未來的領導人物卻分裂成兩個對立的陣營。

一派認爲，應該透過諜報活動，有耐心地慢慢蒐集機密情報；另一派則擁抱祕密戰爭，也就是透過祕密行動把戰場移到敵方。諜報活動嘗試瞭解世界，赫姆斯屬之；祕密行動試圖改變世界，法蘭克·魏斯納屬之。

魏斯納是密西西比地主富紳的愛子，也是身著軍裝的帥氣律師。一九四四年九月，魏斯納飛到羅馬尼亞首府布加勒斯特，出任戰情局新站長。紅軍和美軍代表團已掌控首府，魏斯納即是銜命監視俄軍。他和年輕有為的米哈伊爾國王（King Michael）共同策畫搶救遭擊落的盟軍飛官；又向布加勒斯特啤酒大王徵用一幢有三十二個房間的宅邸，可謂集榮譽於一身。在閃耀的吊燈之下，美俄兩國軍官互敬香檳，打成一片。魏斯納是第一位與俄國人把酒言歡的戰情局官員——他很自豪地回報總部說，他已和俄國情報機關建立良好關係。

殊不知，他當間諜的時間還不到一年，俄國人玩這種伎倆的歷史卻已超過兩百年。他們早已在戰情局內部署人員，而且很快地滲透到魏斯納的羅馬尼亞盟友和特工圈子裡。他們在仲冬前後便已拿下布加勒斯特的控制權，將數萬名有德國血統的羅馬尼亞人趕上火車，運送到東方奴役或令其自生自滅。魏斯納眼看著二十七節載滿人的車廂隆隆駛出羅馬尼亞。這段記憶糾纏他一輩子揮之不去。

魏斯納心慌意亂回到戰情局德國總部，和赫姆斯一起坐困愁城。一九四五年十二月兩人一起飛回華盛頓。在十八個小時的航程中，他們談了又談，就是不曉得返國後美國是否還會有祕密情報組織。

很顯然是個粗糙的組織

在華府，未來美國情報機關何去何從的論爭越演越烈。參謀首長聯席會議爭取的是能明確由聯參首長控制的機關，海軍和陸軍也主張自擁情報機關，胡佛則希望由聯邦調查局來執行全球諜報任務。不僅國務院想支配全局，就連郵政總局長也插上一腳。

馬格魯德將軍說明問題所在：「祕密情報活動涉及到屢屢違反法令；明白地說，這類活動必然是法外乃至非法的。」於是他很有說服力地主張應該由新的祕密機關來主管，五角大廈和國務院不宜貿然插手這些任務。

但這時幾乎已沒有人可以填補缺額。馬格魯德在戰略情報處的執行官昆恩（Bill Quinn）上校說道：「情報蒐集活動大致已陷於停頓。」六分之五的戰情局老手回去重操舊業。他們認爲當前的美國情報「很明顯地失之草率和變化無常，很明顯是個粗糙的組織」，赫姆斯說道。[2]三個月內走掉將近一萬名工作人員，到一九四五年年底時只剩一千九百六十七人。倫敦、巴黎、羅馬、維也納、馬德里、里斯本和斯德哥爾摩工作站的人幾乎全走光；亞洲地區二十三個工作站關掉十五個。珍珠港事變四周年那一天，艾倫·杜勒斯認定杜魯門總統已攪亂美國情報，於是回到紐約在老哥約翰·杜勒斯擔任合夥人的「蘇利文與克倫威爾」（Sullivan and Cromwell）法律事務所上班。魏斯納隨後也回紐約自家的「卡特利德雅」（Carter, Ledyard）法律事務所重操舊業。

剩下的情報分析員被分派到國務院另組研究局，受到難民般的待遇。日後組建中情局情報處的肯特（Sherman Kent）寫道：「我不認爲這一生有過或將來可能會有更悲慘或更苦惱的時期。」[3]最有才幹的人灰心絕望，紛紛回到大學或報社，空缺始終未見遞補。往後數年之間，美國政府內勢必沒有統合性的情資匯報。

杜魯門全仗預算局長哈洛德·史密斯（Harold D. Smith）監督美國的戰爭機器順利解體，詎料解甲復員之舉造成情報全盤瓦解。華特·貝岱爾·史密斯在戰情局解散當天就提醒杜魯門，美國有重返珍珠港事變前常見的無知狀態之虞。他擔心美國情報已變得「一團糟」。一九四六年一月九日，白宮匆匆召開會議，杜魯門的軍事參謀長、海軍上將李海（William D. Leahy）對總統直言無諱：「情報處理方式丟人現眼。」

杜魯門總統（左）為第一任中央情報總監索伊爾少將別上勳章。

杜魯門認爲他已經造成混亂，決定撥亂反正，召來海軍情報局副局長索伊爾（Sidney W. Souers）少將。備役少將索伊爾是密蘇里州出身的民主黨黨員，靠著人壽保險和美國第一家連鎖自助超商「皮威」（Piggly Wiggly）而致富。此人雖在海軍部長佛瑞斯托成立的一個戰後委員會任職，專門研究未來情報走向，但沒什麼遠大眼光，一心只想盡快回聖路易市。

令他惶恐的是，他發覺杜魯門打算讓他當第一任中央情報總監（Director of Central Intelligence）。李海將軍在一九四九年一月二十四日的公務日誌上，記錄授職時的光景，「今天白宮午餐會上，只有少數參謀人員出席觀禮」，杜魯門「授予索伊爾少將和我黑斗篷、黑帽和木劍」；緊接著，總統任命索伊爾爲「斗篷與劍刺探團」團長及「中央刺探局長」（Director of Centralized Snooping）。

此番表演把驚惶失措的備役少將拱出掌管這不值一提、爲時甚短的「中央情報團」（Center Intelligence Group, CIG）。索伊爾手下約有二千名情報官及幕僚人員，掌管約四十萬人的檔案與卷宗；但這些人員有很多根本不知道自己在幹嘛，或到底應該做些什麼。索伊爾宣誓就職後，有人問他想做什麼。「我想回家」，他答。

如同繼他之後的每一任中央情報總監，索伊爾身負重責大任，卻沒有相對等的授權。白宮沒有給他指示。問題出在沒有人確實知道總統想要什麼，尤其是連總統自己也不曉得。杜魯門表示他只要每日情報摘要，免得每天早上都得看堆疊二呎高的電文。[4]在中央情報團創始成員看來，他們的工作中只有這一點是杜魯門看得上眼的。

有些人對該團肩負的任務看法大不相同。馬格魯德將軍堅稱，白宮已默認中央情報團可經營祕密活動。話雖如此，書面文件上實無隻字片言，總統也絕口不提。因此，政府裡面幾乎沒人承認這個新團體的合法地位。五角大廈與國務院拒絕跟索伊爾及其手下打交道；陸軍、海軍和聯邦調查局則是打從心底看不起他們。索伊爾雖仍繼續擔任總統的顧問，但這情報首長的位子卻坐不滿百日。他只留下一份重要的記錄、一份帶著下列訴求的極密備忘錄：「亟需在最短時間內開發最高品質的對蘇情報。」

當時美國對克里姆林宮唯一的認識，來自新任駐莫斯科大使、日後出任中情局局長的華特・貝岱爾・史密斯將軍，以及俄國通肯楠（George Kennan）。[5]

蘇聯想幹嘛？

史密斯出身印地安納州，父親開零售店，他則從二等兵升到將軍，既沒有西點軍校加持，也沒有大學學歷。二戰期間，他擔任艾森豪的參謀長，北非和歐洲每一場戰役都有他的心血。同袍對他又敬又畏；他不苟言笑，可說是艾森豪的殺手。他事必躬親，備極辛勞。有一次他出席艾森豪與邱吉爾的晚宴，宴會快結束時因出血性潰瘍而昏倒。輸過血後，他費盡口舌讓英國醫院同意他出院返回指揮官營帳。他和俄國軍官同甘共苦，也多次在阿爾及爾（Algiers）盟軍總部共商對付納粹的聯合作戰計畫。在法國雷姆斯山區（Rheims）那間暫充美軍前進總部的破舊紅瓦校舍，他鄙夷地望著德軍司令官，接受納粹投降，結束歐戰。一九四五年五月八日歐戰勝利日這天，他在雷姆斯和艾倫．杜勒斯、赫姆斯見了面，只有短短的幾分鐘。艾倫．杜勒斯得了痛風的毛病，拄著拐杖趕來見艾森豪，希望能爭取他同意在柏林設置一個具有無上權力的美國情報中心。可惜，那天早上艾森豪沒時間接見杜勒斯——壞兆頭。

一九四六年三月，史密斯飛抵莫斯科，準備接受大使館代辦肯楠的調教。肯楠已在俄羅斯待了好多年，也花了許多時間試圖解讀史達林（Joseph Stalin）。這時蘇聯業以二千多萬人犧牲的慘痛代價，占領大半個歐洲。紅軍從納粹鐵蹄下解放許多國家，如今，克里姆林宮的陰影正逐漸落在俄羅斯境外一億多人的頭上。肯楠已預見蘇聯勢必會憑恃暴力占有征服國。他提醒白宮要有攤牌的準備。

史密斯抵達莫斯科前幾天，肯楠發出美國外交史上最著名的電文，一通以八千字描述蘇聯偏執的

「長電」。肯楠的讀者最初只有寥寥數人，日後便有數百萬人看到這通電文，但他們似乎都只注意這一行：蘇聯人對理性邏輯不為所動，對「武力邏輯」卻是極為敏感。肯楠聲譽鵲起，很快就變成美國政府最出色的克里姆林宮專家。肯楠在多年後回憶：「我們因戰時的經驗而已習慣於前方有個大敵；這個敵人必定位於中心，而且一定是徹頭徹尾的壞蛋。」

史密斯稱讚肯楠是「新任代表團長所能找到的最佳導師」。

一九四六年四月一個淒冷的星夜，史密斯開著插有美國國旗飄揚的轎車來到壁壘森嚴的克里姆林宮。一到大門口，就有好幾位蘇聯情報官查驗他的身分。車子行經古老教堂和宮牆內塔樓底下的殘破巨鐘。穿著黑色長筒皮靴和紅條褲子的士兵敬禮後引導他入內。他是一個人來的。他們領他走過長廊，穿越幾道綴著深綠色皮革的巍峨重門，這才進入挑高天花板的會議廳。將軍終於和大元帥碰面。

史密斯對史達林提出尖銳的問題：「蘇聯想要什麼，俄羅斯打算走多遠？」

史達林望著遠方，邊抽著雪茄，邊用紅筆信手塗鴉，畫出幾個不對稱的心形和問號。他矢口否認對別的國家有野心，並譴責邱吉爾數周前在密蘇里州演講時提出「鐵幕」已降臨歐陸的警告。

史達林說，俄羅斯對敵人很瞭解。

「難不成你真認為美國和英國可能結成聯盟來阻撓俄羅斯？」史密斯問。

「沒錯。」史達林說。

將軍重複問道：「俄羅斯打算走多遠？」

史達林直盯著他說：「我們沒打算再走多遠。」

到底會再走多遠呢？沒人知道。面對蘇聯新威脅，美國情報機關的任務是什麼？沒人能確定。

雛耍學徒

一九四六年六月十四日，霍伊・范登堡（Hoyt Vandenberg）將軍成爲第二任中央情報總監，他是個英俊瀟灑的空官，艾森豪在歐洲的空戰戰術便是由他主導，如今要管理一個不怎麼出色的機構，這單位位於「霧谷」（Foggy Bottom）另一端能俯瞰波多馬克河（Potomac）的小山頂上。[6]他的指揮部就設在E街二四三〇號戰情局舊總部，旁邊有一家廢棄的煤氣廠、一家角樓式的釀酒廠和一座溜冰場。

第二任中央情報總監范登堡將軍在國會作證。

范登堡缺少三樣基本配備：經費、權力和人員。一九四六至七二年間擔任中央情報局法律總顧問的修士敦（Lawrence Houston）認爲，中央情報團是法外機關。總統不能憑空合法地設置聯邦機構。沒有經過國會的同意，中央情報團自然不能合法運用經費；沒有錢也就沒有權。

范登堡決意要讓美國回到情報業務的軌道上，於是成立「特別行動處」（Office of Special Operations, OSO），又在檯面下向幾位議員榨出一千五百萬美元，以便執行海外的諜報與顛覆任務。他要知道蘇聯駐東歐及中歐部隊的一切——他們的動向、能力和意圖，並訓令赫姆斯盡速提交報告。赫姆斯手下有二百二十八名海外特工，負責德國、奧地利、瑞士、波蘭、捷克和匈牙利情報業務，卻覺得自己好像是「雜耍學徒，同時要讓充滿氣的海灘球、打開的牛奶瓶和上膛的機關槍留在半空中」。歐洲各地有「一大票政治流亡者、前情報官、前特務和各式各樣的經紀人，搖身一變成了情報巨頭，各自兜售依客戶需要而杜撰的情報」。他旗下的間諜花越多錢買到的情報，越沒有價值。他寫道：「還有什麼能更生動地說明為一個未經深思的問題而灑錢的例子，一時想不出來。」[7]高明騙子拼湊出來的謊言，卻被當成蘇聯及其衛星國家的相關情報。

赫姆斯後來認定，中央情報檔案裡有關蘇聯和東歐的情報，起碼有一半純屬謊言。柏林和維也納工作站已經成了假情報製造工廠。他手下的官員或分析師無法從虛妄中挑出事實。這問題一直都存在：半個多世紀之後，中情局在設法找出伊拉克大規模毀滅性武器時，也同樣面臨假情報的問題。

范登堡從上任第一天起，就被海外傳回來的驚人報告嚇壞了。他的每日情報摘要只能產生熱度，亮度卻不足。儘管誰也無法判定警訊真假，還是往上呈送。快報：有位蘇聯軍官醉後放言高論，俄羅斯將發動無預警攻擊。快報：駐巴爾幹的蘇軍指揮官自誇，不日攻陷伊斯坦堡。快報：史達林準備入侵土耳其，包圍黑海，拿下地中海和中東。五角大廈裁定阻斷蘇軍挺進的最好辦法，莫過於切斷紅軍在羅馬尼亞的補給線。參謀首長聯席會議所屬的高級參謀於是著手規畫作戰計畫。

他們要范登堡準備展開冷戰第一場祕密行動。為了執行這個命令，范登堡不得不變更中央情報團的任務。一九四七年七月十七日，他派兩名助理去拜會杜魯門總統的白宮法律顧問柯立福（Clark

Clifford）。[8]他們主張「中央情報團的原始概念應作變更」，讓它成為一個「作戰機關」（operating agency）。於是，在沒有合法授權之下，它變成一個作戰機關。同一天，范登堡親自請戰爭部部長派特森（Robert Patterson）和國務卿貝爾納斯（James Byrnes）悄悄撥一千萬美元的祕密經費，以支應「全球情報人員」工作。他們如數撥款。

范登堡的特別行動處在羅馬尼亞著手組織地下反抗軍。魏斯納在布加勒斯特留下的情報網雖是衷心想與美國合作，可惜已遭蘇聯情報人員滲透。特別行動處駐布加勒斯特的首任站長郝思樂（Charles W. Hostler）發覺，自己陷入「一個美國年輕軍官不太有心理準備的社會與政治氛圍」——身陷法西斯主義者、共產黨人、保皇黨人、產業家、無政府主義者、溫和派、知識分子和理想主義者的「陰謀、詭計、卑鄙、表裡不一、詐欺、偶發的謀殺與暗殺」之中。

范登堡訓令駐布加勒斯特軍事代表團的漢密爾敦（Ira C. Hamilton）中尉和霍爾（Thomas R. Hall）少校，將羅馬尼亞的國家農民黨（National Peasant Party）組建成反抗軍。霍爾原是戰情局駐巴爾幹的情報官，懂一點羅馬尼亞語；漢密爾敦則是一句也不懂，他的嚮導馬納卡泰德（Theodore Manacatide），是魏斯納兩年前才吸收到的出色特工。馬納卡泰德原為羅馬尼亞陸軍情報參謀部一名士官，目前在美國軍事代表團服務，白天當翻譯，晚上當間諜。馬納卡泰德帶漢密爾敦和霍爾去見國家農民黨的領袖。美國人提供槍械、經費和情報祕密支援。十月五日在維也納占領區新設的工作站，美軍與中央情報團合作把羅馬尼亞前外長和五名後來成為解放部隊的人員迷昏，裝進郵務袋載到安全港口後，再偷偷運到奧地利。

蘇聯情報機關和羅馬尼亞祕密警察不到一、兩個星期就查出這些間諜。共黨安全部隊粉碎羅馬尼亞主流反抗軍後，美國人和主要諜報員倉惶逃命，國家農民黨的領導人則被控叛國罪，鋃鐺入獄。在公審會上，證人信誓旦旦說馬納卡泰德、漢密爾敦和霍爾自稱是美國新情報機關的探員，結果三名被告在缺席的情況下被判有罪。

一九四六年十一月二十日，魏斯納翻開《紐約時報》在第十版看到一篇短文報導：「原受雇於美國代表團」的老特工馬納卡泰德被判處無期徒刑，「理由是他陪同美國軍事代表團的漢密爾敦中尉，出席國家農民黨會議」。冬末，戰時替魏斯納工作的羅馬尼亞人幾乎全都被捕入獄或遭到殺害；他的私人祕書也自殺身亡。殘暴獨裁政權接掌羅馬尼亞，而它的崛起正是美國這次祕密行動失敗所促成。

魏斯納離開法律事務所前往華府，在國務院謀得一職，負責監控柏林、維也納、東京、漢城與的里亞斯特（Trieste）占領區。[9]他懷有更大的雄心。他確信美國必須學習以新的方法來作戰，也就是師敵之長，以同樣的技巧和同樣的祕密行動相抗。

〔注釋〕

1. 〔編注〕馬格魯德曾於二戰期間擔任美國駐華軍事代表團團長，負責主持研究合作、中國軍事情況以及物資需要等業務。他也曾將取自蘇聯駐華武官辦公室有關黃埔軍校的記錄檔案，加以編譯並提交國務院，詳述一九二四至二六年黃埔軍校和黨軍的情形。
2. 昆恩上校是美軍駐北非、法國與德國的第七軍團情報長官，並與戰情局直接聯繫。他在華府面臨強烈反對。他把蘇聯波羅的海艦隊的內部消息帶到海軍情報局請某上將過目。這位將軍答道：「你們的組織被共產黨滲透了，我不可能採信你所提供的消息。」經過好幾次類似的拒斥之後，昆恩決定找華府唯一能證明他身家清白的聯邦調查局長胡佛。他對胡佛說明來意之後，但見胡佛哂然一笑，舔舔嘴唇，說道：「你有所不知，這下我可鬆了口氣了。上校，我和唐諾文拚鬥多年，尤其是在南美和中美洲行動方面。」戰後，聯邦調查局奉命退出美墨邊界格蘭德河（Rio Grande）以南各國的活動之後，便將情報檔案付之一炬，並沒有移交給中央情報部門，兩局永無休止的鬥爭從此展開。而今昆恩來到聯邦調查局求助，可就勾起胡佛不少恨意。胡佛繼續說道：「我很佩服唐諾文，但我肯定不會喜歡他。所以我們可說是冤家路窄。你要我做什麼？」

「胡佛先生，簡單回答您的問題，就是請您查查我的組織裡是不是有老共。」昆恩答道。

「唔，這我們辦得到，我們可以展開全國清查。」胡佛說道。

「您做顚覆清查時，可否同時進行犯罪調查？」

「沒問題。」

「在決定怎麼著手之前，爲保後效以及兩局最大合作，我想請您派個代表到我們組織當聯絡官。」

胡佛一聽，差點沒從椅子上摔下來。昆恩回憶道：「我知道他的想法，他可能在想，乖乖，這傢伙請我直接打入他們局裡。」昆恩簡直是在邀請聯邦調查局監視他手下的情報人員。事實上，在肆虐華府達十年之久的赤色恐慌（red scare）開始之初，爲求組織的存活，昆恩的確是需要胡佛這一劑反共預防針。他的決定暫時強化中央情報部門在國內的地位和名聲。

一九四六年七月，中央情報總監范登堡任命昆恩上校掌管特別行動處，負責海外的諜報與祕密行動業務。昆恩發現新任務與自己「所經歷的組織、指揮和管理原則背道而馳」。爲了找尋經費，他上國會山莊向幾位議員要一千五百萬美元當諜報活動經費。「我才知道，這些人根本不曉得我們做了些什麼事。」於是，昆恩請求召開祕密會議，告訴與會議員一則扣人心弦的故事，說他們已吸收柏林一位清潔婦當間諜，夜裡偷偷拍下蘇聯文件資料。國會議員大喜過望，昆恩也私下拿到錢，讓美國情報活動得以維持。

此外，他也設法網羅戰情局的老手，如三十五年後出任中情局局長的凱西等人。不過，一九四六年時，凱西想在華爾街發財的心思大過爲國效命；他和戰情局一些老朋友都很擔心，情報業務仍然是備受白眼的軍事附屬機關，由那些拘泥於一時戰術需要的將領所領導，他們不若技術文官會著重戰略大局。凱西致函唐諾文說道，美國情報的前途受到「今天的道德與政治氣氛的威脅，我認爲這種氣氛大部分要歸咎於剛過世的三軍統帥」——也就是羅斯福總統。凱西推薦給昆恩的名單包括托夫特（Hans Tofte）與麥克．柏克（Mike Burke），前者在日後韓戰期間負責對中國的祕密作戰任務，後者則在一九五〇年代試圖把行動推進鐵幕內。

3. 肯特在一九四六年寫道：「從一開始就出現高階行政問題，而且絕大部分都是可以避免的；新派任、更迭和陞遷等人事活動緩不濟急，甚或根本不動。對一些不可或缺的專才而言，政府外的生活〔變得〕越來越具有吸引力，於是陸續求去；由於未見遞補的緣故，士氣也隨之低落。」日後出任中情局局長的柯比（William Colby）則寫道，情報研究分析部門的學者與祕密行動部門的諜報人員離析，形成情報業界兩種不對等且相互鄙視的文化。柯比此論放諸中情局六十年歷史中皆準。

4. 日後出任中情局主管情報分析業務的副局長羅素．史密斯（Russell Jack Smith）回憶一九四六年中央情報團初創時，「杜魯門每天問：『我的報紙呢？』在杜魯門眼中，中央情報團唯一要緊的活動就是每日簡報」。他的前輩肯特則在一九四九年寫道，中情局應該努力讓自己變成「都會型大報」，加上「一小批彬彬有禮和高智慧的業務員」來「推銷產品」——這個產品其實就是總統報，也就是習稱的「每日簡報」。由專人呈送總統幾達六十年之久的每日簡報，乃是中情局的權力來源。然而，諜報人員最不希望（或不需要）的，偏偏就是每天要趕截稿時間應付總統需求。諜報活動是慢慢地找出實情，藉由竊取國家機密來瞭解敵人的想法，不是生產固定流量的新聞。在中情局祕密行動處有二十八年資歷的老手威廉．強森（William R. Johnson）寫道：「諜報要求與匯報需求之間的衝突始終存在。」美國情報的任務究竟是要求取、借取或供應消息，然後再包裝賣給總統？還是要竊取外國的國家機密？衝突並未以有利於諜報活動作爲結果。強森的結論道出在祕密行動處奮鬥歷三十年的處境：當前的情報業務不在中情局。

5. 〔譯注〕肯楠是冷戰時代圍堵政策的倡議者。

6. 〔譯注〕霧谷係國務院所在地，常用來指涉國務院。

7. 柏林基地主任杜蘭（Dana Durand）坦承，他和手下所提出的情報摻雜著「傳聞、高層耳語、政治漫談」。這類情報騙子包括斯德哥爾摩軍事情報局的克拉馬（Karl-Heinz Kramer），他賣給美國人的俄國機身工業詳盡報告，自稱是透過他在蘇聯境內的廣大特工網取得，其實他的消息來源不過是一套從書店買來的飛機手冊罷了。另一宗詐騙案則是中情局買了一大塊「放射鈾」，宣稱是從東德開往莫斯科的船艦中竊取而來，誰知這燙手山芋只是一大塊用鉛箔包裹的鉛塊。此類洋相促成主持製造原子彈「曼哈頓計畫」的葛羅夫斯（Leslie Groves）將軍自設情報單位，專司判斷全球各地可能的鈾來源，並追蹤蘇聯原子武器發展。葛羅夫斯鑑於赫姆斯手下「無法充分運作」，沒有能力監視史達林的原子彈計畫，因此一直沒有把這個情報單位的存在和任務告訴范登堡與中央情報團。但這也造成中情局無法準確預估美國獨占大規模毀滅性武器的局面，幾時會結束。

8. 〔審訂注〕柯立福：越戰期間，在詹森總統任內接替麥納瑪拉爲國防部長。
9. 〔編注〕的里亞斯特爲一港市，常簡稱作「的港」，位於義大利東北部、亞得里亞海北端的里亞斯特海的頂點。

〔第三章〕

以其人之道還治其人

華盛頓是由一批自以爲住在宇宙中心者所管理的小城。面積一平方哩的喬治城（Georgetown）則是內城，街道由石板鋪成，木蘭樹蒼鬱。城中心P街三三七二號是一幢建於一八二〇年的四層樓雅致房舍，屋後有一座英式庭園和一間正式的晚宴廳。魏斯納夫婦以此爲家。一九四七年間無數個周日夜晚，它又變成初具規模的美國國家安全機關所在地。美國的外交政策就在魏斯納的餐桌上成形定案。

他們也開創出喬治城周日晚餐會的傳統。主菜是酒，所有的人都乘著酒興緬懷二戰。在魏斯納長子（與魏斯納同名爲法蘭克，日後登上美國外交界高峰）的眼中，周日晚餐會是個「特別重要的活動。它們不是無謂的社交活動。它們已成爲政府思考、作戰、工作、比對記錄、決策和達成共識的命脈」。依英國傳統，餐後女士退席，男士留下，天馬行空，醉言笑謔直至深夜。每次宴請的賓客大都包括魏斯納的至交布魯斯（即將出任駐巴黎大使的戰略情報局老人）、國務卿的法律顧問波倫（Chip

Bohlen，未來駐莫斯科大使）、國務次卿羅維特、未來的國務卿艾奇遜（Dean Acheson）、以及甫聲譽鵲起的克宮專家肯楠。這些人自認爲有能力改變人類活動，他們論爭最烈的便是應如何阻止蘇聯占領歐洲。史達林已鞏固對巴爾幹的控制；左派的游擊隊則在希臘山區對抗右翼的王室；義大利和法國發生糧食暴動，共產黨政治人物呼籲發動全面罷工；英國在全球各地的軍隊和間諜逐一撤退，在地圖上留下一大片空白，讓共產黨有可乘之機。大英帝國日薄崦嵫，國庫空虛，無以爲繼。美國必須獨自擔起領導自由世界的責任。

魏斯納與眾賓客對肯楠言聽計從。他們都採納他發自莫斯科的「長電」內容，認同他對蘇聯威脅的看法，海軍部長佛瑞斯托亦然。佛瑞斯托是華爾街奇才，即將成爲首任國防部長，他認爲應以更堅定的信念對抗共產主義。他個人不僅成爲肯楠的政治後臺，還安插肯楠住進國家戰爭學院（Natonal War College）的將官官邸，規定數千名軍官必須研讀肯楠的著作。中央情報總監范登堡和肯楠共商如何刺探莫斯科的原子武器工程。二戰時期擔任陸軍參謀長的新任國務卿馬歇爾（George C. Marshall）認定，美國必須重塑外交政策，該年春天便將肯楠請到國務院主持新設的「政策計畫處」（Policy Planning Staff, PPS）。

肯楠爲剛取好名的「冷戰」擬定作戰計畫，不到半年光景，這位不引人注意的外交官其理念便形成三股形塑世界的力量：「杜魯門主義」（Truman Doctrine）給莫斯科一個政治警告，要求它停止顚覆他國；「馬歇爾計畫」（Marshall Plan）爲美國反共勢力提供全球性的堡壘；「中央情報局」則是祕密行動機關。[1]

全世界最大的情報機關

一九四七年二月，英國大使提醒代理國務卿艾奇遜，英國將在六個星期內停止對希臘和土耳其的軍事與經濟援助，往後四年希臘大約需要十億美元的經費以對抗共產主義的威脅。華特・貝岱爾・史密斯也從莫斯科傳回評估報告，認爲英軍是唯一能讓希臘不致落入蘇聯圈的武力。

在美國國內，赤色恐慌方興未艾。此時，共和黨首度恢復大蕭條之前的優勢，同時掌控參眾兩院；威斯康辛州出身的麥卡錫（Joseph McCarthy）參議員、加州出身的尼克森（Richard Nixon）眾議員之流崛起，杜魯門的聲望急落，終戰至今他的民調支持率已掉到五成上下。他對史達林和蘇聯的看法已經改變，現在的他確信兩者都是世間惡魔。

杜魯門和艾奇遜邀來共和黨籍的參院外交委員會主席亞瑟・范登堡（Arthur Vendenberg）。（當天報紙說他的侄子霍伊・范登堡將軍上臺不過八月，即將被解除中央情報總監的職務。）艾奇遜解釋道，蘇聯若在希臘建立共產灘頭堡，勢必會威脅到整個西歐，美國必須想辦法拯救自由世界，而國會必須埋單。范登堡參議員清清嗓子，轉而面向杜魯門說：「總統先生，要想達到目的，唯一的辦法是發表演說，把國人嚇個半死。」

一九四七年三月十二日，杜魯門就發表這樣的演講，警告參眾兩院聯席會議，除非美國展開海外反共行動，否則全世界都會面臨浩劫。目前「遭受數千名武裝分子恐怖活動威脅」的希臘，美國必須挹注數億美元來穩住局勢；若是沒有美援，「混亂勢必擴及中東全區」，歐洲各國絕望勢必加深，黑暗勢必降臨自由世界。他提出嶄新的信條：「我相信美國的政策應是支持自由的人民，反抗意圖征服（他們）的少數武裝勢力或外來壓力。」美國的敵人攻擊任何國家，即視同攻擊美國，此即所謂的杜魯門主義。國會起立鼓掌。

數百萬美元連同戰艦、軍人、槍械、彈藥、汽油彈和間諜，源源湧入希臘；過沒多久，雅典就成為美國海外最具規模的情報據點之一。杜魯門決定在海外從事反共活動，是美國諜報人員從白宮接到的第一個明確的指令，但他們還是缺少一位有力的指揮官。范登堡將軍不日即將接掌空軍，但他在擔任中央情報總監的最後幾天，對數位國會議員提交祕密證詞，指出國家面臨前所未見的外國威脅。他說：「大洋已經縮小了，時至今日，歐洲和亞洲一如加拿大和墨西哥般毗鄰美國。」詭異的是，小布希總統也在九一一事件之後重彈此調。

范登堡說，在二戰期間，「我們不得不盲目且毫不懷疑地仰賴優秀的英國情報系統」，但「美國不應該老是恭敬地懇請外國政府提供耳目（外國情資），藉以瞭解世界」。然而，中情局總是靠外國情報機關來瞭解自己不熟悉的地區和語言。范登堡在結語中表示，要培養專業的美國諜報幹部，起碼還得花上五年時間。半個世紀後，中情局長坦內特（George J. Tenet）在一九九七年重提此一警訊，二〇〇四年去職時又說了一遍。一個重要的情報機關竟然老是落後五年。

范登堡的繼任者是海軍少將希仁柯特（Roscoe Hillenkoetter），於一九四七年五月一日宣誓就職，他是十五個月內第三位出掌此一職務者。人稱希利（Hilly）的他是個角色錯置的人物，不值一提。和前兩任一樣，他壓根兒就不想當中央情報總監——「或許根本就不該讓他當」，那個時期的中情局史如此寫道。[2]

一九四七年六月二十七日，國會委員會舉行祕密聽證會，促成該年夏末正式成立中情局。會中絕口不提希仁柯特，反而大讚艾倫．杜勒斯，並選中這位在民間執業的律師替幾位特別委員開授祕密情報研習班。

艾倫．杜勒斯具有「作基督精兵」（Onward, Christian Soldiers）的愛國責任感。[3] 一八九三年他出生於紐約州水城（Watertown）的望族，父親是鎮上長老教會牧師，外祖父和舅父當過國務卿。[4] 母校普林斯頓大學的校長威爾遜，後來當上美國總統。艾倫．杜勒斯在一戰期間是個資淺外交官，大蕭條時期則是華爾街白領律師。他在擔任戰情局瑞士工作站主任時，就用心建立「美國間諜大師」的聲譽，共和黨領導層早就把他當成遠離故土的中央情報總監；至於他的胞兄約翰．杜勒斯，擔任共和黨外交政策的主要代言人，被視為影子國務卿。艾倫眼神清澈閃亮，笑聲爽朗，在極為和藹可親中帶點促狹般的狡獪。但他也是個口是心非，長年與人私通、野心勃勃的人。所幸他還不至於誤導國會、同僚或最高指揮官。

朗沃斯辦公大樓（Longworth Office Building）一五〇一室有武裝警衛把守，裡面的人都得宣誓保守祕密。艾倫．杜勒斯叼著煙斗，像是個不拘小節的校長在指示不聽話的學生一般，訴說著中情局應由「不求聞達的極少數菁英團隊主導」，局長應具有「高度的司法氣質」，兼備「長久的經驗和高深的學識」——這種人倒是跟艾倫．杜勒斯自己很像。局長的最高助理若是軍人，則應「拋開原有的陸軍、海軍或空官身分，『換上』情報機關的裝扮」。

杜勒斯說，美國人有「建構全世界最大情報機關的原料，員額毋需太多」——幾百名好手就能耍得開。他向國會議員保證：「本局的行動既不能虛浮誇張，更不能像業餘偵探以為的那樣，過度籠罩在神祕和玄虛當中。成功的唯一條件是努力、不偏不倚的判斷和常識。」

他並沒有說出他眞正想做的：恢復戰時戰略情報局的祕密行動。

成立新的祕密機關水到渠成。一九四七年七月二十六日，杜魯門總統簽署《國家安全法》（National Security Act），揭櫫冷戰新架構。國安法除了成立空軍，並由霍伊．范登堡將軍領導此一獨立軍種，還成立「國家安全會議」（National Security Council, NSC）作爲白宮的「總機」，供總統決策參考。此外，國安法還設置國防部長一職，第一位入主的佛瑞斯托銜命整合美國軍部。（佛瑞斯托幾天後寫道：「這間辦公室，可能是歷史上最大的死老鼠墳場。」）

此外，憑著國安法簡明扼要的六句話，中情局便在九月十八日誕生了。

中情局先天上就具有諸多重大缺陷。它原本功能是要協調部院各局處的情資報告，卻從一開始就得面對五角大廈和國務院內強烈且無情的反對。中情局不是它們的監督者，如繼子般不受重視。往後兩年多裡，中情局一直沒有正式的章程，國會也沒有提撥經費。這時，中情局總部的存續端賴少數國會議員補貼經費方以維持。

再者，它的隱密性也往往和美國民主的開放性相互牴觸。即將出任國務卿的艾奇遜寫道：「我對這個機關懷有極強烈的不好預感。我也提醒總統一旦設立，他、國安會或任何人都無從知悉它在做什麼，亦無從控制它。」

國安法完全沒提到海外祕密活動。它只是訓令中情局對比、評估和散播情報，並執行「其他攸關國家安全的功能與任務」。這十幾個字所蘊含的權力，正是兩年前馬格魯德將軍迂迴繞過總統所保留的權限。日後，數百起重大祕密行動便是利用這個漏洞來執行，光杜魯門第二次總統任期間就占八十一件。

進行祕密行動須有國家安全會議直接授權或暗示。那年頭的國安會成員雖包括總統、國防部長、國務卿和軍事首長，卻只是聊備一格，會議難得舉行；縱使召開，杜魯門也很少出席。

杜魯門參與了九月二十六日所舉行的首次會議，行事謹慎的希仁柯特也有出席。中情局法律顧問修士敦曾提醒局長，提防祕密行動的呼籲會與日俱增。[5] 修士敦指出若沒有國會的同意，中情局就沒有法律授權得以執行任務。希仁柯特因而設法將中情局的海外任務局限在情報蒐集。但他失敗了。很多重大的決定都是祕密爲之，通常是在國防部長佛瑞斯托家中的周三早餐會上拍板定案。

九月二十七日，肯楠傳給佛瑞斯托一份詳盡的報告，主張建立「游擊戰軍團」（guerrilla warfare corps.）。肯楠認爲，雖然美國人可能根本不會同意這種方法，但「以其人之道還治其人，卻是國家安全所不可或缺的」。佛瑞斯托欣然同意，他倆聯手啓動美國的祕密情報作業。

正式展開有組織的政治戰

佛瑞斯托把希仁柯特叫到五角大廈，討論「當前普遍的想法，亦即我們的情報團完全不適任」。他說的很有道理。中情局的能力與所要執行的任務實不成對比，的確讓人驚愕不已。

中情局特別行動處新指揮官蓋羅威（Donald "Wrong Way" Galloway）上校是個意氣昂揚的正宗軍人，早年以騎兵軍官身分在西點軍校教授馬術禮儀，那是他才情發揮到淋漓盡致的時候。他的副手潘洛斯（Stephen Penrose）原是戰情局中東部門的主管，已在灰心之餘掛冠求去。潘洛斯寫給佛瑞斯托的備忘錄中警告，正值「政府最需要一個有效率、規模日擴的專業情報機關之際，中情局卻流失專業人材，又無法羅致有才能的新人」。

儘管如此，一九四七年十二月十四日，國家安全會議對中情局發出第一道最高機密令，要中情局執行「祕密心理戰，以期反制蘇聯及蘇聯所策動的活動」。[6] 戰鼓擂動，中情局於是著手打擊義大利「赤色分子」，以防他們在預定一九四八年四月舉行的大選中奪權。

中情局告訴白宮，義大利可能變成極權的警察國家，一旦共產黨贏得選舉，必然會占領「西方文明最古老的所在地，全球虔誠的天主教徒尤其會嚴重關切教宗的安危」。槍口下的教宗遭無神論政府包圍，這種可怕的光景簡直教人不敢想像。肯楠認為來場槍戰好過讓共產黨合法拿下政權，退而求其次的選擇則是倣效共產黨搞顛覆的手法。

從這次任務開始起步的馬克惠（F. Mark Wyatt）回憶道，在國安會正式授權前好幾個星期，早已展開行動；當然，國會始終沒有同意。這次任務打從一開始就是不合法的。「在中情局總部裡，我們驚惶莫名，嚇得半死。」馬克惠這麼說不無道理。「我們已經踰越了法令。」[7]

協助打擊共產黨需要很多的經費。中情局羅馬工作站長傑姆士．安格頓預估的經費是一千萬美元。安格頓從戰情局時代就一直待在羅馬，他告訴總部自己對義大利特勤機關滲透程度甚深，已到了由他實質主事的地步。他可以利用特勤機關的成員把經費傳遞分散出去。但經費要從哪來呢？中情局仍然沒有獨立預算，也沒有應急費用可以支應祕密工作。

佛瑞斯托與好友艾倫．杜勒斯雖已央請華爾街和華府的商人、銀行家與政治人物等若干好友捐輸，但經費還是不夠。佛瑞斯托於是跑去找老友施奈德（John W. Snyder），此人是財政部長，也是杜魯門最親密的戰友之一。他說服施奈德挪用外匯平準基金（Exchange Stabilization Fund）。該基金成立於大蕭條時期，原意是透過短期通貨交易，穩定海外美元幣值；二戰期間變成從軸心國家虜獲戰利品的收藏所。該基金從歐洲重建經費二億美元中，挪出數百萬美元轉到一些有錢的美國公民（其中不乏義大利裔）銀行戶頭，再由他們轉入中情局新設立的各個政治外圍組織。捐款人可在所得稅申報單上的「慈善捐款」旁標注特別密碼。好幾百萬美元轉交給義大利的政治人物和梵諦岡教廷的政治組織「公教進行會」（Catholic Action）。[8] 裝滿現鈔的公事包在四星級的哈斯勒飯店（Hassler Hotel）轉手。馬克惠說：「我們也很想以更精緻的手法來進行。用黑色公事包來影響政治選舉，畢竟不是很動人的事情。」但這招的確奏效：義大利基督教民主黨（Christian Democrats）以懸殊比數贏得選舉，並組成一個將共產黨排除在外的政府。基民黨和中情局從此展開一段漫長的羅曼史。往後二十五年間，中情局以現金收買選票和政治人物的做法，不斷在義大利和許多國家中施展。

不過，共產黨倒是在選前幾個星期取得一大勝利。他們占領捷克斯洛伐克，並展開一連串逮捕與處決行動，歷時近五年之久。布拉格工作站長凱特克（Charles Katek）設法將大約三十名的捷克人送出邊界，轉往慕尼黑。這些人都是他手下幹員及其家屬，其中最重要的是位捷克情報頭子。凱特克找來一輛敞篷小客車，把他塞在散熱器和窗形格框之間，安排偷運出境。

一九四八年三月五日，捷克危機爆發，柏林的美國占領區司令克萊將軍（Lucius D. Clay）發給五角大廈一通讓人心驚膽顫的電報：他直覺蘇聯隨時會發動攻擊。五角大廈把電報洩露出去，華府頓時一片驚恐。儘管中情局柏林基地的人員發電報再三向總統保證，沒有任何蘇聯可能發動攻勢的徵兆，但沒人聽入耳。次日，杜魯門在參眾兩院聯席會議上提出警告，蘇聯及其代理人揚言要製造劇變。他籲請國會同意日後習稱爲「馬歇爾計畫」的重大計畫，國會立即通過。

馬歇爾計畫提供自由世界數十億美元作爲戰後重建的經費，並建立對抗蘇聯的政治與經濟屏障。美國將協助十九個國家（十六個在歐洲、三個在亞洲），依美國的藍圖重建文明。肯楠和佛瑞斯托是馬歇爾計畫的主要發起人，艾倫．杜勒斯則是法律顧問。

他們共同設計一項祕密追加條款，賦予中情局執行政治戰的能力，讓中情局從該計畫挪用不可勝數的數百萬美元。

箇中機制倒是出奇的簡單。國會批准馬歇爾計畫之後，會在五年內撥下約一百三十七億美元的經費，接受該計畫援助的國家必須以本國通貨設置等額的基金。[9]中情局可透過馬歇爾計畫各個海外辦事處，動用這些基金的百分之五（總額六億八千五百萬美元）。

這項祕而不宣的全球洗錢計畫一直持續到冷戰結束。馬歇爾計畫在歐洲和亞洲大行其道，美國間諜亦然。掌管馬歇爾計畫東亞部門的葛瑞芬（R. Allen Griffin）上校說：「我們故作不知，幫他們一點小忙，告訴他們把手伸進我們口袋裡。」

祕密經費是祕密行動的核心，中情局現在有了源源不絕且無從追查的現金。

一九四八年五月四日，肯楠向二十幾位任職於國務院、白宮和五角大廈的官員，提出最高機密報告，宣示「正式展開有組織的政治作戰」，並主張成立新的祕密機關以執行全球祕密工作。肯楠明確指出馬歇爾計畫、杜魯門主義和中情局祕密活動，都是反史達林大戰略中緊緊相扣的環節。

中情局從馬歇爾計畫挪用的經費，可支應外圍陣線網絡，也就是表面上由名流領銜的各種公開的委員會或諮詢會。共產黨在全歐各地都有外圍組織，如出版社、報社、學生團體、工會。現在中情局也建立了自己的外圍團體。這些組織將吸收外國特工，尤其是東歐各國的移民和俄國難民。這批外國人在中情局主導下，可在歐洲自由國家成立地下政治團體；而這些團體又可以把火種傳到鐵幕後的「全面解放組織」。萬一冷戰轉熱，美國在各前線都有一支戰鬥部隊。

肯楠的構想立即引起注意。一九四八年六月十八日，國安會發布密令，批准他多項計畫。一〇／二號國安命令（NSC Directive 10/2）號召以祕密行動攻擊全球各地的蘇維埃。[10]

這支在肯楠構想中執行祕密戰爭的打擊部隊，有個最安詳的名稱：政策協調處（Office of Policy Coordination, OPC）。[11]它是個掩護，用來掩飾該組織的工作。它雖設在中情局之下，但因中情局局長太過弱勢，處長可以直接向國防部部長和國務卿報告。根據二〇〇三年解密的國安會報告，國務院要政策協調處執行的是「散播謠言、賄賂、組織非共陣線」任務，佛瑞斯托和五角大廈則是要它搞「游擊組織……地下武裝……破壞和暗殺」。

應該是由一個人當頭頭

最大的戰場在柏林。魏斯納孜孜矻矻地形塑美國在柏林占領區的政策。他敦促在國務院的頂頭上司，採行藉由引進新德國通貨來顛覆蘇聯的策略。莫斯科方面肯定會否決這種構想，如此一來戰後柏林協定四強均勢將告破局，而新的政治動力勢必會逼退俄國人。

六月二十三日，西方列強制定新通貨，蘇聯立即封鎖柏林作爲因應。就在美國展開空中運補行動對付封鎖的時候，肯楠待在國務院五樓門禁森嚴的危機處理室，評估從柏林傳來的電報和電傳，苦惱異常。

這一年多來，中情局柏林基地一直想取得德國占領區的紅軍和俄國相關情報，以便追查莫斯科在核武、噴射戰鬥機、飛彈和化學戰方面的進展，可惜都徒勞無功。儘管如此，中情局在柏林警界和政界都有特工，更重要的是，已經有一條線打入位在東柏林卡爾休斯特（Karlshorst）的蘇聯情報總部。這是波爾加的功勞，他原是匈牙利難民轉而成爲中情局最出色情報官之一。波爾加有個管家，這位管家又有個哥哥在卡爾休斯特蘇聯軍官手下工作。鹹花生之類的物質享受從波爾加手中流到卡爾休斯特，對方回送情報。波爾加的第二位特工是電傳打字員，在柏林警察總局蘇俄聯絡課任職，她姊姊是一位小隊長的情婦。小倆口就在波爾加的公寓碰面。波爾加傳回的重大情報直達白宮。他回憶道：「這帶給我名譽和光榮。我完全肯定，在柏林封鎖期間，蘇聯不致有所行動。」中情局的報告對他的評估也一直堅信不移：不管是蘇聯軍方，還是他們剛扶植的東德盟友，都沒有準備作戰的跡象。柏林情報基地在那幾個月裡，很盡責地讓冷戰保持冷卻。

魏斯納卻準備來場熱戰。他主張美國應該用坦克大砲打進柏林。他的構想雖遭到否決，他的戰鬥精神倒是廣受歡迎。

肯楠堅稱祕密工作不能由委員會來領導，而是需要一位有五角大廈和國務院全力支持的最高司令。他寫道：「應該是一個人當頭頭。」魏斯納是佛瑞斯托、馬歇爾和肯楠一致同意的最佳人選。

魏斯納未滿四十歲，外表溫文有禮，年輕時頗爲俊俏，如今頭髮開始稀疏，臉孔和身軀也因貪杯逐漸發福。他從事戰時情報員和地下外交官的資歷還不到三年，現在必須從頭創設一個祕密機關。

赫姆斯注意到魏斯納散發著「熱心和激情，無疑賦予他一種異乎尋常的特徵」。他對祕密行動的熱中，也將永遠改變美國的世界地位。

〔注釋〕

1. 肯楠後來否認杜魯門主義和中情局是出自他的「知識建構」。他在二十年後說，杜魯門主義是建立在一個特殊問題的「共通架構」上：「爲求符合美援資格，其他國家必須展現該國確有共產威脅存在，由於幾乎所有國家都有共產黨少數派存在，這一認定的影響自然也極爲深遠。」不過，一九四七年時，幾乎所有的美國人都把杜魯門主義視爲自由勢力宣言。杜魯門演講當天，正在布達佩斯工作的情報官員麥卡嘉（James McCargar）說，先前幾個月來以來，美國使節團士氣「一再低落，只因我們眼見俄國人正遂其所願完全占有匈牙利」。巴爾幹半島乃至整個歐洲，情況也大致相同，「這絕對會成爲（美蘇之間）的一種競賽，一種眞正的對立」，「我們越來越沮喪」，直到杜魯門主義宣告這一天。麥卡嘉說：「那天早上，我們上街終於可以抬頭挺胸，我們會竭盡所能支持全球民主勢力。」

杜魯門主義的源頭可以回溯到一九四六年的恐戰心理。是年七月十二日星期五傍晚，第一起反蘇祕密行動及第一波作戰計畫成形。杜魯門在白宮小酌幾杯波本酒後，請法律顧問柯立福代替表現令他不甚滿意的「中央情報新聞社」，負責匯整蘇聯祕辛。柯立福因接近權力核心，顯得有點暈陶陶，竟決定把這件差事攬在自己身上。其實，杜魯門身邊的人個個都比他有資格。柯立福說：「我沒有（外交政策或國家安全方面的）背景，得邊作邊學。」杜魯門並不是第一個想在白宮內另設情報機關的總統，肯定也不會是最後一個。柯立福與杜魯門的助理艾爾西（George Elsey）共同起草工作內容，並在一九四六年九月初正式提出。他的報告主要建立在肯楠的論點上，也就是美國必須假定蘇聯隨時可能在全球任何地方發動戰爭。故而，美國總統必須有準備對蘇展開「原子與生物戰」的決心，因爲「武力是（蘇聯瞭解的）唯一語言」。美國的唯一抉擇是展開全球活動，以「支持和援助受蘇聯脅迫或危害的民主國家」；爲達此目標，美國必須建立一套統合的外交政策、軍事計畫、經援方案和情報活動。美國必須領導西方文明國家，「共同建立一個屬於我們的世界」。

中央情報總監范登堡風聞柯立福的作爲後，不甘示弱，在杜魯門委任柯立福後一個星期，命手下首席報告官蒙塔古（Ludwell Lee Montague）提出蘇聯軍事與外交政策分析報告來做反制，並在星期二之前把報告送到他桌上。蒙塔古在沒有幕僚援手情況下，獨負重任，在往後一百個小時裡不眠不休地工作，終於如期提出中央情報部門有史以來的第一份蘇聯情勢分析報告。蒙塔古的結論是，莫斯科雖預期將與資本主義世界衝突，並努力鞏固對鐵幕國家的控制，但在可預見的未來不至於興戰，也經不起與美國直接衝突。這是第一份有關蘇聯情勢的評估報告，也是中情局最感棘手、也最難令人滿意的差事之一；它和往後好幾百份的報告一樣，大部分建立在少許的明確事實上，正好坐實肯特所謂「評估就是做自己所不知道的事」。在白宮需要黑白分明的報告之際，這份報告所描繪的卻是灰色調，結果自然石沈大海。此外，這份報告還有個根本缺失：陸軍、海軍和國務院仍然不肯對中央情報部門的後生小輩們分享他們的看法。

這是個重大打擊。蒙塔古寫道，往後四年間中央情報部門所提出的報告，始終不獲杜魯門青睞，其中一個難以跨越的障礙便是軍方；他們要依自己的想法和預測做威脅分析，而且這種心態至今依然。這慘痛教訓隨著時間加深：中情局唯有在獲得獨家祕辛時，才能在華府發揮力量。

相形之下，柯立福則擁有中央情報部門所沒有的優勢。他在白宮西廂有最稱頭的辦公室，每天和總統見上五、六次面，而且可以總統之名向國務院、戰爭部和海軍部調閱祕密文件。他和艾爾西在九月所提出的報告，形同出自聯參首長情報幕僚之手。儘管如此，報告中還是有個致命的缺陷：美國政府內沒有人能正確解讀蘇聯軍力與意圖。正如赫姆斯五十年後憶述，當時最佳的情報來源就是窩在國會圖書館。

2. 在十九位中央情報總監當中，沒有心理準備或不適任的起碼有十幾位，索伊爾、范登堡和希仁柯特就是其中三位。希仁柯特在一九四七年五月二十一日寫信給唐諾文：「這項任命著實令人意外，您是這一行的大師，我想請您能否給我一點建議，並對此發表您的看法。」

3. 〔編注〕「作基督精兵」是十九世紀英國教會詩歌，或稱「基督精兵，前進!」，由聖公會顧爾德博士（Dr. Sabine Baring-Gould）填詞、作曲家蘇利文（Arthur Sullivan）譜曲，曲風宛如軍樂進行曲般雄壯。該詩歌在當時並不很流行，到第一次世界大戰之後，從美國軍中開始風行起來。二戰之後，人們喜愛雄壯的音樂，在教會的聚會中經常採用該詩歌。自六〇年代起，受到反戰運動風潮的影響，這首詩歌被認爲帶有戰爭氣味而漸被擱置，直至今日已不大普遍了。

4.〔編注〕艾倫．杜勒斯的舅父藍辛（Robert Lansing）是威爾遜總統的國務卿，外祖父則是福士達（John Watson Foster），在班傑明．哈里森總統任內當國務卿。中日甲午戰爭後，福士達擔任李鴻章、李經方的法律顧問，負責協助執行割讓臺灣事宜。艾倫的哥哥約翰．佛斯特．杜勒斯主導《舊金山和約》和《中日和約》的協商與內涵，後來更主導《中美共同防禦條約》的簽訂，迫使中華民國政府做出不少讓步。這一家族就有兩人對臺灣的主權影響甚鉅。

5.修士敦告訴希仁柯特，國安法並沒有賦予中情局任何類似祕密活動的法律權限；在該法的字裡行間，國會也沒有任何隱含的用意。若是國安會下令執行此類祕密行動，而中情局也向國會提出明確要求、並獲得執行任務所需的授權與經費，才能另當別論。可惜他這番良言直到三十年後才有人理睬。

6.何謂心戰？中情局第一批情報官員個個猜不透。是紙上談兵嗎？若以言語文字當武器，該說眞話還是假話呢？中情局是該在公開市場販賣民主呢？還是偷偷走私民主到蘇聯？心戰是指在鐵幕後從事廣播抑或空投傳單？還是要下令展開祕密行動打擊敵人士氣？戰略性欺敵的祕術，從盟軍發動攻擊日（D-Day）之初就一直討論至今，仍然沒能發展出一套不用武器作戰的新方針。艾森豪雖在歐洲司令部敦促同袍「保持心理戰術活絡」，日後成爲美國特種作戰部隊之父的麥克盧爾（Robert A. McClure）卻發現，美國「對心戰……毫無所知……令人驚愕」。

希仁柯特想找位可以突破迷障的人來擔任「特別措施支部」（Special Procedures Branch）首長，肯楠和佛瑞斯托都希望由艾倫．杜勒斯來擔綱，最後找來戰情局老手卡塞迪（Thomas G. Cassady），詎料芝加哥經紀人兼銀行家出身的他卻是個大麻煩。他想在德國設立電臺和宣傳品印刷廠，可就沒人能想出可爭取民心的適當措詞。他的大構想叫「終極計畫」（Project Ultimate），也就是用高空氣球把印有手足情誼訊息的傳單送入蘇聯，可國務院就有人質疑何不空運米老鼠手錶進蘇聯？

〔譯注〕D-Day：指一九四四年六月六日，即盟軍自諾曼地登陸，反攻西歐之日。

7.義大利行動乃是中情局頭二十五年歷史中最費工本、爲時最久、收穫最豐的政戰行動。一九四七年十一月，行動開始之初，安格頓站長從羅馬返美，在蓋羅威的特別行動處內籌設蘇聯課。安格頓已在義大利建立相當穩定的特工網，有一部分是藉由豁免某些惡棍的戰爭罪行來達成；這幾個月來，他一直在思考即將來臨的義大利大選，並已擬定計畫，返美後就由羅馬工作站的執行官羅卡（Ray Rocca）負責第一階段行動。柯比事後回想起來，覺得他的行動方案就是直接給錢，並沒有什麼出奇之處。這種做法持續二十五年之久。至於所謂一九四八年奇蹟，指的是中間派獲勝，而中情局可以居功不諱：選前中間偏右的基民黨與梵諦岡聯手，仍然和號稱有兩百萬忠心黨員的共產黨平分秋色。馬克惠說：「他們都是大黨，新法西斯主義者已經出局，保皇黨也已過氣。」另外還有三個小黨是共和黨、自由黨和社民黨。中情局在三月便決定分配選票，同時支持小黨與基民黨候選人。

義大利行動所費不貲，雖沒有正式記錄，但估計在一千萬到三千萬美元之間。黑色手提包裡裝有滿滿現鈔之外，還有滿滿的友誼和信賴，加上一點軟硬兼施。……一九四八年義大利行動中有一則傳聞，處理帕勒摩（Palermo）碼頭工人事件的三名中情局約聘特工，請當地黑手黨出面擺平，成功地讓美國武器船貨越過共黨碼頭工人。不過，中情局總部倒是對他們的做法很不滿意。美國武器和裝甲流入義大利，美國船隻運來糧食，一波波國際新聞的推波助瀾強化了捷克陷落的震撼，這些都促成了義大利中間派的勝出，也使中情局與日漸腐化之義國政治菁英間的長遠關係更爲鞏固。任職國務院和政策協調處的葛林（Joe Greene）回憶道，義大利「宣布他們要送美國一份禮，對終戰以來至五〇年代初期美國爲他們所做的一切，表達感激之意。他們要送一批騎馬銅像豎立在華府紀念橋西北端，基民黨領袖狄加斯派瑞（Alcide De Gasperi）爲此特地前來美國，杜魯門總統也出席捐贈儀式。真是一場盛會」。銅馬還在。

8. 〔譯注〕「公教進行會」原稱「天主教行動」，係一八六八年教皇國瓦解前夕，教皇庇護九世號召義大利教徒以「行動」保護教會的組織，故名。一九〇二年教皇李奧十三世正式改稱公教進行會，簡稱公進會。于斌樞機主教曾任此會總監。

9. 〔譯注〕此一機制稱爲「對等基金」。馬歇爾計畫並非傳統的經援，而是美國提供物資在當地銷售，所得利潤即存入當地開設的重建專用帳戶。

10. 一〇／二號國安命令挑戰性的措詞如下：

鑑於蘇聯及其衛星國家與共產團體採取惡毒的祕密行動，中傷並打擊美國及其他西方列強的目標與活動，國家安全會議決議，為世界和平利益與美國國家安全著想，美國政府公開的外交活動須有祕密行動輔助……美國政府對那些〔祕密行動的〕規畫與執行所需承擔的責任，不會讓未經授權的人士知悉；一旦曝光，美國政府亦可振振有詞撇清責任。此類工作尤須包括下列相關祕密行動：宣傳、經濟戰；破壞、反破壞、撤退措施等預防性的直接行動；援助敵意國家的地下反抗組織、游擊隊和難民解放團體，並支持自由世界受威脅國家的本土反共行動。

肯楠無疑是這項國安命令主要理念的始作俑者，他在一個世代後卻頗為悔恨，表示推動政治戰爭是他畢生最大的錯誤。他認為祕密作戰牴觸美國傳統，「過度的隱密、口是心非與祕密陰謀，不合我們的口味」。當時的掌權者很少人會這麼說。當時的名家間約定俗成的觀念，顯然是美國若想阻止蘇聯，就得有一批祕密部隊。肯楠在撰寫長達千餘頁的回憶錄時，根本不提自己是祕密行動的始作俑者。

11. 〔編注〕第二章提及的特別行動處（OSO）原先負責祕密蒐集情報的工作，在一九四八年初期也從事祕密行動。不過要到一九四八年九月一日政策協調處（OPC）成立後，中情局才算有了正式執行祕密作戰的組織。然而這兩個處室一直明爭暗鬥，直到華特．貝代爾．史密斯擔任中情局局長期間，兩者才完成整合。

〔第四章〕
最爲機密的事

一九四八年九月一日，魏斯納接下祕密行動的擔子。他的任務是：把蘇聯人趕回俄羅斯舊有的疆界內，讓歐洲擺脫共產黨控制。林肯紀念堂和華盛頓紀念碑之間有一泓粼粼水池，水池兩側是一長排戰爭部的臨時房舍，魏斯納的指揮所便是設在其中一間破落的鐵皮小屋。走廊上鼠輩橫行，他的手下稱這個地方爲「鼠宮」。

他每天工作十二小時以上，每星期上班六天；他不僅逼自己瘋狂地工作，還要求手下情報官向他看齊。他很少告訴中情局局長自己在幹什麼。他一個人就可以決定自己的祕密任務是否遵照美國外交政策。

他的組織很快就大過中情局其他部門的總合。祕密工作成了中情局的主力，握有大部分的人力、經費與權力，如此延續二十多年之久。中情局明文規定的任務，在於提供總統攸關美國國家安全的機密情報。但魏斯納既沒耐心搞諜報，也沒時間過濾和衡量機密情資。在魏斯納看來，策動政變或收買政治人物比滲透共產國家的政治局（Poliburo）更爲容易，也更爲急迫。

不到一個月的時間，魏斯納就規畫好未來五年的作戰計畫。他著手成立一個專搞宣傳的跨國媒體集團，又設法透過製造僞鈔和操縱市場的手段，發動反蘇經濟戰。他花好幾百萬美元設法策反世界各國讓他們轉向親美。他想吸收俄羅斯、阿爾巴尼亞、烏克蘭、波蘭、匈牙利、捷克、羅馬尼亞各國流亡人士，組成武裝反抗團體滲透鐵幕。魏斯納相信在德國漂泊的七十萬俄國人都會共襄盛舉，於是想把其中一千人改成政治震撼部隊。結果他只找到十七個人。

魏斯納根據佛瑞斯托的命令，成立敵後情報網，亦即第三次世界大戰開打時可以與蘇聯作戰的外國人，目的在延緩數十萬紅軍挺進西歐。他要把武器、彈藥和炸藥貯藏在歐洲和中東各地的祕密地點，以便蘇軍挺進時炸毀橋樑、倉庫和阿拉伯油田。新任戰略空軍指揮部（Strategic Air Command）司令、掌控美國核武的李梅（Curtis LeMay）將軍很清楚，轟炸機飛到莫斯科上空投彈後，油料就會耗光，飛行員和機員只好在鐵幕東端跳傘逃生。因此，李梅要魏斯納的心腹林賽（Franklin Lindsay）在蘇聯境內建造一道「索梯」，一條讓他手下可以經陸路撤退的路線。空軍校官則在中情局總部咆哮：偷一架蘇聯戰鬥轟炸機來，最好連飛行員也一起塞在麻布袋裡送回來；派特工帶著無線電潛入柏林和烏拉山之間的每一座機場；戰爭警報一響就破壞蘇聯境內每一條軍用跑道。這不是請求，是命令。[1]

最要緊的是，魏斯納需要好幾千名美國間諜。從以前到現在，找尋人才一直是一大危機。於是他展開召募活動，範圍從五角大廈到公園大道，從耶魯、哈佛到普林斯頓大學不等，還特別花錢請這些大學的教授和教練留意人才。他聘請律師、銀行家、大學小夥子、老校友、無所事事的退役軍人。中情局的哈爾彭（Sam Halpern）說：「他們到街上拉人，只要是能說是不是，或手腳還能動的活人就行。」魏斯納的目標是半年之內開辦至少三十六個海外工作站；結果他在三年內弄了四十七個工作站。在有工作站開設的都市，大致都有兩名站長，一名負責魏斯納的祕密行動，另一負責中情局特別行動處的諜報工作。兩人不可避免地勾心鬥角，互搶對方的特工、互爭長短。魏斯納自己就以更優渥的薪水和更光榮的遠景，從特別行動處挖角好幾百名的情報官。

他向五角大廈、歐洲及亞洲占領區內的美軍基地徵用飛機、武器、彈藥、降落傘和多餘的軍服。過沒多久，他就管控著總值約二億五千萬美元的軍品。魏斯納頭一批聘雇的政策協調處人員麥卡嘉說：「魏斯納可以打電話到政府各部門要人，他就是能取得這麼大的能耐。當然，中情局的作業很機密，但人人都知道有這個機關；政策協調處則不僅行動隱密，連該組織的存在也是個機密。應該特別強調的是，現在雖有少數人知道，在美國政府內它是僅次於核武的最爲機密的事。」如同第一批核武試爆威力之大，遠超乎設計者預期；魏斯納的祕密行動工作站成長之速、擴張之廣，也超乎任何人的想像。

二戰期間麥卡嘉在蘇聯幫國務院賣命時，很快就學到「能幫助你把事情做好的唯一方法，就是祕密從事」。他一手安排匈牙利政治領袖撤退事宜，把他們從布達佩斯送到維也納的安全屋（Safe house）[2]——此處由維也納工作站第一任站長烏爾瑪（Al Ulmer）在占領區首都所設置。兩人也因此成爲好友。一九四八年夏天，兩人在華府不期而遇，烏爾瑪立即請麥卡嘉和他上司碰面。魏斯納請兩人到華府地區最豪華的海亞當斯飯店（Hay-Adams Hotel）吃早點——該飯店隔著拉法葉公園（Lafayette Park）與白宮遙遙相望，並當場聘請麥卡嘉爲總部人員，負責希臘、土耳其、阿爾巴尼亞、匈牙利、羅馬尼亞、保加利亞和南斯拉夫七國業務。麥卡嘉說道，一九四八年十月他去報到的時候，「總共只有十個人，包括魏斯納、兩名情報官、幾位祕書和我，十個人；不到一年，我們增加到四百五十人，再過一、兩年就有好幾千人」。

我們被當成國王般看待

魏斯納派烏爾瑪到雅典，負責地中海、亞得里亞海及黑海地區十國業務。這位新站長購置一幢山頂宅邸，既可俯瞰雅典城，又有高牆圍繞，且附有一間六十呎長的晚宴廳，與高格調的外交官為鄰。烏爾瑪在多年之後如此表示：「我們當家主事，被當成國王般看待。」

中情局開始祕密提供政治和經濟上的支援給希臘最具雄心的軍事與情報官員，並吸收日後可能領導希臘的有為青年。他們所培養的人脈日後可能有極大的回報。先是雅典和羅馬，接著是全歐各地，政治人物、軍事將領、間諜頭子、報紙發行人、工會領袖、文化團體和宗教協會紛紛前來向中情局請款並請益。魏斯納掌權後初期的中情局祕史載道：「個人、團體和情報機關很快便瞭解，世上還有個外國勢力可以攀附聯結。」

魏斯納手下各站長都需要錢。魏斯納在一九四八年十一月飛到巴黎，找馬歇爾計畫主持人哈里曼（Averell Harriman）討論這個問題。[3]兩人在塔列朗飯店（Hotel Talleyrand，原為這位拿破崙時代外交部長的寓所）一間鎏金套房碰面。在富蘭克林大理石半身像的注視下，哈里曼告訴魏斯納，有必要的話不妨盡量伸入馬歇爾計畫的「美金摸彩袋」裡。有了這番授權，魏斯納立刻回華府找馬歇爾計畫執行長李察．畢賽爾。畢賽爾回憶：「我在社交場合見過他，認識他，也相信他。他算是我們圈內人。」魏斯納開門見山，畢賽爾起先很是爲難，但「魏斯納耐心地向我保證，哈里曼已同意此項行動，起碼緩解我若干疑慮。我一開始追問他要怎麼運用這筆錢的時候，他卻解釋說不能告訴我」。畢賽爾很快就會知道。十年後，他接下魏斯納的工作。

魏斯納建議，利用馬歇爾計畫的款項，打破共產黨對法國和義大利最大工會組織的影響；肯楠親自授權進行這些工作。一九四八年底，魏斯納選中兩位頗有才幹的工會領袖來執行第一波工作：一位是美國共產黨前主席羅夫斯東（Jay Lovestone），另一位是羅氏的忠誠追隨者布朗（Irving Brown）。這兩位都是經歷一九三〇年代激烈的意識形態鬥爭後，轉變成畢生奉獻反共事業的人士。羅夫斯東擔任美國總工會（American Federation of Labor）分支出來的「自由工會委員會」（Free Trade Union Committe）的執行祕書，布朗則是羅氏的駐歐首席代表。兩人把些許款項從中情局轉到由基民黨和天主教會所支持的各個工會。馬賽港和那不勒斯港的回報是，確保美國軍火和軍事物資可由友好的碼頭工人裝卸搬運。此外，中情局的錢和權也流入懂得如何赤手空拳打散罷工的科西嘉黑幫。

魏斯納有個比較高尚的任務：承擔「文化自由大會」（Congress for Cultural Freedom）的經費，使得這個頗爲神祕的組織成了中情局很有影響力的外圍，歷時二十年之久。魏斯納擘畫「一個針對知識分子的龐大計畫，各位也可以稱之爲『爭取畢卡索的心』」，中情局官員布雷登（Tom Braden）以雅致的文句如是寫道，此人是戰略情報局出身，也是魏斯納周日晚餐會的常客。這是文字之戰，出馬的是一些小雜誌、平裝書和高檔的會議。布雷登說道：「我主管的文化自由大會一年經費預算大約在八十萬到九十萬美元。」這筆經費裡包括《迎戰》（*Encounter*）月刊的創刊費用，這份高檔次的月刊雖然每期賣不到四萬份，卻在一九五〇年代產生極大的影響。對主修人文學科的中情局新人而言，這種傳道似的工作頗具吸引力。美國情報人員頭一年的海外工作，就是在巴黎或羅馬經營小報或出版社，生活頗爲愜意。

魏斯納、肯楠以及艾倫．杜勒斯看到一個更好的辦法，可以運用東歐流亡人士的政治熱情與知識能量，並將它們傳送到鐵幕內——這就是「自由歐洲電臺」（Radio Free Europe）。一九四八年底至四九年初著手規畫，花了兩年多時間才正式開播。杜勒斯成爲自由歐洲全國委員會的創始人，而這不過是中情局資助的諸多外圍組織之一。「自由歐洲」理事會成員包括：艾森豪將軍，《時代》、《生活》、《財富》雜誌董事長魯斯（Henry Luce），好萊塢製片西席．迪米爾（Cecil B. DeMille，《亂世佳人》的製片）等，這些人都是杜勒斯和魏斯納找來掩飾實際運作的門面。電臺成爲政治戰的利器。

火熱的混亂

魏納斯滿心期待下任中情局局長是艾倫．杜勒斯，後者自己也有很高的期待。

一九四八年初，佛瑞斯托請艾倫．杜勒斯針對中情局的結構性缺失，展開極密調查。就在大選接近時，杜勒斯也忙著把調查報告做最後的潤飾，打算以此當作就職演說。他很篤定杜魯門一定會敗在共和黨候選人杜威（Thomas Dewey）手中，而新總統一定會把他陞到應有的職位上。

這份報告被列爲機密達五十年之久，形同一份詳盡又無情的起訴書。罪狀一：中情局粗製濫造大量文件，箇中對共產威脅的判斷，縱使有些許是事實，可也少之又少。罪狀二：中情局間諜打不進蘇聯及其衛星國家。罪狀三：希仁柯特是個失敗的局長。報告中說，中情局還算不上是個「稱職的情報機關」，要轉型還得「耐心努力好幾年」。當前最需要的是一位果敢的新局長。然而，到一九四九年一月報告定稿的時候，杜魯門已經連任，杜勒斯與共和黨關係密切，從政治上說，任命他當局長便顯得匪夷所思。希仁柯特留任，中情局實質上有如群龍無首。國家安全會議訓令希仁柯特落實報告內容，他置若罔聞。

杜勒斯告訴華府友人，除非中情局徹底變革，否則總統定會面臨海外劇變。眾聲附和。已出任國務卿的艾奇遜聽聞「中情局快被火熱的混亂和忿懣融化」。他的情報來源是柯密特．「金姆」．羅斯福（Kermit "Kim" Rosevelt），此人乃老羅斯福總統的裔孫、小羅斯福總統的堂兄弟，後來出掌中情局近東暨南亞課。佛瑞斯托的情報助理歐赫利（John Ohly）提醒頂頭上司：「中情局的最大缺失根源於人員的類型和素質，以及吸收特工的方法。更有資格且想以中情局爲畢生事業的文職人員，因而士氣徹底低落，許多無法忍受這種狀況的幹員因而流失。（更糟的是）留在局裡的幹員大多認定，除非這幾月內出現變革，否則他們肯定會走人。失去這批高素質的幹部，中情局勢必會陷入泥淖，縱有機會也極難逃脫。」屆時中情局形同「永遠成爲一個差勁乃至三流的情報機關」。這些話簡直像是來自半個世紀後的言論。它們精確地描述蘇聯共產主義垮臺十年後的中情局困境：國內老練的間諜有如鳳毛麟角，海外有才幹的工作人員幾乎等於零。

中情局的能力還不是唯一的問題，冷戰的壓力也在摧毀國家安全機構的新領導人。

佛瑞斯特與肯楠原是中情局祕密工作的始作俑者及指揮官，但事實證明他們也無法控制自己所啓動的機器。肯楠身心俱疲，躲在國會圖書館一角高蹈自隱。佛瑞斯托更是鋒芒盡失，在一九四九年三月二十八日辭掉國防部長職務。在任的最後時日，佛瑞斯托崩潰了，滿嘴抱怨連月來難以成眠。全美最著名的精神科醫師曼寧格（William C. Menninger）斷定他是精神病發作，把他送到貝瑟斯達海軍醫院（Bethesda Naval Hospital，位於馬里蘭州）的精神科病房。

歷經五十個輾轉反側的夜晚，佛瑞斯托在世的最後幾小時抄寫著希臘詩篇〈亞傑克斯來的合唱團〉（The Chorus from Ajax）。他寫到「夜鶯」的「夜」字時陡然停下，接著從十六樓窗口跳樓身亡。「夜鶯」是烏克蘭反抗軍的代號，佛瑞斯托授權他們進行反史達林的祕密戰爭，其領導人包括二戰期間納粹的同路人，曾在德國戰線後方殺害數千人。該組織成員正準備替中情局空降到鐵幕後方。

〔注釋〕

1. 林賽是戰情局老手，曾在南斯拉夫與狄托的游擊隊並肩作戰。戰後，他和艾倫·杜勒斯一同在批准馬歇爾計畫的國會委員會中擔任幕僚。一九四七年九月，他率領該委員會的成員尼克森等一行到的里亞斯特（的港）占領區，在該城變成自由區前夕，目睹南斯拉夫坦克與美軍緊張對峙的場面。南斯拉夫仍屬蘇聯集團國家，狄托九個月後才和史達林決裂。當時情勢一觸即發，駐的里亞斯特聯軍指揮官艾雷（Terence Airey）就曾提醒英美政府：「這個問題若不審慎處理，第三次世界大戰很可能就會從這裡開始。」林賽一回華府就建議以游擊大軍對抗蘇聯，並獲得魏斯納的青睞。
2. 〔譯注〕安全屋指的是祕密據點。
3. 一九四八年秋天，林賽仍在馬歇爾計畫巴黎總部的哈里曼手下服務，見證魏斯特和哈里曼之間的對話。林賽說：「哈里曼充分瞭解政策協調處的情況。」一九四八年十一月十六日，魏斯納向哈里曼提出簡報後，錢已不是問題。麥卡嘉憶述道：「我有好幾百萬預算可以花，花都花不完。」

馬歇爾計畫除了提供經費和身分掩護，也贊助祕密行動人員針對法國和義大利的工會，展開宣傳與反共行動。在魏斯納和哈里曼達成協議之後，有些馬歇爾計畫官員甚至代魏斯納執行祕密活動達三年之久。魏斯納也向派駐德國的高級文官麥克洛伊做簡報，此人乃一九四五年九月杜魯門給中情局判了死刑後，全力維持美國情報作業的戰爭部大老。魏斯納說，他「向麥克洛伊說明政策協調處的大義與來源」，並詳述「我們當前與未來在德國作業的若干細節」，也注意到麥克洛伊「聽我說起協議的原始策畫人包括羅維特、哈里曼、佛瑞斯托、肯楠、馬歇爾等等，顯然頗為動容」。

〔第五章〕有錢的瞎子

二戰期間，美國和共產黨同心協力對抗法西斯主義者；冷戰期間，中情局則利用法西斯主義者打擊共產黨。愛國之士以美國之名進行這類任務。「要開鐵路，就不能不引進些納粹黨員。」艾倫・杜勒斯話鋒一轉說道。

美軍占領下的德國有二百多萬人漂泊無依，其中很多人是剛從日益擴張的蘇維埃統治陰影下逃出來的絕望難民。魏斯納派情報官直接到各難民營，吸收他們來從事他口中的任務：「鼓動反抗組織深入蘇聯，並提供聯繫地下組織的管道」。他主張，中情局必須「利用蘇維埃世界的難民，追求美國的國家利益」。

在中情局局長的反對聲中，他還是想把槍械和經費交給這些人。中情局的記錄說，極有必要運用蘇聯流亡人士「作為戰爭非常時期的後備部隊」，儘管他們「各團體間在宗旨、理念和種族構成上有著極大的分歧」。

魏斯納的命令促成中情局第一次準軍事任務，也是多次讓數千名外國特工從事死亡任務中的第一次。全盤經過一直到二〇〇五年中情局歷史揭露後，才首次曝光。

這法案談得越少越好

魏斯納的雄心在一九四九年一開始就碰到很大的障礙。中情局並沒有獲得法律授權去對任何國家進行祕密行動；它既沒有國會批准的合憲章程，也沒有合法提撥的經費來執行這些任務。它仍然是在美國法律之外作業。

一九四九年二月初，中情局長找喬治亞州民主黨籍的眾院軍事委員會主席文森（Carl Vinson）私下聊天。希仁柯特提醒說，國會必須盡快通過認可中情局的正式立法並提撥經費。中情局已完全投入任務，亟須有個合法的掩護。希仁柯特向參眾兩院若干議員吐露憂慮之後，在一九四九年提出《中央情報局法案》（Central Intelligence Agency Act）請他們審議。他們開了大約半個小時的祕密會審斟酌該法案。

文森告訴同僚說：「我們不得不告訴眾院，他們必須接受我們的判斷，而且他們可能會提出的問題，有很多是我們不能回答的。」眾院軍事委員會的共和黨籍資深委員蕭特（Dewey Short，密蘇里州）也同意，公開討論該法案是「超蠢」的事：「這法案我們談得越少，對我們大家越好。」

一九四九年五月二十七日，國會通過《中情局法》。這一通過，國會便賦予中情局極為廣泛的權力。一個世代之後，譴責美國間諜違憲罪行變成很時髦的事，但在《中情局法》通過與國會監督精神復甦之間的二十五年裡，中情局只被禁止不許在國內表現得像祕密警察一樣。該法賦予中情局幾近爲所欲爲的能力，只要國會在年度預算中提供經費。軍事小組委員會通過機密預算這回事，熟知如何合法授權所有機密行動的人都心知肚明。有位投贊成票的國會議員，在多年後成爲美國總統時總結這項國會默契。就算是機密，也是合法的，尼克森如是說。

現在，中情局有如脫韁野馬：毋需收據的經費——隱藏在五角大廈預算做假項目下無從追查的款項，等於是「無限執照」（unlimited license）。

一九四九年《中情局法》有個主要條款，允許該局可以用國家安全的名義，每年讓一百名外籍間諜入境美國，並授予他們「永久居留權，儘管在移民法或其他任何法律之下都是不容許的」。杜魯門簽署一九四九年《中情局法》使之正式生效的同一天，主管該局特別行動處的二星將軍維曼（Willard G. Wyman）告訴移民局官員有位叫列貝德（Mikola Lebed）的烏克蘭人，「在歐洲提供本局重大協助」。「中情局依剛過的新法，將列貝德偷運入境。

中情局自己的檔案卻把列貝德領導的烏克蘭派系稱爲「恐怖組織」。列貝德本人因一九三六年謀殺波蘭內政部長入獄，三年後德軍攻打波蘭，他趁機越獄逃亡。他把納粹視爲理所當然的盟友。德軍吸收他的手下成立兩個營，其中一個就是令國防部長佛瑞斯托繫念不已的「夜鶯」營隊——在喀爾巴阡山作戰，終戰後仍留在烏克蘭叢林。列貝德在慕尼黑自稱是烏克蘭外交部長，並提供游擊隊員給中情局執行反莫斯科任務。

司法部認定他是個屠殺烏克蘭人、波蘭人和猶太人的戰犯。艾倫·杜勒斯卻親筆致函聯邦移民局局長，說列貝德「對本局具有無法估計的價值」，且在「最爲重要的行動上」予以協助。所有遣返的動作便戛然而止。[2]

中情局的烏克蘭行動祕史指出，中情局「蒐集蘇聯相關情報的方法不多，是以覺得有必要利用每一個機會，不管成功的機率有多渺茫或特工人員有多不堪。流亡團體即使是前科累累，往往也是聊勝於無的唯一選擇」。因此，「很多流亡團體殘暴的戰爭記錄，也隨著他們在中情局的地位提升而日趨模糊」，到了一九四九年，只要是反史達林的人，即使是畜生混帳，美國都準備與之合作。列貝德就符合這種資格。

我們不想碰它

蓋倫（Reinhard Gehlen）將軍也是此類人物。[3]

二戰期間蓋倫擔任希特勒軍事情報局（Abwehr）首長時，就曾試圖從東部戰線刺探蘇聯。爲人倨傲又狡滑的他，信誓旦旦地說他有個「優秀德國人」情報網，可以在俄羅斯戰線後方幫美國偵察。

蓋倫說道：「我打從一開始就是受到下列信念所驅使：東西方對決勢難避免，每一個德國人都有義務貢獻一己之力，所以德國的立場是要完成她所肩負的責任，共同捍衛西方基督教文明。若要保護西方文化……（美國需要）最優秀的德國人當合作者。」他提供給美國情報網效力的團體，是「傑出的德國國民，很優秀的德國人，意識形態上也站在西方民主國家這一邊」。

陸軍雖然很大方地資助蓋倫組織的行動，卻無法控制該組織，屢次想把它交給中情局。赫姆斯手下的情報官堅決反對，其中一位就表示很反感竟須與「有納粹前科的黨衛軍（SS）成員」組成的情報網合作。另一位情報官則警告：「美國情報機關好像是有錢的瞎子用納粹軍情局當導盲犬。唯一的問題是鍊子太長了。」赫姆斯自己也表達合理的疑慮：「無疑地，俄國人也知道這項行動。」

當時在中情局總部主管德國業務的希契爾說：「我們不想碰它，這與道德或義理毫無關係，一切都是爲了國家安全。」

然而，在陸軍不斷施壓之下，中情局還是在一九四九年七月接收蓋倫組織。蓋倫在慕尼黑郊外一幢原作納粹總部的屋子裡，歡迎好幾十位知名戰犯加入他的圈子。正如赫姆斯和希契爾所擔心的，東德和蘇聯情報機關早已滲入蓋倫組織的最高層，直到蓋倫組織變成西德的國家情報組織許久之後，最厲害的臥底間諜才浮出檯面。蓋倫長年主管反情報的手下，竟是一直在爲莫斯科工作。

中情局駐慕尼黑的年輕情報官史提夫·譚納（Steve Tanner）指出，蓋倫說服美國情報官員自己可以執行對付蘇聯權力核心的任務。譚納回憶：「鑑於這種事對我們而言實在是太難了，不試一下的是白痴。」[4]

我們不會毫無作爲的

譚納是陸軍情報老手，剛從耶魯大學畢業，一九四七年時受雇於赫姆斯，是中情局第一批宣誓就職的二百名情報官之一。他在慕尼黑的工作是吸收工作人員，爲美國蒐集鐵幕後的情報。

從蘇聯到東歐，幾乎每一個主要國家起碼都有一個流亡團體，向中情局駐慕黑尼和法蘭克福工作站求援。有些譚納視爲具有間諜潛質的東歐人，都曾與德國一起反俄，其中某些是「有法西斯背景、想要幫美國人來挽救自己事業」，譚納表示他很留意這些人，說道：「對俄國人深惡痛絕的」非俄國人，「他們會自動站在我們這一邊」。從蘇聯外圍各共和國逃出來的人，大抵會誇大自己的勢力和影響力。他說：「這些流亡團體的主要目的是讓美國政府相信他們的重要性，以及他們協助美國政府的能力，以便取得某種形式的支持。」

華府沒有給指導方針，譚納就自己訂：想獲得中情局支持的流亡團體，必須是在本土成立，不是在慕尼黑咖啡屋臨時湊和，而且必須與母國的反蘇團體有所聯繫，還不能和納粹有親密合作關係，以免自毀名譽。一九四八年十二月，經長時間審評估後，譚納覺得已找到一批値得中情局支持的烏克蘭人。該組織自稱「解放烏克蘭最高議會」（Supreme Council for Liberatoin of the Ukraine, UHVR），在慕尼黑派有政治代表。譚納回報總部：最高議會在道德上和政治上都沒問題。

一九四九年春夏，譚納都在準備以烏克蘭人滲透鐵幕。這些人幾個月前才帶著情報（寫在薄紙片上，塞進襯衣內再縫合），從烏克蘭地下組織由喀爾巴阡山出來。這些紙片所代表的意義爲，這是一個強大反抗組織，可以提供烏克蘭局勢相關情報及蘇聯攻擊西歐的警訊。總部更是寄望殷切。中情局相信，「這個組織的存在，可能攸關美蘇公開衝突的進程」。

譚納雇用了一組鋌而走險的匈牙利機組人員，他們月前剛劫持一架匈牙利商用飛機飛到慕尼黑。中情局特別行動處處長魏曼將軍在七月二十六日正式批准任務後，譚納督導他們接受摩斯密碼和武器的訓練，打算空降其中兩個人回他們本國，以便中情局可以聯繫上游擊隊。可是，駐慕尼黑的中情局人員，都沒有空降特工到敵後的經驗。譚納好不容易才找到一個人。「有位塞爾維亞裔美國籍同僚，曾在二戰期間空降南斯拉夫。他教我手下如何跳傘和著陸。太瘋狂了！身上紮著卡賓槍怎麼還能在著地衝擊時，向後翻個觔斗？」殊不知，戰略情報局就是靠這種行動打響名號的。

譚納提醒大家不要懷有太大期望：「我們深知他們身在烏克蘭西部的山林裡，要說他們知道史達林的想法或重大的政治議題，其實是不大靠得住的。但起碼他們可以取得一些文件、隨身夾、衣服、鞋子。」爲了要在蘇聯內部成立一個眞正的間諜網，中情局必須提供他們一些僞裝的元素：蘇聯生活的日常瑣事。譚納說，就算任務沒有取得很重要的情報，它們仍具有很強烈的象徵價值：「向史達林表示，我們不會毫無作爲的。這很重要，因爲在此之前我們的工作完全無法深入到他的國家。」

一九四九年九月五日，譚納的手下搭上由劫機投奔慕尼黑的匈牙利人所駕駛的C-47運輸機啓程。他們唱著軍歌奔向喀爾巴阡山暗夜，在利沃夫（Lvov）城附近著陸。美國情報員深入蘇聯了。

二〇〇五年解密的中情局史簡明扼要提到接下來的發展：「蘇聯人立即殲滅我方特工。」

我們到底做錯什麼？

儘管如此，這次行動依舊在中情局總部引起熱烈回響。魏斯納著手擬定多項計畫，分派手下到處吸收異議人士的網絡，成立美國所扶植的反抗軍，同時預警白宮說，蘇聯即將發動軍事攻擊。中情局從空中和陸路派出的幾十名烏克蘭特工，幾乎個個成擒。蘇聯情報官員先是利用這些俘虜傳回假情報：一切順利，請增援槍械、經費和人員，然後再殺掉他們。中情局史寫道：經過五年「失敗的任務之後，中情局中斷此一做法」。

中情局史的結論是：「本局利用烏克蘭特工滲透鐵幕的努力，終成不幸與悲劇。」

魏斯納並不氣餒，依舊在全歐展開新的準軍事冒險。

首次飛進烏克蘭四個星期之後，一九四九年十月，魏斯納與英國聯手把反抗軍送進歐洲最貧窮、也最孤立的共產國家阿爾巴尼亞。他將這荒蕪的巴爾幹不毛之地，視爲由羅馬與雅典兩地流亡保皇黨和下層勤皇派所組成反抗軍的沃土。一艘從馬爾他開出的船隻，載著九名阿爾巴尼亞人前去執行第一次突擊任務。其中三人立遭殺害，祕密警察全力追捕另外六人。魏斯納沒時間、也沒有意思反省，反而把更多的阿爾巴尼亞新手接到慕尼黑接受跳傘訓練，再把他們交給自擁機場、機隊和波蘭飛行員的雅典工作站。

他們一降落阿爾巴尼亞，正好落在祕密警察手中。任務每失敗一次，規畫就多倉促幾分，訓練也比較隨便，而阿爾巴尼亞人越是孤注一擲，就捕成擒的機率也越高。倖存的特務成爲階下囚，他們發回雅典工作站的情報自然也由虜獲他們的人管制。

在羅馬處理阿爾巴尼亞業務的中情局官員約翰・哈特（John Limond Hart）感到莫名其妙：「我們到底做錯什麼？」[5]中情局花了好幾年才搞清楚，蘇聯打從一開始就知道行動的每一項細節。在德國的各個訓練營早就被滲透了，羅馬、雅典和倫敦的阿爾巴尼亞流亡社群無不充斥著叛徒。何況，在中情局總部負責祕密行動安全和防範雙面諜的安格頓，每次行動都會與英國情報機關最好的朋友協調：此人即是蘇聯間諜菲比（Kim Philby），時任倫敦和中情局之間的聯絡官。

菲比替莫斯科工作的地方，就在五角大廈內一間靠近參謀首長聯席會議室的一間安全室裡。他和安格頓的交情是用琴酒的冷吻和威士忌的熱擁建立起來。菲比是個罕見的大酒仙，每天有五分之一的時間在喝酒；安格頓也不遑多讓，「中情局酒王」可是經一番激烈競爭才拿下的頭銜。在前後一年多的時間裡，安格頓在酒前酒後，將每一位特工空降阿爾巴尼亞的地點，一五一十地告訴菲比，儘管任務接二連三失敗，特工死了又死，空降任務還是持續了四年之久，總計約有二百名中情局外籍特工喪生，而美國政府內幾乎無人知曉。這是件最爲機密的事。

事過境遷之後，安格頓升上反情報主管，一幹就是二十年。酒啊喝呀喝，他的思路是個參不透的迷宮，他的收文籃是個大黑洞。中情局反蘇的每一次行動和每一位官員，安格頓都有一番評斷，最後竟然認定蘇聯有個控制美國人世界觀的大陰謀，只有他知道這項騙局的奧妙之處。他把中情局的反莫斯科任務帶進黑暗迷宮裡。

十足的壞點子

一九五〇年初，魏斯納下令對鐵幕展開新攻勢。這項任務落在另一位駐慕尼黑的耶魯人肩上，這位新人名叫柯芬（Bill Coffin），是個特具反共熱情的熱血社會主義者。

柯芬談到自己在中情局的歲月時說道：「雖然結果往往不能證明手段的正當性，但結果卻是唯一能用來檢視手段的東西。」

柯芬是透過家族關係進入中情局，即由他的連襟、也就是魏斯納的東歐行動情報官林賽吸收來的。他在二〇〇五年回憶道：「我一進中情局就對他們說：『我不想做諜報工作，我想做的是地下政治工作。』問題是，俄國人會搞地下組織嗎？對我來說，當時這種想法在道德上是可以接受的。」柯芬在二戰最後兩年裡，擔任美軍跟蘇聯司令官之間的聯絡事宜，戰後曾參與強制遣返蘇聯軍人的無情行動。爲此一直背負著很大的罪惡感，也影響到他加入中情局的決定。

柯芬說：「我見識過史達林時而讓希特勒變成像童子軍的手段，所以我很反蘇，卻也很親俄。」

魏斯納把錢投資在「社會連帶主義者」（Solidarists）身上，[6]這是一個在歐洲僅次於希特勒的極右派俄人組織。中情局裡像柯芬這樣會俄語可以和他們合作的情報官，屈指可數。中情局和社會連帶主義者先是將傳單偷運到東德俄軍兵營裡，接著用氣球飄送數千份宣傳小冊子，然後派出四人空降任務小組搭乘沒有標示的飛機，向東遠飛到莫斯科郊外。社會連帶主義工作人員一一飄下俄羅斯，也一一遭到追索、逮捕和殺害。中情局又把特務丟到祕密警察手裡。

柯芬退出中情局多年後說道：「這是十足的壞點子。」他後來成爲柯芬牧師，是耶魯教誨師，也是一九六〇年代最熱心反戰的人士之一。「我們在施展美國力量上還相當幼稚。」大約過了十年之久，中情局才承認：「協助流亡人士以備萬一戰事發生可以聯手出擊，或是在蘇聯內部搞革命，都是不切實際的想法。」

一九五〇年代期間，中情局總共把好幾百名外籍特務派到俄羅斯、波蘭、羅馬尼亞、烏克蘭和波羅的海三國去送死。他們的下場都沒有列入記錄，沒有保留報告書，也沒有人因失敗受罰。他們的任務被視爲攸關美國存亡的大事。就在一九四九年九月譚納手下展開首次空降任務前幾小時，從阿拉斯加基地起飛的空軍人員就已偵測到大氣層裡有輻射痕跡。不料分析結果尚未出爐，中情局就已在九月二十日自信滿滿地宣稱，蘇聯起碼還得再四年才造得出原子武器。[7]

三天後，杜魯門昭告世人史達林已擁有原子彈。九月二十九日，中情局科學情報主管報告，他的辦公室裡沒有可以追蹤莫斯科製造大規模毀滅武器的人才，是以無法完成任務。他在報告中說，中情局對蘇聯原子武器的研究工作，從各方面看都是「幾乎徹底失敗」；中情局間諜拿不到蘇聯原子彈相關的科學或技術資料，分析人員只好憑空揣量。他警告道，這次失敗已讓美國面臨「毀滅性的後果」。

五角大廈忙不迭下令中情局在莫斯科安置工作人員，伺機偷取紅軍的軍事計畫。赫姆斯回憶：「那年頭想要吸收或管理這種消息靈通的人士，簡直如同派遣常駐間諜到火星一樣不可能。」

接著，毫無預警地，一九五〇年六月二十五日，美國面臨宛如第三次世界大戰爆發般的奇襲。

〔注釋〕

1. 美國軍事情報官員已和烏克蘭人搭起「一沾即走」（touch-and-go）的危險關係，利用他們來蒐集蘇聯的軍事情報與戰後派在德國的蘇聯間諜相關資料。他們在慕尼黑聘用的第一批烏克蘭人裡面，有位叫馬維耶科（Myron Matvieyko）的，在二戰期間當過德國特工，戰後變成殺人犯和僞造貨幣者。不久便有人懷疑他是莫斯科臥底間諜，後來他果然向蘇聯投誠，疑懼成眞。

2. 列貝德入境美國之後，中情局仍和烏克蘭人維持業務關係。中情局在一九五〇年代幫列貝德在紐約開了一家出版社。他一直活到親眼見證蘇聯垮臺以及烏克蘭可以自由規畫自己的前途。

3. 艾倫．杜勒斯對蓋倫風波定過調：「諜報圈裡鮮有大主教般的要角，他能站在我們這一邊就已勝過一切了。再說，你也用不著邀他加入自家的俱樂部。」美國吸收納粹間諜的論點，波克（John R. Boker,Jr.）上尉早在一九四五年夏天就已了然於胸。從納粹投降那天起就到處找納粹間諜的審訊好手波克說：「如果我們眞想要獲得蘇聯情報，現在正是理想時機。」結果，他找到了蓋倫將軍，並把這位德國將領視爲「金礦」。兩人一致同意，一場新的對蘇戰爭很快就會來臨，兩國應在對抗共產威脅上採取共同立場。當時美軍駐歐洲的情報首長希伯特（Edwin L. Sibert）准將深然其言，於是決定聘請蓋倫和他手下的間諜，希伯特不久出任中情局助理局長，專責祕密行動，他唯恐上司會反對此項決定，故未稟明上司布萊德雷將軍（Omar Bradley）和艾森豪將軍。蓋倫獲得希伯特首肯後帶著六名手下，搭乘未來中情局局長史密斯將軍的私人飛機直奔華府。這幾名德國人在華府外的杭特堡（Fort Hunt）祕密軍事設施內接受十個月的調查和簡報後，返回德國從事反俄工作。美國情報官員和希特勒的從良間諜長期夥伴關係於焉展開。

4.已於一九七〇年退休的譚納，接受筆者訪談時，以第三人稱描述先前未曾有人提及的中情局支持烏克蘭反抗軍的內幕：

譚納發現只有一個團體符合標準，即是「解放烏克蘭最高議會」（UHVR）。奇的是，居然沒有俄羅斯流亡團體符合資格。UHVR不僅有陸路信差可聯繫喀爾巴阡山的烏克蘭反抗軍，更可透過各路信使、天主教神職人員、過客和逃亡者，從烏克蘭取得一些報告。

UHVR和中情局的主要利益顯然完全吻合：雙方都急於與「敵後」的反抗軍總部取得無線電聯絡。華府決策要員所批准的方案，戰時就已在法國、義大利和南斯拉夫運作得很好。

往後九個月裡，兩名密使在譚納監督下接受無線電操作、編譯密碼、跳傘和打靶訓練，使能自衛。在一九四九年九月五日晚間，他們空降利沃夫附近山區。這次空降和一九五一年的第二次空降雖建立起無線電聯繫管道，卻沒有產生石破天驚的情報。最後兩次任務肯定是毀在：安格頓向菲比做了簡報，以及密使小組不幸被蘇聯祕密警察「迎賓小組」當場逮捕。

對蘇聯境內烏克蘭民族主義人士而言，一九四九年的第一次空降使他們士氣大振，不免造成過度的期待。到一九五三年年中，蘇聯已有效壓制武裝叛軍反抗。

戰後四大失誤和若干重大的愚蠢行爲，一直在譚納心中揮之不去。第一，二戰結束時同盟國強制遣返蘇聯公民，當他們發現自己要被交還俄國時，很多人自殺以了殘生。那些被遣送回國的人還沒到蘇聯本土，就在東歐各地被情報機關的行刑隊槍決或絞死。

第二，中情局慕尼黑基地人員的掩護身分，被一九四九年美國陸軍一本電話簿搞砸：沒有單位名稱的姓名全是中情局人員。陸軍此舉等於是在他們的姓名旁邊標上星星記號。

第三，二戰結束後由於不再需要其服務，跳傘專家和教練離開戰情局，由此產生兩個後果：一位戰時曾空降到南斯拉夫的塞爾維亞裔美國教練，教身上背著四呎長卡賓槍的密使著陸後向後翻滾；一九四九年九月那次空降任務時，華府建議使用的貨機降落傘和貨架不對，搭載一千四百磅裝備的老貨架一著陸便撞得粉碎。

第四，最要命的是，安格頓向蘇聯派在英國情報機關的臥底菲比簡報 REDSOX 計畫（滲透前蘇聯和鐵幕後方的全盤行動）。

5. 哈特在一九七六年以退休之身再度奉召，出馬撫平安格頓擔任反情報主管時對中情局所造成的傷害。魏斯納選中麥可・柏克（Michael Burke）來訓練阿爾巴尼亞人。後來出任紐約洋基隊總裁的柏克，是戰情局老手，與中情局簽下年薪一萬五千美元的特工聘約後，派駐到慕尼黑，在市內勞工住宅區一處安全屋裡會見阿爾巴尼亞政治人物。柏克寫道：「全場最年輕的我，又是代表年輕富裕的美國，立刻受到他們矚目。」他認爲自己和這些流亡人士已彼此瞭解，殊不知阿爾巴尼亞看待事情的方式與他大不相同。在德國替中情局吸收人員的阿爾巴尼亞保皇黨人士雷西（Xhemal Laci）說道：「爲我們策畫這些任務的美國人，對阿爾巴尼亞、阿爾巴尼亞人和他們的心態毫無所知。」這項行動從一開始就遭到徹底破壞，是以人人都猜得出慘敗的最深根源何在。安格頓的好友麥卡嘉結論道：「在義大利的阿爾巴尼亞社群已被義大利人和共產黨徹底滲透，所以在我看來，俄國人和阿爾巴尼亞共產當局就是從這裡獲得情報。」

6.〔譯注〕社會連帶：社會學理論之一，認爲社會成員之間的相互依存關係，是構成休戚相關社會的基礎。後來波蘭的團結工聯（Solidarity）就是採用這個名稱。

7. 全文爲：「預期蘇聯可能製造原子彈的時間，最快在一九五〇代中期，最可能是一九五三年年中。」主持科學情報處（OSI）的中情局助理局長馬克（Willard Machle）給希仁柯特局長的報告則認爲，中情局在蘇聯原子武器方面的研究「幾乎是徹底失敗」，諜報人員「完全無法」蒐集蘇聯原子彈相關的科學與技術情報，分析人員則根據猜測蘇聯開採鈾礦的能力，訴諸「地質推論」……

中情局內部史家柯娜普（Roberta Knapp）女士指出，在一九四九年九月當時，「對蘇聯完成原子彈的時間評估，官方統一版就有三種不同說法：一九五八年、一九五五年、一九五〇至一九五三年，結果全都錯了」。

〔第六章〕

自殺任務

對中情局而言，韓戰是第一個重大考驗。戰爭給中情局帶來第一個眞正的領導人：華特．貝岱爾．史密斯。杜魯門在韓戰爆發前就已請他出馬挽救中情局，只是這位將軍擔任駐莫斯科大使後，帶著幾乎害他送命的胃潰瘍返國。北韓入侵的消息傳來時，他正在華特黎德陸軍醫院（Walter Reed Army Hospital）切除三分之二的胃。杜魯門央求他，他則懇求暫緩一個月，看看自己是否能撐得過去。央求變成命令，史密斯也成爲中央情報部門四年來的第四位首長。

將軍的使命是打聽克里姆林宮機密，但他很清楚自己成功的機率有多少。他在八月二十四日的聽證會上，佩戴剛到手的第四顆星，這也是杜魯門送他的大禮，他對五位參議員說：「我所認識的人裡面，只有兩位能辦得到，一位是上帝，另一位是史達林。而且就算是上帝，我也不曉得祂辦不辦得到，因爲我不知道祂和喬大叔（Uncle Joe）親不親，[1]懂不懂他在說什麼。」至於在中情局等著他的是什麼狀況，他說：「我預料會有最惡劣的情況，也相信這番預期不會落空。」他在十月一就職後就發現，自己接手的是個爛攤子。在第一次幕僚會議上，他環視左右說道：「看到各位都在這裡挺有意思的，看看幾個月後還有幾個人待在這兒就更有意思了。」

史密斯爲人相當專斷，冷嘲熱諷不饒人，加上無法容忍瑕疵，一看到魏斯納作業散漫便氣急敗壞。他說：「所有經費都花在這種地方，而且全局的人都疑惑錢是怎麼花光的。」他就任第一個星期便發現，魏斯納直通國務院和五角大廈，並不是向局長負責。他怒不可遏告訴這位祕密行動主管，他自在逍遙的日子結束了。

不可能的任務

爲報效總統，將軍設法搶救情報分析部門——他稱之爲「中情局的心臟和靈魂」。徹底修正情資報告撰寫方式，最後還勸說在中央情報團成立之初就鬱鬱出走華府的肯特，從耶魯回來組建國家評估制度，匯整政府各部門蒐集而來的重大情報。肯特稱這份差事是「不可能的任務」，畢竟「評估是在自己不知道的情況下所做的事」。

史密斯就任幾天後，杜魯門準備前往位在太平洋上的威克島（Wake Island）和麥克阿瑟（Douglas MacArthur）將軍見面。總統需要中情局提供韓國情報，尤其想知道中共是否會參戰。正驅軍深入北韓的麥克阿瑟堅稱，中國不可能發動攻勢。

中情局對中國情勢可說是毫無所知。一九四九年十月，毛澤東趕走蔣介石的國民黨部隊，宣告人

一九五〇至五三年出任局長的史密斯將軍，是中情局第一位真正的領導人。照片為史密斯（左）與艾森豪（右）攝於歐洲勝利日。

民共和國成立，中國境內僅有的幾位美國間諜都逃到香港或臺灣去了。中情局已經在毛澤東手上栽了觔斗，現在又讓麥克阿瑟搞得步履踉蹌，麥帥最討厭中情局，並竭盡所能禁止中情局官員涉足遠東。中情局拚命想盯住中國，可惜自戰略情報局繼承而來的外籍間諜太弱了；中情局的研究和報告也一樣弱。打從韓戰一開始，四百名分析員就忙著提供杜魯門總統每日情報摘要，但百分之九十的報告內容是重抄國務院檔案，剩下的百分之十則多是無足輕重的評論。

中情局的戰區盟友，是南韓總統李承晚和中國國民黨領導人蔣介石這兩位既腐敗又不可靠的領袖所統轄的情報機關。初履漢城和臺北的中情局官員，最強烈的第一印象是首府四周的田地盡是臭氣薰人的水肥，可靠的情報像電力和自來水一樣稀罕。中情局發現自己遭存心不良的朋友利用，受共產黨敵人欺騙，任由貪財若渴的流亡人士杜撰情報撥弄。一九五〇年香港工作站站長舒瑟士（Fred Schultheis）花了六年時間，爬梳韓戰期間中國難民賣給中情局的垃圾。中情局支持騙子老千所經營的造紙自由市場。

從二戰末期到一九四九年底，遠東地區唯一真正的情報來源是美國信號情報天才。他們能攔截和破解共產黨的電報、以及莫斯科與遠東地區間傳送的公報。詎料就在北韓領導人金日成、史達林及毛澤東商討進攻大計時，驀地寂然無聲。美國竊聽蘇聯、中國和北韓軍事計畫的能力，陡然消失無蹤。

韓戰前夕，一名蘇聯間諜潛入破解密碼的神經中樞阿靈頓會堂（Arlington Hall）[2]——由女校改建，與五角大廈近在咫尺。此人名叫魏思班（William Wolf Weisband），一九三〇年代被莫斯科吸收，是一位可將零散信息從俄文譯成英文的語言學家。魏思班一手粉碎美國解

史密斯將軍（左）與杜魯門總統攝於白宮。

讀蘇聯機密快訊的能力。史密斯局長察覺美國信號情報出了問題，立即通報白宮，結果卻是成立一個規模和權限都令中情局相形見絀的信號情報機關：「國家安全局」（National Security Agency, NSA）。半個世紀後，國安局稱魏思班案「或許是美國史上最重大的情報損失」。[3]

沒有令人信服的跡象

一九五〇年十月十一日，杜魯門啓程前往威克島。中情局向他保證：「沒有令人信服的跡象顯示中共確有意圖訴諸全面介入韓戰……除非蘇聯決定發動全球戰爭」。[4]中情局無視東京三人工作站發回的兩則警訊，仍然做出這樣的判斷。先是歐瑞爾（George Aurell）站長通報東北有位中國國民黨籍軍官警告說，毛澤東在北韓邊界集結三十萬大軍。中情局總部置若罔聞。接著是後來出任臺灣工作站長的杜根（Bill Duggan）堅稱，中共不久就要越界進入北韓。麥克阿瑟將軍則威脅要逮捕杜根。這兩則警訊都沒有傳到威克島。

中情局總部不斷告訴杜魯門，中國不會大規模的參戰。十月十八日，麥克阿瑟大軍北揮朝鴨綠江及中國邊界挺進之際，中情局報告：「蘇聯的北韓冒進行動以失敗收場。」十月二十日，中情局指出鴨綠江一帶所偵察到的中國軍隊，是爲了保護該地的水力發電廠。十月二十八日，中情局告訴白宮，中國軍隊都是散漫的志願軍。十月三十日，美軍遭受攻擊，死傷慘重，中情局仍重申中國不可能大舉介入。幾天之後，會說中文的中情局官員審訊數名在會戰中俘虜的士兵，確認他們是毛澤東的正規軍；中情局最後一次主張中國不會武力侵攻。兩天後，三十萬中共大軍展開無情攻勢，差點把美軍趕下海去。

史密斯局長錯愕不已。他認定中情局的業務應是防範國家遭受軍事奇襲，詎料它卻一再誤判這一年來的全球性危機：蘇聯原子彈、韓戰和中國入侵。一九五〇年十二月，杜魯門宣布全國進入緊急狀況，召回艾森豪將軍重作馮婦，史密斯也展開將中情局轉變為專業情報機關的戰爭。他首先得找個人來管管魏斯納。

明顯的危機

只有一個名字自動浮現。

一九五一年一月四日，史密斯恭請理所當然且是內定的艾倫・杜勒斯出馬，擔任計畫部副局長（這個職銜只是個名目，所做的即是祕密行動主管的工作）。這兩人是很糟糕的搭配，誠如波爾加觀察兩人在總部的相處：「很明顯地，史密斯不喜歡杜勒斯，且箇中原因不難索解。陸軍軍官是接到命令就得執行，律師則是想辦法迂迴規避。於是乎，在中情局，命令只是討論的起點。」

自從韓戰開打之後，魏斯納的業務增加五倍之多，史密斯則認為美國並沒有執行這種鬥爭的策略。他向總統和國安會申訴：中情局當真是要支持東歐、中國、俄羅斯國內武裝革命？國務院和五角大廈答覆是：沒錯，而且還不僅止於此。局長可不明白有什麼辦法。魏斯納每個月新聘幾百名大學小夥子，送到特戰學校訓練幾星期就派到海外，每半年輪調一次，再換上一批新人。他想建立一個全球性的軍事機器，卻沒有一點像樣專業訓練、後勤或通信。史密斯坐在辦公桌旁，小口吃著胃切除手術後賴以維生的薄脆餅和熱粥，既生氣又灰心。

他的第二副手、中情局副局長傑克森（Bill Jackson）表示，中情局的作業是個解不開的結，已在灰心之餘掛冠求去。史密斯沒得選擇，只好把杜勒斯升爲副局長、魏斯納升爲祕密行動主管。然而，他一看到兩人所提的中情局預算，又氣爆了。五億八千七百萬美元，是一九四八年的十一倍；其中四億多元專供魏斯納的祕密行動業務之用，是情報和分析業務成本的三倍。

這已對「身爲情報機關的中情局構成明顯的危機」，史密斯火大了。[5]他提醒說：「行動和情報本末倒置，高層人士因而被迫把時間投注在行動作業上，必然會忽略情報業務。」也就是在這個時候，史密斯開始懷疑杜勒斯和魏斯納對他有所隱瞞。根據二〇〇二年解密的檔案記載，他在與中情局副局長、幕僚的每日例行會議上，常詰問他們海外情勢。然而，他的直接問題只得到含糊答覆，甚或根本沒有回應。他警告他們不要「保留」或「漂白不幸的事件或嚴重的失誤」。他命他們詳細報告各項準軍事任務的代號、說明、目的與成本。他們並沒有從命。他派在國安會的私人代表蒙塔古寫道：「他惱怒之餘，更激烈表明對他們的憤怒。」史密斯無所畏懼，但一想到杜勒斯和魏斯納把中情局帶到「立意不善和重大不幸」的方向，便驚怒交集，「他擔心海外的失敗可能會廣爲人知」。

我們不知道自己在做什麼

中情局韓戰祕史透露史密斯將軍憂心所在。

史冊載道，中情局的準軍事行動「不僅效率不彰，就死亡人數而言，或許也應予以道德譴責」。

韓戰期間吸收數千名韓國和中國特工投入北韓，全都有去無回。中情局結論道，「所費時間與金錢和所得極不成比例，鉅額花費和無數韓人犧牲」，卻毫無所獲。另有數百名中國籍特務在規畫不善的陸路、空中和海上任務中登陸後喪生。

希契爾出任香港工作站主任後，眼見一連串失敗，說道：「這些任務大多不是爲了蒐集情報，而是去支援不存在或虛構的反抗組織。它們是自殺任務，是自殺和不負責任的任務。」這類任務持續到一九六〇年代，一批批特工在捕風捉影的行動中喪生。

韓戰初期，魏斯納派一千名軍官到韓國，三百名到臺灣，命他們潛入壁壘森嚴的毛軍重鎮和金日成的軍事獨裁機關。這些沒有充分準備或訓練的人，就這樣被丟到戰場上，當時剛從威廉斯學院畢業的葛瑞格就是其中之一。韓戰爆發後，他第一個想法是：「朝鮮到底在哪裡？」上過一堂準軍事任務速成班之後，他奉派到中情局在太平洋中新設的工作站。魏斯納斥資二千八百萬美元，在塞班島建造祕密行動基地。當時到處是二戰死者骸骨的塞班島，成了中情局執行韓國、中國、西藏和越南祕密行動的訓練營。葛瑞格從難民營裡挑了些粗獷、勇敢但不守紀律也不懂英語的韓國農家青年，把他們變成速成的美國情報工作人員。中情局派他們執行一些規畫粗糙的任務，除了讓死亡名單變長，乏善可陳。這段記憶跟隨葛瑞格，從中情局遠東課一路幹到漢城工作站站長、駐南韓大使，最後當上老布希副總統的首席國家安全助理。

葛瑞格說：「我們走的是戰情局的路子，但我們所反對的人卻完全掌控大局。我們不知道自己在做什麼。我問上司到底是什麼任務，他們不告訴我。其實他們也不曉得任務到底是什麼。眞是霸道得很。我們訓練韓國人和中國人，還有很多奇奇怪怪的人，然後把韓國人丟到北韓，把中國人丟到中韓疆界北邊的中國，此後就再也沒有他們的下落。」

他說：「在歐洲的記錄不佳，在亞洲的記錄亦糟。中情局初期的記錄很慘——盛名在外，實績卻是慘不忍睹。」

中情局受騙了

史密斯一再提醒魏斯納要留意敵人製造的假情報，殊不知魏斯納底下的情報官就在做假，包括魏斯納派到南韓的工作站長和行動組長在內。

一九五一年二月、三月和四月間，一千二百多名北韓流亡人士在行動組長托夫特指揮下，群聚釜山港的龍洞（Yong-do Island）。托夫特出身戰情局，欺瞞上司的才能遠大於欺敵的能耐。也把他們編成白虎、黃龍和青龍三個中隊，四十四個游擊小組。他們肩負三重使命：情報蒐集的滲透人員、游擊戰小組，以及營救美軍飛行員與機員的逃匿工作人員。

一九五一年四月底，白虎中隊帶領一百零四名隊員登陸北韓，再空降三十六名工作人員增援。四個月後，托夫特離開南韓前回傳報告，盡誇自己成就輝煌。詎料到了十一月前後，白虎游擊隊不是被俘虜，就是被打死，要不就是下落不明。青龍和黃龍中隊的下場相同。少數倖保一命的滲透小組，被捕後在死亡威脅下用無線電發出假情報欺騙美國業務官；游擊隊則無一倖存。逃亡小組不是失蹤就是慘遭殺害。

一九五二年春夏，魏斯納人馬再空降一千五百餘名韓國特務到北韓。他們以無線電發回無數有關北韓和中共軍事調動的詳細情報。這一切漢城工作站站長漢尼（Albert R. Haney）早就做了預告。此人是陸軍上校，話多野心也不小，常公開吹噓說有好幾千人幫他從事游擊作戰和情報任務。漢尼說自己親身負責吸收並訓練數百名韓國人。有些美國同僚認為漢尼是個危險的傻子。國務院派駐漢城的情報官小湯瑪斯（William W. Thomas Jr.）懷疑，漢尼站長有一份受薪名單者，充斥著「被對方控制」的人。

一九五二年九月，接替漢尼出掌漢城工作站的哈特也持相同看法。哈特經過頭四年在歐洲與製造假情報的人打交道的一連串椎心刺骨經驗，以及在羅馬苦心經營阿爾巴尼亞流亡團體的歷練後，更加密切注意欺騙和假情報的問題，也決定「嚴格審視前任站長宣稱奇蹟似的成就」。

漢尼轄下二百名中情局情報官，沒有一個會說韓語。漢城工作站全靠吸收韓國人來監督中情局的北韓游擊行動和情報蒐集任務。經三個月的追查之後，哈特斷定中情局所接收的韓籍特工，不是捏造報告，就是暗中替共產黨工作，漢城工作站這一年半發回中情局總部的電文，無一不是精心算計的騙局。

哈特憶述：「有一份很特別的報告尤令我難忘。該報告聲稱是戰線沿邊中國與北韓所有單位的撮要說明，並臚列每個單位的兵力和數字標號。」美國軍事指揮官讚不絕口，稱它是「傑出的戰爭情報報告之一」，哈特則斷定它全屬虛構。

他接著發現，漢尼所吸收的韓國重要特務全都是「騙子」——不是有些，而是全部。「他們拿原應付給北韓內部情報『資產』的優渥薪水，著實逍遙好一陣子。我們從這些子虛烏有的特務得到的報告，每一份都是出自敵手」。

韓戰結束許久之後，中情局才判定哈特見解無誤：韓戰期間所蒐集的機密情報，幾乎全都是北韓和中國安全機關所編製的。假情報上傳五角大廈和白宮。中情局在韓國的準軍事行動，還沒開始之前就已遭滲透和出賣。

哈特告訴總部應該暫停工作站業務，先清理門戶和療傷止痛。有個被敵人滲透的情報機關，比沒有還要糟糕。史密斯的回應卻是派一位密使到漢城告訴哈特：「中情局是個新機構，還沒打響名號，不能向其他政府部門——尤其是激烈競爭對手軍事情報局，自承沒有能力蒐集北韓情報。」[6]這位信差就是情報處副局長貝克（Loftus Becker），他在一九五二年十一月奉史密斯之命，巡視亞洲地區工作站，回國後便遞出辭呈。他認定情況已到了無可救藥的地步：中情局在遠東地區蒐集情報的能力「幾乎是微不足道」。他在辭職前損上魏斯納：「行動告吹表示沒有成效，而且最近這種情況還不少。」

中情局同時隱瞞了哈特的報告和漢尼的舞弊。中情局明明遭到暗算，卻稱之爲戰略演習。曾擔任魏斯納準軍事行動組長的空軍上校凱利斯（James G. L. Kellis）說，杜勒斯告訴國會「中情局掌握相當多的北韓反抗分子」。韓戰結束後，凱利斯寫信向白宮檢舉杜勒斯當時就已接到警告，說「中情局在北韓的游擊隊早在敵人掌控之下」，事實上「中情局沒有這種資產」，「中情局受騙了」。

把失敗謊稱成功已成爲中情局的傳統，不願從錯誤中學習則是中情局積習已久的文化。中情局祕密工作人員從不寫「經驗學習」研究報告。時至今日，仍無規定要提交經驗學習報告。

有一次魏斯納在總部會議上承認：「我們都注意到，我們在遠東地區的行動與預期落差很大。我們身負重任，可就是沒時間去培養大批能夠成功執行的人。」在中情局的歷史裡，沒有能力潛入北韓一直是個歷時最久的情報失敗。

總得有些人送命

中情局在一九五一年開闢韓戰第二戰線。負責中國行動的官員看到毛澤東參戰不免著了慌，於是說服自己，赤色中國裡還有上百萬的國民黨游擊隊等待中情局援手。

這類報導到底是香港「造紙廠」捏造？抑或臺灣的政治密謀所製造？還是出於華府一廂情願的想像？中情局對毛澤東開戰是明智之舉嗎？沒時間細想了。史密斯告訴杜勒斯和魏斯納：「對這種戰爭，政府內沒有共同認可的基本策略。我們甚至沒有如何對待蔣介石的政策。」

艾倫・杜勒斯和魏斯納自有對策。他們先是設法徵召美國人空降到共產中國。其中一位很有潛質的新人叫柯瑞柏（Paul Kreisberg），本來很想加入中情局，誰知「他們先考驗我的忠誠和奉獻程度，問我是否願意空降到四川。我的使命是去組織一批仍留在四川山區的國民黨反共軍人，與他們合作展開若干行動，必要時可以越過緬甸逃出。他們看看我，問道：『你可願意？』」柯瑞柏詳加考慮後加入國務院。少了美國志願軍，中情局便空降數百名中國籍特工到大陸，往往是盲目地空降，命他們自行找個小村莊藏身。他們一失蹤，就當成祕密戰爭中的犧牲者予以註銷。

中情局還想到可以利用穆斯林騎士，即透過與國民黨有政治聯繫的馬步芳（指揮大西北地區的回族），來挖毛澤東的牆角。[7]中情局空投數噸的武器彈藥和無線電器材，以及數十名中國籍特務到華西，然後再想辦法找美國人尾隨他們。柯伊（Michael D. Coe）就是他們想吸收的人之一，他日後破解馬雅象形文字密碼，成為二十世紀最偉大考古學家之一。一九五〇年秋天，有位教授找時當二十二歲的哈佛研究生柯伊吃午飯，提出一個往後十年間許多常春藤盟校學生會聽到的問題：「願不願以一個相當有意思的身分替政府工作？」柯伊於是到了華府，換上從倫敦電話簿隨意挑選的假名。他被告知自己會成爲兩個祕密行動之一的主事官，不是空降到偏遠的華西地區去支援穆斯林戰士，就是派到中國外海一座島嶼去搞突擊。

柯伊說：「幸好是後一個選項。」他加入「西方公司」（Western Enterprise）——中情局爲顛覆毛共而在臺灣成立的外圍組織，在一個叫白狗（White Dog）的小島上待了八個月，唯一重大情報成果便是發現國軍指揮官的參謀長是共產黨間諜。柯伊在韓戰快結束前幾個月回到臺北，卻發現西方公司變得和同事們常光顧的青樓妓院並無二致，已經毫無隱密可言：「他們建立一個門戶深鎖的社區，設有福利社和軍官俱樂部。原有的精神爲之丕變。眞是浪擲公帑。」柯伊的結論是，中情局「買下國民黨的出貨單，相信在中國內陸有一大批反抗武力；我們認錯目標，找錯對象。一言以蔽之，整個作業就是浪費時間」。

中情局把賭注押在國民黨身上，認定中國內部肯定有個「第三勢力」，於是從一九五一年四月到五二年年底，花了大約一億美元的經費，購買足可供應二十萬名游擊隊的武器彈藥，卻還沒找到這子虛烏有的「第三勢力」。這筆經費和槍枝有一大半落入沖繩一個華人流亡團體，而他們就是靠「大陸上有一大批反共軍官支持他們」的說法賣錢。主管西方公司的戰情局老手皮爾斯（Ray Peers）說，要是眞能找到活生生的「第三勢力」軍人，他會把對方宰了製成標本，送到史密松尼協會（Smithsonian Institute）博物館。

一九五二年七月，中情局空降中國籍四人游擊小組到東北，依舊要找尋這子虛烏有的反抗軍。四個月後，小組發電求救。這是個陷阱：他們被捕後，反過來被中共拿來對付中情局。中情局批准動用專爲吊起受困人員新設計的吊帶，展開救援任務。第一次出任務的兩名中情局年輕軍官費裘（Dick Fecteau）和唐尼（Jack Downey）就這樣被送進打靶場。飛機在中共機關槍猛烈砲火中墜落，駕駛身亡，費裘在中國監獄蹲了十九年，剛從耶魯畢業的唐尼則坐了二十幾年牢。後來北京廣播它在東北的戰績：中情局空降二一二名外國特工，其中一〇一人送命，一一一人成擒。

中情局在韓戰中的最後戰場落在緬甸。一九五一年初，就在中共把麥克阿瑟大軍趕到南邊的時候，五角大廈認爲利用國府開闢第二戰線，或許可以紓解麥克阿瑟的壓力。國民黨李彌將軍的部屬約有一千五百人，受困緬北鄰中國邊界處。李彌請美國支援槍械和經費。中情局於是空運國軍士兵到泰國，提供訓練和裝備，再連同槍械彈藥一起空投緬北。帶著法律和社會學傲人學歷、甫入中情局的戴斯蒙・費茲傑羅，二戰期間曾在緬甸打過仗。他接下支援李彌的業務，很快就變成鬧劇，後以悲劇告終。[8]

李彌的部隊一進入大陸，就被毛軍打得屍骨無存。中情局的諜報官員雖已發覺李彌派駐曼谷的通信員是中共特務，魏斯納的手下仍堅持發動攻勢。李彌部隊撤退，重新整編，等到費茲傑羅再空投槍械彈藥的時候，李彌部隊不再戰鬥。他們退到金三角山區，種植鴉片，娶了當地女子安家落戶。二十年後，中情局還得在緬甸展開小型戰爭，掃蕩已成爲李彌全球毒品王國根基的海洛因實驗室。

史密斯局長致函接替麥帥出任遠東盟軍總司令的李奇威（Mathew B. Ridgway）將軍，說道：「嗟嘆逝去的機會……或試圖撇清過去的失敗，都毫無意義。我從痛苦經驗中發現，祕密行動是專家做的事，外行人做不來。」

一九五三年七月韓戰停戰，不久之後中情局在韓國的慘事再添一筆。中情局認為南韓總統李承晚無可救藥，多年來一直設法換掉他，不意卻險些將他誤殺。[9]

夏末一個萬里無雲的午後，一艘遊艇緩緩駛過龍洞海岸線，中情局於此訓練韓國特攻隊。李承晚在船上舉行派對招待朋友，訓練區的軍官和衛兵沒有接到李總統要經過的通知，竟然開火射擊。儘管奇蹟似地沒人受傷，李承晚卻大感不快。他召來美國大使，告知中情局準軍事人員須在七十二小時內離境。事後，從一九五三到五五年，倒楣的漢城工作站站長哈特必須重新吸收、訓練和空降特工到北韓。據他所知，這些人全都被俘虜處決。

中情局在韓國樣樣失利。既未能提供預警，又無法提供情報分析，貿然部署吸收而來的特工，結果更是害死好幾千名美國人和亞洲戰友。

一個世代之後，美軍退役人員稱韓戰是「被遺忘的戰爭」。中情局則是刻意健忘。浪費在幽靈游擊隊武器上的一億五千二百萬美元，已經在資產負債表上做了調整；韓戰許多錯誤或捏造情報的事實，祕而不宣；至於人命傷亡的代價問題，沒人問，也沒人回答。

主管遠東事務的助理國務卿魯斯克嗅到一陣陣腐敗的氣味，於是請國務院裡的中國通麥爾比（John Melby）出馬調查。[10] 麥爾比與一九四〇年代中葉之後第一批駐亞洲的美國間諜攜手合作，人面甚廣。他到現場嚴查細訪。他在一份只讓魯斯克過目的報告中說：「我們的情報工作糟到幾近瀆職的地步。」這份報告不知怎地到了中情局局長的桌上，麥爾比被喚到總部，挨了史密斯一頓臭罵，副局長艾倫．杜勒斯則是坐在一旁不發一語。

對杜勒斯而言，亞洲始終只是枝節問題。他認為，西方文明真正的戰爭在歐洲。一九五二年五月在普林斯頓飯店一場祕密會議上，杜勒斯告訴至友和同僚：這場戰爭須是「人人準備就緒且願意挺身承擔後果」。在二〇〇三年才解密的這篇講稿裡，他說道：「畢竟，我們在韓國已有十萬人傷亡，既然我們願意接受這些傷亡，那麼我不會苦惱鐵幕後有些傷亡或烈士……我不認爲各位可以等到召齊所有的部隊、確定自己會贏才動手。各位必須開始動手。」

杜勒斯說：「總得有些烈士，總得有些人送命。」

〔注釋〕

1.〔譯注〕史達林名叫喬瑟夫，故美國官員私下戲稱作「喬大叔」。

2.〔譯注〕阿靈頓會堂係陸軍信號情報局（Signal Intelligence Service, SIS）所在地。

3.魏思班在美國情報史上的角色，數十年來一直受到誤解。根據國家安全局和中情局對本案始末的記載，魏思班是在一九三四年被蘇聯吸收。魏思班一九〇八年出生於埃及，父母親都是俄國人，一九二〇年代末來美，一九三八年成爲美國公民，一九四二年加入「信號情報局」（Army Signals Security Agency，由ＳＩＳ改組而成）後，曾奉派到北非和義大利，然後才返回阿靈頓會堂總局任職。魏思班曾因參加共產黨活動遭停職，接著又因沒有出席聯邦大陪審團聽證會被判蔑視法庭罪，服刑一年。本案就此打住，因爲公然指控他從事間諜活動，只會加深美國情報界的問題。魏思班於一九六七年驟逝，顯然是自然死亡，享年五十九歲。

4.中情局唯一能肯定的是，麥克阿瑟將軍深信中共不會打過來。中情局從一九五〇年六月到十二月的報告與分析，便充分反映此一錯誤推斷。

5.中情局局長、各部副局長與幕僚每日例行會議的記錄，透出鬥爭的味道。記錄說：「局長要他們（杜勒斯和魏斯納）仔細監督政策協調處，準軍事行動和所有對情報無所貢獻的活動，都應從其他預算中清理出來。他認爲，政策協調處的活動已到了對中情局這個情報機關構成明顯危機的地步。」

史密斯認爲，美國「沒有執行這種戰爭的策略」，也就是魏斯納所從事的那類戰爭。他告訴艾倫．杜勒斯和魏斯納說：「你們沒有一個政府批准的基本策略可以執行這類戰爭……我們雖有設備和權限，卻沒有從事我們該做的工作。」

史密斯不只一次想要解除魏斯納對準軍事行動的控制權，可國務院和國防部卻都希望擴大祕密行動。他在一九五一年八月二十一日例行幕僚會議上，警告他們不要「保留」或「漂白不幸的事件或嚴重的失誤」，八月九日的會議記錄則顯示，他曾懇請魏斯納和其他高層情報官員：「認真注意情報來源做假和複製的問題。」

新近取得的記錄顯示，史密斯所接手的中情局「好像神聖羅馬帝國一般，封建豪族各自追求本身利益，絲毫不受虛位君主的指示與管轄節制」，這句話出自蒙塔古之口，此人乃史密斯派在國安會幕僚群裡的私人代表。

6. 哈特所提有關漢尼舞弊的報告，無人聞問。漢尼自己後來也指出：「韓戰期間與戰後，主事的高層官員之間有相當多的討論，認爲中情局若能從這次經驗中記取教訓，應該可以更有效地防備下一次韓戰。」但他的結論卻是：「我嚴重懷疑中情局是否能記取教訓，這次經驗甚至沒有記錄歸檔，遑論研究。」漢尼在韓戰期間如此匪夷所思的表現還能安然無事，乃是由於他在一九五二年十一月任期快結束的時候，設法安排把一位身受重傷的陸戰隊中尉，從戰場弄上醫護船送回美國的緣故。七個星期後，這位腦部受創的軍官接受其父艾倫．杜勒斯一記難得的親吻。這張照片拍攝時間正是杜勒斯出席中情局長任命聽證會的前一天。杜勒斯爲表感激之意，在一九五四年派漢尼到佛羅里達州擔任「成功行動」指揮官。

7. 〔編注〕馬步芳，甘肅河州（今臨夏）人。一九一一年中華民國建立後，馬步芳的父親馬麒在青海成立寧海軍（當地人稱作馬家軍），展開馬氏家族在青海長達四十年的軍閥統治。一九三一年，馬麒病死，馬步芳的叔叔馬麟代理省政府主席，與蔣介石產生嫌隙。蔣介石爲控制青海地區，便扶持馬步芳取代其叔父。馬氏統治期間，特別是馬步芳在位時，壟斷全青海省的農牧工商等各行，有「青海王」之號。

8. 李彌行動具有可怕的後果。第一個後果出現於中情局一時疏忽，沒有通知美國駐緬甸大使凱伊（David M. Key），他得知後勃然大怒，立即拍通電報向華府抗議，並表示此一祕密行動已在緬、泰兩國首都公開，踐踏緬甸主權，嚴重傷害美國利益。負責遠東事務的助理國務卿魯斯克訓令凱伊大使住口，並斷然否認美國涉入此一行動，並將責任推給軍火走私客。李彌和他的部隊後來把槍口轉向緬甸政府，緬甸領導人懷疑美國默許此一行動，忿然與美斷交，開啓與西方完全隔絕長達半個世紀的局面，也形成全世界最高壓的政權之一。

中情局的泰國盟友涉入李彌的海洛因生意很深，到一九五二年時曼谷事態已失控，當時主管祕密行動業務、且被視爲是魏斯納接班人的助理處長寇克派屈克（Lyman Kirkpatrick），偕同魏斯納的助理處長江士敦（Pat Johnston）上校，於九月底飛往曼谷。至少已有一名涉及毒品交易的美國人死亡，而且已有人向美國司法部長提到這個問題。事後江士敦上校立即辭職，寇克派屈克則在行程中感染小兒痲痺病毒幾乎送命，一年後回到中情局已失去陞遷名單機會，一輩子坐在輪椅上當個督察長。

9. 駐韓大使穆喬（John Muccio）於一九五二年二月十五日發密電給遠東事務助卿艾利森（John Allison）：「李承晚日漸老邁……中情局設法要把他換掉。」一九五五年二月十八日國安會送交國務卿佛斯特．杜勒斯的備忘錄則說，艾森豪已批准一項行動，以「挑選和祕密鼓勵發展南韓新領導階層」，必要時讓它掌權。

10.〔編注〕麥爾比：一九四五至四八年曾任職於重慶與南京美國大使館，也是《中美關係白皮書》的撰述者。《白皮書》乃國務院於一九四九年八月五日所發表的中美關係文件選集，杜魯門政府出版《白皮書》的目的在與國府畫清界線，推卸中國大陸赤化的責任。《白皮書》的觀點成爲一九五〇年代初期美國改善對國府關係的障礙，亦成爲美國歷史學界解釋中國內戰結果的主調，長期對蔣介石政權抱持負面觀感，影響十分深遠。

〔第七章〕廣大的幻覺場域

艾倫・杜勒斯在普林斯頓飯店會議上請同僚想想，什麼方法最有可能摧毀史達林控制衛星國家的能力。他相信祕密行動可以打倒共產主義。中情局要讓俄羅斯滾回舊疆界。

他說：「我們若要採取攻勢，東歐就是著手開始的最佳地點。我不想要流血戰爭，但我樂見事情有個起頭。」

波倫發言了。他從一開始就參與其事，而在不久之後被任命為駐莫斯科大使。五年前他就參加周日晚餐會，播下中情局政治作戰的種子。他反問杜勒斯：「我們是要發動政治作戰嗎？我們從一九四六年以來一直在做，也做了很多事情。至於是否有效，或是否以最佳方式去做，那是另一回事。」

波倫說：「你提到『我們是否該繼續此一攻勢？』我看到的是廣大的幻覺場域。」

韓戰仍然如火如荼，聯參首長命魏斯納和中情局針對「共產控制體系的心臟地帶」，展開「反蘇祕密大攻勢」。[1]魏斯納勉力爲之。馬歇爾計畫正轉型成提供盟國武器的條約，魏斯納認爲萬一發生戰爭時，這是武裝敵後祕密武力對付蘇聯的大好機會。他在全歐遍撒種子，他手下在斯堪地納維亞、法國、德國、義大利和希臘的山林中，把金條丟進湖裡，把一箱箱武器埋藏起來，以備來日戰爭之需。他手下把工作人員空降到烏克蘭和波羅的海諸國的沼澤和山麓去送死。

在德國，千餘名軍官把傳單偷運到東柏林，並僞造印有絞繩套在東德領導人烏布里希（Walter Ulbricht）脖子上的郵戳，更在波蘭規畫多項準軍事行動。但這些都不足以一窺蘇聯威脅的本質。破壞蘇聯帝國行動的計畫，絕大部分仍以監視爲主。

控制他的身心

史密斯局長極爲慎重地派出值得信賴、又有極佳人脈和傑出戰績的三星上將楚史考特（Lucian K. Truscott）來接管中情局在德國的業務，並調查魏斯納的人馬到底在幹什麼。楚史考特奉令把他認爲有問題的計畫一概中止。他一到任就選了中情局德國基地的波爾加當首席助理。

他們找到了幾枚「定時炸彈」，其中一個是密不透風、當時中情局的檔案稱作「海外偵訊」的計畫。

中情局設置祕密監獄，對有嫌疑的雙面諜實施逼供，一個設在德國，另一個在日本，第三個設在巴拿馬運河區，這也是最大的監獄。「和關塔那摩（Guantánamo）監獄一樣，[2]幹什麼勾當都行。」波爾加在二〇〇五年說道。

運河區自成一個世界，是美國在二十世紀初掌控巴拿馬運河後，從周遭叢林裡開闢出來的地區。在區內的海軍基地裡，中情局安全官將平日用來關喝酒鬧事和不守紀律士兵的禁閉室，改建成以煤渣磚砌成的牢房。在這些牢房裡，中情局利用各種酷刑手段、藥物控制心靈和洗腦等，進行嚴厲偵訊的祕密實驗。

這個計畫可以回溯到一九四八年，赫姆斯和手下情報官發覺自己被雙面諜耍得團團轉的時候。它剛開始時還只是一九五〇年韓戰爆後，中情局頓覺急迫感臨頭時的緊急方案。那年夏末，巴拿馬氣溫接近華氏一百度，從德國把兩名俄羅斯流亡人士送到運河區，他們被注射藥物後遭到殘酷審訊。在日本的美軍基地內，四名北韓雙面間諜嫌犯也遭受中情局同樣的款待。而他們不過是代號「朝鮮薊計畫」（Artichoke Project）下，第一批已知的人體實驗罷了。事實上，這只是中情局千方百計想控制人類心靈的十五年計畫中，極小卻極重要的一環。[3]

中情局在德國吸收俄人和東德人當特工和線民，卻出了事故。他們將自己僅知的一點內情供出來後，往往訴諸欺騙和敲榨手段來延長短暫的間諜生涯。其中不少人涉嫌暗中替蘇聯工作。中情局官員發現共產國家的情報和安全機關，比中情局更大也更高明之後，這個問題就變得很急迫了。

赫姆斯說過，美國情報官所受的訓練是不要相信外籍特工，「除非你控制他身體和心靈」。控制人心的需求導致尋求控制心靈的藥物，並在祕密監獄試驗這類藥物。杜勒斯、魏斯納和赫姆斯親自負責這些業務。

一九五二年五月十五日，杜勒斯和魏斯納接到一份有關朝鮮薊計畫的報告，其中詳列中情局測試海洛因、安非他命、安眠藥、新發明的迷幻藥，以及其他「特殊偵訊法」的四年方案。方案之一是設法找出一種強效偵訊法，「使得受它影響的人很難在偵訊時堅持相同的謊言」。幾個月後，杜勒斯批准代號「超激」（Ultra）的宏大新計畫。在該計畫贊助之下，肯德基州某聯邦監獄的七名犯人，連續七十七天施予高劑量的迷幻藥。中情局以相同的藥物施打在陸軍文職雇員歐爾森（Frank Olson）身上後，他從紐約某飯店窗口跳下。這些人和巴拿馬祕密監獄裡的雙面間諜嫌犯一樣，都是打擊蘇聯戰爭中的犧牲品。

赫姆斯等中情局高層官員唯恐這類計畫會大白於世，幾乎將所有資料銷毀。不過，所剩的證據雖只是斷簡殘篇，卻強烈暗示利用祕密監獄強制施藥、審訊可疑特工的做法，在一九五〇年代行之不輟。此一機密設施的成員與中情局內部的安全官、科學家及醫師，每個月集會討論朝鮮薊計畫的進展，一直到一九五六年才停止。中情局檔案顯示，「這些討論包括規畫海外偵訊事宜」，且此後數年仍持續使用「特殊偵訊法」。[4]

滲透鐵幕的攻勢已造成中情局採行敵人的手法。

是個思慮周詳的計畫，只可惜……

楚史考特將軍所取消的中情局業務裡，有一項是支持名爲「德國青年」（Young German）團體的計畫。這個團體的領導人有很多是「希特勒青年團」（Hitler Youth）的老人，團員在一九五二年增加到二萬多人。他們興沖沖地接受中情局的武器、無線電、照相機和經費，再把它們埋藏在德國各地。此外，他們還自行擬出一份包羅很廣的黑名單，打算在時機得宜的時候，暗殺民主西德的主流政治人物。德國青年太過明目張膽，致使他們的存在和黑名單引起群情洶洶，眾口非議。「祕密一曝光，頓時引起極大關切和不安」，當時擔任楚史考特幕僚、後來成爲副局長的年輕情報官麥克馬宏（John McMahon）說。

艾倫．杜勒斯在普林斯頓飯店大發議論當天，赫克夏（Henry Hecksher）寫封感人的請願書給中情局總部。即將成爲柏林工作站站長的赫克夏，多年來已在東德培養出一位獨一無二的特工名叫額德曼（Horst Erdmann），他負責一個叫「自由法律人委員會」（Free Jurist Committee）的出色團體。自由法律人是個挑戰東柏林政權的地下組織，成員皆爲年輕律師和律師助理。他們已將國家所犯下的罪行匯編成檔。「國際法律人會議」預定一九五二年七月在西柏林召開，自由法律人可在這個世界舞臺上扮演重要的政治角色。

魏斯納想接管自由法律人，把他們變成地下武裝團體。赫克夏反對。他主張這些人是情報來源，若是硬要他們扮演準軍事角色，肯定會變成砲灰。他的主張被駁回。魏斯納派駐柏林的情報官，挑了蓋倫將軍手下的一位軍官，把自由法律人改編成以三人爲一組的戰鬥武力。然而，他們所整編的小組卻有個典型的安全漏洞，即每一個組員都知道另一組的組員的身分，國際會議召開前夕，蘇軍綁架並刑求該組織一位領導人，中情局的自由法律人便一一被捕。

到了一九五二年底，在史密斯擔任局長的最後幾個月裡，又有多項魏斯納臨時起意的業務開始碎裂。陣陣餘波讓剛到任的中情局軍官謝克禮（Tom Shackley）留下永恆的印象，此人是從西維吉尼亞憲兵訓練營被連哄帶騙轉進中情局，以少尉身分展開波瀾壯闊的中情局生涯。他第一個任務是熟悉魏斯納其中一項業務，也就是支援簡稱ＷＩＮ的波蘭解放軍：自由獨立運動（Freedom and Independence

Movement）。

魏斯納和他的手下已空投大約五百萬美元價值的金條、輕機槍、步槍、彈藥及雙向無線電到波蘭。他們與流亡德國及倫敦的「外頭的ＷＩＮ」建立可靠的聯繫之後，認爲「裡頭的ＷＩＮ」是一支強大的武力，在波蘭境內有五百名士兵，二萬名武裝游擊隊和十萬名同路人，且都準備與紅軍決一死戰。

這是個錯覺。早在一九四七年，蘇聯所扶植的波蘭祕密警察就已將ＷＩＮ掃蕩一空。「裡頭的ＷＩＮ」是幽靈，乃共產黨的詭計。一九五〇年，有位來歷不明的特使到倫敦找上波蘭流亡人士，並帶來ＷＩＮ健在且在華沙日益壯大的消息。流亡人士馬上聯絡魏斯納的人馬，後者也立即把握建立敵後反抗組織的機會，空降許多愛國志士回波蘭。中情局總部一干領導幹部無不認爲，終於可以用共產黨自己的手法打敗他們了。史密斯在一九五二年八月和副手的會議上指出：「波蘭乃是發展地下反抗組織最被看好的地區之一。」魏斯納則告訴他：「ＷＩＮ士氣高昂。」

蘇聯和波蘭情報機關花好幾年的時間設下圈套。麥克馬宏說：「他們很清楚我們的空中任務，我們會空降工作人員進去，他們再和我們認定對我們有幫助的人聯絡。波蘭祕密警察和蘇聯國家安全委員會（KGB）就跟在他們後頭來個一網打盡。所以這是個思慮周詳的計畫，只可惜我們吸收的是蘇聯特工，結果變成大災難。人都死了。」大概死了三十人，也許更多。

謝克禮說，同袍們得知五年的規畫和數百萬經費盡付東流時的神情，他永遠忘不了。最無情的挖苦莫過於，他們發現波蘭把一大筆中情局的錢轉給義大利共產黨。

後來出任「美國之音」主管的盧米斯（Henry Loomis）說：「中情局顯然認爲，可以像二戰時戰情局在西歐占領區的作業那樣經營東歐，這顯然是不可能的事。」

在華府，主管東歐業務的林賽在極度苦惱中辭職。他告訴杜勒斯和魏斯納，中情局對付共產主義的策略，應該以科技方法監視蘇聯來取代祕密行動，以唐吉訶德式的準軍事任務去支援憑空想像的反抗運動，不可能把俄國人趕出歐洲。[5]

在德國，麥克馬宏花了好幾個月讀了工作站所有往來電文後，得出一個赤裸裸的結論，他在幾年之後說道：「我們沒有在那裡操盤的能力，我們對蘇聯的瞭解是零。」

中情局的未來

現在的中情局已是個全球勢力，員工有一萬五千人，每年有五億美元祕密經費可以使用，海外又有五十多個工作站。史密斯憑著全然的意志力，把中情局改造成頗具往後五十年面貌的機構。他將政策協調處和特別行動處合併成專門從事海外業務的單一祕密機關（即祕密行動處），又成立一個統合的國內情報分析系統，爲中情局贏得白宮許多尊重。

但他始終沒辦法把它變成專業的情報機關。「我們找不到夠格的人才，他們根本就不存在。」他在擔任局長最後那幾天如此感嘆。此外，他也一直無法讓艾倫．杜勒斯和魏斯納向他低頭。一九五二年總統大選前一周，史密斯最後一次嘗試壓制他倆。

十月二十七日，他召集局內最資深的二十六名官員開會，並宣示「在中情局尚未建立訓練精良的儲備人才之前，必須將活動縮減至少數可以有很好表現的業務」，不要「訓練不當或劣質的人員，試圖涵蓋廣大範圍，反倒表現不佳」。史密斯在楚史考特調查的鼓舞之下，下令召開「（專案）謀殺會議」（Murder Board）——可以取消中情局最不堪之祕密任務的陪審團。魏斯納立予還擊。他表示關閉可疑的業務是個漫長而痛苦的過程，史密斯的命令執行起來得花上好幾個月，很可能會拖到下一任政府上臺之後。局長敗陣，「謀殺會議」解散。

艾森豪贏得總統大選，靠的是由最親密的外交顧問約翰．杜勒斯所擬的國家安全政見，亦即呼籲自由世界解放蘇聯衛星國家。他們的勝利計畫主張中情局長換人。於是，在史密斯反對、參院無異議通過和新聞界歡呼聲中，艾倫．杜勒斯終於拿到覬覦已久的職位。

赫姆斯和艾倫．杜勒斯相知於八年前，兩人同往法國那間由史密斯將軍接受第三帝國無條件投降的紅瓦校舍，對杜勒斯可說是

一身便裝的史密斯（左）於一九五〇年從績效不彰的希仁柯特手中接下棒子時，攝於中情局總部。從一九四八到五八年精神崩潰為止，一直主管祕密行動業務的魏斯納（右）茫然而視。

相當瞭解。赫姆斯年方四十，爲人嚴謹，到夜裡熄燈時，向後梳的頭髮仍然一絲不亂，辦公桌上也沒有一張紙亂擺。杜勒斯已經六十歲，私底下愛穿拖鞋緩解痛風的他，原是個漫不經心的教授。艾森豪當選後不久，杜勒斯撥通電話把赫姆斯叫進局長室，兩人坐下聊天。

煙斗冒出濃濃煙雲，瀰漫空氣間，杜勒斯開口：「說說未來，中情局的未來。」

「你可還記得一九四六年我們出馬收拾爛攤子時，那陰謀詭計和血光四起的光景？中情局有負什麼責了？當時也沒有這個機構？」杜勒斯要赫姆斯知道，只要他當一天局長，就會有個機關全心投入大膽、困難且危險的任務。

「我要絕對肯定地讓你知道，當前祕密業務是何等的重要，白宮和現任政府對祕密行動抱有強烈的興趣。」杜勒斯說。

在往後八年裡，由於他對祕密行動情有獨鍾、不屑情報分析、加上欺騙美國總統的危險作法，艾倫・杜勒斯對自己所協助創立的中情局造成無可言喻的傷害。

〔注釋〕

1. 聯參首長命令的目的是要促成「撤回及削弱蘇聯勢力」，並「發展地下反抗組織，以利在各戰略地區展開祕密和游擊行動」。命令出自聯參首長資深戰爭規畫專家史蒂芬斯上將（Admiral L. C. Stevens），他曾任駐莫斯科海軍武官。
2. 〔譯注〕關塔那摩位於古巴南部，是美國海軍基地所在，也是惡名昭彰的虐囚案發生的處所。
3. 一九五二年七月十四日的中情局報告〈成功應用麻藥／催眠審訊術（朝鮮薊）〉指出，艾倫・杜勒斯在一九五一年四月會晤軍事情報機關首長，尋求他們協助朝鮮薊計畫，結果只有海軍聯絡官提供協助，即是巴拿馬的艦上監獄。另一份呈交史密斯的後續備忘錄則指出，已有兩名俄國人在一九五二年六月遭海軍與中情局聯合小組偵訊兩個星期，證明結合藥物與催眠的偵訊方法十分有效。這一切都是衍生於韓戰使國家進入緊急狀況，以及懷疑美國戰俘在北韓遭洗腦。參院調查雖曾在三十年前觸及本計畫，但文件軌跡（paper trail）已泰半銷毀。調查人員以簡短的四句話陳述朝鮮薊計畫，其中包括以「結合麻醉藥硫噴妥鈉與催眠」及利用「吐眞藥」等「特殊審訊法」進行「海外偵訊」。至於海外偵訊的本質，國會並沒有深究。

4. 參院調查人員證實一九五一到五六年、乃至往後數年，海外偵訊計畫一直是中情局每月例行會議的討論主題：「中情局堅稱朝鮮薊計畫已在一九五六年結束，但證據顯示其後數年間，安全室和醫務室仍然使用『特殊偵訊法』。」

5. 林賽一九五三年三月三日提出預言性質的報告叫〈發展冷戰新工具方案〉，二〇〇三年七月八日才解密。艾倫·杜勒斯全力壓下這份報告。中情局各領導人既懶得花時間來評估祕密行動失敗的後果，又擔心一旦報告外洩，飯碗便不保，於是不接受任何批評。此外，他們也不理睬最優秀諜報人員希契爾的警告：對抗敵人的唯一辦法就是瞭解敵人。一九五〇年代初期，在赫姆斯手下負責東歐諜報業務的希契爾說，他主張「一旦涉入意識形態，就再也不能取得可靠的情報。你這是把情報員置於險地。要當政治特工就免不了會使自己暴露在你想要破壞的體制之下，倘若你想破壞的是個獨裁政治體制，那你肯定會受到傷害。」

2 • 1953-1961

艾森豪時期的中情局

奇才異士

〔第八章〕
我們沒有計畫

一九五三年三月五日史達林去世時，艾倫．杜勒斯甫上任一個星期。幾天後，中情局感嘆道：「對於克里姆林宮內的思維，我們沒有可靠的內線消息。」美國新總統艾森豪很不滿意，怒道：「我們對蘇聯長程計畫和意圖的評估，都是根據不充分的證據所做的揣測。打從一九四六年以來，所謂的專家都在放言高論史達林一死會發生什麼狀況，我們國家該如何因應。現在他死了，各位不妨翻翻政府檔案，找找看我們訂了什麼計畫。我們沒有計畫，甚至不知道他的死會有什麼影響。」[1]

史達林之死強化了美國對蘇聯意圖的疑慮。對中情局而言，問題在於史達林的後繼者（不管是誰）是否會發動先制戰爭。然而，該局對蘇聯的諸多揣想，不過是遊樂宮哈哈鏡裡的映像罷了。史達林從沒有稱霸世界的大計畫，也沒有支配世界的手段。在他死後接掌蘇聯的赫魯雪夫（Nikita Khruschev）回憶，史達林一想到可能與美國發生全球戰鬥便渾身「發抖」和「顫慄」。赫魯雪夫說：「他怕戰爭，史達林知道自己的弱點，所以他不會做過什麼可能挑起與美國大戰的事。」

* * *

蘇聯的根本弱點之一是，日常生活的每一層面都附屬於國家安全之下。史達林和他的後繼者都對保護國家疆界有著病態般的執念。先是拿破崙從巴黎入侵，接著是希特勒從柏林攻來，史達林唯一一以貫之的戰後外交政策，就是把東歐變成巨大的人肉盾牌。他把全部精力用在暗算國內政敵的時候，蘇聯人民大排長龍等著買一袋馬鈴薯。艾森豪主政之下，美國享有八年的承平與繁榮，但這樣的和平是以節節升高的軍備競賽、政治獵巫和持久的戰爭經濟等代價換來的。

艾森豪面臨的挑戰是，如何在不挑起第三次世界大戰或顛覆美國民主的情況下對抗蘇聯。他擔心冷戰的代價會拖垮美國；若是依著軍方將領的方法去做，準會耗光國庫。於是他決定將戰略立基於核武和祕密戰爭這兩大祕密武器上。它們可要比動輒數十億美元的噴射戰鬥機群和航空母艦隊便宜多了。憑著充裕的核武火力，美國就可以嚇阻蘇聯發動世界大戰，或者萬一戰事發生時，可打個勝仗；憑著全球祕密行動，美國可以防止共產主義擴散，或者像艾森豪公開宣示的政策那樣，壓制俄國人。

艾森豪把國家命運押注在核子武力和諜報機關上，至於這兩者要如何做最妥善運用的問題，在他主政初期每一次的國家安全會議上幾乎都會談到。國安會創設於一九四七年，目的是要管理在海外運用美國力量的事宜，杜魯門主政時很少召開會議，艾森豪則讓它起死回生，像將軍管理參謀人員般地經營它。艾倫．杜勒斯每星期從他那有點簡陋的辦公室走出來，坐上黑頭轎車，行經破落的坦波拉里斯大樓（the Temporaries，亦即魏斯納和他手下祕密行動人員上班的地方），開進白宮大門。他坐在內閣會議廳（Cabinet Room）橢圓形大桌旁，對面是他國務卿老哥約翰·杜勒斯，還有國防部長、參謀首長聯席會議主席、副總統尼克森以及總統艾森豪。會議通常都是以艾倫縱論全球熱點地區情勢作為開場白，接著話題便轉入祕密戰爭策略。

我們可以打敗全世界

艾森豪不斷擔心可能發生核武奇襲，中情局一直安不了他的心。一九五三年六月五日，艾倫·杜勒斯在國安會上告訴他，中情局無法「透過情報管道給他任何蘇聯突擊的預警」。幾個月後，中情局提出大膽猜測，認為蘇聯在一九六九年之前沒有能力對美國發射洲際彈道飛彈。事實證明，這個估計整整差了十二年。

一九五三年八月，蘇聯首次試爆大規模毀滅性武器，雖不是熱核彈，可也相差無幾了；中情局毫不知情，遑論預警。六個星期之後，艾倫·杜勒斯向總統簡報蘇聯試爆情況，艾森豪拿不準是否該搶先對莫斯科發動全面核武攻擊。艾森豪表示，看來「抉擇時刻已到，我們很快就得實際面臨是否立即傾力攻擊敵人的問題」，國安會備忘錄如是記載。「他之所以提出這個可怕的問題，乃因現在徒然對敵人的能力感到不寒而慄，了無意義」，尤其是在美國不知道莫斯科究竟是有一枚還是一千枚核武的時候。「我們全力維護一種生活方式，但這其中有很大的風險，亦即在維護這種生活方式時，我們赫然發現自己訴諸危害這種生活方式的手段。總統認為眞正的問題在於如何規畫出因應蘇聯威脅的方法，且在必要時加以節制，避免讓我們變成要塞國家。總統說，這是件兩難的事。」

當艾倫·杜勒斯提醒總統：「俄國人很可能明天就對美國發動原子彈攻擊。」艾森豪的回答則是：「我不認爲這裡有誰會覺得，打贏一場反蘇全球戰爭的代價高到我們無法負擔。」但這種勝利的代價可能是美國民主毀於一旦。總統指出，參謀首長聯席會議告訴他：「即使結果會改變美國的生活方式，我們也應該爲所當爲。我們可以打敗全世界……只要我們願意採行希特勒的政體。」

艾森豪原以爲祕密行動可以處理這兩難問題，但東柏林的一場激戰卻顯示，中情局沒有能耐和共產主義正面交鋒。一九五三年六月十六、十七日，將近三十七萬名東德人走上街頭，數千名學生和工人暴力攻擊壓迫者、焚燒蘇聯和東德共產黨大樓、搗毀汽車、試圖阻止壓扁他們精神的蘇軍坦克。暴動規模之大，中情局始料未及，也毫無辦法拯救反抗人士。魏斯納原想要武裝東柏林人，幾經思量、躊躇不決。他旗下的解放軍毫無用處。他在六月十八日這天表示，中情局「此時不宜妄動，以免激起東德人進一步行動」。暴動立刻被鎮壓下來。

隔周，艾森豪下令中情局在東德和其他蘇聯衛星國家內，「訓練及武裝有能力進行大規模突擊或長期戰爭的地下組織」。命令還要中情局在淪陷國家內「鼓動翦除（elimination）傀儡官員」。所謂翦除，就是它字面上的意思，別無他意。然而，這項命令不過是無意義的表態罷了。總統已逐漸知悉中情局能耐有限。同年夏天，艾森豪召集他在國安方面最信賴的華特·貝岱爾·史密斯、肯楠、國務卿佛斯特·杜勒斯以及退役空軍中將杜立德（James R. Doolittle，一九四二年率隊轟炸東京的空官）等人在白宮日光浴廳開會，請他們重新釐定對抗蘇聯的國家戰略。迨「日光浴計畫」（Solarium project）告終，透過祕密行動壓制蘇聯的構想，也宣告壽終正寢，歷時五載。

總統開始試圖改變中情局的作業方向，讓中情局到亞洲、中東、非洲、拉丁美洲和殖民帝國垮臺的地方去打擊敵人。艾森豪主政時期，中情局在四十八個國家進行過一百七十次大型祕密行動——美國間諜在對當地文化、語言或民族歷史不甚了了的國家，執行政治、心理和準軍事戰。

艾森豪往往在和杜勒斯兄弟私下聊天的時候，做成祕密行動的初步決定。通常是艾倫向哥哥提作業方案，再由佛斯特在橢圓形辦公室喝酒聊天時向總統開口。佛斯特帶著總統的批准和告誡，回頭找艾倫：別讓人逮著了。兄弟倆就在各自的辦公室、電話上或周日在游泳池畔、或是和同為國務院官員的妹妹伊蓮娜對話中，敲定祕密行動的走向。佛斯特堅信，美國必須竭盡所能，改變或消除不公開與美國結盟的政權。艾倫由衷附和。於是在艾森豪的贊同下，兩兄弟開始重繪世界地圖。

情勢急速惡化

艾倫．杜勒斯從一上臺就廣為結交全美最有影響力的出版商和廣播公司，拉攏參眾議員，討好報紙專欄作家，全力打造中情局的公眾形象。[2]他發現，高尚的知名度遠比審愼的沈默更加管用。

杜勒斯與《紐約時報》、《華盛頓郵報》以及全國頂尖周刊的老闆保持密切聯繫。他撥通電話就可以更動突發新聞，保證把惱人的海外特派員揪離崗位，或讓《時代》雜誌柏林分社主任與《新聞周刊》駐東京人員為其所用。對杜勒斯而言，餵新聞給媒體等於是他的第二天性。當年唐諾文管轄戰時宣傳機關「戰爭新聞處」（Office of War Information）的退伍軍人主導了美國大部分的新聞編輯部。回中情局電話的人則包括魯斯和他旗下的《時代》、《展望》（*Look*）、《財富》等周刊，以及《大觀》

（*Parade*）、[3]《星期六評論》和《讀者文摘》等人氣雜誌的主編，哥倫比亞廣播公司新聞網（CBS News）最有權力的主管等。杜勒斯所建立的公關與宣傳機器，包含五十多家新聞機構，十幾家出版公司，以及（西德最具影響力的新聞大亨）施普林傑（Axel Springer）之流親口保證全力支持。

杜勒斯希望外界他把當作專業諜報機關的高明大師，新聞界也很盡責地反映這種形象。中情局檔案說的可是全然不同的故事。

杜勒斯與副手每日例行會議的備忘錄中，把中情局刻畫成一個從國際危機搖搖晃晃走向內部衰事連連的機關：酗酒浪蕩、中飽私囊、集體辭職。中情局官員殺了英國同行，面臨殺人罪審判，該怎麼處理？瑞士工作站前站長爲什麼自殺？祕密行動沒人才，怎麼辦？新任監察長寇克派屈克成了中情局壞消息（人員、訓練和表現品質不佳等等）的傳信人，他提醒杜勒斯，中情局在韓戰期間聘用的好幾百名老練軍官辭職，而且「極其明顯的是，有太高比例的人懷著對中情局極不友善的態度離開」。

戰爭末期，有一票中下級官員有感於總部士氣低落，於是申請並獲准進行內部民調。他們訪問了一百一十五名中情局人員後，寫了一長篇翔實的報告，並在杜勒斯就任滿一周年時完稿。他們提到「一個急速惡化的情況」：普遍感到灰心、迷惘和沒有目標。吸收聰明的愛國之士時，許以刺激的海外服務前景──「徹底的假象」，然後就把他們塞到沒有出路的職位上，當個打字員或傳信人。幾百名駐外人員回來後在總部閒晃了好幾個月，想找點新任務卻沒有結果。他們報告說：「人事怠惰對本局所造成的傷害，已呈等比級數而非等差級數升高。每流失一位因不滿或灰心而求去的幹才，很可能意味著有二、三位（具有相同教育、專業或社會背景的）好手，本局再也沒有機會聘請……此所造成的傷害可能無法彌補。」

中情局的年輕官員面對「太多身居要職卻不知道自己在幹什麼的人」，眼睜睜看著「驚人數額的金錢」浪費在失敗的海外任務上。有位魏斯納手下的主事官寫道，他所經管的業務「大多效率不彰且所費不貲。有些業務目標根本不合邏輯，更別說合法了。因此，為保護內外勤的工作與風評，總局的任務說得好聽點就是粉飾業務預算，以及利用誇大的報表來製造正當化的藉口」。他們的結論是：「中情局充斥著庸才，乃至更不堪的人。」

在這些年輕官員眼裡，中情局是個自欺欺人的情報機關。他們筆下的中情局是無能的人畀予大權，把有能力的新人當成堆在走廊上只能當柴燒的薪材一般。

艾倫．杜勒斯壓下他們的報告，依然故我。四十三年之後，一九九六年一份國會調查報告的結論說，中情局「持續面臨重大的人事危機，迄今未見任何連貫性的方法去處理……今天中情局夠格的主事官仍然不足，全球各地仍有許多工作站員額懸缺」。

扮黑臉的人

艾森豪想把中情局塑造成有效的總統權力工具。他設法透過華特．貝岱爾．史密斯好好整頓中情局指揮結構。艾森豪當選之後，史密斯將軍原指望自己會獲提名為聯參首長主席，怎料艾森豪卻決定要他當國務次卿，頓時令他錯愕不已。在史密斯眼中，佛斯特．杜勒斯是個浮誇愛說大話的人，說什麼也不願當他副手。但艾森豪希望他、也需要他，在自己和杜勒斯兄弟之間當個公正的中間人。

史密斯把氣出在老鄰居尼克森副總統頭上。尼克森還記得，將軍不時過訪，「兩杯黃湯下肚後就變個人似的，說起話來也比較隨便一點……記得有一晚我們喝了點威士忌，貝岱爾情緒一來便說道：『我向你說件事……我只是艾森豪的小打手……艾森豪得有個人幫他做自己不想做的骯髒事，讓他可以擺出好人的樣子。』」

史密斯幫艾森豪監督祕密行動，擔任白宮和中情局機密業務之間的主要聯絡人。他是新成立的「行動協調會」（Operations Coordinating Board）的主力，負責執行總統和國安會的祕密命令，監督中情局依令執行，並親自挑選駐外大使在執行這些任務上扮演核心角色。

在史密斯擔任總統的祕密行動監督的十九個月裡，中情局只做了兩項在中情局史上列爲大成功的政變。解密的政變記錄顯示，成功是靠賄賂、脅迫和暴力，而不是依賴隱密、竊密和狡計。儘管如此，它們卻創造出中情局是民主軍火庫裡一顆銀彈的神話，賦予該局杜勒斯夢想已久的光環。

〔注釋〕

1. 蘇聯在史達林過世後，隨即發動和平攻勢，也就是粗糙、揶揄、但往往很有效的宣傳活動。試圖讓世人相信，克里姆林宮已師法正義與和平的理念，而中情局竟然沒有反擊。艾森豪得知後也非常不高興。
2. 與中情局合作的新聞媒體不勝枚舉，哥倫比亞廣播公司、國家廣播公司、美國廣播公司、美聯社、合眾國際社、路透社、史克里普斯——霍華德報系（Scripps-Howard Newspapers）、赫斯特報業集團（Hearst Newspapers）、柯普萊新聞社（Copley News Service）、邁阿密先鋒報（Miami Herald）等只是其中一部分而已。因爲一九五三年時美國各報新聞都是由搞戰爭宣傳的老手操控。一九七七年十月二十日，卡爾．柏恩斯坦（Carl Bernstein）發表在《滾石》雜誌的〈中情局與媒體〉（The CIA and the Media）一文中，雖做了相當刪節，但有一段話說得很精闢：「許多報導二戰的記者都與（中情局的前身）戰略情報局關係密切，更重要的是，他們都站在同一邊。戰爭結束後，很多戰情局官員進了中情局，這些關係自然也就繼續下去。另一方面，剛入行的戰後第一代記者，也都和前輩們具有相同的政治與職業價值觀。」

〔編注〕卡爾．柏恩斯坦擔任《華盛頓郵報》記者時，與另一名同事伍華德（Bob Woodward）透過「深喉嚨」提供的內線情報及協助，率先披露了尼克森政府的水門事件醜聞，因而聲名大噪。兩人也因此獲得了一九七三年的普立茲獎。

3. 〔編注〕包括《華盛頓郵報》、《今日美國》在內的數百家報紙，會用《大觀》作為自己的周日副刊而隨報發行，《大觀》本身的編輯作業則是獨立進行。

〔第九章〕

中情局的最大成就

一九五三年一月艾森豪就職前幾天，華特．貝岱爾．史密斯把金姆．羅斯福召到中情局總部說話，問道：「我們的工作到底幾時要進行？」[1]

兩個月前，也就是一九五二年十一月初，中情局近東課課長金姆．羅斯福前往德黑蘭幫英國情報局的朋友收拾爛攤子。伊朗首相莫沙德（Mohammad Mossadeq）獲悉英國意圖推翻他，於是將英國大使館人員連同特工悉數驅逐，而羅斯福此行的目的就是要保住並收買原為英國工作、但很樂於接受美國這份大禮的伊朗特工。返美途中，他在倫敦稍做停留，並向英國同行做個報告。

他得知邱吉爾首相希望中情局協助推翻伊朗政府。四十年前，伊朗的石油把邱吉爾推上權力和榮耀之位。現在，邱吉爾爵士要拿回來。

第一次世界大戰前夕，邱吉爾身居海軍大臣，將皇家海軍船艦從燒煤炭改為以石油為燃料。他主導購入新成立的「盎格魯──波斯石油公司」（Anglo-Persian Oil Company）百分之五十一的股權。五年前該公司躍居為伊朗最大石油公司，英國大有斬獲，伊朗石油不僅供給邱吉爾新艦隊的燃料，更帶來足以支應艦隊所需的收益。就在大不列顛揚威四海之際，英國、俄國和土耳其大軍蹂躪伊北，農業泰半無存，從而造成饑荒，大約死了二百萬人。在混亂局勢當中，哥薩克族指揮官黎薩汗（Reza Khan）崛起，憑藉狡詐多智和武力奪得政權，並在一九二五年自立為伊朗國王。伊朗國會（Majlis）有四位議員反對他，其中一位是民族主義政客莫沙德。

伊朗國會很快便發現，現已更名為「英伊石油公司」（Anglo-Iranian Oil Company）的這家英國石油業鉅子，有計畫地騙走政府數十億美元。一九三〇年代的伊朗，憎恨英國和害怕俄國的情緒十分高張，納粹於是趁機滲入，致使邱吉爾和史達林也在一九四一年八月入侵伊朗。英俄放逐黎薩汗，另立他那位柔順、眼神迷離的二十一歲兒子巴勒維（Mohammad Reza Khan Pahlavi）為王。

英俄占領伊朗期間，美軍利用伊朗機場及公路運送總值約一百八十億美元的軍援給史達林。二戰期間，美國在伊朗僅有一位有力人士，即組建伊朗特警（Gendarmerie）的史瓦茨科夫將軍（Norman Schwarzkopf），他的兒子與他同名，也是官拜將軍，在一九九一年伊拉克戰爭的「沙漠風暴行動」擔任指揮官。一九四三年十二月，羅斯福、邱吉爾和史達林在德黑蘭舉行戰爭會議，但這三大盟國卻將饑貧國家伊朗置諸腦後，這裡的石油工人一天掙五毛美金，年輕國王靠選舉舞弊掌權。戰後，莫沙德呼籲國會，重新協商英伊石油公司特許權事宜。該公司掌控著全球最大石油蘊藏量，它設在阿巴丹（Abadan）外海的煉油廠也是全世界最具規模的。英國石油主管和技師在私人俱樂部與游泳池玩樂，伊朗石油工人卻是住在沒水、沒電、也沒有下水道的簡陋小屋；不公不義促成伊人支持當時只有大約二千五百名黨員的共產主義「伊朗人民黨」(Tudeh Party of Iran)。英國人的石油收益是伊朗人的兩倍，現在伊朗要求五五拆帳；英國當然拒絕，並收買政治人物、報紙主編和電臺臺長等，意圖影響輿論。

英國駐德黑蘭情報站長克里斯多夫·蒙塔格·伍德豪斯(Christopher Montague Woodhouse，大戰期間他的同袍慣稱他「蒙提」〔Monty〕)提醒他的國人，這樣是在自招禍端。一九五一年四月，伊朗國會通過表決將國內石油生產收爲國有，幾天後，莫沙德成爲伊朗首相。六月底，英國戰艦開抵伊朗外海；七月，美國大使葛拉迪(Henry Grady)回報說，英國以「愚不可及」的行爲，意圖推翻莫沙德；九月，英國鞏固國際抵制伊朗石油行動，意圖以經濟戰毀掉莫沙德。這時，邱吉爾復出掌權，擔任英國首相。邱吉爾七十六歲，莫沙德六十九，兩人都是隻手操持國事的頑固老頭子。英國司令官擬定以七萬大軍拿下伊朗油田和阿巴丹煉油廠的大計，莫沙德則將本案提交聯合國與白宮仲裁，一面公開擺出護身符，一面私下提醒杜魯門，英國的攻擊可能啓動第三次世界大戰。杜魯門於是斷然告訴邱吉爾，美國絕不會支持此種侵略行徑。邱吉爾則反駁說，英國在軍事上支持韓戰，代價即是美國在政治上支持英國對伊朗的立場。兩人在一九五二年夏天陷入僵局。

中情局違法定策

一九五二年十一月二十六日，伍德豪斯飛到華府拜會華特·貝岱爾·史密斯和魏斯納，討論如何「革除莫沙德」。他們的陰謀在總統交接的渾沌時刻成形——杜魯門權力日益減弱，政變計畫日趨成熟。誠如魏斯納在計畫完全成熟時所說的，有時候「中情局違法定策」。美國公開的外交政策是支持莫沙德，中情局卻在沒有白宮批准的情況下預備動手廢掉他。

一九五三年二月十八日，英國祕密情報局（Secret Intelligence Service）新任首長辛克萊爵士（Sir John Sinclair）飛抵華府。辛克萊是蘇格蘭人，說起話來輕聲細語，外界以「C」相稱，友人則稱他爲「辛巴達」（Sinbad），他拜會艾倫．杜勒斯，並提議以金姆．羅斯福爲政變計畫的現場指揮官。英國爲政變計畫取的名字很平凡，就叫「革除行動」（Operation Boot）；羅斯福則採特洛伊戰爭神話的英雄名字，取個比較堂而皇之的名稱：「亞傑克斯行動」（Operation Ajax）。（這名字選得挺奇怪，因爲根據傳說，亞傑克斯後來發了瘋，誤以爲羊群是戰士，把牠們通通宰了，清醒後便羞愧自殺。）

金姆．羅斯福很有經營這種大秀的才情。以政治、宣傳和準軍事行動化解蘇聯入侵伊朗的工作，他已做了兩年，中情局也儲備充裕的經費和槍械，足以支持一萬名的部族戰士半年之久。他得到授權去攻擊規模雖小卻極有影響力的非法伊朗共產黨；如今他變更目標，針對伊朗國內主流政治與宗教團體，企圖削弱他們對莫沙德的支持。

羅斯福開始加速賄賂和顛覆活動。中情局的官員和伊朗特工，「租用」政治寫手、神職人員與刺客殺手；收買街頭混混和穆拉（mullah），[2]前者可以打散人民黨的群眾大會，後者則在清眞寺裡非議莫沙德。中情局雖不像英國在伊朗已有幾十年的經驗，所吸收的伊朗特工人數也瞠乎其後，但它有更多的錢可以揮灑：每年至少一百萬美元經費，對當時爲全世界最貧窮國家之一的伊朗而言，可是一筆極大的財富。

中情局從英國情報機關所掌控的「收買影響力」（influence-buying）網絡取得線索。此一網絡是由控制伊朗船運、銀行和房地產業的親英派拉希甸（Rashidian）家三兄弟所經營。他們可以影響伊朗國會議員、左右市集裡最大的商家和不爲人知的德黑蘭國會議員；他們賄賂參議員與高級軍官、編輯人和出版商、打手以及一位以上的莫沙德內閣閣員。他們用裝滿現鈔的餅乾盒來買情報。甚至連國王的侍衛長也是他們圈子的人，而這也成爲政變的催化劑。

一九五三年三月四日，艾倫．杜勒斯帶著七頁以「蘇聯接管（伊朗）之後果」爲主題的簡報筆記走進國家安全會議。伊朗面臨「革命一觸即發的地步」，萬一是共產黨出頭，中東骨牌必會一一倒下，自由世界百分之六十的石油勢必落入蘇聯手中。杜勒斯警告，這慘重的損失勢必會「嚴重耗損我們的戰爭儲備」；屆時美國不得不實施石油和天然氣配給。艾森豪總統不予採信，認爲較好的辦法是提供伊朗一億美元貸款來穩定莫沙德政府，而不是去推翻它。

伍德豪斯委婉地暗示中情局的同行，他們可以不同方式向艾森豪呈報這個問題。他們不能強調莫沙德是共產黨，但他們可主張莫沙德在位越久，蘇聯入侵伊朗的風險就越大。羅斯福於是針對艾森豪調整策略：倘若莫沙德偏左，伊朗會落入蘇聯手中，但若能把他推向右邊，中情局肯定伊朗政府會落入美國掌控中。

莫沙德自投羅網。有一回他失算地拿蘇聯威脅的幽靈來嚇唬美國駐德黑蘭大使館。一九五三年時負責伊朗事務的國務院官員施圖茨曼（John H. Stutesman）說，莫沙德指望「美國人來拯救」。施圖茨曼對莫沙德相當瞭解：「莫沙德覺得只要把英國人趕走，再以俄國的霸權野心來威脅美國，我們就會一湧而入。他的想法不算錯得太離譜。」

一九五三年三月十八日，魏斯納告知伍德豪斯和羅斯福，艾倫．杜勒斯已批准他們展開初步行動。四月四日，中情局總部撥出一百萬美元到德黑蘭工作站。不過，艾森豪以及其他在推翻伊朗計畫中扮演要角的人仍心存疑慮。

幾天後，總統發表一篇名爲〈和平契機〉（The Chance for Peace）的動人演講，宣示「任何國家自行選擇政府形式與經濟制度的權利，不容剝奪；任何國家欲主宰他國政府形式的企圖，都是站不住腳的」。這些理念令德黑蘭工作站長高義朗（Roger Goiran）銘感於心，他質問總部，美國爲什麼要和英國在中東的殖民主義掛鉤；他認爲這是歷史性的錯誤，對美國利益是個長期的災難。艾倫．杜勒斯把他召回華府，解除他的站長職務。一開始就參與大計的駐伊朗大使羅伊．亨德遜（Loy Henderson），強烈反對英國選定墮落的退役少將札赫迪（Fazlollah Zahedi）當政變負責人。莫沙德早就告訴亨德遜大使，他知道札赫迪是英國在背後支持的叛徒。

儘管如此，英國仍然提名，中情局依舊附議，支持唯一公開叫陣奪權、被視爲親美的札赫迪。四月底，警察總長遭綁架殺害後，札赫迪躲了起來；涉案的殺手都是他的支持者，不躲不行，足足躲了十一個星期後才露面。

到了五月，計畫仍未獲艾森豪批准，政變卻已蓄勢待發。這時，根據計畫最後階段的設計：札赫迪將以中情局的七萬五千美元經費成立軍事事務機關，遴選發動政變的校官。在中情局的伊朗政變史料中，被當作「恐怖暴徒」的宗教狂熱組織「伊斯蘭戰士」（Warriors of Islam），對莫沙德在政府內外的政治與個人支持者，發出死亡威脅，並模倣共產黨手段，暴力攻擊廣受敬重的宗教領袖。中情局這邊將動用十五萬美元宣傳活動經費，以傳單海報來左右伊朗輿論與大眾，宣稱「莫沙德偏袒人民黨和蘇聯……莫沙德是伊斯蘭敵人……莫沙德蓄意摧毀軍方士氣……莫沙德蓄意造成國家經濟崩潰……莫沙德已經被權力腐化了」。在攻擊發起日這一天，札赫迪的軍事事務機關將率領陰謀政變者，占領軍方參謀總部、德黑蘭電臺、莫沙德寓所、中央銀行、警察總局，以及電話電報總局。他們將逮捕莫沙德及其閣員，然後再以每星期一萬一千美元的經費，迅速收買國會議員，用來確保國會以多數票宣告札赫迪為首相。最後這一個細節具有賦予政變合法面貌的好處。另一方面，札赫迪則對國王宣誓效忠，恢復王權。

意志薄弱的巴勒維國王是否也該軋一腳呢？美國大使亨德遜認為，他沒那種骨氣支持政變。羅斯福則認為，少了國王，政變無望。

六月十五日，羅斯福到倫敦把政變計畫拿給英國情報機關的軍師們過目。雙方在掛著「約束來客」牌子的總部會議廳碰頭。他們沒提反對意見，反正是美國人埋單嘛。政變雖是出於英國構想，但在執行上英方領導人不能扮演主導角色。六月二十三日，英國外相艾登（Anthony Eden）在波士頓動腹腔大手術；同一天，邱吉爾中風差點送命。這消息全未外洩，中情局毫不知情。

在往後兩個星期裡，中情局建立了一個雙管齊下的指揮鏈，一個負責聯繫札赫迪的軍事事務機關，另一個則控管政治戰和宣傳活動。兩者都直接對魏斯納負責。羅斯福啓程飛到貝魯特，假道敘利亞、伊拉克，進入伊朗與拉希甸兄弟會合。中情局靜候總統的核可。艾森豪終於在七月十一日批准。但就從這一刻起，幾乎每一件事都出錯。

您先請，陛下

任務的隱密性在還沒動手前就吹了。七月七日，中情局監聽到伊朗人民黨的廣播。這家祕密電臺警告伊朗人，美國政府連同各類「間諜和叛國者」，包括札赫迪在內，正攜手「清除莫沙德政府」。除了人民黨，莫沙德也有自己的軍事和政治情報來源，知道自己所要面對的是什麼。

這時中情局赫然發現，要政變居然沒有軍隊。札赫迪手下沒有一兵一卒。中情局沒有伊朗軍事形勢圖、沒有陸軍名冊。金姆．羅斯福向美國特種作戰部隊之父麥克盧爾准將求助。[3] 麥克盧爾在二戰時擔任艾森豪的首席情報官，韓戰期間負責陸軍心戰部，監督軍方與中情局聯合作業是他的專長。不過，他雖曾與杜勒斯、魏斯納並肩工作，卻不信任這兩個人。

麥克盧爾已在德黑蘭負責成立於一九五〇年的美國軍事援助顧問團業務，專門提供伊朗有爲軍官軍事支援、訓練和諮詢。他配合中情局的神經戰，切斷美軍和親莫沙德司令官之間的聯繫。羅斯福完全靠麥克盧爾來瞭解伊朗軍方、以及軍方高級官員的政治忠誠取向。艾森豪特別指出，麥克盧爾「與國王及我們感興趣的高層人士關係極佳」，並在政變後親自把他升爲少將。中情局吸收一位曾擔任伊朗與美軍顧問團聯絡官的上校，請他協助政變事宜。他祕密取得大約四十位同袍的支持。

現在就只缺巴勒維國王了。

中情局官員米德（Stephen J. Meade）上校飛到巴黎，尋找巴勒維那位意志堅強但不怎麼受歡迎的雙胞胎妹妹雅希蕾芙公主（Princess Ashraf）。中情局的腳本是要她結束流亡，回國勸勸巴勒維支持札赫迪將軍。詎料公主行蹤不明，英國情報人員追到法國，在里維耶拉（Riviera）找到她，又花了十天工夫才把她哄上商務客機飛回德黑蘭。誘因包括英國情報機關提供大筆現鈔、貂皮大衣，米德上校另外承諾萬一政變失敗，美國會負擔皇室財務。面對面一番激烈議論之後，她誤以爲已經讓雙胞胎哥哥挺起脊梁骨，便在七月三十日離開德黑蘭。八月一日，中情局又找史瓦茨科夫將軍來爲巴勒維打氣。

巴勒維唯恐宮中已遭竊聽，便把將軍帶到大宴會廳裡，拉過一張小几擺在正中央，悄聲說他礙難配合政變。他沒有信心軍方一定會支持他。

接下來的那一星期，羅斯福在皇宮進進出出，一面施以無情壓力，一面警告他若不聽從中情局的話，伊朗可能變成共產國家，或是「第二個朝鮮」，不管是哪一種結果，國王和王室是逃不了死刑的。巴勒維大爲驚恐，趕忙逃到裏海畔的皇家別墅。

羅斯福爲之震怒。他越俎代庖擬了一道皇家命令：解除莫沙德職務，並任命札赫迪爲首相；再命那位指揮皇家衛隊的上校將這道有法律疑義的文件，交給槍口下的莫沙德，倘若他不從命便逕予逮捕。八月十二日，這位上校追至裏海濱找到巴勒維，隔天晚上便帶著幾份已簽署的命令歸來。現在羅斯福的伊朗特工已散布德黑蘭街頭，報紙和平面媒體則大肆宣傳：莫沙德是共產黨，莫沙德是猶太人。中情局的街頭混混喬裝成人民黨員，攻擊穆拉，並毀損一座清真寺。莫沙德展開反擊，以參眾議員被中情局收買、投票無效爲由，關閉國會；依據法律，只有國會可罷黜他，國王則無權罷黜首相。

羅斯福加速推進。八月十四日，他急電中情局總部，請求再撥五百萬美元支援札赫迪。政變就定在那天晚上——莫沙德也知道，於是動員首都衛戍部隊，以坦克和重兵重重戒護他的官邸，等到那位國王侍衛要來逮捕首相時，忠心的部隊便將他捉住。札赫迪躲在中情局的安全屋裡，由羅斯福手下一位叫史東（Rocky Stone）的新手看管。中情局匆匆糾集的伊軍校官幹部隨之崩解。

八月十六日上午五時四十五分，德黑蘭電臺廣播宣布政變已失敗。下一步該怎麼走，中情局總部毫無頭緒。艾倫·杜勒斯很樂天地相信一切順利，已在一周前離開華府到歐洲度長假，無從聯絡。魏斯納苦思無計。羅斯福於是自行決定，要讓全世界認定這次失敗的政變是由莫沙德所發動。這種故事得由巴勒維來說，可這位國王已逃出國了；幾個小時後，美國駐伊拉克大使貝瑞（Burton Berry）得知巴勒維國王已抵巴格達求助。羅斯福傳了一份講稿大綱給貝瑞，要巴勒維發表聲明說，他是因左翼暴動才逃離伊朗。巴勒維聽命發表廣播聲明後，立刻告訴他的飛機駕駛飛往流亡君主之都羅馬的計畫。

八月十六日晚上，羅斯福手下交五萬美元給德黑蘭工作站的伊朗特工，要他們找一群人僞裝成共產黨打手製造群眾事件。隔天早上，好幾百名拿錢辦事的滋事者湧上街頭，搶劫、縱火和搗毀政府的象徵。正宗的人民黨員加入後很快便察覺，「這是經人策動的祕密行動」，正如中情局工作站報告所說的，「於是設法勸示威者回家」。兩夜輾轉難眠之後，八月十七日，羅斯福歡迎從貝魯特飛回來的亨德遜大使。前往接機的途中，美國大使館人員經過一座巴勒維父親的銅像；銅像已被人推倒，只剩一雙長統靴還站著。

亨德遜、羅斯福和麥克盧爾在大使館內舉行長達四個小時的戰爭會議，結果是得出一個製造無政府狀態的新計畫。由於麥克盧爾的緣故，伊朗軍官都派到外地各處要塞，去爭取士兵支持政變。中情局的伊朗特工於是請了更多的街頭混混，並派特使去勸說什葉派最高領袖宣告發動聖戰。

在中情局總部的魏斯納則已陷入絕望。他讀著當時中情局最優秀分析員的報告：「德黑蘭軍事政變落敗以及巴勒維國王出走巴格達，顯示莫沙德繼續掌控大局，同時也預示他會以更激烈的行動掃除所有的反對者。」八月十七日深夜，他拍通電報到德黑蘭說，鑑於羅斯福與亨德遜並沒強烈的相反建議，此次反莫沙德政變應就此打住。一、兩個小時後，約莫是凌晨兩點，魏斯納慌慌張張地打電話給中情局總部主管伊朗事務的約翰・華勒（John Waller）。

魏斯納說，巴勒維已飛到羅馬，住進華蓋飯店（Excelsor Hotel）。緊接著「發生一件很恐怖、很恐怖的巧合」，魏斯納說。「你猜怎麼著？」

華勒猜不出來。

「朝你所能想像得到最壞的方向去猜。」魏斯納說。

「他被計程車撞死了？」華勒答道。魏斯納回說：「不，不，不，約翰啊，你大概不曉得杜勒斯決定延長假期到羅馬一遊吧。現在你再想想會發生什麼事？」

華勒還以顏色：「杜勒斯開車把他撞死？」魏斯納沒被逗笑。

魏斯納說：「他倆同一時間出現在華蓋飯店櫃臺，杜勒斯只好說聲：『您先請，陛下。』」

熱情擁抱

八月十九日黎明，中情局雇用的暴民群集德黑蘭準備暴動。一輛輛巴士和卡車滿載從南部來的部族人士，他們的族長也都收了中情局的錢。亨德遜大使的副館長朗特里（Willaim Rountree）形容接下來發生了「形同自發的革命」。

他細述：「一開始是個健身或運動俱樂部的人，舉著槓鈴和鏈條之類的東西領銜示威。」這些舉重選手和馬戲團壯漢都是中情局爲今天舉事而網羅來的。「他們高呼反莫沙德和勤王口號，漸向大街小巷前進，很多人陸續加入，不多時就變成大規模的勤王反莫示威。『吾王萬歲』的呼聲響徹全市，群眾逐漸往莫沙德內閣大樓方向而去。」他們揪住政府高層官員、燒了四家報社、占據某親莫政黨的總部。人群中有兩位宗教領袖，一位是（最高領袖）卡夏尼（Ayatollah Ahmed Kashani），[4]陪在他身旁的那位熱誠擁護者，則是後來的伊朗領袖、當年五十一歲的何梅尼（Ayatollah Ruhollah Musavi Khomeni）。

羅斯福要他的伊朗特工去攻擊電報局、宣傳部、警察和陸軍總部。到了中午，歷經一場至少三人死亡的小衝突之後，中情局特工占領德黑蘭電臺。羅斯福前往史東所經管的安全屋找札赫迪，要他準備自立爲相。札赫迪嚇癱了，史東得幫他穿上軍裝。那天德黑蘭街頭起碼有一百人喪生。

中情局指示皇家衛隊攻擊防衛森嚴的莫沙德住處後，至少又有兩百多人喪生。首相逃走，第二天投降，坐了三年監牢之後，又遭軟禁十餘年後才過世。羅斯福交給札赫迪一百萬美元現款，新首相於是開始整肅反對人士，數千名政治犯鋃鐺入獄。

後來出任主管近東事務助理國務卿的朗特里大使回憶道：「中情局在創造形勢方面表現相當傑出，在適當的環境和氛圍下，可以做出改變。」又道：「很顯然地，事態發展並不如預期或希望，但最後總算是成功了。」

羅斯福在榮耀集於一身的時候飛到倫敦。八月二十六日午後兩點，他在唐寧街十號接受邱吉爾招待。羅斯福憶述，邱吉爾「狀況不佳」，口齒不清，視力障礙、記憶衰退，「中情局的簡稱CIA對他毫無意義，但他隱約知道這位羅斯福必定和他老朋友華特．貝岱爾．史密斯有點關係」。

羅斯福在白宮受到英雄般的歡呼，對祕密行動的奇效更加信心滿滿。此外，中情局明星分析員克萊恩（Ray Cline）回憶道：「伊朗『政變』的漫談，有如野火般在華府傳開。艾倫．杜勒斯滿身榮光。」[5]不過，總部裡並不是人人都把莫沙德下臺當作成就。克萊恩寫道：「看似亮麗成就的問題在於，它營造出中情局力量的誇大印象。它不能證明中情局可以推翻政府和扶植統治者上臺；它是在適當時機以適當方式提供適量援助的特例。」中情局收買軍人和街頭混混的忠心，已營造出足以構成政變的暴力。錢轉手，這些手又改變一個政權。

巴勒維回國重登王位，並利用中情局的街頭混混作爲奧援，在國會選舉上動手腳。他頒布爲時三年的戒嚴令，強化對國家的統治，又新設習稱爲薩瓦克（SAVAK）的情報機關，請駐伊朗的中情局和美國軍事代表團幫他鞏固政權。中情局需要SAVAK充當反蘇的耳目，巴勒維則需要祕密警察來維護他的權力。由中情局訓練和裝備的薩瓦克，強化巴勒維的統治達二十餘年之久。

巴勒維成爲美國在伊斯蘭世界的外交政策核心，在往後的歲月裡，能在巴勒維面前代替美國發言的是中情局工作站長，不是美國大使。中情局也陷入伊朗的政治文化，用齊爾格瑞（Andrew Killgore）的話來說：卡在「與巴勒維國王的熱情擁抱裡」；齊爾格瑞一九七二至七六年在駐伊朗大使赫姆斯麾下擔任政治官。

齊爾格瑞說，伊朗政變「被視爲中情局最大的單一成就，被吹噓成美國舉國大勝一般。我們改變了一個國家的整個方向」。一個知悉中情局扶植巴勒維黑幕的世代逐漸成長，假以時日，中情局在德黑蘭街頭所製造的混亂，會回過頭來纏著美國。

中情局可以憑恃巧計推翻一個國家的幻覺很誘人，這個幻覺也致使中情局捲入往後四十年的中美洲戰場。

〔注釋〕

1. 金姆・羅斯福花了八年時間，以提供軍火、經費及美國支持的承諾作爲激勵，勸誘埃及、伊拉克、敘利亞、黎巴嫩、約旦和沙烏地阿拉伯領導人矢志效忠美國；當這些手段無效時，偶爾也採行政變方式。他把約旦國王胡笙列入中情局受薪名單，又叫蓋倫將軍派出一支原是納粹暴風突擊隊（storm trooper）隊員到埃及，協助新領袖納瑟訓練特勤部隊。

在「亞傑克斯行動」之前，中情局不太有中東作業的經驗。一九五〇年代初期，第一任大馬士革工作站長柯普蘭（Miles Copeland）與駐敘利亞武官米德攜手，計畫扶植一個「軍方支持的獨裁政權」（引用米德於一九四八年十二月發給五角大廈的電報）。他們選中「意志如鋼」的札伊姆（Husni Za'im）上校，鼓動他推翻阻撓「阿美石油公司」（Arabian-American Oil Company）輸油管線通過敘利亞的總統，並保證杜魯門總統會給他政治承認。札伊姆果然在一九四九年三月三十日推翻政府，矢言在輸油管線計畫上竭誠合作，並將「四百多名共產黨」打入大牢。這位意志如鋼的上校撐不到五個月又被推翻處決。

至於一九五三年的伊朗政變，要不是有英國發難，中情局不可能動手，也不可能成功。英國政府此舉當然有重大的經濟動機，而他們之所以要弄掉莫殺德，則是因有強大的政治推力——亦即由邱吉爾一手推動。

2. 〔譯注〕穆拉乃指嫺熟《古蘭經》與各種聖律的教士，有權對於法令做出符合伊斯蘭教義的解釋。

3. 麥克盧爾在伊朗政變中的核心角色，一直沒有受到重視，中情局內部的政變史更是把他完全剔除。中情局刻意淡化他的角色，只因爲他不是中情局的好朋友。

4. 有人認爲卡夏尼是中情局的人，一九八五年加入中情局伊朗課的傑瑞特（Reuel Marc Gerecht）則說他「不靠外國人」。傑瑞特披覽中情局的亞傑克斯行動史後表示，「認爲中情局在恢復伊朗王權上居功厥偉的人，實在是太寬厚了。其實，他們的計畫幾乎是樣樣出錯。大使館內的主要情報人員都不懂波斯語，德黑蘭情勢一沸騰，中情局根本不可能和說英語或法語的伊朗內線聯絡，等於是失去了耳目。政變之所以會成功，完全是因爲不拿美國或英國的錢、也不受外國控制的伊朗人掌握主動，推翻莫沙德。」

5. 〔譯注〕克萊恩於一九五七年任臺北工作站站長，在位達五年之久。

〔第十章〕

連環轟炸

一九五三年，耶誕節過後沒幾天，漢尼上校將新的凱迪拉克停在佛羅里達州歐帕羅卡（Opa-Locka）老舊的空軍基地旁，下車站在柏油路上，細細打量自己的新管區：大沼澤地（Everglades）旁邊三棟兩層樓的營房。漢尼剛在極機密的掩護下，埋好他擔任南韓工作站長時所造成的屍骸，接著一路混到新指揮官的地位。這位上校現年三十九歲，剛離婚，六呎二的身材穿上俐落軍裝頗爲帥氣，是艾倫·杜勒斯新派任的「成功行動」特別代表。成功行動乃中情局企圖推翻瓜地馬拉政府的計畫。

陰謀政變推翻阿本斯（Jacobo Arbenz）總統的計畫，已經在中情局醞釀將近三年，金姆·羅斯福由伊朗成功歸來後，意興遄飛的艾倫·杜勒斯請他領導中美洲行動。羅斯福婉拒。他做了通盤研究之後，認定中情局是在摸黑瞎搞。中情局在瓜地馬拉沒有諜報人員，對該國軍隊和人民的意向毫無所知。軍方是否效忠阿本斯？這忠誠能否打破？中情局不知道。

漢尼奉命規畫一條能讓中情局所選定的瓜國罷職上校阿瑪斯（Carlos Castillo Armas）掌權之路。但他的策略不過粗具輪廓，只說中情局訓練和裝備一支反抗軍，瞄準瓜地馬拉市的總統府而已。魏斯納將這份草案送到國務院，尋求史密斯將軍的支持，並請他派出新的駐外大使人馬，到位準備行動。

大棒子

隨身佩槍的蒲里福伊（Jack Peurifoy）以一九五〇年時把左派和自由派趕出國務院而名噪一時，初次外派是在一九五一至五三年擔任駐希臘大使，當時就和中情局密切合作，建立美國在雅典的祕密權力管道。他一到瓜國履新就拍電報回華府：「我是到瓜地馬拉來用大棒子的。」拜會阿本斯之後，他回報華府：「我絕對相信，阿本斯總統縱使現在不是共產黨，等有老共出現，他肯定會是。」

史密斯選中魏勞爾（Whiting Willauer）爲駐宏都拉斯大使——他是「民航公司」（Civil Air Transport, CAT，也就是魏斯納於一九四九年買下的那間亞洲空運公司）的創辦人。[1] 魏勞爾從民航公司臺灣總部徵調飛行員，命他們悄悄前往邁阿密和哈瓦那待命。另外，駐尼加拉瓜大使惠藍（Thomas Whelan）則與尼國獨裁者蘇慕薩（Anastasio Somoza）合作，此人協助中情局替阿瑪斯建立訓練中心。

一九五三年十二月九日，艾倫・杜勒斯正式批准「成功行動」，並撥下三百萬美元經費。他指派漢尼爲現場指揮官，同時任命崔西・巴恩斯爲政戰主任。

杜勒斯相信紳士特務的浪漫觀點，巴恩斯人是個樣板。出身教養俱佳的巴恩斯，擁有葛羅頓

（Groton）中學、[2]耶魯和哈佛法學院學歷，簡直是一九五〇年代中情局最典型的履歷。他在長島惠特尼區成長，擁有私人高爾夫球場；二戰時期是戰情局英雄，曾因拿下一座德軍要塞獲頒銀星勳章。栽了一次觔斗之後，銳氣、架子和驕傲隨風而逝，卻也成了祕密機關最糟糕的一位。赫姆斯回憶：「巴恩斯和那些不管怎麼努力都註定學不會外語的人一樣，總是無法領會祕密工作的竅門。更糟的是，由於艾倫．杜勒斯不斷稱讚和敦促，他仍然沒有注意到自己的問題所在。」他先後擔任德國和英國工作站站長，接著就來到豬灣（Bay of Pigs）。

一九五四年一月二十九日，巴恩斯和阿瑪斯飛到歐帕羅卡，與漢尼上校共商大計，詎料第二天一醒過來，赫然發現計畫全告吹了。西半球各主要報紙都在報導，阿本斯指控由阿瑪斯領導的「北方政府」、以及設在尼國總統蘇慕薩農莊的反抗軍訓練營，聯手發動「反革命陰謀」。機密之所以會洩漏，乃由於擔任漢尼上校與阿瑪斯之間聯絡的中情局官員，將密電和文件遺忘在瓜地馬拉市一家旅館房間內所致。這位倒楣的情報官立刻被召回華府，改調到太平洋岸西北叢林深處充當防火瞭望員。

這次危機顯示漢尼是中情局裡最靠不住的人之一。他胡亂想了很多方法，利用向當地新聞發布假消息，引開瓜國對政變報導的注意力。他發回中情局總部的電報說：「可能的話，盡量杜撰些人人感興趣的大新聞，譬如飛碟啦、某偏遠地區有人生六胞胎啦。」他編造的頭條包括：阿本斯強迫所有的天主教軍人加入崇拜史達林的新教會！蘇聯潛艇運交軍火給瓜地馬拉！最後這個點子勾起巴恩斯的想像。三個星期後，他派中情局工作人員把蘇聯武器藏在尼加拉瓜海岸，再捏造消息說蘇聯在瓜地馬拉武裝共產黨暗殺隊。不過，新聞界和一般民眾都很少人相信巴恩斯散播的消息。

中情局章程規定，執行祕密行動的手腕必須很高明，不能讓人看到美國這隻黑手。魏斯納不大理會這種規定。他告訴杜勒斯說：「若要徹底執行工作，定會有很多拉丁美洲人看到美國這隻手，這是毫無疑問的。」可是，萬一成功行動「因美國黑手太明顯易見而夭折，必會引發一個這類行動是否適合涵括在美國冷戰武器中的嚴重問題，不管能產生多大的刺激，或多麼有利的支持」。魏斯納辯稱只要美國政府不承認，美國民眾不知情，就是祕密行動。

魏斯納把漢尼上校召回總部曉以大義：「沒有什麼行動比這一次更重要，沒有什麼行動比這次更攸關本局名聲。可得讓局長滿意才行。」但總局「一直沒有接到清楚明確的發動日計畫報告」。漢尼上校的計畫藍圖，是一張糾纏不清的時間表，草草地畫在一卷四十呎長的牛皮紙上，釘在歐帕羅卡軍營牆壁上。他向魏斯納解釋只要仔細研究歐帕羅卡紙卷，就會明白工作詳情。

李察．畢賽爾回憶道，魏斯納逐漸「對漢尼的判斷和自制失去信心」。極爲理性的畢賽爾也是葛羅頓和耶魯菁英，有「馬歇爾計畫先生」美稱的他剛加入中情局，以他自己的話來說，他已簽約當「杜勒斯的學徒」，保證會有重責大任交辦。杜勒斯馬上要他整頓日趨複雜的「成功行動」後勤作業。

畢賽爾和巴恩斯分別象徵杜勒斯旗下中情局的理性和感性，兩人雖沒有祕密行動經驗，杜勒斯卻有信心他們可以查出漢尼在歐帕羅卡幹什麼。

畢賽爾說自己和巴恩斯都相當喜歡過動兒似的漢尼上校：「巴恩斯很挺漢尼，也配合此一行動。我也認爲漢尼是適當人選，因爲負責這種行動的人必須是個活動家和強勢領導者。巴恩斯和我都很喜歡漢尼，也贊同他的處事方法。漢尼的工作確實讓我留下很正面的印象，因此，在籌備入侵豬灣期間，我也成立了一間與他類似的企畫室。」

我們所要做的是來個恐怖作戰

「有膽無能」（用巴恩斯的話）的阿瑪斯和他那「極少數且訓練不佳」（引畢賽爾的話）的反抗軍，在漢尼手下那位曾在朝鮮負責過幾次運氣不佳的游擊行動的羅伯森（Rip Robertson）監視下，靜待美國人的攻擊信號。

沒人知道阿瑪斯與他區區數百名反抗軍去攻擊有五千人的瓜地馬拉軍隊會是什麼結果。中情局資助的瓜地馬拉市反共學生團體雖有數百人，但是以魏斯納的話來說，他們主要是充當「打手大隊」，不能當反抗軍用。魏斯納於是雙管齊下，開闢反阿本斯戰爭的第二戰線。他派出中情局最優秀的官員、德國工作站主任赫克夏，前往瓜地馬拉市，勸說高級軍官反抗政府。赫克夏每個月可動用的賄賂經費達一萬美元，很快便收買到阿本斯內閣裡的不管部部長蒙桑（Elfego Monzon）上校輸誠。中情局寄望本已在美國武器禁運和入侵威脅雙重壓力下呈現裂痕的軍官團，經灑下大把鈔票後，會更加分裂。

然而，赫克夏不久便確認唯有美方展開實際攻擊，瓜國軍方才會放膽推翻阿本斯。赫克夏致函漢尼：「『決定性的火花』必須靠熱氣來產生」——以美國轟炸首都的方式來引爆。

中情局總部接著傳給漢尼一份長達五頁的五十八人暗殺名單。暗殺對象都是魏斯納和巴恩斯所批准的，其中包括有共產傾向的「政府高官和組織領導人」，以及「具有戰術意義，基於心理面、組織面和確保軍事行動成功等理由，必須予以翦除的少數身居政府與軍方要職的人士」。阿瑪斯和中情局一致同意，暗殺行動應在他勝利返抵瓜地馬拉市期間或返抵後立即執行，藉此傳達一個重要訊息，凸顯反抗軍意向認眞。

艾倫·杜勒斯在美國新聞界散播許多有關成功行動的神話，其中之一就是最後的成功不是暴力手段所致，而是靠傑出的諜報活動。杜勒斯的說法是，有位駐在（鐵幕北界）波羅的海濱波蘭斯丁市（Stettin）的美國特工，[3]喬裝成賞鳥人，從望遠鏡中看到一艘叫阿爾福亨號（Alfhem）的貨輪，裝載捷克製造的武器要運交給阿本斯政府，於是以微點信號寫了封信：「主啊，主啊，何棄我之速？」寄給在巴黎一位以汽車零件商爲掩護身分的中情局官員，後者再以短波將密碼信號傳回華府。依杜勒斯的說法，另一位中情局官員趁該船停靠連接波羅的海與北海的基爾海峽（Kiel Cannal）時，暗中檢查這批貨。中情局於是得知這艘由歐洲開往瓜地馬拉的貨輪裝載了槍械。

這則精彩絕倫的奇談，一再寫入許多歷史書裡，實乃厚顏無恥的謊言——一則掩飾嚴重作業失誤的封面故事。事實上，中情局把這艘船追丟了。

阿本斯急於打破美國武器禁運。他認爲給軍官團買點武器，就可以確保他們忠誠無虞。赫克夏雖曾提出報告說，瓜地馬拉銀行透過瑞士帳戶把四百八十六萬美元轉到捷克一處軍火庫，中情局卻查無線索。慌慌張張地查了四個星期，阿爾福亨號已安抵瓜地馬拉巴里奧斯港（Puerto Barrios）。美國大使館更是一直到船貨開箱後，才知道有一批步槍、機關槍、榴彈砲及其他各類武器到岸。

不過，軍火（很多已生鏽無用，有些則有納粹萬字記號，透露它的年分和出處）運抵，倒是給美國製造意外的宣傳收穫。美方蓄意高估這批軍火的數量和軍事意義，國務卿佛斯特·杜勒斯和國務院宣稱瓜地馬拉已成爲蘇聯顛覆西半球陰謀的一環，未來的眾院議長麥柯馬克（John McCormack）也聲稱這批軍火等於在美國後院裝了一枚原子彈。

蒲里福伊大使表示美國已處於戰爭狀態。他在五月二十一日傳給魏斯納的電報裡說：「除了直接軍事介入，做什麼都無濟無事。」三天後，美國違反國際法，以海軍戰艦和潛艇封鎖瓜地馬拉。

五月二十六日，一架中情局飛機飛過總統府，在瓜國最精銳的總統侍衛隊總部投下傳單。傳單寫著：「齊心反共產無神論！」「與阿瑪斯齊心奮鬥！」這是很漂亮的一擊。巴恩斯對漢尼說道：「依我看，傳單怎麼說其實無關緊要。」他說的沒錯，要緊的是，中情局已從天而降，投下一種瓜國未曾被炸過的武器。

擔任此次行動政戰任務的中情局官員韓特（E. Howard Hunt）說：「我們所要做的是來個恐怖作戰；尤其是要像二戰初起時德國史圖卡（Stuka）俯衝轟炸機嚇唬荷蘭、比利時和波蘭人一樣，嚇嚇阿本斯、嚇嚇他的軍隊。」

中情局從一九五四年五月一日開始，就透過由中情局約聘的業餘演員兼出色劇作家大衛・菲力普（David Atlee Phillps）所經營的地下電臺「解放之音」（Voice of Liberation），連續四個星期向瓜地馬拉展開心理戰。這時剛好有意外之喜——瓜地馬拉國營電臺在五月中旬因汰換天線而停播。菲力普把波段調到它的頻道附近，想聽國家電臺的人一轉就轉到中情局的電臺。這家電臺發出暴動、投誠、水井下毒、徵召娃娃兵等憑空杜撰的短波新聞，瓜國民眾頓時由不安變成歇斯底里。

六月五日，瓜國空軍退役總長飛到尼加拉瓜蘇慕薩的農莊，也就是廣播發聲的地方。菲力普的人馬用威士忌灌醉這位總長，誘他談談逃離瓜國的原因。這錄音帶經中情局播音間剪輯之後，聽起來儼然是激情的反叛呼籲。

就當起義是場鬧劇

第二天早上，阿本斯一聽到廣播，頓時心情大亂。他果眞成了中情局所描述的獨裁者：他將空軍禁足，以防飛行員兵變，接著又臨檢與中情局密切合作的反共學生領袖住處，發現美國陰謀的證據；他中止公民自由權，開始動手捉了數百人，嚴打中情局的學生組織，至少有七十五人遭到酷刑、殺害，葬身萬人塚。

六月八日，瓜地馬拉工作站拍發電報報告：「政府內瀰漫恐慌。」這正是漢尼所要的消息。他下令再以更多的假消息煽風點火：「莫斯科政治局委員所率領的蘇聯政委、官員與顧問團已抵達……除了要徵兵，共產黨還要引進勞役制度。布告業已印妥，年滿十六歲的男女青年均需應召在特別營區裡服勞役一年，主要接受政治教育，切斷家庭與教會對年輕人的影響……阿本斯已離境，總統府所發布的聲明其實是由蘇聯情報機關提供的替身所爲。」

漢尼自做主張將火箭筒和機關槍運到南方，又發布未獲授權的命令，武裝農民並鼓吹他們殺害瓜國警察。魏斯納致電漢尼：「我們強烈質疑……吩咐農民殺害人民褓姆的做法，這形同挑起內戰……（讓本局）擔上恐怖行動和不負責任的機關、肆意犧牲無辜性命的汙名。」

被中情局收買的那位阿本斯閣員蒙桑上校，要求支援炸彈和催淚彈以便展開政變。中情局工作站告訴漢尼：「此事關係重大最好照做。」蒙桑「獲告知，最好盡快行動。他一口答應……還說阿本斯、共產黨和敵人統統會處決掉。」瓜地馬拉工作站再次請求發動攻擊：「我們緊急要求轟炸、展現武力、派出所有可動用的飛機、讓瓜國軍方和首都知道決定時刻已到。」

六月十八日，醞釀四年多、等待多時的阿瑪斯發動攻勢。然而，攻擊巴里奧斯港的一百九十八名反抗軍，被當地警察和碼頭工人打敗；另外一百二十二人向薩卡帕（Zacapa）挺進，結果全都被殺或被俘，只有三十人逃過一命；第三批六十名反抗軍從薩爾瓦多出發，悉數遭當地警察逮捕。阿瑪斯自己則身穿皮夾克，開著一輛破旅行車，率領一百人從宏都拉斯出發，目標三個防禦薄弱的瓜地馬拉村莊；他在邊界數里外紮營，請中情局再送糧草、人員和武器，詎料不到七十二個小時，手下就有一大半的人被殺、被俘，敗象畢呈。

六月十九日下午，蒲里福伊大使徵用中情局設在使館內的安全通信線路，直接找上艾倫·杜勒斯，請求道：「連環轟炸。」不到兩個小時之後，漢尼出言聲援，給魏斯納發了一通尖酸的電報：「我們是要坐視瓜地馬拉自由人民的最後希望淪入共產壓迫和暴虐深淵，才要派出美國武裝部隊對付敵人嗎？……在目前的狀況下介入，不是比出動陸戰隊省事嗎？這批敵人和我們在朝鮮作戰、以及明天可能在中南半島作戰的敵人，毫無二致。」

魏斯納呆住了。派外國軍隊送死是一回事，讓美國飛行員去炸掉一國首都又是另一碼事。

六月二十日早晨，中情局瓜地馬拉市工作站回報，阿本斯政府已「重振勇氣」，首都「非常平靜，商店關門，民眾把起義當鬧劇看，無動於衷地旁觀等待」。

中情局總部緊張得不得了。魏斯納變得很認命。他致電漢尼和中情局工作站：「一旦我們確定成功的機率可以大增，又不致損害美國利益，就是我們準備授權使用轟炸的時候……我們擔心轟炸軍事設施非但不能引發投誠潮，反而可能凝聚軍方對付反抗軍；而且，我們確信攻擊民間目標造成無辜民眾流血，會正中共黨宣傳下懷，且有自絕於廣大民眾之虞。」

畢賽爾告訴杜勒斯：「推翻瓜地馬拉總統阿本斯政權的行動，其結果仍然相當可慮。」畢賽爾多年後寫道，在中情局總部，「在如何推行方面，我們已智窮計絕。忙著處理接二連三的作業混亂之餘，我們很清楚知道我方已瀕於失敗邊緣。」杜勒斯已以不留證據（in the name of deniability，指事後不認帳）的方式，[4]將阿瑪斯的空中武力局限為三架「雷電」（Thunderbolt）戰鬥轟炸機，其中兩架已除役。畢賽爾在回憶錄中陳述，「中情局和他自己的名聲已岌岌可危」。

杜勒斯準備面見總統之際，祕密授權再對瓜國首都進行一次空襲。六月二十二日，一架仍代中情局出任務的飛機，讓市郊一處小油槽失火，但不到二十分鐘就被撲滅。漢尼怒道：「一般民眾的印象是，幾次攻勢充分流露這是弱得出奇、沒有決斷且怯懦的行動。各界普遍將阿瑪斯的作為形容成鬧劇，反共和反政府的士氣幾乎蕩然無存。」他直接發電報給杜勒斯，請求立即派出更多飛機。

杜勒斯拿起電話撥給包利（William Pawley）。此人是全美最有錢的商人之一，是「支持艾森豪民主黨人」組織的主席，也是艾森豪贏得一九五二年總統大選的最大金主之一，又是中情局顧問，要說有誰能提供祕密空中武力，那肯定非包利莫屬了。杜勒斯接著又派畢賽爾去見中情局每天都會就「成功行動」請益的史密斯將軍，後者也同意這項走後門的增援飛機請求，詎料在最後一刻，主管拉丁美洲事務的助理國務卿何藍（Henry Holland）卻強烈反對，要他們一起去見總統。

六月二十二日午後二時十五分，杜勒斯、包利與何藍走進橢圓形辦公室。艾森豪問當前反抗軍成功的機率有多少。零，杜勒斯坦承。若中情局有更多的飛機和炸彈呢？杜勒斯估計大概百分之二十。

在艾森豪和包利各自的回憶錄裡，對這次談話的記載幾乎完全相同，只有一點例外。艾森豪將包利從歷史中抹去，原因很明顯：他和這位政治金主達成祕密協議。「艾克轉頭對我說，比爾，你去找飛機。」包利寫道。

包利先打電話到距白宮只有一條街的里格斯銀行（Riggs Bank），再打給尼加拉瓜駐美大使。他提出十五萬美元現款，再載著尼國大使同赴五角大廈。他將現金交給一位軍官，後者立即把三架雷電戰鬥轟炸機所有權讓渡給尼加拉瓜政府。當天晚上，武裝齊全的戰機從波多黎各飛抵巴拿馬。

三機拂曉出擊，猛轟瓜國陸軍，因爲他們的忠誠度乃是推翻阿本斯成敗的關鍵。中情局飛行員低空掃射運載士兵上前線的火車。他們投擲炸彈、炸藥、手榴彈和汽油彈，但他們也炸掉一家由美國基督教傳教士所經營的電臺，炸沈一艘停在大西洋岸的英國貨輪。

在地面戰役方面，阿瑪斯依舊寸步難行，於是以無線電聯絡中情局，請求空中武力支援。藉由美國使館應答機轉接信號的「解放之音」，播放巧妙編造的報導說數千名反抗軍匯聚首都，使館屋頂上的擴音器播放預錄的P-38戰鬥機飛行聲響，入夜方歇。阿本斯喝得醉醺醺的，朦朧中看到自己受到美國攻擊。

六月二十五日下午，中情局轟炸瓜地馬拉市內最大營區，一舉瓦解軍官團戰鬥意志。當天晚上，阿本斯召開內閣會議，告訴他們說軍方若干分子叛變。這話沒錯，果眞是有少數軍官暗中決定與中情局合作推翻總統。

六月二十七日，蒲里福伊會見政變陰謀者，勝利已在望，但就在這時阿本斯卻將權力移交給狄亞斯（Carlos Enrique Diaz）上校，後者立即組成軍事執政團，矢言對抗阿瑪斯。蒲里福伊在電文中說：「我們上當了。」漢尼發訊給中情局各地工作站，指稱狄亞斯是「共產特工」，並命一位舌燦蓮花的中情局官員賀濱（Enno Hobbing）在次日凌晨找狄亞斯談談，賀濱在入行前擔任《時代》雜誌柏林分社主任。賀濱給狄亞斯的訊息是：「上校，你對美國外交政策實造成不便。」

軍事執政團頓時冰消瓦解，陸續換了四個執政團，越換越親美。這時，蒲里福伊要求中情局退居幕後，魏斯納也在六月三十日發電通告周知，現在該是「外科醫師退場，護士接手傷患」的時候了。蒲里福伊又運作了兩個多月，終於讓阿瑪斯當上總統。阿瑪斯在白宮受到二十一響禮砲的歡迎和國宴的招待，尼克森副總統更在敬酒時大放闕詞：「我們在美國看到，瓜地馬拉人民在該國歷史上寫下對所有民族意味深長的一頁。在這位英勇軍人、今晚的貴賓率領之下，瓜地馬拉人民奮起反抗昭昭自明膚淺、虛僞與腐敗的共產統治。」瓜國此後長達四十年處於軍閥、行刑隊和武裝壓迫的統治之下。

匪夷所思

中情局領導人爲「成功行動」所創造的神話與伊朗政變如出一轍。共同說詞是，該任務是一大傑作。其實，「我們不認爲是什麼了不起的成就」，同年夏末出任瓜地馬拉工作站長的額斯特林（Jack Ersterline）說道。這次政變所以能成功，大部分是靠暴力和狗屎運。一九五四年七月二十九日，中情局向總統做簡報時又編了一套說詞。前一天晚上，杜勒斯邀魏斯納、巴恩斯、菲力普、漢尼、赫克夏和羅伯森到他喬治城住處做總彩排。漢尼的講稿前言拉拉雜雜大談自己在南韓的英雄事蹟，杜勒斯越聽越驚。

「沒聽過這麼愛瞎說的。」杜勒斯命菲力普重擬講稿。

中情局在白宮東廂的房間熄燈放映幻燈片，向艾森豪推銷彩妝版的「成功行動」。燈光亮起時，艾森豪第一個就問準軍事行動專家羅伯森。

「阿瑪斯手下死了多少人？」

只死一個人，羅伯森答覆。

「匪夷所思。」總統說道。

阿瑪斯手下起碼死了四十三人，可現場就沒人反駁羅伯森的說詞。這是厚顏無恥的假話。這也是中情局歷史的一個轉捩點。海外祕密行動須有故事掩飾，已成了該局在華府搞政治動作的一部分。畢賽爾說得很明白：「我們這些加入中情局的人，很多都不覺得我們以參贊人員身分所做的行爲，一定得遵守所有的倫理規範。」爲保護中情局的形象，他和同事隨時可以欺騙總統。而他們的謊言都有深遠的影響。

〔注釋〕

1. 〔譯注〕「民航公司」係一九四六年魏勞爾與飛虎將軍陳納德（Claire Lee Chennault）合資成立，是早年臺灣的主要航空公司，一九七五年因財務困難而解散。

2. 倡議強身派基督教（muscular Christianity）精神的葛羅頓中學，在中情局的影響力非同小可：領導伊朗「亞傑克斯行動」的金姆．羅斯福是一九三六年屆；協助他的阿契．羅斯福堂兄則是三四年屆；規畫和執行「成功行動」的巴恩斯是三二年；畢賽爾是三一年。畢賽爾、巴恩斯和一九三二年的班長布洛斯，都是豬灣攻勢的主持人；主持中情局實驗室的康納利烏斯．羅斯福一九三四年屆，中情局準備用來暗殺卡斯楚的毒藥，就是出自他的實驗室。

3. 〔譯注〕斯丁市原爲德國所有，二戰後歸波蘭，是造船業重鎮。

〔第十一章〕屆時就會有一場風暴

蒙大拿州出身的曼斯菲爾德（Mike Mansfield）參議員於一九五四年三月表示：「現在，中情局的一切都是雲籠霧罩，成本、效率、成功和失敗，全都祕而不宣。」

艾倫・杜勒斯只對少數國會議員負責，而這些人都是透過非正式的軍事與撥款小組委員會，保護中情局免於公開審查的人士。他定期要求副手提供「下次預算聽證會可以派上用場的成功故事」。他自己胸無成竹，因此偶爾也會老實一下。曼斯菲爾德放言批評後兩個星期，杜勒斯在閉門聽證會上面對三名參議員時，他的簡報摘要就說，中情局祕密行動業務快速擴張，「就長期的冷戰關係而言，可能是危險甚或不智的」，並承認「非規畫性的緊急單次作業，不僅常會失敗，更會打斷甚至搞砸我們審慎籌畫更長程的活動」。

這種祕密在國會山莊可保安全無虞，但偏有一位參議員已對中情局構成嚴重且蓄勢待發的威脅，此人即是愛扣人紅帽子的麥卡錫。此君和他的幕僚已吸收因對韓戰結局不滿而辭職的中情局特工，組成地下線民網。誠如他的首席法律顧問柯恩（Roy Cohn）所說的，在艾森豪當選後的幾個月裡，他的檔案越堆越厚，都是在指責「中情局不經意地雇用許多雙面諜，這些人雖是替中情局工作，實乃共產黨特工，其任務無非是散播不實情報」。與麥卡錫其他許多指控不同的是，這是眞的。艾倫・杜勒斯自己也知道，在這個問題上中情局經不起一絲絲周密的調查。在赤色恐慌正熱的時候，一旦美國民眾得知，中情局在歐亞各地都被蘇聯和中國情報機關耍得團團轉，中情局可就毀定了。

當麥卡錫私下當面告訴艾倫・杜勒斯：「中情局既不是神聖不可侵犯，也不是可以豁免於調查。」艾倫・杜勒斯局長知道該局已面臨存亡關頭了。國務卿佛斯特・杜勒斯爲表示國務院坦蕩無私，開門准許麥卡錫手下嗜血鷹犬調查所屬人員，卻使國務院困擾十年之久。艾倫卻能兵來將擋。他手下比爾・彭岱（William Putnam “Bill” Bundy）基於舊誼義氣，[1]捐了四百美元給疑爲共黨間諜希斯（Alger Hiss）的辯護基金，[2]麥卡錫要傳喚彭岱，艾倫・杜勒斯斷然拒絕。他不容麥卡錫糟蹋中情局。

他在人前所表露的立場，不失原則節操，但私底下也對麥卡錫展開卑劣的祕密工作。[3]祕密活動內容在某中情局官員對參院委員會祕密證詞中，曾向麥卡錫及當時年僅二十八歲的少數黨法律顧問羅伯・甘迺迪（Robert F. Kennedy）說明，[4]這份檔案已在二〇〇三年解密；二〇〇四年解密的中情局史料更是鉅細靡遺。

艾倫・杜勒斯和麥卡錫私下槓上之後，就成立一個小組，利用特工、竊聽、或兩者並用的方式打進麥卡錫的辦公室。這手法和聯邦調查局長胡佛很像：找出爛汙，再散播爛汙。艾倫指示反情報頭子安格頓設法餵麥卡錫及其人馬假消息，再趁機詆毀他。安格頓說服麥卡嘉——魏斯納所聘雇的第一批中情局官員，餵假消息給某位和麥卡錫暗通聲氣的中情局官員。麥卡嘉成功了：中情局打進參院。

艾倫．杜勒斯告訴他：「你救了國家。」

基本上很討人厭的理念

一九五四年麥卡錫權力日衰，可是中情局的威脅卻逐漸升高。曼斯菲爾德及三十四名參院同僚皆支持立法成立一個監督委員會，並令中情局完整且及時地將所作所爲告知國會。（該法案拖了二十年才通過。）另外，由艾森豪親信克拉克（Mark Clark）將軍領銜的國會特別小組，也準備要調查中情局。

一九五四年五月底，美國總統接到某空軍中校一封長達六頁的信函。這是慷慨激昂的呼籲，也是第一次中情局自家人挺身檢舉。艾森豪看了便將信留下。

發信人凱利斯（Jim Kellis）是中情局創局元老之一，出身戰略情報局，在希臘打過游擊，也到過中國，是戰略情報處第一任駐上海工作站站長。中情局剛成立的時候，他是局內少數有經驗的中國通，後來他應（成了民間人士的）唐諾文之請，重回希臘調查一九四八年哥倫比亞廣播公司記者遭謀殺案。他斷定是雅典的美國右翼盟友下手的，而不是一般認爲是共產黨下令宰人。他的調查結果被壓了下來。回到中情局之後的他，在韓戰期間負責中情局全球各地準軍事行動和反抗軍業務。史密斯局長派他到歐亞各地進行排難解紛式的調查，所見所聞令他十分不快。艾倫．杜勒斯上臺幾個月後，凱利斯忿而辭職。

凱利斯提醒艾森豪：「中情局爛透了。今天的中情局幾乎完全沒有在鐵幕後工作，它對外界提出的簡報呈現一片光明遠景，而將可怕的事實全列爲該局『最高機密』。」

事實是，「中情局有意無意地把百萬美元經費交給某個共產黨情報機關」。（指的是波蘭WIN行動，該行動在艾森豪就職前三個星期失敗，艾倫．杜勒斯當然不可能把箇中醜陋詳情告訴總統。）「中情局不經意間就幫共產黨組建一個情報網」，凱利斯指的是韓戰期間漢城工作站行徑所引發的論戰。杜勒斯與他的副手們「惟恐對自己的名聲產生副作用」，於是多方瞞騙國會在中國和朝鮮的工作。凱利斯於一九五二年前往遠東親自調查後斷定：「中情局被耍了。」

凱利斯寫道，艾倫．杜勒斯一直向新聞界散播消息，打造自己是個「有學者氣質的敦厚基督教傳教士、以及傑出情報專家的形象」。「在我們這些見識過艾倫．杜勒斯另一面的人眼中，卻看不到太多的基督徒特質，我個人就認爲他冷酷無情、野心勃勃，是個全然無能的行政官員。」凱利斯籲請總統對中情局採取「必要的激烈措施加以整頓」。

艾森豪既要反制中情局所面臨的威脅，又得暗中清理該局諸多問題，於是在一九五四年七月，也就是「成功行動」結束後不久，指派曾參與「日光浴計畫」的杜立德將軍，以及爲瓜地馬拉政變提供飛機的好友包利，共同評估中情局執行祕密工作的能力。

杜立德回報的期限是十個星期。他與包利聯袂拜會杜勒斯和魏斯納，並巡訪德國及倫敦工作站，訪談擔任與中情局聯絡的高級軍事和外交官員；他們也找史密斯將軍談過，後者告訴他們：「杜勒斯太情緒化，不適擔任這個重要職務」，而且「他的情緒化比形諸於外的還要厲害」。

一九五四年十月十九日，杜立德到白宮見總統，並報告：中情局「已膨脹成了員額甚眾的龐大散

一九五四年艾倫・杜勒斯攝於總部辦公室。

漫組織，有些主事者的能力堪虞」。杜勒斯身邊盡用些不熟練又不守法紀的人。他還提到杜勒斯兄弟「家族關係」的敏感問題，認爲個人關係不要變成專業牽扯對大家都比較好：「它會導致互相保護，或互受對方影響」，故應由可信賴的民間賢達組成獨立的委員會，代替總統監督中情局。

杜立德還提醒說，魏斯納的祕密行動處「充斥著職業訓練不足或毫無訓練的人」，在六組個別幕僚團、七個區域業務部、四十多個分支單位當中，「幾乎各個層面都有『冗員』」。報告建議應「徹底改組」魏斯納帝國——它「擴張過速」，且「接下超越其執行能力的任務而承受著鉅大壓力」，終致惡果。報告指出：「在祕密業務上，質比量重要，少數有能力的人比一大票無能的人更爲有用。」

艾倫·杜勒斯也很清楚，自己這個祕密機關已經失控，很多情報官在指揮官背後搞小動作。杜立德提出報告之後兩天，局長告訴魏斯納，很擔心「下層在沒向副局長或局長等主官報告下，執行很敏感或困難的業務」。[5]

杜勒斯依舊用處理壞消息的手法來處理杜立德報告，亦即掩而埋之，不讓局內最高層的官員看到，連魏斯納也不行。

雖然完整報告一直到二〇〇一年才解密，報告中的前言部分已在二十五年前就公諸於世。其中一段談到最恐怖的冷戰：

事態已昭昭自明，我們正面臨一個無從化解的大敵，他們公開承認的目標即是不惜任何代價，不擇任何手段以支配全世界。這樣的競賽毫無規則可循，在此之前的人類行爲規範也不適用，美國若想存活，就得重新思考由來已久的「公平競爭」觀念。我們必須發展有效率的情報與反情報機關，必須學習用比敵人更精明、更高明、更有效的手段來顚覆、破壞和消滅敵人。美國人民也許得熟悉、瞭解並支持這個基本上很討人厭的理念。

報告述及，國家需要一個「主動積極的心理、政治和準軍事行動祕密機關，它必須更有效、更獨特，必要時比敵人更冷酷」；因爲，中情局從來沒能「用特工解決滲透問題」。「一旦以空降或其他方式越過國界，要避開敵方偵察就非常困難。」報告的結論是：「以這種方法取得的情報不值一提，所浪費的努力、金錢和人命卻高得令人無法接受。」

報告將以諜報方式取得蘇聯情報置於最優先順位，強調這種情報代價再高也值得。

我們沒提對問題

艾倫·杜勒斯拚命想把中情局特工弄進鐵幕。一九五三年，第一位派到莫斯科的情報官受到俄國女傭（實爲ＫＧＢ上校）誘惑，被拍下照片後遭到勒索，中情局以行爲不檢爲由將他開除。一九五四年，第二位剛到不久，就在從事情報活動時被逮個正著，立遭逮捕遣送回美。事發後不久，杜勒斯找特別助理莫里（John Maury）幫忙；此人曾在二戰前遊歷俄國，戰時大半時間代表海軍情報局（ONI）待在美國駐莫斯科大使館。杜勒斯請他加入祕密工作，訓練一批人到莫斯科出任務。

魏斯納手下情報官沒人到過俄國，杜勒斯說：「他們對目標毫無所知。」

「我對祕密工作完全不瞭解」，莫里答道。

「依我看，他們也不瞭解」，杜勒斯說。

這樣的人當然不可能提供總統最想要的情報：防範核武攻擊的戰略預警。國家安全會議討論萬一發生核武攻擊的因應之道時，艾森豪對杜勒斯說：「但願不要重蹈珍珠港事變覆轍。」這也是總統賦予一九五四年成立的第二個祕密情報委員會的任務。

艾森豪請麻省理工學院校長齊里安（James R. Killian）領導一個團隊，找出防範蘇聯突襲的方法。他要的是杜立德報告強烈推薦的技術：以「通信與電子偵測」提供「來敵攻擊預警」。中情局在竊聽敵情工作上加倍努力，以自己的方式取得成功。

由棒球員改行當律師，再改行當特工的歐布萊恩（Walter O'Brian），在柏林基地總部閣樓翻拍從東柏林郵局偷來的文件。文件中提到蘇聯和東德官員使用新電信纜線的地下線路。這次情報成就演變成「柏林地道」（Berlin Tunnel）計畫。

這條在當時被視爲中情局最大公開成就的地道，其構想和瓦解都來自英國情報。英國早在一九五一年就告訴中情局，他們在二戰結束後不久，就利用維也納占領區內的地道系統偷接蘇聯電信纜線，並建議在柏林也可以這麼做。多虧幾份偷來的藍圖，終於使得此計成眞。

寫於一九六七年八月、二〇〇七年二月才解密的中情局柏林地道祕史，列出一九五二年繼任柏林工作站長，愛喝酒、愛隨身帶槍的前聯邦調查局人員哈維（William K. Harvey）所面臨的三大問題：中情局是否能神不知鬼不覺地挖出一千四百七十六呎長的地道，深入東柏林蘇聯區，接上那條直徑二吋，埋在主要道路地面二十七吋下方的電纜？挖出的沙土達三千噸，如何悄悄處理掉這批廢土？有什麼名目可以掩飾在美國區邊緣的髒亂難民住宅區開挖工程？

艾倫．杜勒斯和英方情報首長辛克萊爵士，在一九五三年十二月就地道作業進行一系列協商，並賦予代號「連線」（JOINTLY）。雙方在第二年夏天完成行動計畫：在貧民區蓋一幢面積有一整條街那麼大的建築，屋頂設有天線——這是魔術師的障眼法，讓蘇聯知道這是個接收來自天空的信號情報站。美國人挖一條地道，向東直抵電纜線下方，再由英國人依維也納經驗，在地道末端鑿個垂直的豎坑，安上接搭電纜的接頭。倫敦工作站人員膨脹到三百一十七人，處理截收到的語音對話，在華府總部則有一組三百五十人的人馬，將地道所截收的電傳信號轉譯成文字。陸軍工兵團負責挖地道，英國提供技術協助。中情局祕史指出，一如過往，最大問題還是出在翻譯上：「我們一直沒辦法找到那麼多語言專才」，該局嚴重缺乏俄語和德語能力。

地道在一九五五年二月底完工，一個月後英國開始安裝竊聽接頭。五月，情報開始流入，一來就是好幾千小時的對話和電傳，內容包括蘇聯在德國與波蘭的核子與傳統武力詳情、莫斯科國防部的消息、蘇聯在柏林反情報業務的組織；蘇聯及東歐官場政治混亂與優柔寡斷，數百名蘇聯情報官員的姓名或掩護身分。花六百七十萬美元代價換來的的消息，花了好幾個星期，甚至好幾個月才翻譯出來。中情局祕史尖酸地說，此事終有一天會大白於世，屆時「舉世認爲在情報工作方面蹣跚學步的美國，竟有能力給許久以來眾所公認是情報大師蘇聯主動一擊」。

中情局萬萬沒料到地道作業很快就穿幫了。它持續不到一年，次年四月，地道就被發現了。其實，克里姆林宮打從一開始、第一鏟泥土還沒翻過來就知曉。揭露地道計畫的布雷克（George Blake），是蘇聯在英國情報機關的臥底間諜，此人在韓戰淪爲戰俘時改節易志，從一九五三年底幫蘇聯打入英國特勤機關，正由於蘇聯十分看重布雷克，是以讓地道計畫運作十一個月後才大張旗鼓地揭露。多年之後，中情局雖已知道對方早已知情，仍然認定自己挖到金礦。時至今日，疑問仍然未解：莫斯科眞的是故意餵假情報嗎？證據顯示，中情局從竊聽中得到兩則無價且無瑕的情報，一是得知蘇聯與東德安全系統的基本藍圖，另一是沒有聽到莫斯科有一絲意圖開戰的警訊。[6]

柏林基地老手、中情局官員波爾加說：「我們這些對俄國略有所知的人，將它視爲想要依循西方路線發展的第三世界落後國家。」但華府最高層排除這種看法。白宮及五角大廈都以爲克里姆林宮的意圖和自己的想法沒有兩樣：在第三次世界大戰第一天就摧毀敵人。因此，他們的使命是找出蘇聯軍事設施所在，率先加以摧毀。他們沒有信心美國特工能辦到，但美國機械或許可以。

齊里安的報告象徵著科技占上風以及中情局舊式諜報黯然失色的開端。報告提醒艾森豪：「我們在俄國進行傳統祕密工作所得的重要情報少之又少，但我們可以運用最高明的科技改善情報效益。」並敦促艾森豪建造間諜偵察機和太空衛星，飛在蘇聯上空拍攝軍火庫照片。

這種技術已指日可待。其實，這兩年來杜勒斯和魏斯納一直忙於行動業務，沒有注意一九五二年七月由局內同僚提出的那份備忘錄，當時主管情報的副局長貝克就建議要發展「衛星偵察器」——以火箭發射電視攝影機，從太空深處偵察蘇聯。成敗關鍵在於攝影機，而發明拍立得相機的科學天才藍德（Edwin Land），確信自己可以勝任。

一九五四年十一月，柏林地道工程仍在進行，藍德、齊里安和杜勒斯聯袂晉見總統，取得艾森豪批准建造U-2間諜偵察機，此種機腹裝有攝影機的動力滑翔機，可讓美國耳目深入鐵幕後方。但艾森豪在批准的同時，也做了不樂觀的預言：總有一天，「準會有一架被逮到，屆時就會有一場風暴」。

杜勒斯把造飛機的工作交給畢賽爾。畢賽爾雖對飛機一無所知，卻很技巧地成立一個祕密官僚機制，遮掩U-2計畫不受審查，又加速造機進程。幾年後他在中情局新人訓練班上自豪地說：「本局是美國政府組織隱私的最後庇護所。」

畢賽爾大步走過中情局走廊，志大才疏的他，認定自己是下一任局長，因爲杜勒斯就是這麼對他說的。他越來越看不起諜報活動，對赫姆斯和他手下的情報官也越來越不屑；兩人從行政對手變成死對頭，象徵從五十年前一直持續到今天的特工與巧械之爭。畢賽爾把U-2看作是能給蘇聯威脅主動一擊的武器，[7]若是莫斯科「無法防止」你入侵領空並偵察蘇聯軍力，單憑這一點就足以重挫蘇聯的自尊和力量。他以中情局官員組成一個祕密小團體主持此一計畫，並指派負責情報協調的助局長瑞柏（James Q. Reber）決定U-2到蘇聯該拍什麼照片。後來瑞柏長期擔任該委員會主席，選定U-2及後繼的間諜衛星拍攝標的物。不過，到最後的偵察要求往往取決於五角大廈：蘇聯有多少轟炸機？多少核子飛彈？多少坦克？

瑞柏在晚年時說道，冷戰心態阻撓了拍攝其他目標的構想。

瑞柏說：「我們沒提對問題。」倘若中情局提出更大格局的蘇聯民生偵察計畫，勢必早就可以得知蘇聯投資在眞正能使國家強盛的資源之經費其實很少。他們的經濟很弱。倘若中情局領導者能在蘇聯內部進行有效率的情報工作，也許早就看出俄國人連民生必需品都無法生產。冷戰的最後決戰在於經濟而非軍事的思維，超乎他們的想像。

有些事他沒告訴總統

總統調查中情局能力的努力，雖促成科技大躍進，使情報蒐集方式產生革命性的變化，可惜未能直探問題根源。中情局成立七年以來，一直沒有監督或管理機制，該局的機密分享立基於誰該知道的基礎上，而決定誰該知道的人則是艾倫·杜勒斯。

因此，自史密斯局長一九五四年十月退出公職後，就沒人看得住中情局了。史密斯在任時，全憑一己之力約束艾倫·杜勒斯；他這一走，除了艾森豪尚有可爲，管控祕密活動的能力也消失了。

一九五五年，艾森豪改變遊戲規則，成立一個由白宮、國務院和國防部代表組成的三人「特別小組」，負責審查中情局的祕密業務。可是他們並沒有事先批准祕密行動的能力，因此，杜勒斯心情好的話，也許會在非正式午餐會時，向新任國務次卿、副國防部長和總統國家安全助理這三名特別小組成員約略提一下自己的計畫。但是不提的時候通常多些。杜勒斯擔任局長這段期間的中情局史就有五大冊，其中就提到他認爲他們沒有必要知道，他們沒有資格評斷他或中情局，他覺得自己的決定「毋需經政策核准」。

局長、各副局長和海外工作站長仍然祕密地自由決定政策、自行規畫行動、自行評斷結果。杜勒斯認爲適當的時候自會私下知會白宮。他妹妹向國務院同僚透露：「有些事他沒告訴總統，總統還是不要知道比較好。」

〔注釋〕

1.〔譯注〕比爾．彭岱：出身政治世家，父親哈維．彭岱（Harvey Hollister Bundy）是外交官，弟弟麥克喬治．彭岱（McGeorge Bundy）是甘迺迪總統的國家安全顧問。比爾後來由中情局轉任國務院主管遠東事務助理國務卿。

2.〔譯注〕希斯：一九三三年從政，一九三六年入國務院，是一九四五年雅爾達會議的美國代表團成員之一，同年亦擔任舊金山聯合國憲章會議祕書長，是實際參與創立聯合國的主要人士。至於希斯共諜案，則是指曾爲共產黨員的《時代》雜誌資深主編錢伯斯（Whitaker Chambers）於一九四八年八月三日在眾院「非美活動調查委員會」上，指控希斯是蘇聯共黨間諜。

3. 出自摩根（William J. Morgan）於一九五四年三月四日在國會麥卡錫委員會上的證詞。摩根是耶魯出身的心理學家，也是戰略情報局老人，之後一直在中情局擔任副主任，負責訓練事務。摩根表示，他的上司柯雷格（Horace

Craig）曾暗示說，「最好是打進麥卡錫的組織」，要是此計不成，可能會採取更激烈的手段。

波特參議員：他的話實質上是在說這個人可以翦除，指的是麥卡錫參議員？

摩根：有此可能。

波特：外頭有很多瘋子……

摩根：重賞之下什麼都肯幹。

沒有其他證據佐證中情局有殺害麥卡錫之意。麥卡錫是自己酗酒喝掛的。

4.〔譯注〕羅伯．甘迺迪是約翰．甘迺迪總統的弟弟，民主黨籍，朋友習稱他「巴比」（Bobby）。一九五二年十二月出任共和黨籍麥卡錫主持的國會常設調查小組委員會的副法律顧問，次年即辭職。

〔審訂注〕美國參眾兩院委員會主席由多數黨全包，但少數黨一定有一首席議員（Ranking Member）。

5.祕密行動失控是杜勒斯時代的老問題。局長認定自己就可以決定是否該讓上司知道他做些什麼；下屬對他和他身邊的高級助理也抱持相同的看法。中情局資深官員惠騰（John Whitten）一九七八年在參院祕密證詞中就提到，一九五〇和六〇年代「祕密行動處的很多活動是ＤＤＯ和ＡＤＤＯ都不知道」，ＤＤＯ是指負責行動的副局長，也就是祕密行動處主管，ＡＤＤＯ則是他的助理副局長。

6.從赫姆斯所領導的柏林基地起家的中情局官員，仍然認爲他們在柏林學到的技巧是瞭解莫斯科的最佳窗口。赫姆斯及其手下都認爲，中情局在德國、奧地利和希臘的各大工作站，應該審慎而耐心地在東歐內部建立潛伏特工網，再由這些值得信賴的外國人所構成的網絡吸收有志一同的間諜，逐步接近權力核心，讓每一位間諜都成爲消息來源，再經分析過濾之後，便成爲可提供總統參考的情報。他們認爲這才是瞭解敵人的途徑，一九五〇年代中葉，他們逐漸覺得已看到黑暗中浮現出一片美景。

中情局是在進行柏林地道計畫的時候，找到第一位真正的俄國間諜。維也納工作站搭上了波波夫（Pyotr Popov）少校，此人是正牌蘇聯軍事情報官，也是中情局吸收到的第一位具有恆久價值的俄國間諜。他不僅對蘇聯坦克、戰術飛彈和軍事理論略有所知，而且還在五年內揭露大約六百五十位同僚的身分。魏斯納不免想讓波波夫籌組地下反抗軍。波波夫愛喝酒又健忘，不是很理想的間諜，但在這五年間，他卻是獨一無二的。中情局宣稱波波夫每年只花中情局四千美元，卻幫美國省下五億美元的軍事研發經費。蘇聯派在英國臥底的間諜布雷克，不僅揭露地道計畫，也揭發波波夫，致使波波夫在一九五九年遭KGB槍決。

7. 赫姆斯知道U-2不是萬靈丹。他曾在祕密行動處會議上表示：「優秀的記者不需要神奇黑盒子就能取得有用的資訊……只要有飛機，就可以從飛機上拍照。中情局必須盡可能運用各種蒐集工具……但分析到最後唯一能瞭解別人想法的方式，就是直接跟他談談。」

〔第十二章〕

我們以不同方式來管理

中情局運用得最出神入化的武器是現鈔。收買外國政治人物效力是中情局的專長，而它挑中的第一個未來世界強國領導者則是日本。

美國吸收到兩位最具影響力的特工來幫中情局執行掌控日本政府的任務，這兩人是牢友，是戰犯，在二戰後美軍占領下的東京坐了三年監牢，一九四八年底出獄時，很多牢友仍困在獄中。

岸信介在中情局協助下成爲日本首相和執政黨總裁，兒玉譽士夫則因協助美國情報機關而重獲自由，並成爲全日本第一號黑社會首腦。[1] 兩人共同塑造戰後日本政治。在反法西斯戰爭中，他們所做的一切都是美國最憎恨的；在反共戰爭裡，他們卻是美國最需要的人。

一九三〇年代時，兒玉所領導的右翼青年團體企圖暗殺首相。[2] 他被捕入獄後，日本政府利用他當情報特工以及未來戰爭的打手。往後五年，他在中國占領區經營戰時最大黑市，從而取得海軍少將官階，獲致大約一億七千五百萬美元的個人財富。[3]兒玉出獄後捐出部分財產，挹注當時最保守的政治人物，他也成爲中情局扶植日本政客工作的關鍵人物。韓戰期間，他與美國商人、戰情局老人和前外交官合作，完成一次由中情局資助的大膽祕密工作。

美國軍方要強化飛彈所需的稀有戰略金屬鎢金，兒玉就走私好幾噸的日本軍品到美國。五角大廈出資一千萬美元，中情局也資助二百八十萬，[4]鎢金走私網總計撈了二百多萬美元。不過，這次行動也讓兒玉在中情局東京工作站留下壞名聲。東京工作站一九五三年九月十日的報告說：「兒玉是職業騙子、流氓、郎中和小偷。他完全沒有情報作業能力，他對賺錢以外的任何事都沒興趣。」雙方關係中斷後，中情局將注意力轉移到照顧和培養有爲政治人物，包括岸信介，他贏得美國結束占領後首次的國會選舉。

現在我們都是民主人士了

岸信介成爲方興未艾的保守運動領導人。他憑著兒玉譽士夫提供的資金和自己的政治手腕當上國會議員，一年後便掌控民選代議士中的最大派系，建立起領導日本幾達半個世紀的執政黨。

岸信介是一九四一年日本對美宣戰詔書的副署人，二戰時領導軍需省。戰後岸信介雖身陷囹圄，卻早已在美國有許多高官盟友，日本偷襲珍珠港時駐東京的美國大使葛魯（Joseph Grew）便是其中之一。一九四二年葛魯遭日方拘禁時，擔任戰爭內閣大臣的岸信介放他出來打高爾夫球，兩人因此交上朋友。岸信介出獄後，葛魯已是「自由歐洲」全國委員會首任主席，此乃中情局爲支援自由歐洲電臺和其他政戰節目所設立的外圍組織。

岸信介一出獄便直趨首相官邸，他的親弟弟佐藤榮作當時擔任占領時期的內閣官房長官，佐藤交給他一套西裝讓他換下牢衫。[5]

岸信介對弟弟說道：「很奇怪吧？現在我們都是民主人士了。」

岸信介耐心規畫七年，由戰犯變成首相。他師從《新聞周刊》東京分社主任學英語，又經《新聞周刊》外交事務新聞主編寇恩（Harry Kern）介紹，得以結識許多美國政治人物；寇恩是艾倫・杜勒斯至交，後來終其一生擔任中情局在日本的情報通道。岸信介以栽培稀有蘭花的方式，培養與美國大使館官員之間的交情。他起先行動很小心，因爲這時候的他還是個惡名在外的人，經常有警察跟監。

一九五四年五月，岸信介在「東京歌舞伎座」展開政治復出行動。他邀請在美國使館擔任新聞與宣傳官的戰局老人哈欽森（Bill Hutchinson）看戲，並利用中場休息時間領他參觀歌舞伎座，在遊走各包廂之間，引見他在日本菁英界的朋友。這在當年是很不尋常的舉動，但也是純粹的政治劇，岸信介以此方式公開宣告他在美國加持之下重返國際舞臺。

一年來，他多次私下在哈欽森的客廳裡會見中情局和國務院官員。哈欽森回憶道：「他顯然是希望起碼能獲得暗中支持。」這些談話奠定了往後四十年日美關係的基礎。

岸信介告訴美國人，他的策略是打散執政的「自由黨」，加以改名、重整和管理，在他領導下的新「自由民主黨」既不是自由黨，也不是民主黨，而是個右翼俱樂部，由從帝制日本廢墟中崛起的封建領主所組成；他會先在幕後運作，由較資深的政治家先擔任首相，然後再接手。他矢言會配合美國需要來變更日本外交政策；美國可以保留駐日美軍基地，且可在基地貯存對日本相當敏感的核武。他所要求的回報只是美國暗中給予政治支持。

一九五五年八月，國務卿佛斯特．杜勒斯在會見岸信介時當面告訴他，只要日本保守勢力團結一致幫美國反共，他想要的支持就不會落空。

人人都知道，美國所謂的支持是什麼。

岸信介告訴美國使館資深政治官柏格（Sam Berger），他與美國的初步聯繫最好是和年紀較輕、階位較低、在日本還不為人知的人來直接聯絡。這個差事落在中情局麥卡沃伊（Clyde McAvoy）頭上，此人是經歷沖繩島戰役的陸戰隊退役軍人，當過一陣子新聞記者後加入中情局。麥卡沃伊抵日不久，柏格便引見他會晤岸信介，就此展開中情局和外國政治領袖培養更堅定關係的作業。

大成功

中情局和自民黨之間的主要互動是以錢換情報。這筆資金用來支持自民黨和吸收黨內線人。美國與可能在一個世代後成為國會議員或閣僚的有為青年，以及元老政治家建立起有償關係（paid relationship）。他們聯手拉抬自民黨，打倒日本社會黨和勞動組合。提到資助外國政治人物，中情局的手法可要比七年前在義大利時圓融多了。中情局一改過去用公事包裝現鈔在四星級飯店轉手的做法，改由信任的美國商人當中間人交錢以裨益盟友。這類商人包括洛克希德公司主管，他們製造U-2偵察機，且正與有意整建日本防禦武力的岸信介協商售機事宜。

一九五五年十一月，岸信介將日本保守勢力統合在自民黨旗幟之下，身為總裁的他竟也准許中情局到國會挨個兒地吸收和管理他的政治追隨者。他汲汲向上，矢言要與中情局合作，重新打造日美安保條約。身為岸信介主事官的中情局官員麥卡沃伊，能發言並左右戰後日本初萌芽的外交政策。

一九五七年二月，在岸信介就任首相那天，自民黨掌握最大票源的國會就攸關安保條約的法案進行程序表決。麥卡沃伊回憶：「那天他和我獲得大成功。美國與日本行將達成協議之際，日本共產黨認為它威脅特大，於是決定表決日在國會來個大造反。經由在左翼社會黨事務局任職的特工告知後，我急電預定當天晉見天皇的岸信介，請他來開個緊急會議。他趕到了，一身高帽、條紋褲和大禮服，來到安全屋。當時我雖未獲授權，但還是告訴他共產黨計畫在國會鬧事。到了十點到十點半左右，國會依例休息讓議員到附近攤子吃吃喝喝的時候，岸信介告訴自民黨議員不要休息；於是，眾人離席後，自民黨議員趕緊跑回國會投票通過該法案。」

一九五七年六月，脫下牢衫不到八年的岸信介得意洋洋前往美國訪問。他在洋基體育館擔任開球式投手，又在純白人的鄉村俱樂部中和美國總統打一場高爾夫。尼克森副總統在參院介紹他時，稱他是傑出且忠誠的美國友人。岸信介告訴新任駐日大使麥克阿瑟二世（麥克阿瑟將軍的侄子）說，只要美國幫他鞏固權力，安保條約就可以通過，方興未艾的左翼風潮也可以遏止。他希望中情局的金援能夠固定來源，不要老是偷偷摸摸地給錢。他告訴美國大使，「萬一日本變成共產國家，亞洲其他國家只怕很難不繼踵於後」，麥克阿瑟二世憶道。佛斯特．杜勒斯深然其言，並主張美國應對日本下大注，而岸信介就是最好的下注對象。

艾森豪總統認為，日本政治支持安保條約和美國財務支持岸信介是一體兩面的事，於是授權中情局繼續資助自民黨主要成員。日本政治人物只知道這些錢來自美國各大公司，並不知道中情局在其中扮演的角色。這些流入日本的錢歷經四任美國總統，前後至少有十五年之久，這筆錢也鞏固了冷戰時期日本一黨獨大的局面。

另有些人也走岸信介這條路子。戰時擔任內閣大藏大臣的賀屋興宣被判處無期徒刑，一九五五年保釋出獄，一九五七獲赦後，成爲岸信介最親信的顧問，也是自民黨國內安全委員會主要成員。

賀屋興宣在一九五八年當選眾議員前後被中情局吸收，此後一直很想到美國親身拜會艾倫．杜勒斯。中情局想到一個罪刑定讞的戰犯去見中情局局長，便心驚膽怯，於是將那次會面祕而不宣近五十年之久。一九五九年二月六日，賀屋興宣到中情局總部拜會杜勒斯時，請局長與自民黨國內安全委員會簽訂正式的情報分享協議。會談備忘錄記載：「人人都同意，在反顛覆工作上，中情局和日本合作最爲理想，而這也是攸關中情局重大利益的課題之一。」杜勒斯只把賀屋興宣當作手下特工，半年後才寫信給他說：「我極有興趣獲悉，你對影響兩國關係的國際事務以及日本國內形勢的看法。」

賀屋興宣與中情局間分分合合的關係，在一九六八年他擔任佐藤榮作首相的首席政治顧問時達到最高潮。這一年日本國內最大政治議題是沖繩美軍基地——充當越戰轟炸作業起降地和美國核武貯存地。沖繩屬美國管轄，但地方議會選舉已訂於十一月十日舉行，反對黨揚言要把美國趕出沖繩島。賀屋興宣在中情局意圖左右選情的祕密工作上扮演關鍵角色，不過，這次選舉自民黨仍以些微比數落敗。美國已在一九七二年將沖繩行政權交還日本，但美軍基地一直到今天還在。

日本人逐漸把由中情局扶植成立的政治體制稱爲「構造汚職」，意指結構性的貪瀆。中情局的買收工作一直持續到一九七〇年代，之後日本政壇的構造汚職現象仍延續許久。

東京工作站長費爾曼（Horace Feldman）說：「我們在占領期間管理過日本，占領結束後的這幾年，我們是以不同的方式來管理。麥克阿瑟將軍有他的方法，我們有我們的方式。」

〔注釋〕

1.〔譯注〕全日本第一號黑社會指的是「關東會」。

2.〔譯注〕此應指「天行會」刺殺齋藤實首相事件，兒玉因此判刑三年半。

3.〔譯注〕此指一九三八年日本與中國開戰後，兒玉應海軍航空本部和外務省情報部之召在上海蒐集戰情。後奉神風特攻隊之父大西瀧治郎之令設立「兒玉機關」，搜刮戰略物資。戰後與日本另一黑社會領袖、國會議員笹川良一、韓國統一教教主文鮮明合作，在「日本統一教會」下設立「國際勝共聯合會」，以宗教活動名義，進行監視左翼及學生運動之實。

4.日本保守派要錢，美軍則要鎢金，於是「有人想個點子：我們就來個各取所需吧」，協助安排此項交易的郝利（John Howley）如是說道。他曾任職戰情局，是位紐約律師。兒玉／中情局行動從日本軍需庫走私數噸鎢金到美國，以一千萬美元賣給五角大廈。走私者包括日裔美人凱伊・菅原（Kay Sugahara），他於二戰期間在加州拘留營被戰情局吸收。緬因大學教授尚柏格（Howard Schonberger），研究菅原檔案後寫了本書，對兒玉／中情局行動做了詳盡的描述。行動收益挹注保守派人士投入一九五三年結束占領後首次日本大選。郝利說：「我們在戰情局學到的本事是，要想完成目標，就得把適當的錢交到合適的人手中。」

5.〔譯注〕佐藤榮作爲岸信介之胞弟。岸信介之父係入贅佐藤家，故改姓佐藤；岸信介則由其父本家收爲養子，故恢復父親本家的姓。

〔第十三章〕

一廂情願的瞎搞

艾倫·杜勒斯對祕密行動情有獨鍾，早已不把心思放在提供總統情報這個核心任務上。

他刻意瞧不起大多數的情報分析員和他們的工作，他們來幫他準備第二天早上白宮會議內容時，會故意讓他們從下午到傍晚等上好幾個小時，然後一股腦地衝出門去，打他們身邊飛奔而過，忙著趕他的晚餐約會去了。

當了三十年情報分析員，後來專門準備每日總統簡報的李曼（Dick Lehman）說，杜勒斯已養成「用重量來衡量簡報的習慣。他看也沒看，先掂掂分量，再決定要不要接下簡報」。

午後走進局長辦公室的房中房，準備給杜勒斯就當前危機問題做點建言的分析員，可能會發現局長正在看電視轉播「華盛頓參議員」（Washington Senators）棒球隊比賽。他斜躺在坐臥兩用椅上，兩腳蹺在腳墊上，目不轉睛地看著比賽，這位倒楣的助理則站在電視機後面。當簡報說到緊要處時，杜勒斯會放言分析球賽。他對眼前攸關生死的問題漫不經心。

起訴整個蘇維埃體制

杜勒斯和魏斯納這五年多來聯手發動二百多次海外祕密行動，把美國經費投在法國、德國、義大利、希臘、埃及、巴基斯坦、日本、泰國、菲律賓和越南政局上。中情局推翻過幾個國家，可以製造或搞垮總統和首相，偏偏就對付不了敵人。

一九五五年底，艾森豪總統更動中情局的軍令。他瞭解到祕密行動無法撼動克里姆林宮，於是改寫冷戰初起時制定的規則。一九五五年十二月二十八日頒布五四一二／二號國安命令（NSC 5412/2），有效期限達十五年。新的目標是「製造和利用國際共產主義的棘手問題」，以「反制任何政黨或個人、直接或間接因應共產統治所構成的威脅」，並且「強化自由世界人民歸向美國」，雄心是很大，但比起杜勒斯和魏斯納想追求的更為溫和與微妙。

幾星期後，蘇聯領導人赫魯雪夫給國際共產主義製造的麻煩，中情局連做夢也沒想過。一九五六年二月，他在第二十屆蘇聯共黨大會談話中，大罵死了還不到三年的史達林是「超級自大狂和虐待狂，可以為了自己的權力和榮耀，犧牲任何事與任何人」。三月間，中情局挖到一點赫魯雪夫談話的傳言。杜勒斯告訴手下說，我的人馬挖到大新聞了。中情局終於從政治局內部取得情報了嗎？

其實，當年的情形和現在一樣，中情局極度仰賴外國情報機關，自己挖不到的情報就用錢買。一九五六年四月，以色列間諜將赫魯雪夫談話的文本交給中情局與以色列唯一聯絡窗口的安格頓。以色列這條情報管道雖是提供該局許多有關阿拉伯世界的消息，但箇中代價不菲，即是美國越來越依賴以色列來解讀中東大小事件，致使往後數十年，美國觀點都染上以色列色彩。

五月間，肯楠等人斷定文本眞實無僞後，中情局內引起極大的論爭。魏斯納和安格頓都想保密，不讓自由世界知道，只是選擇性地向海外洩露，以便在全球各地的共產國家之間製造不和。當時杜勒斯最信任的情報分析員克萊恩說道，安格頓認爲扭曲文本配合宣傳，「加以運用，可以收到擾亂俄國及其安全機關之效，或利用當時我們仍希望能予以煽動的流亡團體，以解放烏克蘭等國家」。

最重要的是，他們希望以此爲餌引誘蘇聯間諜，以挽救魏斯納經營時間最久、成效最差的「紅帽」（Rde Cap）行動。

此一始於一九五二年的全球計畫，名稱取自協助鐵路商旅搬運行李的腳夫所戴的紅帽子，目的在引誘蘇聯人投誠替中情局工作。最理想的結果是讓他們充當「原處投誠者」，也就是一面待在他們的原有公職上，一面替美國當間諜；要是沒能這麼理想，他們可以逃到西方，再揭露他們所知的蘇維埃體制內情。可惜的是，在「紅帽」行動之下所發展出來的重要情報來源，當時仍然掛零。中情局的蘇聯課是由心胸狹窄的哈佛人杜蘭掌管，而此人之所以能霸住這個職位，完全是意外、蜀中無大將、還有與安格頓掛鉤等諸多因素所致。根據中情局督察長在一九五六年六月提出、二〇〇四年解密的報告，蘇聯課是個功能失常的部門，對自身的任務和功能無法提出聲明，遑論掌握蘇聯國內形勢。報告中列出一九五六年中情局在俄國內「所控有的特工」名單二十人，其中一人是低階海軍工程官，另一位是導向飛彈科學家的妻子，其他則包括工人、電話修護員、修車廠經理、獸醫、高中老師、鎖匠、餐廳員工和無業者。這些人沒有一個知道克里姆林宮是怎麼運作的。

一九五六年六月第一個星期六的早晨，杜勒斯把克萊恩叫到局長辦公室，說道：「魏斯納說，你主張我們應該公布赫魯雪夫的祕密談話。」

克萊恩說出自己的看法：它絕妙地透露，「那些不得不在史達林那個老混蛋手下工作多年的人心中眞正感受」。

他告訴杜勒斯：「看在老天爺份上，就公布了罷。」

杜勒斯用他那因風濕和痛風而骨節凸起的手指，顫巍巍地拿起文本。克萊恩回憶著，老頭子把拖鞋放在桌上，身體往後靠，又把眼鏡推到腦門上，這才說道：「哎呀，我想我該做個策略決定！」他以內線電話打給魏斯納，「以有點含糊其詞的方式說服魏斯納不能不同意公布，同時以我的論點指出，這是千載難逢的機會公布這份談話。（局長）告訴他：『起訴整個蘇維埃體制』」。

接著杜勒斯又拿起電話撥給他老哥。祕密談話文本透過國務院洩露出去，三天後在《紐約時報》披露它。這一決定牽引出中情局始料未及的情勢發展。

中情局代表強權

往後好幾個月，祕密談話經由中情局斥資一億美元的自由歐洲電臺向鐵幕廣播，三千多名流亡的廣播員、作家、工程師和美國監督者一齊動員，以八種語言播出，每天塞滿長達十九個小時的波段。就理論上說，他們應該直接播新聞和宣傳，但魏斯納希望以文字爲武器。他的介入也造成自由歐洲電臺信號不一。

各臺廣播員紛紛請美國主子給個明確的訊息讓他們傳達：結果是：祕密談話日夜不斷一再重播。影響立見。中情局最優秀的分析員幾個月前還斷定，一九五〇年代東歐不可能出現民變，詎料祕密談話播出之後，波蘭工人就在六月二十八日挺身反抗共產統治。他們抗議削減工資，搗毀數座攔阻自由歐洲電臺電波的信號塔。然而，中情局只會挑起他們的怒火，此外便束手無策——蘇聯陸軍元帥仍掌管波蘭軍隊，蘇聯情報官員監督的波蘭祕密警察已殺害五十三名波蘭人、並拘禁數百人，當此關頭，中情局無計可施。

波蘭抗爭促成國安會進一步找尋蘇聯控制結構上的裂縫。副總統尼克森主張只要蘇聯再威逼衛星國，譬如匈牙利，就可提供全球反共宣傳素材。「國務卿佛斯特·杜勒斯捉住這個主題，獲得總統批准後，再以新的活動促成淪陷國家「自發地展現不滿」。艾倫·杜勒斯局長承諾加強自由歐洲電臺空飄計畫，亦即以汽球攜帶傳單、以及刻有口號與自由鐘的鋁質臂章「自由勳章」，空飄到鐵幕上空。

緊接著，杜勒斯局長穿起拉鏈式飛行裝，搭上特別裝配的四引擎DC-6運輸機，展開為期五十七天的全球巡訪行程，走訪倫敦和巴黎、法蘭克福和維也納、羅馬與雅典、伊斯坦堡和德黑蘭、達蘭與德里、曼谷和新加坡、東京和漢城、馬尼拉和西貢等各地工作站。他的行程是公開的祕密，所到之處無不受到元首級待遇，而成為眾人矚目焦點更讓他陶陶然。陪同局長出巡的克萊恩指出，此行是「有史以來曝光率最高的的祕密巡訪之一」，隱密行藏卻又虛飾浮誇，這正是杜勒斯領導下的中情局寫照。克萊恩忖道：「真正的隱密作業就是這樣受到傷害」；另一方面，「分析報告卻罩籠在無謂的神祕氣氛中，往往產生反效果，甚至最後形成傷害」。看到外國領導人在國宴上奉承杜勒斯，克萊恩又上了一課：「中情局代表強權，而這不免讓人有點害怕。」

一廂情願的瞎搞

一九五六年十月二十二日，杜勒斯返回華府不久之後，身心俱疲的魏斯納輕輕關上辦公室電燈，踏著走廊上陳舊的地板布，經過坦波拉里大樓斑駁牆壁，回到他喬治城高尚的住處收拾行李，準備走訪歐洲各大工作站。

他和局長都不知道兩件世界大事，一是倫敦和巴黎緊鑼密鼓規畫作戰計畫，另一是匈牙利民眾革命迫在眉睫。在接下來極其關鍵的兩個星期裡，杜勒斯給總統的危機報告，不是誤判就是陳述不實。

魏斯納漏夜飛越大西洋，隔天抵達倫敦，第一樁公事就是出席他與英國資深情報官員狄恩爵士（Sir Patrick Dean）規畫多時的晚餐會。兩人將會共商大計，討論推翻三年前軍事政變奪權的埃及領導人納瑟（Gamal Abdel Nasser）。這個問題已醞釀了好幾個月，幾星期前狄恩爵士到華府時，兩人一致同意，爲兩國戰略目標著想，非把納瑟趕下臺不可。

中情局原本支持納瑟，交給他幾百萬美元，又幫他建了強力的國家電臺，並承諾美國會給予軍事和經濟援助。然而，儘管中情局派在美國駐開羅大使館裡的人員，以四比一的懸殊人數遠超過國務院人馬，埃及的情勢發展仍讓該局措手不及。最大的意外是納瑟並沒有完全被買收：他用中情局偷塞給他的賄款三百萬美元，撥出部分經費在開羅「尼羅希爾頓飯店」（Nile Hilton）前方的小島上蓋了一座尖塔，人稱「羅斯福的不文之物」（Roosevelt's erection）。由於金姆・羅斯福及中情局並沒有完全履行軍援承諾，納瑟已答應用埃及棉花和蘇聯交換軍火，然後又在一九五六年七月挑戰殖民主義遺緒，將「蘇伊士運河公司」收歸國有，該公司是英國和法國為管理中東人為的海上貿易通道而成立的。倫敦和巴黎勃然大怒。

英國提議暗殺納瑟，並考慮以改變尼羅河水道來破壞埃及追求經濟自主。艾森豪則認為動用致命武力是「大錯」，中情局也傾向以徐圖緩進的方式顛覆埃及。

這就是魏斯納和狄恩爵士要談的問題。狄恩爵士並沒有露面，魏斯納先是錯愕，繼而暴怒。這位英國特工趕另一場約會去了：他人在巴黎郊外一幢別墅，正為英國、法國、以色列對埃及展開聯合攻擊大計做最後協商。他們的目標是摧毀納瑟政府，強行奪回蘇伊士運河；首先由以色列攻擊埃及，英國和法國再以維和者的姿態伺機拿下運河。

中情局對這一切毫無所悉。杜勒斯向艾森豪保證說，有關以、英、法三國聯軍計畫的報導實為荒唐。中情局首席情報分析員和美國派駐特拉維夫的武官都確信，以色列即將對埃及開戰，但杜勒斯不僅對他們的提醒置若罔聞，就連老朋友、駐法大使道格拉斯·狄倫（Douglas Dillon）專程打電話來提醒法國也有份，他也沒聽入耳。局長反而聽信安格頓和他的以色列聯絡人。以色列拿出赫魯雪夫祕密談話文本，使得美方心懷感激之後，便以假情報迷惑杜勒斯和安格頓說中東別的地方將有動亂。於是，十月二十六日，局長便在國安會上向總統轉達以色列的假情報：約旦國王已遭暗殺！埃及不久即將攻擊伊拉克！

總統把這些大新聞丟到一旁，宣示說「最迫切的新聞仍然是匈牙利」。

兩天前，反共黨政府的學生示威者領導群眾，群聚布達佩斯國會前。在黨工譴責示威行動的國營電臺前，人人憎恨的公安警察遭遇第二批群眾。有些學生有武裝。廣播大樓內響起槍聲，公安開火，示威者和祕密警察纏鬥一整夜。在布達佩斯公園，第三批群眾把史達林雕像從基座上拆下來，拖到國家劇場前搗成碎片。第二天早上，紅軍士兵和坦克進入布達佩斯，示威者說動了好幾位蘇聯年輕士兵共襄盛舉，於是反抗人士開著插著匈牙利國旗的坦克朝國會前進。俄國指揮官慌了，緊接著恐怖時刻到了，國會大廈前科蘇斯廣場（Kossuth Square）一陣盲目交火下來，至少死了一百人。

在白宮裡，杜勒斯忙著向總統說明匈牙利民變的意義：「赫魯雪夫的日子不多了。」他的估計差了七年。第二天，也就是十月二十七日，杜勒斯聯絡尚在倫敦的魏斯納。這位祕密行動頭頭想盡力幫這次民變。他這八年來日夜祈禱的時刻終於到了。

國安會已命他盡量維持匈牙利的希望火種。命令說：「若是不此之圖，便是犧牲美國領導自由民族的道德基礎。」他曾告訴白宮，要透過羅馬天主教會、農民組合、吸收的特工和流亡團體，建立一個全國性的地下組織，進行政治與宣傳戰，可卻完全失敗了。從奧地利派出的流亡人士一入境就被捕，他努力吸收的人都是騙子小偷，想在匈牙利境內建立的祕密通報網也瓦解了。他在歐洲各地埋藏不少武器，一旦有了真正的危機，卻沒人能找得到這些武器。

一九五六年十月這當兒，中情局在匈牙利沒有工作站，總部的祕密行動處也沒有匈牙利工作組，更沒人懂匈牙利語。民變發生時，魏斯納在布達佩斯倒是有個叫卡托納（Geza Katona）的人馬，他是匈牙利裔美國人，百分之九十五的時間擔任信件收發、買郵票和文具、裝信封等低階國務院文書工作。民變發生後，他是中情局在布達佩斯唯一可靠的耳目。

在爲時兩個星期的匈牙利革命期間，中情局所知道的全是從報紙得來的消息，完全不知道民變怎麼發生、如何蓬勃展開或蘇聯會出兵鎮壓；即使白宮同意送交武器，中情局也不曉得該往哪裡送。中情局的匈牙利民變史說，當時中情局這個祕密行動機關是處於「一廂情願的瞎搞」狀態。民變史曰：「不管什麼時候，我們都沒什麼東西可能或必然會被當成情報作業的。」

現代狂熱病

十月二十八日，魏斯納飛到巴黎，召集正出席北約東歐問題會議的美國代表團幾位值得信賴的成員，如自由歐洲電臺慕尼黑總部的資深政策顧問葛瑞菲斯（Bill Griffith）等開會。魏納斯欣見眞正的反共暴動出現，極力敦促葛瑞菲斯加把勁搞宣傳。在他勸說之下，自由歐洲電臺的紐約理事發了一份備忘錄給幕尼黑的匈牙利籍工作人員：「所有限制一概解除。不必留情，記住，不必留情。」自由歐洲電臺當天晚上開始鼓吹匈牙利人民破壞鐵路、拆掉電話線、武裝農民、炸掉坦克車，和蘇聯決一生死。電臺宣示著：「這裡是自由歐洲電臺『自由匈牙利之音』。碰到坦克攻擊的時候，所有的輕型武器都應瞄準開火。」並教導聽眾將「莫洛托夫雞尾酒（Molotov cocktail）燃燒瓶……也就是用容量一公升的酒瓶裝上汽油……投在引擎上方格狀通氣上」。電臺收播時呼號：「不自由毋寧死！」

當天晚上，被共黨強硬派罷黜的前總理納吉（Imre Nagy），在國家廣播電臺譴責「這十年來可怕的錯誤與罪行」。[2]他說俄軍應該撤走，舊有的國家安全部隊應該解散，「乘人民力量而起的新政府」應爲民主自治而戰。納吉在七十二個小時內組成即時運作的聯合政府，廢除一黨專政，中止匈蘇關係，宣告匈牙利爲中立國家，並向聯合國與美國求助。然而，就在納吉接掌政權、設法解除蘇聯控制的時候，艾倫．杜勒斯卻將他視爲失敗者。他告訴艾森豪，剛解除軟禁的梵諦岡人馬閔增蒂大主教（Cardinal Mindszenty），能夠也應該領導匈牙利。這也成了自由歐洲電臺的路線：「在這幾個小時裡，重生的匈牙利和上帝指派的領袖相逢了。」

中情局所屬的各電臺不實地指控納吉引蘇軍進布達佩斯，抨擊他是賣國賊、騙子和殺人者。納吉曾經是共產黨員，因此受到永遠的詛咒。這時，中情局又增加三個頻道：流亡的俄羅斯「社會連帶主義者」從法蘭克福發聲，宣稱一支自由鬥士大軍正朝匈牙利邊界挺進；中情局將匈牙利游擊隊的低功率電臺加強，從維也納向布達佩斯播送；在雅典，中情局的心戰武士暗示把俄國人送上斷頭臺。

國安會在十一月一日再度開會時，杜勒斯局長喜不自勝地向艾森豪簡報布達佩斯情勢：「那裡所發生的事簡直是奇蹟，在民意的力量之下，武裝部隊不能有效運用。大約八成的匈牙利軍人已倒向反抗軍，並提供反抗軍武器。」

杜勒斯大錯特錯。反抗軍根本沒有槍械可言。匈牙利軍隊還在觀望莫斯科這陣風要往哪個方向吹，並沒有倒戈相向，蘇聯卻已增派二十萬名部隊、二千五百輛坦克與裝甲車上戰場。蘇聯入侵的那天早上，自由歐洲電臺匈牙利籍播音員蘇里（Zolan Thury）告訴聽眾：對「美國派兵施壓政府，要它協助自由鬥士的力量，將大到不可逆轉」。往後幾個星期，數萬名驚怒交集的難民湧向奧地利邊界，很多人都把這段廣播當成「援軍一定會來」，結果卻是毫無蹤影。艾倫．杜勒斯堅稱，中情局電臺根本沒有鼓動匈牙利民眾。總統相信他的說詞。廣播稿直到四十年後才出土。

一連四天，蘇軍在布達佩斯展開殘暴鎮壓，殺害數萬人，還把數千人押到西伯利亞囚犯營任其自生自滅。

十一月四日，蘇軍展開屠殺。當天晚上，匈牙利難民包圍美國駐維也納大使館，央求美國設法解救。中情局工作站長奚爾瓦（Peer de Silva）說，他們的問題很尖銳：「我們爲什麼不伸出援手？難道不知道匈牙利人指望我們相助嗎？」他答不出話來。

總部指示排山倒海而來，要他去集結子虛烏有的棄械奔向奧地利邊界的蘇軍。杜勒斯告訴總統，蘇軍集體投誠，其實都是錯覺幻想，奚爾瓦除了揣想總部「得了現代狂熱病」，沒有更好的解釋。

很容易發生奇怪的事

十一月五日，魏斯納抵達巴恩斯主管的法蘭克福工作站時，已是心煩意亂得幾乎說不出話來。俄國坦克殺害布達佩斯青年之際，他在巴恩斯住處玩玩具火車，徹夜不能成眠。第二天，艾森豪連任，沒有帶給他多大喜悅。總統一覺醒來就聽到杜勒斯又在傳假報告說，蘇聯準備派遣二萬五千名到埃及，保護蘇伊士運河免得被英法奪走，心裡並不痛快。當然，中情局沒有能力回報蘇聯攻擊匈牙利的實際情況，也令他滿心不悅。

十一月七日，魏斯納飛到距匈牙利邊界只有三十哩的維也納工作站。他無助地看著匈牙利游擊隊透過美聯社向自由世界傳達最後訊息：「我們正遭受機關槍炮火重擊……再見了朋友。願上帝拯救我們的靈魂。」

他倉惶離開維也納飛到羅馬，當晚與工作站的特工聚餐，其中一位即是日後出任中情局局長的柯比。外面死了很多人，中情局卻手足無措，魏斯納很是生氣。他希望「我們協助自由戰士」，柯比說道。「這正是本局準軍事設施的目的，而且我們也可以振振有詞地主張，已經在不會把美國扯進和蘇聯第三次世界大戰情況下伸出援手。」可惜，魏斯納並沒有一貫的主張。「他顯然是精神崩潰了」，柯比如是說。

魏斯納繼續前往雅典，李察森（John Richardson）站長見他「亢奮得變成極爲活躍和緊張」，便以菸酒紓緩他的神經。他在悲憤之餘，喝起威士忌是整瓶用灌的。

十一月十四日，魏斯納返回總部，又聽到艾倫．杜勒斯大談如何在匈牙利發動都市戰。杜勒斯說，「我們在叢林游擊戰上裝備堪稱精良」，但「嚴重缺乏街頭肉搏戰所需的武器，尤其是在反坦克武器方面」。他要魏斯納告訴他，「交給匈牙利人」和「其他可能反抗共黨的鐵幕國家自由鬥士」的武器何者爲佳。魏斯納的回答冠冕堂皇：「最近的世界情勢對俄國共產黨已造成相當大、且相當深的傷口，美國和自由世界大致已跳脫叢林了。」他的同僚認爲這是主戰論趨於疲乏，但在魏斯納最親近同僚眼中，看到的卻是更嚴重的毛病，十一月二十日，他躺在醫院病床上，醫生將他潛在的疾病誤診爲精神錯亂。

同一天，在白宮，艾森豪收到暗中調查中情局祕密行動處的正式報告。這份報告一旦公開，中情局就毀了。

報告主要撰稿人是布魯斯大使，而布魯斯正是魏斯納在華府最要好的朋友，兩人交情親密到他喬治城豪華住家沒熱水的時候，可以一大早跑到魏斯納家淋浴和刮鬍子。他出身美國貴族世家，是唐諾文時期戰情局駐倫敦第二號人物，擔任杜魯門時期駐法大使、在史密斯將軍之前當國務次卿，也是一九五〇年時中情局局長熱門人選。他對中情局在國內外的業務相當瞭解。布魯斯的親筆日誌顯示，一九四九到五六年間，他和杜勒斯、魏斯納兩人在巴黎及華府有過數十次的早餐會、午餐會、晚餐會、酒會，也有私下閒聊。他記錄下自己「很佩服且喜愛」杜勒斯，後者也親自推薦布魯斯出任總統新設的情報顧問委員會委員。

艾森豪一直希望有自己的耳目盯著中情局。話說一九五六年一月的時候，他在杜立德報告提出祕密建議之後，就已公開宣布成立總統的委員會。他在日記中寫道，他希望顧問群每半年就中情局工作的意義提出報告。

布魯斯請求且獲得總統授權，深入調查中情局的祕密活動，也就是杜勒斯和魏斯納所主管的業務。他個人對這兩位的私誼和專業的看重，爲這份報告增添無可言喻的分量。這份最高機密報告一直沒有解密，中情局自家的史料專家甚至曾公開質疑是否有這麼一份報告存在。不過，報告的主要結論在一九六一年情報委員會記錄中稍有披露，筆者已取得這份記錄，並將若干段落在此首度公開。

報告陳述：「我們相信，支持一九四八年決定設置此一機制，進行主動心理戰和準軍事計畫的人士，不可能預見由此所衍生的各種業務。」「除了中情局內與日常業務直接相關的人士，沒有人得知箇中詳情。」規畫並批准高度敏感、極度花費的祕密作業，「越來越成了中情局的獨門生意，且皆由特支經費大力擔保……中情局經費充裕，又有特權，喜愛其『造王』使命（這種密謀很誘人，也相當自滿，成功贏得掌聲，『失敗』無人代償，而且這門業務比透過中情局正常方式蒐集蘇聯情報要容易多了！）」。

報告接著說道：

國務院對中情局心理戰、以及準軍事行動對外交關係的影響極爲關切。國務院認爲本委員會所能做的最大貢獻，就是讓總統注意到中情局心戰和準軍事行爲，在實際形塑外交政策及與「友人」關係具有重大、乃至幾乎是片面的影響……

中情局扶植與操作駐在地的新聞媒體、工會組織、政治人物、政黨及其活動，可能隨時會對駐在國大使的職責產生他全然不知、或僅有模糊認知的重大影響……往往形成美國尤其是中情局之間，對當地人物與組織應採何種態度的看法分歧……（國務卿和中情局局長之間的兄弟檔關係，往往獨斷地設定「美國立場」……）

今天的心戰和準軍事行爲（往往出於一些爲了證明自己存在、一直覺得必須有所作爲的聰明、高水平之年輕人，日漸涉足他國事務），是由一票中情局代表〔餘刪〕在全球規模的基礎上來進行，而這些人有很多在人格條件上〔餘刪〕都屬於政治不成熟者（由於他們的「處理」具有迅速多變的特徵，以及運用總部提議或他們在現場開發的「主題」，往往出於當地投機主義者建議等因素，很容易也的確會發生許多奇怪的事）。

總統的情報委員會在一九五七年一月提交的後續報告指出，中情局的祕密行動都是「在涉及外交行爲的高危險區內，以自主且隨心所欲的方式爲之。在有些地區，這種行動會釀成幾乎令人難以置信的狀況」。

艾森豪在任的往後四年裡，一直想改變中情局的管理方式，但他自己也說過，他知道自己沒有辦法改變艾倫．杜勒斯，也想不到還有誰可以接手中情局。他指出，「它是任何政府未曾有過、最特殊的作業型態」，而「它可能就需要這種怪才來管理」。

艾倫沒有監督者。他老哥佛斯特一個默默頷首就行了。美國政府史上未曾有過杜勒斯兄弟這樣的組合。然而，歲月畢竟不饒人，兄弟倆已是疲態畢露了。佛斯特比艾倫年長七歲，已經來日無多。他知道自己得了要命的癌症，會在往後兩年慢慢地要他的命。他勇敢抗癌，飛遍全世界，到處炫耀美國武力。但他的日漸耗弱也造成中情局局長心理失衡。隨著哥哥形體日衰逐漸失去光彩，艾倫的理想和條理感就像他煙斗噴出的菸雲般漸漸消散。

佛斯特病倒的時候，艾倫率領中情局進入橫跨亞洲和中東的新戰場。他告訴手下幹部，歐洲冷戰容或已進入停滯期，但抗爭必須以新的強度從太平洋到地中海繼續下去。

〔注釋〕

1. 一九五六年七月十八日國安會記錄《美國對東歐蘇聯衛星國家政策》顯示，中情局已在「自由歐洲」計畫監督之下，從西德空飄三十萬顆氣球，攜帶三億份傳單、海報和宣傳品進入匈牙利、捷克和波蘭。空飄汽球行動所隱含的訊息是，美國突破鐵幕的方式不只是無線電波而已。
2. 很少人知道，魏斯納可以運用的頻道不止一個。在法蘭克福，自一九四九年起就爲中情局工作的「社會連帶主義派」新法西斯俄國人，也開始以札科（Andras Zako）的名義對匈牙利廣播說，流亡戰士的大軍已逼近邊界。札科是戰時匈牙利法西斯政府的將軍，赫姆斯形容此人是「很典型的情報企業家」，從一九四六到五二年賣給美國軍事與情報機關的假情報，總值已達數百萬美元，中情局因此罕見地發出全球「火線通告」（burn notice，係指對他國情報機關的正式照會），禁止他和中情局做生意。

〔第十四章〕

各式笨手笨腳的行動

艾森豪告訴艾倫．杜勒斯以及國安會的與會成員：「要是你去和阿拉伯人生活在一起，便可發現他們就是不瞭解我們對自由和人性尊嚴的觀念。他們在各式獨裁專制下生活太久了，怎能指望他們成功地管理自由政府？」

中情局提出的答案是，靠祕密行動、威嚇或控制亞洲和中東各國政府。它自以爲是在和莫斯科爭取數百萬人的民心走向，以便在政治和經濟上，左右那些由於地質上的偶然賦予他們幾十億桶石油的國家。新戰線呈一個大新月狀，從印尼經印度洋，穿越伊朗和伊拉克沙漠區到中東各國古都。

中情局把每一個不向美國輸誠的穆斯林政治元首，當成「於法有據的中情局政治工作標靶」，土耳其工作站長阿契．羅斯福如是說道，此人是金姆．羅斯福堂兄，也是中情局的近東大王。很多伊斯蘭世界最有影響力的人都接受中情局的金錢和建議。中情局有左右他們的力量，但很少官員能說阿拉伯語、知道當地風俗習慣、或瞭解他們想要支持或收買的人。

總統想宣導以伊斯蘭聖戰對付無神論共產主義的觀念。在一九五七年九月一次有魏斯納、佛斯特・杜勒斯、主管近東事務的助理國務卿朗特里、聯參首長成員出席的會議上，他指出：「我們應該盡其所能地強調『聖戰』層面。」佛斯特於是建議成立「祕密任務組」，監督中情局將美國軍火、金錢和情報轉交給沙烏地阿拉伯國王紹德、約旦國王胡笙、黎巴嫩總統夏蒙（Camille Chamoun）和伊拉克總統薩伊德（Nuri Said）。

朗特里的心腹、後來出任駐約旦大使的辛姆斯（Harrison Symmes），與中情局密切合作，他說：「這四個混蛋是我們防範共產主義和中東地區阿拉伯民族主義激進分子的主力。」祕密任務組唯一的永久遺產即是落實魏斯納的建議，將約旦國王胡笙列入中情局「受薪名單」。中情局設立的約旦情報機關則充當該局與阿拉伯世界的聯絡機構，一直存續到今天，胡笙國王也接受中情局二十年祕密補助。

若是軍火在中東換不到忠心，萬能的美鈔仍是中情局的祕密武器。搞政戰和權力遊戲的錢一樣是最受歡迎的，只要是有助於在阿拉伯或亞洲國家建立美國帝權的，佛斯特無不全力支持。辛姆斯說道：「這麼說罷，佛斯特・杜勒斯的看法是只要能扳倒這些中立主義者、反帝國主義者、反殖民主義者、激進民族主義政權的事，就該放手去做。」

「他已交代艾倫・杜勒斯去辦……當然，艾倫只要派出人手就行」。結果，「我們在很多流產政變、各式笨手笨腳的行動中被看穿招式」。所以，他和外交同僚會盡量「掌握這些計畫在中東搞的齷齪勾當，以便碰到根本不可能實施的時候，趁他們還沒進一步行動前盡快打消。有些時候能成功，但我們畢竟不能把所有的計畫都打消」。

軍事政變時機成熟

其中有一樁「齷齪勾當」持續十年之久，此即意圖推翻敘利亞政府的陰謀。

一九四九年，中情局扶植親美的希夏里（Adib Shishakli）上校爲敘利亞領導人。他贏得美國直接軍事援助及暗中經濟援助。中情局大馬士革工作站長柯普蘭（Miles Copeland）稱這位上校是「可愛的流氓」，說他「據我所知，不曾向木石偶像低頭；他犯過褻瀆神聖、不敬神、殺人、通姦和偷竊罪。」他撐了四年就被復興黨、共產黨政治人物與軍官推翻。一九五五年三月，艾倫・杜勒斯預言，由中情局支持的敘利亞「軍事政變時機已成熟」。一九五六年四月，中情局的金姆・羅斯福和英國祕密情報局的楊格爵士（Sir George Young）試圖動員敘利亞右翼軍官；中情局將五十萬敘幣轉交給政變陰謀領導人。然而，蘇伊士運河事件搞壞中東政治氣氛，不僅把敘利亞推向蘇聯，也迫使英美兩國不得不在一九五六年十月將計畫延後。

到了一九五七年春夏之交的四月，英美政變計畫復活。二〇〇三年從當年英國首相麥克米倫（Harold Macmillan）內閣的國防大臣桑迪斯（Duncan Sandys）私人文件中找到的一份檔案，詳細披露兩國計畫。

檔案中說：「必須讓敘利亞變成以陰謀、破壞與暴力對付鄰國的主使者。」中情局和祕情局將會在伊拉克、黎巴嫩及約旦製造「全國性的陰謀和各式暴力活動」，再把責任推給敘利亞。英美會在大馬士革「穆斯林兄弟會」（Muslim Brotherhood）裡扶植多個準軍事的派系；製造不安假象可擾亂敘利亞政府，由英美情報機關所製造的邊境衝突，則讓親西方的伊拉克和約旦有舉兵入侵的藉口。中情局和祕情局預見，他們所扶植的新政府可能「一開始會仰賴高壓措施和專橫地使用軍力」來維持。金姆．羅斯福認為，長久以來主掌敘利亞情報機關的塞拉吉（Abdul Hamid Serraj）是大馬士革最有勢力的人，因此塞拉吉必須連同敘利亞參謀首長以及共黨頭子一齊被幹掉。

中情局任命在伊朗行動時才出道的史東擔任大馬士革工作站長，頂著美國大使館二等祕書外交官身分的他，以答應給好幾百萬美元和無所限制的政治權力為餌，結交敘利亞軍官，並在回報總部的報告中，把自己所吸收的人形容可以幫美國搞政變的精銳軍官團。

塞拉吉用不著幾個星期就看穿史東的伎倆。

敘利亞設下騙局。國務院派去收拾爛攤子的官員鍾斯（Curtis F. Jones）說：「和史東接頭的軍官拿了錢之後，就在電視上宣布自己收了意圖推翻敘利亞合法政府的『腐敗與邪惡美國人』的錢。」史東仍留下。塞拉吉的部隊包圍美國大使館、逮到史東，稍加審訊他就什麼都招了。敘利亞公開指稱他是喬裝外交人員的美國特工，是伊朗政變老手，更是拿數百萬美援誘惑敘利亞軍官與政治人物推翻政府的陰謀家。

以美國駐敘利亞大使尤斯特（Charles Yost）的話來說，這樁「特別笨拙的中情局陰謀」曝光，後果餘波盪漾至今。敘利亞政府正式宣布史東是不受歡迎人物，這也是美國外交官（不管是間諜掩護身分，還是真正的國務院官員）第一次遭阿拉伯國家驅逐出境。結果，美國也驅逐敘利亞駐華府大使，成為一戰以降第一次驅逐他國外交官。美國譴責敘利亞「無中生有」和「毀謗」，敘利亞則將史東的同謀者，包括前總統希夏里在內，統統判處死刑，緊接著又對曾與美國大使館接觸過的軍官展開大整肅。

這次政治動亂促成敘利亞與埃及結盟，組成阿拉伯聯合共和國（United Arab Republic），成爲中東地區反美情緒最高張的地區。美國在大馬士革的聲譽暴跌，蘇聯的政治和軍事影響力則水漲船高。經過這次一無是處的政變之後，美國人再也無法贏得日益專制的敘利亞領導階層信賴。

布魯斯提交艾森豪的報告警告，這類告吹行動所產生的問題是，「不可能再『振振有詞地否認』了」，美國這隻黑手已是眾所皆知。報告問道，「（約旦、敘利亞、埃及等）落空的直接損失」，難道沒有個說明？有誰「估算對我們國際地位的衝擊」？中情局「挑起動亂，引人疑竇的做法，是否存在於今日世界許多國家中？對我們現有的盟國有何影響？明日我們又將何去何從？」

我們搭中情局列車上臺

一九五八年五月十四日，艾倫．杜勒斯召集副手召開例行的晨間會報。他對魏斯納發火，要他「稍加反省」中情局在中東的表現。敘利亞政變搞砸後，貝魯特和阿爾及爾毫無預警地爆發反美暴動。這一切莫非是全球陰謀的一環？杜勒斯跟助理們無不猜疑，從中東到全世界都有「共產黨在實際操控」。憂慮蘇聯趁機包圍的恐懼逐漸升高之際，在蘇聯南翼成立親美國家鏈的目標也益形迫切。

中情局駐伊拉克官員已奉命以金錢和槍械交換反共聯盟，他們與伊拉克政治領袖、軍事指揮官、安全部長、權力掮客密切合作，誰知一九五八年七月十四日這天，巴格達工作站仍高臥未起，親美的薩伊德君主政體已被一批陸軍軍官推翻。當時在使館擔任政治官的戈登（Robert C. F. Gordon）說：「我們完全措手不及。」

卡西姆（Abdel Karim Qasim）將軍領導的新政權，深入挖掘舊政府檔案，案查出中情局收買守舊派領導人物，和皇室政府牽扯很深。有位以中情局外圍組織「中東美國友人」（American Friends of the Middle East）作家身分活動的美國人約聘特工，在下榻旅館被捕後便下落不明。工作站官員倉惶逃走。

這時，艾倫．杜勒斯稱伊拉克是「全世界最危險的地區」。卡西姆將軍准許蘇聯政治、經濟和文化代表團進入伊拉克。中情局勸白宮，「我們雖沒有卡西姆是共產黨的證據」，但「除非採取行動遏止共產主義，或者，除非共產黨犯下重大的戰術錯誤，否則伊拉克很可能會變成共產黨掌控的國家」。中情局各領導人之間倒是很坦誠，表示自己不知道怎麼因應此一威脅：「伊拉克境內只有一個有效且有組織的力量可以反制共產主義，那就是伊國陸軍，而我們在伊軍現況方面的基本情報卻很弱。」中情局在敘利亞輸了一回，伊拉克這一仗又敗了，這時苦惱異常，不知怎麼才能阻止中東赤化。

伊拉克重挫後，自一九五〇年即擔任近東課課長的金姆．羅斯福掛冠求去，改當美國各大石油公司的私人顧問，另尋發財之路。取而代之的克里齊菲爾德（James Critchfield）是長駐德國和蓋倫將軍聯絡的中情局官員。

伊拉克復興黨暴徒在一次槍戰中意圖殺害卡西姆，使得克里齊菲爾德立刻對該黨大感興趣。他手下也執行過一次失敗的暗殺計畫，而且這用毒手絹暗算的點子是經過中情級層層指揮鏈所批准的。中情局花了五年多的時間，終於以「美國勢力」之名策畫一起成功的政變。

「我們是搭著中情局列車上臺的」，一九六〇年代擔任伊拉克內政部長的復興黨人薩亞迪（Ali

Saleh Sa'adi）說道。「這列火車上還有位乘客，是個前途看好的刺客，此人名叫海珊（Saddam Hussein）。

〔注釋〕

1. 阿布里什（Said Aburish）在《酷情：西方與阿拉伯菁英》（*A Brutal Friendship: The West and the Arab Elite*. New York: St. Martin's, 2001）書中引用薩亞迪這句話。阿布里什是忠誠復興黨人，與海珊決裂後歷數海珊政權暴行。他在接受PBS（美國公共電視臺）節目「前線」（*Frontline*）的訪問時，說道：「美國涉入一九六三年反卡西姆政變的證據確鑿。有證據顯示，中情局特工與涉入政變的軍官接頭，並在科威特設置電子指揮中心指導和卡西姆作戰的部隊。有證據顯示，他們交給政變陰謀者一份必須立即翦除的名單，以確保政變成功。當時美國和復興黨的關係的確非常密切，而且這種關係在政變後還持續一段時間。此外，雙方還有情報交流，譬如說，美國首次取得若干型號的俄製米格戰機與坦克。這是復興黨對美國幫他們翦除卡西姆的報答。」當年以近東課課長身分協調此項行動的克里齊菲爾德，在二〇〇三年四月辭世前不久向美聯社表示：「各位必須瞭解當時的時空背景，以及我們所面臨之威脅的規模。這也是我常對那些說『海珊是你們中情局弄出來的』人所說的話。」

〔第十五章〕很奇怪的戰爭

美國對從地中海到太平洋諸國的看法黑白分明，毫不含糊：從大馬士革到雅加達都需要有一隻美國的手堅定守護著，以免骨牌一一倒下。然而，一九五八年中情局意圖推翻印尼政府產生了極嚴重的負面效果，反而促成繼中國和蘇聯之後，全世界最大的印尼共產黨崛起。要打敗這支武力，勢必得來上一場眞正的戰爭，也勢必會葬送數十萬人性命。

印尼在二戰後起而反抗荷蘭殖民統治，一九四九年底贏得自由。美國支持新領袖蘇卡諾總統所領導的印尼獨立。韓戰後，中情局得知印尼可能有二百億桶未開發的石油，而領導人不願與美國結盟，加上共產運動方興未艾，頓時將印尼列爲重點目標。

中情局在一九五三年九月九日提交國安會的報告裡，第一次就印尼問題拉起警報。當時擔任馬歇爾計畫後繼軍經援助機關「共同安全總署」（Mutual Security Agency）署長的史達森（Harold Stassen）

聽了中情局的迫切說明後，對副總統尼克森及杜勒斯兄弟說道，總署「也許會仔細考慮政府應採何種措施來促使印尼新政權下臺，既然它是那麼壞，若眞像中情局所認爲的那樣已遭共產黨嚴重滲透，比較明智的做法是設法扳倒它，不是支持它」。四個月後，尼克森在全球巡迴訪問行程中會晤蘇卡諾之後，向中情局簡報時提到這位印尼領袖「極受人民愛戴，絕對不是共產黨，而且他無疑是美國手上一張『王牌』」。

杜勒斯兄弟強烈質疑尼克森的說法。蘇卡諾已宣稱自己是冷戰時的非戰鬥人員，而在杜勒斯兄弟眼中卻是沒有中立派可言的。

一九五五年春天，中情局愼重考慮殺害蘇卡諾的可行性。畢賽爾細訴：「確實是有這麼一個可行性研究計畫。計畫進展至找到一個中情局覺得可加以吸收來完成此目標的重要資產（一名刺客），但始終沒有達到或沒有完善到可行的地步。窒礙難行之處在於，如何製造一個可以讓潛伏特工接近目標的情況。」

用選票顚覆

就在中情局思量如何暗殺蘇卡諾的時候，蘇卡諾已邀請亞洲、非洲和阿拉伯世界二十九個國家的元首到萬隆舉行國際會議，會中提議成立一個不依附莫斯科或華府的全球性國際組織，可以自由規畫自己要走的道路。萬隆會議散會十九天之後，中情局接到白宮下達展開新祕密行動的命令，也就是二○○三年解密的五五一八號國安命令（NSC 5518）。

它授權中情局運用「一切可行的祕密手段」，諸如收買印尼選民與政治人物、搞政治戰爭取朋友和顛覆潛在敵人、利用準軍事武力等，以防止印尼左傾。

中情局依該命令的條款，在一九五五年舉行的後殖民時期印尼首次國會大選時，撥下大約一百萬美元轉進蘇卡諾最強勁政治對手「馬斯友美黨」（Masjumi Party）財庫。這次行動功虧一簣：蘇卡諾的政黨獲勝，馬斯友美黨第二，印尼共產黨（PKI）獲得百分之十六選票，高居第四。這種結果雖令華府震驚，但誠如畢賽爾口述史中所說的，中情局仍然繼續資助該局相中的政黨和「若干政治人物」。

一九五六年蘇卡諾訪問莫斯科、北京與華府後，紅色警戒再度升起。白宮聽到蘇卡諾說他很欣賞美國的政府形式，自然龍心大悅，可他並沒有採納以西方民主作爲他治理印尼的模式。華府覺得自己被出賣了。印尼綿亙三千餘哩，包含將近一千座無人島，以伊斯蘭人口爲大宗的八千多萬人口裡，包括了十三個主要族群，一九五〇年代時爲全球第四大國。

蘇卡諾是個能令聽眾著迷的演說家，每星期總會發表三、四次公開談話，以鏗鏘的愛國言論團結人民，統合全國。在印尼，少數聽懂他公開演講內容的美國人說，他可以今天引述傑佛遜名言，明天大談共產理論。中情局雖是一直不怎麼瞭解蘇卡諾，但五五一八號國安命令的授權十分廣泛，只要是反蘇卡諾的行動，該局都可以掰出正當理由。

中情局新任遠東課長烏爾瑪挺喜歡這種自由揮灑的感覺，這也是他愛上中情局的理由。烏爾瑪在四十年後說道：「我們走遍世界各地，到處爲所欲爲。哇，太好玩了。」

依烏爾瑪自己的說法，在他長期擔任雅典工作站長期間，地位介乎好萊塢明星和國家元首之間，過的是上流顯赫的生活。他幫艾倫．杜勒斯與希臘王后芙蕾德莉卡（Queen Frederika）來上一段浪漫的熱戀，又幫他安排同船運業鉅子乘遊艇作樂。遠東課課長一職就是艾倫的回報。

烏爾瑪在一次訪談中說自己接手遠東課的時候，對印尼可說是毫無所知，但他得到艾倫．杜勒斯的絕對信任。他還很清楚記得一九五六年底與行將崩潰的魏斯納之間的談話。他記得魏斯納說，是該加把勁給蘇卡諾一些厲害瞧瞧的時候了。

雅加達工作站長告訴烏爾瑪說，印尼正是共產黨顛覆大好機會。工作站長古德爾（Val Goodell）是個懷有殖民者態度的橡膠業大亨，他連發幾通煽風點火的電報內容，都做成筆記讓艾倫．杜勒斯帶到一九五七年頭一季的白宮周會上：情況危急……蘇卡諾是祕密共產黨人……速遣送武器。蘇門答臘島上的反叛軍官是印尼前途所繫。他在電報中說：「蘇門答臘人準備抗爭，但他們缺少武器。」

一九五七年七月地方選舉結果顯示，印尼共產黨從第四名變成第三大政黨。古德爾回報：「蘇卡諾堅持共黨參與」印尼政府，「因爲有六百萬印尼人投給共產黨」。中情局形容說，以共產黨「驚人的風評」而言，這次崛起堪稱「收穫可觀」。現在蘇卡諾會轉向莫斯科和北京嗎？沒人知道。

這位工作站長不僅極不苟同即將卸任的美國大使康明（Hugh Cumming）所言蘇卡諾仍然樂於接受美國勢力，甚且從一開始就和新大使艾利森（John M. Allison）鬥法，後者曾任駐日特使及遠東事務助理國務卿，兩人很快陷入僵局。美國對印尼究竟是要用外交影響力還是致命武力？

這時候好像沒人知道美國的外交政策是什麼。中情局首長會議備忘錄載道：一九五七年七月十九日，中情局副局長卡貝爾（Charles Pearre Cabell）「建議局長再設法查出國務院對印尼的政策」，「局長同意去查查」。

白宮和中情局都派特使到雅加達評估，艾倫．杜勒斯派的是烏爾瑪，艾森豪派的則是安全作業特別助理狄爾邦（F. M. Dearborn）。狄爾邦悻悻地告訴艾森豪，東亞盟國幾乎全都靠不住：蔣介石在臺灣搞「獨裁」，吳廷琰總統在越南玩「單人秀」、寮國領導人腐敗、南韓李承晚極不得人望。

總統特使回報說印尼蘇卡諾的問題不一樣：它是用選票搞顚覆，這正是參與式民主的風險之一。

烏爾瑪則認爲，必須找出印尼最強大的反共勢力，再以槍械和經費支持他們。「他與古德爾氣呼呼地和艾利森在使館官邸陽臺上辯了「一個漫長而沒有結果的下午」。中情局的人不接受印尼軍方領導人全都在專業上效忠政府、個人上反共、政治上親美的說法；他們相信唯有中情局支持叛變軍官，才能挽救印尼不被共產黨接收。有了中情局支持，他們可以在蘇門答臘島上成立分離政府，再伺機拿下首都。烏爾瑪返回華府後大罵蘇卡諾「無可救藥」，譴責艾利森「對共產主義軟弱」。他這兩個陳述都對杜勒斯兄弟產生莫大影響。

幾星期後，在中情局建議下，國務院將最有經驗的亞洲通艾利森大使調離原職，並即刻改派到捷克斯洛伐克。

艾利森指出：「我很尊重佛斯特和艾倫兩兄弟，但他們不太瞭解亞洲，總是傾向從西方標準來評斷。」在印尼問題上，「他倆都是行動派，認定立即要有所作爲」。他們聽信工作站的報告，認爲共產黨已逐漸顚覆和控制印尼軍方，而中情局可以阻止此一威脅。中情局等於是自招叛亂。

艾森豪的子弟兵

一九五七年八月一日，中情局報告在國安會上點燃蓄積多時的炸彈。艾倫・杜勒斯說蘇卡諾「已經走上不歸路」，「今後會大玩共產黨花樣」。副總統尼克森接下話題，並建議「美國應透過印尼軍方組織動員反共」。魏斯納說，中情局可以支援叛軍，但不能保證開始叛亂後能「絕對掌控」，因為「隨時可能出現爆炸性的結果」。第二天，他告訴同僚：「美國政府最高層以最慎重的態度看待印尼情勢惡化。」

佛斯特．杜勒斯全力支持政變主張，並派離開印尼才五個月的前大使康明，主持一個由中情局和五角大廈官員組成的委員會。該委員會在一九五七年九月十三日提出建議書，敦促美國提供祕密軍事與經濟援助給爭逐權力的軍官。

但建議書中也提出祕密行動後果的根本問題。康明小組指出，武裝反叛軍官「可能增加原為美國支持與援助所成立的印尼，走向解體的可能性」。[2]「既然美國在成立獨立印尼上扮演很吃重的角色，倘若印尼瓦解，特別是我們這隻黑手最後終難免為人所知，在亞洲和世界各地的損失不是太大了嗎？」這個問題無解。

根據筆者取得的中情局記錄，艾森豪在九月二十五日下令中情局推翻印尼。他訂下的三大使命是：一、提供「武器及其他軍事援助」給印尼各地「反蘇卡諾的軍事指揮官」；二、強化蘇門答臘島及蘇拉威西島上反抗軍軍官的「決心、意志與團結」；三、支持及「鼓動（爪哇島上各政黨）單一或一致的非共或反共行動」。

三天後，蘇聯掌控的刊物印度《閃擊》（*Blitz*）周刊，以鼓惑的頭條新聞「美國陰謀推翻蘇卡諾」刊出長篇報導，印尼媒體亦競相轉載。祕密行動的祕密大約只維持七十二小時。

畢賽爾派出U-2運輸機飛越印尼群島，計畫從海路和空路運交軍火與彈藥給反抗軍。不曾經手準軍事行動或規畫軍事計畫的他，發覺這事兒做起來還挺有趣的。

這次行動花了三個月時間規畫。魏斯納飛到與北蘇門答臘島隔麻六甲海峽對望的新加坡，成立政戰活動中心；[3]烏爾瑪則在菲律賓克拉克空軍基地和蘇比克灣海軍基地——美國在東南亞最大的軍事基地，成立指揮站。烏爾瑪的遠東業務主管梅森（John Mason）召集菲律賓的準軍事行動軍官成立一個小組；這批人裡不乏中情局的韓戰行動老手。他們負責聯絡蘇門答臘島上的反抗軍官，以及蘇拉威西島上若干企圖爭權的指揮官；梅森負責與五角大廈合作，徵集足可供八千名士兵使用的機關槍、卡賓槍、步槍、火箭發射器、榴彈砲、手榴彈和彈藥，並規畫從海空兩路運交蘇門答臘與蘇拉威西反抗軍事宜。第一批軍火由美艦湯瑪斯頓號（Thomaston）載運，一九五八年一月八日由蘇比克灣開向蘇門答臘。梅森搭乘翻車魚（Bluegill）潛艇隨後護送。這批軍火在第二星期運抵新加坡南方約二百二十五哩、位在蘇門答臘北部的巴東港。卸貨作業毫不掩人耳目，自然招來大批群眾。

二月十日，反抗軍從中情局資助在巴東港設立的新電臺，發出挑釁蘇卡諾的廣播談話，要求在五天之內成立新政府，並宣告共產主義爲非法。當時蘇卡諾正在東京藝伎館和澡堂玩樂，叛軍盼不到回音，便宣布成立革命政府，並由中情局欽點和埋單的一位能說英語的基督徒辛波龍（Maludin Simbolon）上校爲外長。他們透過電臺提出各項主張，並警告外國不要介入印尼內政。在此同時，中情局備妥數批軍火在菲律賓待命，一出現全國性的反蘇卡諾民變跡象便可啓程。

中情局雅加達工作站告訴總部，由於「各派系均設法避免暴力」，政治操作期可能會很長、很慢、很弱。八天後，也就是二月二十一日這天，印尼空軍把蘇門答臘中部的革命電臺炸個精光，海軍則封鎖反抗軍沿岸陣地。中情局印尼籍特務和美籍顧問撤退到叢林裡。

中情局顯然沒有留意到，印尼軍隊裡最有影響力的指揮官有不少由美國訓練出來，並自稱是「艾森豪的子弟兵」。[4]打反抗軍的就是這些人；換言之，由反共軍官領導的政府軍是在和中情局打仗。

我們所能召集到的最佳群眾

印尼政府軍首炸蘇門答臘島後幾個小時，杜勒斯兄弟以電話急商對策。佛斯特說，他雖「贊成有所作為，但很難找到究竟該用什麼方式和理由」。萬一美國在地球另一端「捲入內戰」，要怎麼向國會和國人說明這是正當之舉？艾倫答稱，中情局所聚集的已是「我們所能召集到的最佳群眾」，並提醒「沒有太多時間讓我們考慮該考慮的事」。

國安會開會時，艾倫．杜勒斯告訴總統說，美國在印尼「面臨非常棘手的問題」。國安會備忘錄顯示，「（艾倫）他概述最新發展，但大部分都是報紙上刊過的消息」，接著便提出警告：「要是這次反對運動付諸東流，他相當確定印尼必會投向共產黨。」佛斯特則說：「我們不能讓這種事情發生。」總統答應：「若真有共黨接收之虞，我們勢必得介入。」中情局的假警報是使人誤信真有這種威脅的原因。

艾倫．杜勒斯告訴艾森豪，蘇卡諾的部隊「對攻擊蘇門答臘並不是很熱心」。幾個小時之後，來自印尼的報告湧到中情局，說同一批部隊「轟炸及封鎖異議分子的據點，首次動用一切手段以圖粉碎叛軍」，且已「計畫以空中和兩棲行動攻擊蘇門答臘中部」。

美國戰艦在新加坡附近集結，噴射機十分鐘便可飛臨蘇門答臘海岸。提康德羅加號（Ticonderoga）

航空母艦配備兩個營的陸戰隊，在兩艘驅逐艦和一艘重型巡洋艦護航下落錨。海軍戰艦大舉集結之際，佛斯特．杜勒斯在三月九日發表聲明，公開呼籲以造反來對付蘇卡諾「共產專制」。蘇卡諾手下的參謀總長納蘇辛將軍（General Nasution）立即派出八艘軍艦，在一空軍聯隊護送下，運送兩營官兵到距新加坡港只有十二哩的蘇門答臘北部待命。

美國新任駐印尼大使鍾斯急電國務卿，說納蘇辛將軍是值得信賴的反共人士，反抗軍沒有獲勝的機會。可惜他這封電報就像瓶中信拋進海裡一般。

納蘇辛的作戰司令雅尼（Ahmed Yani）上校正是「艾森豪子弟兵」之一，是李文沃斯堡美國陸軍「指揮參謀班」的結業生，也是美國駐雅加達武官班森（George Benson）少校的好友，是個忠實的親美人士。雅尼上校準備大舉攻擊蘇門答臘反抗軍的時候，曾向班森要地圖以便順利完成此次任務，班森少校對中情局祕密作戰毫無所知，欣然提供地圖。

在菲律賓克拉克空軍基地裡，中情局指揮官已召集一個二十二人的空中小組，組長就是自從八年前那次時運不佳的阿爾巴尼亞行動後，一直替中情局效力的波蘭飛行員。他們的第一次飛行任務是運送五噸的軍火彈藥和一捆捆的現鈔給蘇門答臘島上的反抗軍，但一進入印尼領空就被納蘇辛的巡邏機偵察到。納蘇辛的空降人員樂得將中情局投下的物資一箱箱扛回基地。

在東邊的蘇拉威西島上，中情局這場仗打得一樣糟。美國海軍飛行員執行偵察任務找出潛在目標時，美國支持的反抗軍突然英勇過人，以中情局提供的點五〇口徑機關槍掃射該機，飛機在北方二百哩外的菲律賓境內墜毀，機組人員倖以身免。波蘭飛行小組已收到那架偵察機發回的新標靶報告，於是便派出兩組雙人機員飛到蘇拉威西一處小機場；他們所飛的改裝B-26轟炸機上配備有六枚五百磅炸彈和重機槍。其中一架成功地攻擊印尼政府軍一處機場，另一則在起飛後隨即墜毀。兩名英勇的波蘭人被裝進屍袋，送交他們英國籍的妻子；隨後是一則精心編造的故事，掩飾他們死亡的眞相。

中情局的最後希望落在蘇拉威西及東北方偏遠離島的反抗軍身上。蘇卡諾軍隊在四月最後那幾天摧毀蘇門答臘反抗軍之後，五名中情局官員隨即搭乘吉普車向南逃亡，油料用盡便以步行穿越叢林，沿途在孤立小村莊內的小商店偷些食物補給，一路走到沿海一帶。抵達沿岸後徵用一艘漁船，再以無線電將自己的位置通報新加坡工作站。一艘美國海軍刺尾魚級（Tang）潛艇前往救援。

蘇門答臘任務已「實質上瓦解」。艾倫・杜勒斯在四月二十五日悶悶不樂地向艾森豪提出報告：「蘇門答臘島上的反抗武力似乎沒有作戰的意願。異議領袖無法向手下軍官說明爲何而戰，這是一場很奇怪的戰爭。」

他們定我殺人罪

艾森豪希望保持美國可以隨時否認這次行動的態勢，下令美國人不得「在印尼涉入任何含有軍事性質的活動」。杜勒斯違抗他的命令。

中情局的飛行員已從四月十九日起，開始在印尼外島展開轟炸和低空掃射任務。這些中情局空中武力在該局提交白宮和總統的書面報告稱之爲「反抗軍飛機」，也就是印尼人開的印尼飛機，不是該局工作人員開的美國飛機。波普（Al Pope）就是開這些美國飛機的美國人之一，年方二十五歲的他，已經是有四年祕密任務經驗的老手，向以英勇和熱誠著稱。

他在二〇〇五年時說道：「我就是愛殺共產黨，我喜歡以任何可能的方式殺共產黨。」

他第一次出印尼任務是在四月二十七日。往後三周裡，他和中情局飛行員多次攻擊印尼東北部各村莊和港口內的軍事與民間目標。五月一日，艾倫．杜勒斯告訴艾森豪，這些空中攻勢「太有效了，結果連英國和巴拿馬都各有一艘貨輪被炸沈」。美國大使館則回報說，已有數百名平民喪生。四天後，杜勒斯緊張兮兮地向國安會報告，這些轟炸已激起印尼民眾「極大憤怒」，紛紛指控是美國飛行員在操控。這些指控都是眞的，但美國總統和國務卿雙雙公開否認。

美國大使館和太平洋軍區美軍司令史敦普（Felix Stump）海軍上將提醒華府，中情局的行動是個顯而易見的失敗。總統要中情局長自己解釋。中情局總部立即有一組人馬急急忙忙拼湊一份印尼行動大事記，指出儘管行動極具「複雜性」和「敏感性」，以及特需講求「細心協調」，但已「每日」改進。鑑於行動規模與幅員甚大，實不可能「當作一個完全祕密行動來執行」。未能保持隱密實已違反該局章程與總統直接命令。

波普在五月十八日星期天一大早就到印尼東部炸沈一艘海軍船艦、轟炸一處市場和摧毀一座教堂。官方傷亡記錄是平民六人和軍人十七人喪生。緊接著，波普又追蹤一艘載有千餘名印尼官兵的七千噸級軍艦，但因他這架B-26被艦上防空砲鎖定，又有一架印尼戰鬥機尾隨，從後方與下方向他開火。波普的飛機在六千呎上空著火，他命印尼籍無線電員跳機。他撞開駕艙罩，鬆開彈射椅，詎料在向後翻倒的時候腿部卻撞上機尾，大腿折斷，最後一枚炸彈著彈點距那艘軍艦約有四十呎，好幾百人得以倖免於難。他在降落傘末端疼得死去活來，緩緩落到地面。波普的飛行衣裡有他的人事資料、飛行報告以及克拉克基地軍官俱樂部會員卡。這些文件證明他的身分是奉政府之命轟炸印尼的美國軍官。他原本會被當場格殺，但印尼卻將他囚禁。

「他們定我殺人罪，判我死刑。他們說我不是戰俘，沒有資格受《日內瓦公約》保護。」他說道。5

當天傍晚，波普在戰場失蹤的消息傳到中情局總部，局長馬上找老哥商量。兩人一致認爲，這場仗打輸了。

五月十九日艾倫・杜勒斯發出快電通知印尼、菲律賓、臺灣和新加坡工作站官員：解散、切斷經費、關閉軍火供應線、銷毀證據、撤退。那天早上總局會議的備忘錄透露他對「顯著的混亂」大爲震怒。

該是美國換邊站的時候了。美國外交政策迅速轉向，中情局的報告立即反映此種轉變。中情局在五月二十一日告訴白宮，印尼軍方正在壓制共產主義，蘇卡諾的言行舉止都對美國有利。現在威脅美國利益的反而變成中情局的老朋友了。

畢賽爾說：「這次行動當然是徹底失敗。」蘇卡諾在位的歲月裡經常提這段往事。他知道中情局試圖推翻他的政府、軍方知道這回事，政府機關也知道。此次行動的終極效果是強化印尼共產黨，使得它的勢力和實力在往後七年裡連年成長。

波普悻悻地回憶：「他們說印尼行動失敗，但我們卻打得他們屁滾尿流。我們殺了好幾千名共產黨，雖然其中一大半可能根本不曉得共產主義是啥。」

波普在印尼執勤的唯一記錄，目前只剩中情局在一九五八年五月二十一日給白宮的報告裡一行話，全文爲：「反抗軍B-26飛機於五月十八日攻擊安汶時遭擊落。」這是謊言。

我們的問題一年比一年大

印尼行動是魏斯納當中情局祕密行動處處長的最後一次行動。一九五八年六月他從遠東歸來時已是神智不清，到夏末時便瘋了。[6]醫生的診斷是「精神躁鬱」，其實症狀已出現好幾年了——想要憑意志力改變世界、放言高論、自殺任務。精神病醫生和新發明的精神藥物都幫不上忙，主要還是靠電擊療法。約有半年時間，他腦袋夾在虎頭鉗裡，通上足可點燃一百瓦燈泡的電流。一番治療下來，聰明才智和膽色都少了許多的他，外派倫敦當工作站長。

印尼行動散了之後，杜勒斯多次在國安會上夸夸其談，提出隱約而不祥的警告說威脅來自莫斯科。總統不免懷疑中情局是否知道自己在幹什麼，有一回他就錯愕地問：「艾倫，你是想用嚇唬逼我開戰嗎？」

在總部，杜勒斯問些最資深的官員，他要上哪兒去找蘇聯相關情報。一九五八年六月二十三日，他在會議中說「當他需要明確的蘇聯相關情報時，完全不知道該找局內哪個部門」。中情局內毫無蘇聯情報可言。它對蘇聯的相關報告完全是捕風捉影。

中情局最優秀分析員之一，後來出任「國家情報評估處」（Office of National Estimate）的阿博特・史密斯（Abbot Smith），一九五八年底回顧中情局十年來的工作時寫道：「我們已經給自己建構一幅蘇聯圖像，不管發生什麼事都得讓它符合那幅圖像。情報評估員所犯的惡劣罪愆莫此爲甚。」

十二月十六日，艾森豪收到他的情報顧問委員會報告，勸他改組中情局。各委員都憂心，中情局

「沒有能力就自身的情報資訊與業務做客觀的評估」。由前國防部長羅維特領銜的顧問委員會，籲請總統拿掉艾倫．杜勒斯手中的祕密行動業務。

杜勒斯依舊是力抗所有意圖改變中情局的努力。他告訴總統中情局沒什麼不對；回到總部又對高級幕僚說「我們的問題一年比一年大」。他向總統保證，接替魏斯納職務的人會調整祕密作業的任務和組織。他已經有人選了。

〔注釋〕

1. 一九五七年夏天，烏爾瑪電請祕密行動處的情報人員，監視搭著泛美航空包機到亞洲各處尋花問柳的蘇卡諾。這次任務的成果不過是，香港工作站長希契爾透過機上一位中情局外圍的愛國機員，從蘇卡諾的便器取得採樣供醫學分析而已。

2. 艾利森大使接到蘇卡諾召喚，請他到總統府聊天。蘇卡諾希望艾森豪親自到印尼來瞧瞧，到他在峇里島新蓋的賓館當第一位到訪的國家元首。兩個星期後，華府冷冷地回絕，艾利森膽顫心驚地把信交給蘇卡諾：「我簡直可以看到蘇卡諾一見艾森豪的回信，下巴差點沒掉下來。他不敢相信。」

3. 中情局的記錄顯示，魏斯納在一九五七年秋天和五八年春天兩度前往新加坡。魏斯納盡量不讓國務院知道他的祕密行動計畫。一九五七年十二月二十六日的局長會議記錄指出，他預定在十二月三十日會晤國務院官員「討論印尼情勢，魏斯納先生表示，希望討論局限在政策問題上，不要深入行動事務的問題。」

4. 中情局請五角大廈幫忙多找些會說英語，又希望藉由中情局幫助奪權的印尼軍官。

印軍的反應其實可以讓美國反省一下。領導印尼政府軍且效忠政府的納蘇辛將軍，向美國駐雅加達武官班森少校保證，重要職務上所有疑似共產黨的人都已整肅一空；印尼駐波昂武官班幾雅丹中校則向美國武官表示，「要是美國知道有誰是共產黨，請告訴我們，我們會將他革職……我們什麼都可以做，就是不能射殺蘇卡諾，或沒有掌握不法行爲證據就攻擊共產黨人。在我們國家，不能因爲他們是共產黨就逮人。」

5. 波普接受作者訪問時表示，蘇卡諾等了兩年才將他送審，又將這位中情局飛官送到梅拉比山（Mount Merapi）避暑山莊軟禁，看守警衛帶他出去打獵，處處給他逃跑機會，但他料定這是印尼政府要把他交給共產黨的手段。他被軟禁四年又兩個月之後，美國司法部長羅伯．甘迺迪出面要人，終於在一九六二年七月獲釋。獲得自由後又重操舊業，一九六〇年代都在越南幫中情局開飛機。二〇〇五年二月，七十六歲的波普獲法國政府頒贈榮譽勳章，因他曾在一九五四年奠邊府之役幫助受困的法軍。

6. 魏斯納在一九五六年底就出現異狀，祕密行動處也跟著狀況百出。接替肯楠在國務院的職務、並與魏斯納密切合作的好友尼茲（Paul Nitze）說：「匈牙利事件和蘇伊士事件的結局非魏斯納所能承受，導致他精神崩潰。我認爲，（祕密行動處）問題叢生，也是在他精神崩潰……沒有能力管理之後，陸續出現。」

〔第十六章〕

他欺下瞞上

一九五九年一月一日，畢賽爾成爲祕密行動處處長。[1]同一天，卡斯楚（Fidel Castro）出掌古巴政權。二〇〇五年出土的一份中情局祕史，詳盡描述中情局如何看待古巴威脅。

中情局細細打量卡斯楚，就是不知道該怎麼看待他。「很多嚴謹的觀察家都認爲，他的政權幾個月內就會垮臺」，中情局工作站長諾埃爾（Jim Noel）雖做如此預言，只是他手下情報官員花太多時間在哈瓦那鄉村俱樂部玩樂，情報未必準確。另一方面，中情局總部裡也有不少人主張，卡斯楚值得中情局軍經援助，例如準軍事行動課長考克斯（Al Cox）就建議「與卡斯楚祕密接觸」，提供他軍火彈藥以建立民主政府。考克斯寫信給上司，中情局雖可利用古巴人的船運送武器給卡斯楚，但「最安全的方法還是給卡斯楚錢，讓他自己購買需要的軍火」。考克斯是個酒鬼，他的想法也許有點糊塗，可他的同僚卻有不少人也持相同看法。「我的幕僚和我都是卡斯楚主義者」，中情局加勒比海地區業務主管雷諾斯（Robert Reynolds）多年後說道。

一九五九年四月和五月間，新勝的卡斯楚訪問美國時，在華府爲他做簡報的中情局官員形容卡斯楚是「拉丁美洲民主與反獨裁勢力的新精神領袖」。

不能露出我們這隻黑手

總統很生氣中情局誤判卡斯楚。艾森豪在回憶錄中寫道：「我們的情報專家雖已重返崗位且補充員額好幾個月，事態發展卻使得他們不得不做出卡斯楚上臺意味共產黨已滲透西半球的結論。」

得出這種結論後，畢賽爾於一九五九年十二月十一日給艾倫·杜勒斯發了一份備忘錄，建議「徹底考慮做掉卡斯楚」。杜勒斯用鉛筆在建議案上做個重大修正。他畫掉「做掉」這個帶有殺氣的字眼，換上「撤除」，並下達執行令。

一九六〇年一月八日，杜勒斯要畢賽爾組建特別任務小組推翻卡斯楚。畢賽爾親自挑選多位六年前顚覆瓜地馬拉政府並當面欺瞞艾森豪的人馬。他選了庸碌的巴恩斯負責政戰和心戰，才氣縱橫的菲力普搞宣傳，有幹勁的羅伯森負責準軍事訓練，無情又無才的韓特處理政治外圍團體。

他們的組長是在「成功行動」中主持華府戰情中心的額斯特林。他第一次注意到卡斯楚，是在一九五九年初還在擔任委內瑞拉工作站長的時候。他親眼見到這位剛在新年戰勝獨裁者巴提斯塔（Fulgencio Batista）的年輕司令官巡訪加拉加斯（Caracas），聽見群眾把卡斯楚當成勝利者般歡呼。

額斯特林說：「我看見——天，有眼睛的人都看見了，南半球形成一個強大的新勢力，應該盡速加以處理。」

一九六〇年一月，額斯特林回總部接下古巴特別任務小組長職務。這個小組以中情局內祕密小組的形式運作，所有的經費、資訊和決策都得透過畢賽爾，但他對諜報工作不太有興趣，要他在古巴內部蒐集情報更是興趣缺缺。他不曾仔細分析，萬一反卡斯楚政變成功或失敗，會有什麼結果。額斯特林說：「我沒有深思過這種事情，我想，他們第一個反應是，天哪，這兒可能有個共產政權，我們最好以在瓜地馬拉弄掉阿本斯的方法把他弄掉。」

畢賽爾從沒和祕密業務第二號頭子赫姆斯談古巴問題。兩人互相都很不喜歡、很不信任對方。赫姆斯確實仔細審查過古巴任務小組的點子。這是個宣傳伎倆：一位由中情局訓練的古巴特工，會在伊斯坦堡港岸邊露面，宣稱自己是剛從蘇聯船隻跳船逃亡的政治犯；他會宣稱卡斯楚奴役自己同胞，將數千人送往西伯利亞。赫姆斯否決掉這個所謂「濕淋淋的古巴人」的計畫。

一九六〇年三月二日，也就是艾森豪批准以祕密行動對付卡斯楚兩個星期之前，杜勒斯向尼克森副總統簡報籌備事宜。杜勒斯唸著畢賽爾手擬的〈我們在古巴的作爲〉七頁文件，特別強調其中經濟戰、破壞、政治宣傳和使用「毒藥滲在卡斯楚食物中，可讓他舉止失去理性，一旦公開露面必會對他造成很有殺傷力的效果」的計畫。尼克森全力支持。

一九六〇年三月十七日午後二時三十分，在白宮四人會議上，杜勒斯和畢賽爾將計畫呈交艾森豪與尼克森。他們並沒有建議入侵古巴。他們告訴艾森豪會以巧妙手法推翻卡斯楚。他們會利用吸收來的特工成立一個「有責任感、有號召力且統合的古巴反對勢力」，並由祕密電臺向哈瓦那做宣傳廣播以激起民變，美國陸軍設在巴拿馬的叢林戰訓練營則訓練六十名古巴人潛回本島，再由中情局空投軍火彈藥給他們。

畢賽爾保證，卡斯楚會在六到八個月內垮臺。這時機相當敏感，因爲七個半月之後便是美國總統大選日，而兩黨參選人甘迺迪（JFK）參議員和尼克森副總統上星期才以極大差距的票數贏得新罕布夏州初選。

艾森豪的參謀祕書古帕斯特（Andrew Goodpaster）將軍記下當天會議的情形：「總統說他也沒有更好的計畫……事機不密和安全是最大問題……每個人都得發誓沒聽過這回事……不管做什麼都不能露出我們這隻黑手。」中情局倒是不需要別人提醒，因爲該局章程早已明定，所有的祕密行動都得講求密不透風，絕不能牽扯到總統。不過，這回艾森豪要確認中情局盡全力掩飾這次行動。

我們會爲謊言付出代價

當時最大機密之一便是U-2偵察機，總統和畢賽爾爲此陷入日趨緊張的控制權之爭。艾森豪自半年前在大衛營與赫魯雪夫會談後，就不許美機再飛越蘇聯領土；赫魯雪夫返國時極力稱讚艾森豪追求和平共存的勇氣，艾森豪則希望「大衛營精神」能成爲自已流芳後世的遺產。

畢賽爾極力爭取恢復祕密任務，總統爲此陷入兩難。因爲他確實希望取得U-2所蒐集的情報。艾森豪亟欲抹去「飛彈落差」，亦即中情局、空軍、軍品承包商和兩黨政治人物謊稱蘇聯在核武方面大幅領先的主張。中情局對蘇聯軍力的正式評估，並不是根據情報，而是立基於政治和揣測。自一九五七年以降，中情局一再給艾森豪驚人的報告，說蘇聯在整建核彈頭洲際飛彈方面比美國更快、更具規模。一九六〇年，中情局提出一個美國的致命威脅；該局告訴總統說，到一九六一年蘇聯就會有五百枚洲際彈道飛彈蓄勢待發。戰略空軍指揮部則以這些評估爲基礎，提出一個利用三百多枚核彈頭飛彈，摧毀從華沙到北京之間每一座城市和軍事據點的先制計畫。其實，當時莫斯科只有四枚核彈頭飛彈，哪來五百枚對準美國。

總統足足擔了五年半的心，唯恐U-2會惹起第三次世界大戰。萬一U-2在蘇聯失事，很可能會連和平也一起葬送。因此，在大衛營與赫魯雪夫對話一個月後，艾森豪即否U-2偵察蘇聯任務的新提案；他再次斷然地告訴艾倫·杜勒斯，透過諜報作業查明蘇聯意圖，比發現蘇聯軍事設施細節更爲要緊。唯一能告訴他蘇聯意圖攻擊的是特工，不是精巧的器械。

總統說，若是沒有這種認識，U-2飛行任務便是「令人不快的挑釁，可能會讓對方以爲，我們正愼重規畫用偷襲摧毀他們軍事設施的計畫」。艾森豪已預定在一九六〇年五月六日與赫魯雪夫在巴黎舉行高峰會議，他很擔心萬一在美國和蘇聯「進行極其誠懇的討論」之際有架U-2墜機，那麼他個人最大資產，也就是他誠實無僞的名聲，勢必會蕩然無存。

理論上只有總統有權下令U-2執行任務，但經管該計畫的是畢賽爾，偏偏他又是個一想到要提飛行計畫就生氣的人。因此，他會盡量規避總統權限，私下設法把飛行任務外包給英國和中國國民黨。他在回憶錄裡寫道，艾倫·杜斯勒得知U-2首次飛行便直接飛越莫斯科和列寧格勒，不由大驚失色。局長根本不知道這回事；畢賽爾始終覺得不適合告訴他。

他和白宮爭了好幾個星期，艾森豪終於讓步，同一架U-2可在一九六〇年四月九日從巴基斯坦飛越蘇聯。表面上是畢賽爾贏了。然而，蘇聯知道領空再次受到侵犯，已保持高度警戒。畢賽爾爭取再飛一次。總統將期限定在四月二十五日。期限到期這一天，烏雲密布擋住偵察目標。畢賽爾請求再飛一次，總統給他六天緩衝期，亦即下星期日是巴黎高峰會前最後飛行期限。然而，畢賽爾再度繞過白宮，找上國防部長和參謀首長聯席會議主席，爭取他們支持再飛一次。

果如總統所料，五月一日這天U-2在俄羅斯中部被擊落，中情局飛行員鮑爾斯（Francis Gary Powers）被活逮。當天擔任代理國務卿的是狄倫，他說道：「總統要我與艾倫·杜勒斯合作，我們總得弄出個聲明。」令兩人震驚的是，結果竟是由NASA（航空暨太空總署）出面宣布，有架氣象研究機在土耳其失蹤。這是中情局的掩飾說詞。中情局局長要不是完全不知道，就是完全忘光了。

狄倫說：「我們不曉得怎麼會有這種事，但我們總得設法脫身。」

事實證明，很難脫身。白宮和國務院堅守中情局的掩飾說詞，騙了美國民眾大約一個星期，只是越說越讓人一眼就看穿這是個謊言。最後一次謊言是在五月七日：「絕未授權進行此類飛行。」這打破了艾森豪誠實無偽的精神。狄倫說道：「他不能讓艾倫·杜勒斯承擔所有責任，否則會留下總統不知道政府內發生什麼事的印象。」

五月九日，艾森豪走進橢圓形辦公室，大聲說道：「我真想辭職謝罪。」這是美國史上第一次讓數百萬民眾瞭解到，總統會藉口國家安全欺瞞大家。做了壞事可以振振有詞否認的論調，就此壽終正寢。艾赫峰會破局，短暫的冷戰解凍期結束。中情局偵察機毀了低盪和解理念幾達十年之久。艾森豪之所以會批准最後一次飛行任務，無非是希望將謊言推到「飛彈落差」頭上，但掩飾墜機真相卻使他變成騙子。艾森豪退休前說道，他任內最大的遺憾是「我們在U-2事件上說了謊，我不曉得我們會爲謊言付出這麼高的代價」。艾森豪知道，自己已無法帶著國際和平與和解精神離職了。現在的他打算趁離職前盡量維持世界安全。

一九六〇年夏天是中情局危機不斷的一季。艾倫・杜勒斯和手下帶到白宮的地圖上，顯示加勒比海、非洲和亞洲熱點地區的紅色箭頭增加了不少。U-2遭擊落所造成的惱恨已變成暴怒。

首先是畢賽爾加倍推動顛覆古巴計畫。他在佛羅里達州珊瑚頂市（Coral Gables）增設一個代號為「波浪」（Wave）的新工作站。

他告訴尼克森自己需要一支（從幾星期前的六十人增至）五百名經過訓練的古巴流亡人士來領導這場抗爭，但設在巴拿馬的叢林戰訓練中心處理不了一下增加的數百名菜鳥新兵，於是派額斯特林到瓜地馬拉，一手與福恩提斯（Manuel Ydigoras Fuentes）總統交涉祕密協議。福恩提斯是退役將領，同時也是個幹練策略家。額斯特林取得一個自有機場、有妓院、更有自己行為準則的據點，成了豬灣事件的主要訓練營。但據畢賽爾的首席準軍事行動企畫、陸戰隊上校霍金斯（Jack Hawkins）回報說，中情局吸收的古巴人「完全不滿意」，因為他們居住在「牢營般的環境中」，因而產生讓「中情局很難處理」的「政治難題」。儘管這個訓練營僻處一地，但瓜地馬拉軍方還是很清楚，國內出現外國部隊也險些釀成一場反總統的軍事政變。

八月中，溫文儒雅的畢賽爾找了一個黑手黨約聘人員來對付卡斯楚。他找上中情局安全室主任愛德華茨（Sheffield Edwards）上校，請上校幫他安排聯絡一位可以執行殺人任務的黑道。這次他倒是向杜勒斯局長報備，杜勒斯也准了。中情局史家的結論是：「畢賽爾可能認為，卡斯楚準會在古巴軍旅登陸豬灣之前，就死於中情局所指使的刺客手中。」

畢賽爾手下並不知道已有黑手黨計畫，於是又在研究第二個謀殺計謀。最大難題在於怎麼把中情局訓練的殺手弄到可狙擊卡斯楚的射程之內：「我們能弄個像羅伯森這樣的人接近他嗎？我們能找到膽上長毛的古巴人嗎——我的意思是說，膽色過人的古巴人？」負責古巴任務小組作業的德雷恩（Dick Drain）說。答案是否定的。邁阿密雖有好幾千名流亡古巴人，準備加入日漸為人所知的中情局祕密行動，但其間充斥卡斯楚的間諜密探，而且卡斯楚早已對中情局的計畫有相當程度的瞭解。有位叫戴維斯（George Davis）的聯邦調查局探員在邁阿密各處咖啡廳和酒吧混了好幾個月，聽了很多碎嘴的古巴人聊天之後，向波浪工作站的中情局官員提出善意的忠告：靠這些饒舌的古巴流亡人士，不可能推翻卡斯楚，唯一的希望是出動陸戰隊。他這位中情局同行把消息轉到總部。總部置若罔聞。

一九六〇年八月十八日，杜勒斯和畢賽爾私下與艾森豪討論古巴任務小組相關問題，談不到二十分鐘，畢賽爾就要求再撥一千零七十五萬美元經費，以便著手在瓜地馬拉訓練五百名古巴人。總統說沒問題，但有個條件：「只要聯參首長、國防部、國務院和中情局認為我們有很好的機會成功」，可以「解除古巴人的夢魘」。畢賽爾提到想成立一支美國部隊來領導古巴人打仗時，杜勒斯兩度打斷他的話，避免招來進一步論爭與反對。

艾森豪曾經率領過美國史上最大規模的祕密入侵行動，他提醒中情局領導人，要防範「舉措不當的風險」，或「在我們還沒準備好之前輕啓事端」。

避免另一個古巴

當天稍晚的時刻，總統在國安會上命中情局長做掉一位中情局眼中的非洲卡斯楚——剛果總理盧蒙巴（Patrice Lumumba）。

盧蒙巴在一九六○年夏天，剛果擺脫比利時殘暴殖民統治宣布獨立後，經自由選舉當選，並向美國請求援助。中情局認定他是個其蠢無比的共產黨傀儡，美援遲遲不來。故當比利時空降傘兵意圖重掌首都控制權時，盧蒙巴便接受蘇聯飛機、卡車和「技術人員」支援，以維持他勉強可以運作的政府。

比利時官兵抵達那個星期，杜勒斯派布魯塞爾工作站長戴夫林（Larry Devlin）負責中情局在剛果首都的工作站，將盧蒙巴視爲祕密行動目標進行評估。戴夫林在剛果待了六個星期之後，在八月十八日拍電報回總部：「剛果目前所面臨的正是典型的共產黨意圖接收……不管盧蒙巴眞是共產黨，還是在玩共產黨花招……時不我予，必須及早採取行動，以免出現另一個古巴。」杜勒斯當天就在國安會上摘要報告。根據國安會記錄員江森（Robert Johnson）多年後提交參院的祕密證詞指出，當時艾森豪直截了當地告訴杜勒斯，盧蒙巴應予翦除。[2] 八天後，杜勒斯電傳戴夫林：「此間高層所達成的明確結論爲，若讓盧蒙巴繼續霸占高位，無可避免的結果是：好的話會發生混亂，糟的話會爲共產黨接收剛果鋪路……我們的結論是，解除他的職務應爲緊急首要目標，在現今情況下，這也是我們祕密行動的首要之務，故而我們希望能賦予你更廣泛的權限。」

中情局首席化學家高列伯（Sidney Gottlieb）帶著裝有數瓶毒物的航空隨身包前往剛果交給站長，包包裡含有一具皮下注射器，可將致命毒藥打進食物、飲料或牙膏裡。戴夫林的使命就是要幫盧蒙巴送終。兩人大約在九月十日晚間在戴夫林寓所緊張兮兮地會談。戴夫林在一九九八年解密的宣誓祕密作證中說：「我問，是誰下令傳達這些指示。」答案是「總統」。

戴夫林在作證時說，他將毒藥鎖在辦公室保險櫃裡，煩惱不如何是好。他還記得當時自己心想：

我若讓那玩意留在身邊才有鬼咧。他趁早把毒藥帶到剛果河岸邊埋掉。他說毒殺盧蒙巴的命令使自己深感羞愧。中情局一定還有別的方法。

中情局已經選定莫布杜（Joseph Mobutu）爲剛果下任領導人。杜勒斯在九月二十一日國安會上告訴總統，說莫布杜「是剛果唯一能採取堅定行動的人」。十月初，中情局交給莫布杜二十五萬美元，隨後又在十一月運交軍火彈藥，莫布杜逮住盧蒙巴，且（以戴夫林的說來說）把他送給「死敵」；中情局設於剛果伊麗莎白維爾（接近尚比亞國界）的基地回報說，在美國新總統就職前兩天的晚上，「有位法蘭德斯裔的比利時軍官，以機關槍一陣掃射將盧蒙巴處死」。莫布杜憑著中情局堅定的支持，經五年權力鬥爭，終於完全掌控剛果。他是中情局最關愛的非洲盟友，冷戰期間美國在非洲大陸各地的祕密行動，全靠他後援。他也統治剛果三十年，從剛果豐富的鑽石、礦產和戰略金屬蘊藏所得竊取數十億美元，又以屠殺無數民眾來維持權位，成爲全世界最殘暴與腐敗的獨裁者。

絕對站不住腳的立場

一九六〇年總統大選日漸接近，尼克森也看得很清楚，知道中情局攻打古巴的準備作業還差得遠。到九月底的時候，尼克森很緊張地吩咐古巴任務小組：「現在不要輕舉妄動，等大選過了再說。」這一延遲倒給卡斯楚莫大優勢。古巴間諜告訴他，美國支持的入侵行動可能已迫在眼前，他於是整建軍事與情報大軍，強力鎮壓中情局認爲可以在政變時擔任震撼部隊的政治異議人士。該年夏天，國內反卡斯楚勢力已逐漸消失，只是中情局一直不太理會島上的實際情勢罷了。譬如巴恩斯就私下託人在古巴做民調，結果古巴人壓倒性地支持卡斯楚。他不喜歡這種結果，便置之不理。

中情局空投武器給島上反抗軍的行動也出了大糗。九月二十八日，一架中情局飛機從瓜地馬拉起飛，滿載機關槍、步槍和科爾特點四五手槍，飛到古巴要交給數百名戰士；不料這一投卻差了七哩之遠，不僅讓卡斯楚的部隊撿了便宜，更逮到一名前往接收軍火的古巴特工，並將他射殺。飛機駕駛回程時迷了路，在墨西哥南部降落，飛機被當地警察扣下。這種任務總共有三十次，最多只有三次成功。

到了十月初，中情局才發覺自己對古巴內部的反卡斯楚部隊幾乎毫無所知。額斯特林說：「我們沒有信心他們沒遭卡斯楚的間諜滲透。」現在他倒是很肯定，委婉的顛覆手法推翻不了卡斯楚。

畢賽爾回憶道：「我們很努力在搞滲透和再補給，但這些努力都沒有成功。」他於是決定「我們需要的是來個震撼行動」，也就是全面入侵。

中情局既沒有獲得總統批准，也沒有執行任務所需的部隊。畢賽爾告訴額斯特林，在瓜地馬拉受訓的五百人，「員額不足得近乎荒唐」。兩人都瞭解，卡斯楚有六萬名配備坦克大砲的陸軍，以及一支越來越殘暴且越有效率的國內安全部隊，要對付卡斯楚必須有更大規模的武力才可能成功。

畢賽爾有兩個選擇，他的電話一頭是黑手黨，另一頭是白宮。總統大選逼近，時間就在一九六〇年十一月第一個星期，在大選壓力下，古巴行動的核心概念蕩然無存。額斯特林宣告計畫不可行，畢賽爾雖知道他說的沒錯，卻絕口不提。在入侵前的那幾個月，他訴諸欺騙。

額斯特林說：「他欺下又瞞上。」下至中情局的古巴任務小組，上至總統艾森豪和總統當選人甘迺迪，通通遭到矇蔽。

甘迺迪在十一月大選中以不到十二萬票的差距擊敗尼克森。有些共和黨人認爲，這次選舉壞在芝加哥政治選區「被偷」所致，另有些人則指出西維吉尼亞出現買票舞弊。尼克森則是怪到中情局頭上。他誤以爲「喬治城自由派」如杜勒斯和畢賽爾之流，在關鍵性的電視辯論前夕，以古巴內部情報暗助甘迺迪。

總統當選人立即宣布胡佛和杜勒斯留任。這一決定出自他父親，純粹出於政治和個人保護的考量。胡佛知道甘迺迪家族一些不爲人知的祕密，譬如總統當選人在二戰期間與納粹間諜之間的風流韻事，而且他還把這個祕密告訴了杜勒斯。甘迺迪會知道這一切，則是因爲他的父親——原爲艾森豪國外情報顧問委員會的顧問之一，告訴他這個權威消息。

十一月十八日，總統當選人在他父親那幢佛羅里達州棕櫚灘別墅會見杜勒斯和畢賽爾。三天前，畢賽爾收到額斯特林一份有關古巴行動的最後報告。額斯特林在報告中說：「鑑於卡斯楚已完成控制，我們的原始構想現已無法達成，先前認爲可能出現的內部動盪不再，古巴的防禦態勢也不容我們進行當初規畫的攻擊形態。我們的第二個構想（以一千五百至三千人的武力搶攻一處設有小機場的海灘），除非以中情局／國防部聯合行動方式進行，否則也不可能達成。」

換言之，要推翻卡斯楚，美國勢必得出動陸戰隊。

額斯特林重述道：「我坐在中情局辦公室裡，告訴自己：『但願畢賽爾夠種，能把事實告訴甘迺迪。』」畢賽爾一個字也沒提。不能達成的計畫就這樣變成可行任務。

畢賽爾告訴中情局史家，棕櫚灘會報使中情局領導人處於「絕對站不住腳的立場」。他們的會議備忘錄顯示，他們原本是要討論中情局過去的成就，特別是瓜地馬拉行動，以及正在古巴、多明尼加、中南美洲和亞洲進行中的祕密行動，怎料艾森豪卻在會前告訴他們要嚴守「縮小議程」。他們把艾森豪的話解釋成不得談論國安會上討論過的事情。於是有關中情局祕密行動的關鍵情報，就在總統交接期間弄丟了。

艾森豪始終沒有批准入侵古巴行動，但甘迺迪並不知情，他所知的都是杜勒斯和畢賽爾告訴他的。

八年敗仗

八年來，艾倫·杜勒斯擋掉局外人想要改變中情局的所有動作。他爲保護中情局和自己的名聲，一概否認，一概不承認。他隱瞞眞相，掩飾祕密行動失敗的事實。

從一九五七年以降，他規避理性與溫和的改革意見，不理會總統情報顧問群日趨急迫的建議，擱置自家督察長的報告，以不屑的態度對待屬下。「那時候，他已是個身心俱疲的老頭子」，他的職業行爲「可能、乃至往往是走極端」，中情局有史以來最優秀的分析員之一李曼說道。「他對待我們的態度反映出他的價値觀。當然是他不對，但我們不得不忍受。」

艾森豪在任的最後時日，終於瞭解他沒有一個與聲譽相匹配的諜報機關。此一結論得自於讀完他希望改變中情局而委託研究的一大疊報告。

其一是，他在U-2偵察機遭擊落後成立「聯合研究小組」（Joint Study Group），旨在調查美國情報的全貌，在一九六〇年十二月十五日提出的報告說，美國情報呈現游移和混亂的可怕景象。杜勒斯不曾處理蘇聯突襲的問題、未曾協調軍事情報和文人分析員、沒有建立可提供危機預警的能力。他把八年時間花在擴大祕密行動上，沒有用心管理美國情報。

其二是，一九六一年一月五日，總統的國外情報顧問委員會提出最後建議書，主張「徹底重新評估」祕密行動：「持平地說，我們無法論斷，中情局至今所執行的祕密行動計畫，值得冒花費這麼大人力、財力和其他相關資源的風險。」建議書還警告：「中情局把心思集中在政戰、心戰和祕密行動相關活動上，往往實質分散注意力，無法專心執行情報蒐集的基本使命。」

該委員會敦促總統將中情局長和中情局「完全分離」。杜勒斯沒有能力一面管理中情局，一面執行協調美國情報的重任──諸如國安局的編碼和解碼，剛萌芽的間諜衛星和太空攝影偵察能力，陸、海、空軍之間爭論不休等。

艾森豪的國家安全助理葛雷（Gordon Gray）審查報告後，寫道：「我提醒總統，他已多次親自關心這個大問題，卻毫無結果。」艾克答道：我知道，我盡力了，但我無法改變艾倫．杜勒斯。

杜勒斯在艾森豪最後一次主持的國家安全會議上堅稱，中情局「完成許多大事」。他說一切都很順利，已經調整祕密活動部門，美國情報已是空前的靈活和熟練，協調與合作也比以前好多了。又說，總統情報委員會的建議太荒唐、太瘋狂、太無法無天。杜勒斯提醒總統自己是依法負責情報協調，不能把責任交給別人；若沒有他的領導，美國情報會變成「一具在稀薄空氣中漂浮的屍體」。

最後，艾森豪氣惱之餘發火了。他告訴杜勒斯：「我們的情報組織結構有缺陷。」結構太不合理，應該改組，而且我們早就該這麼做了。自珍珠港事變至今依然故我。這位美國總統說道：「我在這問題上吃了八年敗仗。」他說自己會給後任總統「留下一個灰燼的遺產」。

〔注釋〕

1. 畢賽爾對中情局抱有很大雄心，但阻礙也更大。他曾對局內資深官員說，他的使命是要整合美國的「熱戰計畫和冷戰能力」，讓中情局成爲美國對蘇聯戰爭中的一把利劍，而不只是盾牌而已。他新設的「開發計畫課」（Development Projects），讓他可以放手經營祕密行動計畫。他把中情局視爲美國力量的工具，其威力不下於核武，或者說，至少不會比一〇一空降師遜色。

畢賽爾很清楚，中情局亟須增加完成目標所需的人才。他自己雖「才華洋溢，依舊難掩祕密工作基本上要靠人來做的事實」。他的助手傅蘭尼（Jim Flannery）說道。

一九五九年十一月祕密行動處的內部調查顯示，畢賽爾的憂心其來有自：招募青年才俊年年萎縮，庸才和中年層日漸膨脹，有「相當比例」的中情局官員起碼已五十歲，這些都是二戰世代，再過三年就有大批人會因在軍中和情報機關服務滿二十年而陸續退休。「最優秀的祕密工作官員之間普遍有著強烈的挫折感」，中情報內部研究報告顯示。這個問題到今天仍然沒有解決。

2. 艾森豪要取盧蒙巴的性命，證據十分明確。畢賽爾後來在艾森豪總統圖書館口述史訪談時指出：「總統要翦除一個他視爲（包括我個人在內，很多人也有同感）十足惡棍和危險人物的傢伙，我毫不懷疑他想除掉盧蒙巴，而且是要當成緊急和重要事務來迅速處理。艾倫·杜勒斯的電報也反映出這種急迫感和優先性。國安會議祕書江森的證詞指出，艾森豪在一九六〇年六月十八日國安會議下令殺死盧蒙巴，以及戴夫林在一九七五年八月二十五日作證表示命令出自「總統」，這兩份證詞均已提交「邱池委員會」（Church Committee）的調查人員。

盧蒙巴遇害後，赫魯雪夫和美國駐莫斯科大使有過一番交談，後者發回華府的密電說：「關於剛果一事，赫魯雪夫表示，剛果情勢，尤其是殺害盧蒙巴，對共產主義大有助益。盧蒙巴不是共產黨，而且他是否會變成共產黨也很值得懷疑。」

3. 1961-1968

甘迺迪與詹森時期的中情局

大義淪喪

〔第十七章〕沒人知道該怎麼辦

一九六一年一月十九日早上，老將軍和年輕參議員在橢圓形辦公室單獨見面時，交下這份遺產。艾森豪帶著不祥的預感，讓甘迺迪略為瞭解國家安全大計：核武與祕密行動。

兩人出了橢圓形辦公室，到內閣廳會晤新舊任國務卿、國防部長與財政部長。當天早晨的記錄員寫道：「甘迺迪參議員請總統評斷一下美國支持古巴游擊作戰的得失，即便這種支持包含美國公開表態。總統答道，是的，我們不能讓古巴現在的政府繼續……總統還提出建議說，若能同時處理多明尼加共和國，情況會對我們大有幫助。」艾森豪主張一個加勒比海政變可以制衡另一個政變的觀念，在華府是個無人能解的方程式。

第二天早上，甘迺迪宣誓就職的時候，腐敗的多明尼加右翼領導人杜琦樂（Rafael Trujillo）已在位三十年。美國政府和工商界的支持，幫助他一直掌權至今。他靠武力、詐欺和恐怖統治全國，尤其喜歡把敵人吊在掛肉的鉤子上。一九六一年起派駐多明尼加高級外交官狄爾邦（Henry Dearborn）總領事說：「他雖然大搞刑求室和政治暗殺，卻也維持法治、清理環境，保持衛生、建設公共設施，而且他不會煩擾美國，所以我們覺得沒問題。」然而狄爾邦說，杜琦樂越來越讓人無法忍受。「約莫在我到此履新的時候，他的惡行變本加厲，各政治團體與人權團體的壓力紛至沓來，不僅美國一地，西半球各國也都覺得應該想辦法治治這個人。」

一九六〇年八月美國與多明尼加斷交後，狄爾邦留在首都聖多明哥照顧美國大使館。美國外交人員和特工大多已離開，畢賽爾要狄爾邦留下代理中情局站長職務，他也一口答應。

一九六一年一月十九日，狄爾邦接獲通知，有一批小型武器已起運，要交給意圖殺害杜琦樂的多明尼加謀叛者。這是艾倫．杜勒斯親自主持的「特別小組」一星期前所做的決定。狄爾邦請總局批准以海軍人員留在使館的三把卡賓槍武裝多明尼加人，畢賽爾的祕密行動業務副手巴恩斯裁可。緊接著，中情局急送三把點三八口徑手槍到多明尼加後，畢賽爾又批准運交第二批四挺機關槍和二百四十發彈藥。但甘迺迪新政府質疑，一旦世人得知美國利用外交郵袋運送殺人武器會做何反應，這四挺機關槍因而一直留在領事館內。

狄爾邦接到甘迺迪親自批准的電報：「我們不在乎多明尼加人暗殺杜琦樂，這很好，但不希望有任何事怪到我們頭上。」中情局啥也沒做。兩個星期後，杜琦樂遭殺手射殺，那把凶槍沒留下指紋，是不是中情局的槍，誰也不知道。然而，這起暗殺其實和白宮指揮中情局下手差不了多少。

司法部長羅伯．甘迺迪得知這起暗殺事件後，草草寫下幾句話：「現在最大的問題是，我們不知道該怎麼辦。」

我爲我們的國家感到慚愧

額斯特林說，就在中情局準備入侵古巴之際，「計畫逐漸加溫，開始有失控現象」。畢賽爾是主要動力。他突然加速向前，不願承認中情局推翻不了卡斯楚，更無視行動的隱密性早已無存的事實。

三月十一日，畢賽爾帶著四個方案到白宮，但沒有一個能讓總統滿意。總統給他三天時間，要他想點更好的辦法。畢賽爾最傷腦筋的是選擇新的登陸地點：豬灣有三處廣闊的海灘。新地點符合甘迺迪政府的政治要求：古巴入侵必須一登陸就取得一處機場、爲古巴新政府建立灘頭堡。

畢賽爾向總統保證，這次行動一定會成功。最壞的情況是，中情局支持的反抗軍在岸上遭遇卡斯楚的部隊，逼得向山區挺進。可是，豬灣是紅樹林地形，盤根錯結，泥濘遍地，根本無法穿越。華府的人根本不知道。中情局手上的地圖說那片沼澤地可以當作游擊基地，殊不知那張粗糙的調查圖是一八九五年繪製的。

接下來那一星期，中情局的黑手黨聯絡人在暗殺卡斯楚時遭到重挫。他們把毒藥和數千美元交給中情局最出名的古巴特工華洛納（Tony Varona，額斯特林形容此人是無賴、騙子、小偷。後來華洛納在白宮與甘迺迪見過面），華洛納再設法將藥水瓶交給哈瓦那一間餐館的工作人員，偷偷放進卡斯楚的冰淇淋筒。後來，古巴情報官發現藥水瓶在冰箱裡凍成一團。

到了春天，總統還是沒批准進攻計畫，因爲他實在不懂這樣的入侵計畫怎麼能成功。四月五日星期三，他再次接見杜勒斯和畢賽爾，但還是不明白他們的策略。四月六日星期四，總統問他們，若他們依規畫轟炸卡斯楚爲數不多的空軍，是否會破壞入侵者的奇襲效果。沒人答得出來。

四月八日星期六晚上，畢賽爾家裡電話響個不停，原來是額斯特林從中情局的華府戰情中心「船眼」（Quarters Eye）打電話來說，他和準軍事行動企畫官霍金斯上校得盡快與畢賽爾單獨見面。星期天早上，畢賽爾一打開大門，赫然見到額斯特林和霍金斯一副怒不可遏的樣子。兩人進了客廳坐定之後便告訴他，入侵古巴計畫已經取消了。

現在想阻止爲時已晚，畢賽爾告訴他們；反卡斯楚政變預定一個星期內展開。額斯特林和霍金斯揚言辭職不幹，但在畢賽爾質疑他們是否忠貞愛國之下，他們動搖了。

「要是你不想喫敗仗，絕對有必要把卡斯楚的空軍全部幹掉」，額斯特林已經不是第一次對畢賽爾這麼說了。三人都知道，中情局的古巴入侵人員一登陸，卡斯楚那三十六架戰鬥機準能炸掉好幾百人。相信我，畢賽爾說。他保證會說服甘迺迪殲滅卡斯楚的空軍。額斯特林恨恨地回憶：「畢賽爾勸我們繼續幹下去，他說：『我保證空襲行動不會縮水。』」

可是，到了關鍵時刻，畢賽爾卻把殲滅卡斯楚空軍的美軍轟炸機，從十六架砍成八架。他這麼做是爲了討好希望悄悄搞政變就行的總統。畢賽爾騙甘迺迪說，中情局只會派一架轟炸機。

四月十五日星期六，中情局的古巴旅一千五百一十一人向豬灣出發的同時，八架美軍B-26轟炸機攻擊古巴三處機場，摧毀五架古巴飛機，毀損的可能有十幾架。卡斯楚還有一半的空軍軍力。中情局編造的故事是，攻擊者是一位古巴空軍投誠者，此人已在佛羅里達州降落。同一天，畢賽爾派巴恩斯到紐約向美國駐聯合國大使史蒂文生（Adlai Stevenson）兜售這套劇本。

畢賽爾和巴恩斯把史蒂文生當傻瓜耍，彷彿他是中情局特工似的。和鮑爾國務卿在美軍入侵伊拉克前夕的做法一樣，史蒂文生向全世界兜售中情局的說詞，不同的是，他第二天就發覺自己被耍了。

國務卿魯斯克本來就對中情局一肚子火，得知史蒂文生被逮到公開說謊頓時愣住了。幾個小時之前，魯斯克才為了另一樁砸鍋行動給新加坡總理李光耀發了一封正式道歉函。[1]新加坡祕密警察衝進中情局安全屋，撞見某位接受中情局賄賂的新加坡閣員正在接受測謊。美國主要盟友李光耀說，中情局站長開價三百三十萬美元要他不要再追究。

四月十六日星期日，午後六時，史蒂文生從紐約打電報給魯斯克，提醒他防範「在如此不協調的行動中重蹈U-2慘事的最嚴重風險」。午後九時三十分，總統國家安全顧問麥克喬治．彭岱打電話給杜勒斯的副手卡貝爾將軍說，中情局不得對古巴發動空中攻擊，除非「他們能從（豬灣）灘頭機場執行」。晚上十時十五分，卡貝爾和畢賽爾急急奔向七樓雅致的國務卿辦公室。魯斯克告訴他們，中情局飛機可以為了保護灘頭堡而介入戰事，但不是去攻擊古巴機場、港口或電臺。卡貝爾寫道，「他問我是否想跟總統談談，畢賽爾先生和我印象最深刻的是，史蒂文生大使與聯合國極為微妙的形勢，以及對美國政治立場所構成的風險」——因畢賽爾和巴恩斯謊言所造成的形勢，因此，「我們認為沒有必要直接和總統談」。畢賽爾受困於自己的掩飾說詞，脫身不得之餘便決定不做反抗。他在回憶錄把自己選擇沈默以對歸因於怯懦。

卡貝爾回中情局戰情中心報告狀況，額斯特林認眞考慮要親手殺了他。額斯特林說，中情局要那批古巴人「像靶鴨般在那要命的灘頭上」等死。

中情局在尼加拉瓜的飛行員正在駕駛艙內熱機，卡貝爾取消行動的命令剛好趕上。四月十七日星期一，早上四時三十分，卡貝爾從家裡打電話給魯斯克，並請求總統授權增派空中武力，保護裝載彈藥與軍用補給的中情局船隻。魯斯克打電話到維吉尼亞歐拉谷（Glen Ora）別墅給甘迺迪總統，再轉接給卡貝爾。

總統說，他不曉得攻擊發起日早上會有任何空中攻擊行動。請求駁回。

四個小時之後，一架古巴「海怒」（Sea Fury）型戰鬥轟炸機突襲豬灣。美國訓練出來的駕駛卡列拉斯（Enrigue Carreras）上尉是卡斯楚空軍的王牌。他鎖定中情局從新奧爾良租用的老舊貨輪埃斯康迪多河號（Rio Escondido），在他下方東南角有一艘由二戰登陸艇改裝的布拉加號（Blagar），船上有位叫林奇（Grayston Lynch）的中情局準軍事行動軍官，則以一挺點五〇口徑機關槍對古巴戰機開火。卡列拉斯上尉發射一枚火箭，擊中埃斯康迪多河號前甲板船欄下方六呎處，又命中幾十桶五十五加侖裝的汽油。大火點燃前甲板存放的三千加侖飛機燃油以及一百四十五噸的彈藥。船員棄船，游開逃命。貨輪爆炸，火球帶出蕈狀雲，噴向豬灣上空半哩高。十六哩外，中情局突擊指揮官羅伯森站在古巴旅死傷遍地的海灘上，還以爲卡斯楚投下原子彈呢。

甘迺迪總統請海軍司令柏克（Arleigh Burke）上將出馬拯救中情局。柏克在四月十八日說道：「沒人知道該怎麼辦，就連中情局執行這次行動和全權負責行動的人，也手足無措，不知到底發生什麼事。我們一直不甚了了，只被告知部分眞相而已。」

卡斯楚的古巴人和中情局的古巴人鏖戰兩晝夜，到了四月十八日晚上，反抗旅指揮官桑羅曼（Pepe San Roman）以無線電告訴林奇：「你們到底知不知道情勢有多麼絕望？你們到底是支持還是收手？……請不要拋棄我們。我們的坦克和火箭砲彈藥完了，天一亮就會受到坦克攻擊。我不撤退，必要時我們會戰到最後一刻。」天亮了，援軍未至。桑羅曼對著無線電大吼：「我們彈藥已盡，正在沙灘上苦戰。速派援軍。我們撐不住了。」他的手下站在及膝的海水，先後遭到屠殺。

中情局的空中行動主管在中午時分以電報告訴畢賽爾：「空中支援灘頭堡完全不是我們所能掌控，目前已損失五名古巴駕駛、六名副駕駛，兩名美國駕駛和一名副駕駛。」總計共有四名中情局從阿拉巴馬國民兵約聘而來的駕駛在此役中身亡。中情局多年來一直隱瞞他們的死因，不讓他們的遺孀和家屬知道。

空中行動主管在電報裡說：「我們仍然有信心，靜候您的指示。」畢賽爾提不出指示。四月十九日午後兩點左右，桑羅曼大罵中情局，憤而將無線電打爛，放棄抵抗。在這六十個小時當中，古巴旅計有一千一百八十九人被擄，一百一十四人死亡。

林奇寫道：「我活了三十七年，第一次為我們國家感到慚愧。」

同一天，羅伯・甘迺迪傳了一張具有預言性質的短箋給總統老哥：「攤牌的時候已經到了，因為在這一、二年內情勢必會大幅惡化。我們若不想俄國在古巴設置飛彈基地，最好現在就決定我們願以什麼行動來阻止它。」

拿開溢水的桶子，換上別的桶子

甘迺迪總統對兩位助理說，艾倫・杜勒斯曾在橢圓形辦公室向他當面保證，豬灣行動必定會成功：「總統先生，當年我就站在這辦公桌前告訴艾克（艾森豪），我確信瓜地馬拉行動一定會成功。總統先生，這次計畫的前景比那一次好太多了。」若果眞是如此，這就是漫天大謊了。事實上，杜勒斯當年對艾森豪說的是，瓜地馬拉行動成功的機率充其量只有五分之一，若沒有空中武力支援的話，成功率是零。

入侵古巴的時候，杜勒斯正在波多黎各演講。他大剌剌地離開華府原是欺瞞計畫的一環，現在看來倒像是個棄艦而逃的艦長。羅伯·甘迺迪憶述，他返回華府時用顫巍巍的雙手掩住臉孔，宛如行屍走肉。

四月二十二日，總統召開國家安全會議，而這原本是他看不起的一個政府工具。[2] 總統下令「加速掩飾國內的古巴活動」（這是不屬中情局章程之內的任務）之後，又請新任白宮軍事顧問泰勒（Maxwell Taylor）將軍與杜勒斯、羅伯·甘迺迪、柏克將軍合作，徹底檢驗豬灣事件。當天下午，泰勒調查委員會開議，杜勒斯手裡緊抓著一九五五年授權中情局執行祕密行動的五四一二/二號國安命令（NSC 5412/2）出席。

杜勒斯在委員會上表示，「本人首先要承認，我不認爲中情局應該管理準軍事行動」——一陣煙霧遮掩住他這十年來堅定支持此種行動的事實。「但我也覺得，與其毀掉一切重新開始，不如好好審視現有的機制，排除確實超乎中情局能力的任務，然後加以整合，使它更有效率。我們應該查查五四一二號國安命令，並本著以別種方式處理準軍事行動的方式來加以修正。要找個機關來處理這些任務很不容易；事情很難保密。」

泰勒委員會很快就向總統表明，需要以新的方式來管理祕密行動。最後證人之一是個一息尚存的老者，帶著清晰口吻談論中情局最深刻的問題。華特·貝岱爾·史密斯將軍的證詞，在今天聽來依舊擲地有聲：

問：我們如何在民主體制內有效運用所有資產，而毋需徹底改組政府？

將軍：民主國家不能輕啓戰端，要開戰，必須通過法律，賦予總統特別權限。一旦緊急狀況結束，國民授予行政元首的權利和權限，必須回歸各州、各郡與人民。

問：我們常說，我們目前是處於戰爭狀態。

將軍：是的，主席，這話沒錯。

問：你是在暗示我們應該授予總統戰時權限？

將軍：不。美國人民並不覺得現在處於戰爭狀態，是以不願做出開戰所需的犧牲。戰爭，或者，你也可以說，冷戰的時候，我們是需要一個可以祕密運作的非道德機關……我認爲，中情局已經是盛名在外，祕密工作也許該換個機關。

問：你認爲我們應該拿掉中情局的祕密業務？

將軍：是該拿開溢水的桶子，換上別的桶子的時候了。

三個月後，史密斯過世，享年六十五歲。

中情局督察長寇克派屈克就豬灣事件寫下檢討報告。他的結論是，杜勒斯和畢賽爾沒有正確且實際告知前後兩任總統與政府。寇克派屈克說，倘若中情局還想繼續作業，就得改善組織與管理。杜勒斯的副手卡貝爾則警告，萬一這份報告落入不友善人士手裡，中情局肯定會完蛋。杜勒斯衷心認同，並親自負責把報告處理掉。於是二十份報告副本有十九份回收銷毀，僅剩的一份不見天日近四十年。

一九六一年九月，杜勒斯從中情局長位置上退休時，工人仍在堂皇的中情局新總部進行最後修飾；這是他爭取多年的結果，新總部建在首都七哩外、波多馬克河西岸上方維吉尼亞州的林地裡，他還特別選了《約翰福音》八章三十二節的經文刻在中央大廳上：「你們必曉得眞理，眞理必叫你們得以自由」。他的圓形浮雕像同樣高掛中堂，有拉丁文銘曰：「要找他的墓碑，請放眼四望」（Si monumentum requiris circumspice）。[3]

畢賽爾多待了半年。後來他在祕密證詞中坦承，他在祕密工作上所謂的專長其實是虛有其表，因爲中情局並不是「可以指望找得到專業能力的地方」。他離職時，總統爲他別上「國家安全勳章」。總統說道：「畢賽爾先生崇高的目標、無窮的精力和堅定不移地爲工作奉獻，堪爲情報機關表率。他留下永恆的遺產。」[4]

這遺產的一部分即是破碎的信心，往後十九年，沒有一位總統會完全相信且信賴中情局。

你站在靶心上

豬灣事件後，甘迺迪總統震怒之餘，起先恨不得廢掉中情局，緊接著便將中情局的祕密工作從死亡漩渦裡拉出來，交給他弟弟掌理。這是甘迺迪在總統任內最不高明的決定之一。當時只有三十五歲、以冷酷無情和酷愛搞隱密聞名的羅伯．甘迺迪，出掌美國最敏感的祕密業務，其結果可想而知。兄弟倆以空前的強度大搞祕密行動；艾森豪在任八年只發動一百七十次中情局大型祕密行動，甘迺迪兄弟不到三年就發動一百六十三次。

甘迺迪總統原本要任命弟弟當中情局局長，倒是羅伯覺得經過豬灣事件之後，最好找一位能提供總統政治保護的人。考慮了幾個月之後，兄弟倆選中艾森豪時期的元老政治家麥康（John McCone）。

麥康年近六旬，是極保守的加州共和黨人、虔誠羅馬天主教徒、激昂的反共人士，若一九六〇年大選是尼克森當選的話，他很可能就是國防部長。二戰期間他在西岸從事造船而發跡，後來當了國防部長佛瑞斯托的副手。新設的國防部在一九四八年提出的第一份預算，就是出自他手筆。他在韓戰期間擔任空軍副部長，是讓美國成為戰後第一個眞正全球軍事強國的功臣。在艾森豪總統時期，他擔任「原子能委員會」主席，負責監督全美核武工廠，並在國安會占有一席之地。麥康的祕密業務新主管赫姆斯形容他「白髮、紅顏、步伐輕快、筆挺黑西裝、無框眼鏡、冷漠的態度和明顯的自信」。

他的首席行政官懷特（Red White）說，新局長「不是人人喜歡的那種人，但是後來和羅伯・甘迺迪走得很近」。麥康起初會跟羅伯走得近，是因為把他當成同教派與反共夥伴的緣故。這位司法部長位在希考利山莊的白色大宅院，距中情局新總部只有幾百碼，所以羅伯常在每天上午到市中心的司法部上班途中順道到中情局，時間通常是在早上八點麥康每日例行幕僚會議之後。

麥康留下一絲不苟的每日記錄，這些記錄詳盡記載他的工作、想法和談話，很多是在二〇〇三和〇四年才解密。他的備忘錄提供他擔任局長期間的點點滴滴，連同好幾千頁由甘迺迪總統祕密錄音的白宮談話，同樣有很多是在二〇〇三與〇四年才正確轉謄為文字，詳盡地勾勒出冷戰期間最危險的歲月。

麥康就職前就試著瞭解中情局業務全貌，[5]他在杜勒斯和畢賽爾陪同下走訪歐洲，接著又前往馬尼拉北部山區度假勝地碧瑤，出席遠東地區工作站長會議，並埋首案牘細加研究。

不過，杜勒斯和畢賽爾還是保留了一些細節。他們認為不適合告訴麥康關於中情局規模最大、歷時最長，也是在國內最違法的業務：拆閱往來美國的平信。從一九五二年開始，就有長駐紐約國際機場郵政機關的中情局安全官拆開信封，再由安格頓手下的反情報人員過濾情報。豬灣事件後暫時擱置的暗殺卡斯楚計畫，杜勒斯和畢賽爾也沒告訴麥康。麥康局長過了大約兩年才得知暗殺計畫，至於偷拆郵件的事，他則是在全國都知道了之後才恍然大悟。

豬灣事件之後，人人都勸甘迺迪總統重建他在就職後廢除的祕密行動評核組織。於是，總統的國外情報顧問委員會恢復了。「特別小組」（後來更名為三〇三委員會）重新建制，監督特勤機關。委員會主席即是往後四年擔任國家安全顧問的麥克喬治・彭岱：他是出身葛羅頓和耶魯的哈佛大學理工學院前院長；委員則包括麥康、聯參首長主席、國防部與國務院高級副主管。儘管如此，一直到甘迺迪政府末期，中情局要不要和特別小組會商，還是取決於祕密行動的主事官。麥康和特別小組所知不多、或毫無所知的祕密行動不在少數。6

一九六一年十一月，約翰和羅伯・甘迺迪兄弟暗中成立祕密行動的規畫組織：「特別小組」（擴編），成為甘迺迪總統的御用機關，它的使命只有一個，就是廢掉卡斯楚。十一月二十日夜裡，麥康就任局長九天前，在家裡一聽到電話，就是總統傳喚他到白宮。第二天下午一到白宮，發現甘迺迪兄弟身旁有一位身形高瘦五十三歲的准將藍斯岱（Ed Lansdale）作陪。此人的專長是反游擊戰，他靠美國機巧、美鈔和蛇油贏得第三世界的心因而出名。他從韓戰前就在中情局和五角大廈服務，當過魏斯納派駐馬尼拉和西貢的人馬，協助過兩地的親美領袖掌權。

藍斯岱的新職是「特別小組」（擴編）行動組長。麥康的中情局檔案載道：「總統解釋說，藍斯岱奉司法部長的指示，一直在研究可行的古巴行動。總統希望在兩個星期內能提交一份立即行動的計畫，司法部長則嚴重關切古巴問題及立即強力行動的必要性。」麥康告訴他們，豬灣事件後，中情局

豬灣事件後，甘迺迪總統（中）以麥康（右）取代杜勒斯為局長。

和甘迺迪政府內其他人士一直處在震驚狀態中，「一動不如一靜，所以我們做的很少。」

麥康認爲，除了開戰，別的都不可能打倒卡斯楚；他更相信，不管是不是祕密行動，都不適合由中情局來主持戰爭。他告訴總統，不能再把中情局視爲『斗篷與劍』的機關……推翻政府、暗殺國家元首、插手外國政治事務」。他提醒總統說，中情局法定的基本任務是「整合所有的情報」，加以分析、評估，然後提報白宮。在麥康起草並經總統簽署的書面命令中，甘迺迪兄弟都同意他是「政府首席情報官員」，他的使命則是「妥善協調、比對與評估各方所蒐集的情報」。

此外，麥康也認爲，自己是受命爲總統形塑美國的外交政策，但這並不是、也不該是一國首席情報官員的任務。不過，儘管他的判斷往往比政府最高層那些哈佛人更正確，他很快便發現，甘迺迪兄弟對他和中情局應該如何爲美國利益服務有很多新奇的點子。麥康在甘迺迪總統主持他宣誓就職當天，就已發現自己、總統和油腔滑調的藍斯岱三人共同主管對付卡斯楚。

總統主持宣誓儀式時告訴麥康：「現在你是站在靶心上，歡迎你到位。」

根本不可能

總統打從一開始就要麥康設法打穿柏林圍牆。柏林圍牆是在一九六一年八月建的，首先是倒鉤鐵絲網，然後是鋼筋水泥。它是共產主義離譜的謊言再也擋不住東德人逃亡的鐵證，是西方世界政治與宣傳的意外大收穫，也是中情局千載難逢的機會。

圍牆豎起來那星期，甘迺迪就派副總統詹森前往柏林，聽取中情局基地主管葛雷佛（Bill Graver）最高機密簡報。詹森瞠目結舌望著那張中情局在東德特工的分布詳細圖表。

當時在柏林基地行情正看漲的哈維藍·史密斯（Haviland Smith）說：「我看過這張簡報圖表。要是再聽葛雷佛的說法，我們在蘇聯情報中心有特工、在波蘭軍事代表團、捷克軍事代表團有特工，簡直已滲透到東柏林眼珠子裡。然而，要是你知道內情的話，自然就知道滲透波蘭軍事代表團的傢伙，其實是在街角賣報紙。你也會知道，在蘇聯軍事情報機關搞大滲透的是個修屋頂的師傅。」

他說：「柏林是個大騙局。」中情局向美國下任總統謊報柏林工作站的成就。

當時擔任中情局東歐課長的墨菲（David Murphy）在圍牆築起後的第二星期，到白宮會見總統。

他說：「甘迺迪政府逼得很緊，老勸我們規畫準軍事祕密行動並（在東德）挑動異議」，但「在東德搞活動根本是不可能的事」。

箇中原因在墨菲本人起草、二〇〇六年六月解密的傷害評估報告文件中，終於眞相大白。一九六一年十一月六日，西德反情報首長費爾飛（Heinz Felfe）被自己的安全警察逮捕。費爾飛原是納粹死硬派，一九五一年，也就是中情局接收該組織兩年之後，他加入蓋倫組織，迅速竄升。一九五五年該組織成爲西德聯邦情報局（BND）後，他仍是一路扶搖直上。

然而，費爾飛一直爲蘇聯工作。他滲透西德情報機關，再藉此滲入中情局工作站和基地。此外，他也利用並欺騙中情局駐德官員，使得他們後來也搞不清楚從鐵幕後方蒐集來的情報是眞是假。

費爾飛可以「發起、指導或中止西德聯邦情報局的作業，後來中情局有些作業也受他左右」，墨菲悻悻地指出。從一九五九年六月到六一年十一月，每一次中情局重要行動的主要細節，費爾飛都向東德國家情報局透露，這其中包括大約七十次重大祕密活動、一百多名中情局官員的身分和將近一萬五千件祕密。

中情局在德國和東歐各地一事無成，而且得花上十年時間來修補損害。

總統要馬上行動

柏林圍牆，乃至其他世界大事，都不及甘迺迪兄弟想討回在豬玀灣失卻的家族榮譽之欲望。羅伯・甘迺迪在一九六二年一月十九日這麼告訴麥康，推翻卡斯楚「是美國政府的首要之務，花再多的時間、金錢、努力或人力都不足惜」。然而，新局長卻提醒他，中情局能仰靠的眞正情報並不多。他告訴司法部長：「目前在古巴境內有二十七、八名特工，其中只有十二位有聯繫，而且這些聯繫都是斷斷續續的。」四個星期之前，七名古巴人潛入後即遭逮捕。

在羅伯．甘迺迪的命令下，藍斯岱替中情局擬了一份應辦事項清單：吸收和部署天主教堂及古巴地下組織以對抗卡斯楚，從內部分裂卡斯楚政權，破壞其經濟，顚覆其祕密警察，以生化戰摧毀其農作物，在一九六二年十一月下屆國會選舉前改變古巴政權。

認識藍斯岱已有十年的戰情局老手、新任古巴科副科長哈爾彭說：「藍斯岱氣燄不可一世，有些人認爲他像個魔術家，我可以告訴各位他的眞面目。他基本上是個騙子，是那種麥迪遜大道『穿灰色法蘭絨西裝的人』（Man in Grey Flannel Suit）。[7]看看他所提的除掉卡斯楚和卡斯楚政權計畫，全是一派胡言。」他的計畫可以濃縮成一句空洞的承諾：不必出動陸戰隊就可推翻卡斯楚。

哈爾彭告訴赫姆斯：「這是華盛頓特區內的政治行爲，與美國國家安全毫無關係。」他警告說，中情局完全沒有古巴的相關情報，「我們不曉得情勢如何。我們完全不知道他們政治組織和結構方面的戰鬥順序，誰討厭誰？誰喜歡誰？我們全然不知」。這情形和四十年後中情局遭遇伊拉克時所面臨的問題完全一樣。

赫姆斯認同他的說法，這計畫果然是痴人說夢。

甘迺迪兄弟卻不愛聽這種話：他們要的是以迅速且悄然的破壞行動推翻卡斯楚。司法部長吼道：「我們得快動手，總統要馬上行動。」赫姆斯帥氣地敬個禮，立即著手成立一個直接向藍斯岱和羅伯．甘迺迪負責的獨立任務小組。他從世界各地召來人手，成立迄今爲止中情局最大規模的平時情報行動，總計動員邁阿密附近的中情局官員六百人、將近五千名約聘人員，以及加勒比海地區第三大的海軍艦隊，其中包括潛艇、巡邏艇、海防快艇、海上飛機，並以關塔那摩灣爲基地。赫姆斯說，五角大廈和白宮也提出一些「白痴計畫」，譬如炸掉一艘停泊在關塔那摩港的美國船隻，佯稱是恐怖分子攻擊美國航道，合理化入侵的藉口。

行動需要代號，哈爾彭建議採用「貓鼬」（Mongoose）。8

當然沒有書面證據

赫姆斯選中建造「柏林地道」的哈維來領導貓鼬小組，哈維則以美國海盜華克（William Walker）之名，稱該計畫爲「W任務小組」——華克於一八五〇年代率領私人軍隊進入中美洲，並自立爲尼加拉瓜皇帝。除非你瞭解哈維的爲人，否則定會覺得這代號選得很奇怪。

哈維以中情局的「詹姆士龐德」之名被介紹給甘迺迪兄弟。這樣的介紹詞似乎讓酷愛伊恩·佛萊明（Ian Fleming）間諜小說的甘迺迪總統頗感困惑，因爲龐德和哈維除了都愛喝馬丁尼這一點，可說全無共通之處。總是揣著一把手槍的哈維，肥胖凸眼，午餐會上喝雙份酒，一路咒罵著回家。麥康的執行助理艾德（Walt Elder）說，羅伯·甘迺迪要「迅速行動，快速回報」。可是「哈維既沒有迅速行動，也沒有快速回報」。

他倒是有個祕密武器。

白宮兩度下令中情局成立暗殺隊。一九七五年畢賽爾在參院調查人員和總統委員會的嚴密盤問之下，答稱這些命令出自國家安全顧問麥克喬治．彭岱，以及彭岱的助理羅斯陶（Walt Rostow），又說總統人馬「不太給人鼓勵，除非所提的計畫肯定能獲得總統批准」。[9]

畢賽爾把命令交給哈維，哈維則遵照辦理。哈維以柏林基地主管身分在一九五九年九月回到總部，接手主管祕密行動D課。該課的官員無所不爲，譬如闖進外國使館偷取密碼冊和暗號本，供國家安全局竊聽人員使用。他們自稱「夜賊」，他們的本事則從開鎖到竊盜不一而足，而且和各國犯罪集團有聯繫，隨時可以用美國國安之名，叫他們闖空門、綁架使館信差和殺人搶劫。

一九六二年二月，哈維成立一個代號「步槍」的執行行動組，請了一位住在盧森堡，但沒有國籍的外國特工，以約聘身分爲D課工作。哈維打算利用他做掉卡斯楚。

中情局的記錄顯示，哈維在一九六二年四月採行第二個方法。他在紐約會晤黑幫分子羅塞里（John Rosselli）。他從中情局醫務處業務課長鞏恩（Edward Gunn）醫生那兒挑了一包毒藥丸，打算投進卡斯楚的茶或咖啡裡，然後驅車到邁阿密，把毒藥和一卡車的武器交給羅塞里。

一九六二年五月七日，中情局法律總顧問修士敦和安全事務主管愛德華茨，向司法部長簡報步槍計畫詳情。羅伯．甘迺迪「氣瘋了」，他氣的不是暗殺計畫，而是把黑手黨扯進來。但他也沒有阻止中情局要卡斯楚的命。

三個月前接下祕密行動處主管職務的赫姆斯，批准哈維進行步槍計畫。他認爲白宮既然要銀彈，中情局就有責任去找。他覺得最好不要告訴麥康；他這判斷很正確，因爲局長一定會從宗教、法律和政治面提出強烈反對。

筆者曾親自問過赫姆斯：甘迺迪總統眞的想要卡斯楚的命？他持平地說：「書面上當然什麼證據

也沒有，但我絕對肯定他確實有這個意思。」

赫姆斯認爲承平時期搞政治暗殺，雖是個道德錯亂行爲，但箇中也有些實務考量。他說道：「一旦涉入殺害外國領袖，而且政府時時興起這種念頭，只是一般人不願承認而已。那麼有個問題來了，下一個被殺的是誰？你殺了別人的領袖，他們爲什麼不能殺你的領袖？」[10]

眞的不確定

麥康回述接下中情局局長的時候，「中情局多災多難」，而且「士氣蕩然無存，所以我的首要之務是設法重建信心」。[11]

然而，中情局在他就任後仍鬧了半年之久。麥康開除好幾百名祕密行動處的官員——副局長馬卡特（Marshall S. Carter）將軍指出，首先針對的是整頓那些「容易出事的人」、「愛打老婆的人」和「愛酗酒的人」。這波大清倉、豬灣事件餘波，加上白宮幾乎天天盯古巴問題，造成大家「眞的不確定中情局還有什麼前途」，麥康的執行長寇克派屈克在一九六二年七月二十六日備忘錄中這麼告訴局長，並建議也許「應該立即做點事來恢復局裡的士氣」。

赫姆斯認定唯一的解決之道是回歸諜報業務。他惶惑不安地把優秀人才從已癱瘓的蘇聯課和東歐課調到古巴科。他在佛羅里達有幾位手下，很清楚如何管理東柏林等共產控制圈內外的特工和信差。中情局已在歐帕羅卡成立匯報中心，訪談數千名搭乘商用客機或私人小船離開古巴的人。該中心大約盤問了一千三百名古巴難民；他們提供中情局古巴政治、軍事與經濟情報，以及文件、衣服、錢幣、香菸等日常生活用品，以便特工喬裝潛入古巴島。邁阿密工作站宣稱，一九六二年夏天時，已有四十五名情報員潛入古巴蒐集情報，其實有些是到佛羅里達參加中情局十日速成班的，時間一到就搭快艇在夜色掩護下各歸本位。耗資五千萬美元的貓鼬行動，唯一成就是在古巴內部建立這一個小小的諜報網。

羅伯・甘迺迪一再呼籲出動突擊隊暗中炸掉古巴的發電廠、工廠和糖廠，可是都徒呼負負。「中情局到底是不是眞的想發動這種攻勢？」藍斯岱問哈維。「爲什麼現在稱這種攻勢是一種『可能』？」哈維答稱，要成立一支有能力推翻卡斯楚的武力，勢必再花上兩年和一億美元。

中情局忙於執行祕密行動，沒有看到一樁危及美國存亡的威脅正在古巴醞釀。

〔注釋〕

1. 想買收新加坡政府的站長叫傑柯布（Art Jacobs），是魏斯納在法學院時候的朋友，也是中情局初期的守門員，身形瘦小，人稱「小巫師」。當時在美國駐馬來西亞大使館當政治官的哈特大使說：「我們在新加坡碰到一個歹人，是中情報受薪名單上的一位閣員。有天晚上，他們把他帶到安全屋測謊……新加坡祕密警察衝了進來，當場逮到那位正在接受測謊的閣員。」至於魯斯克給李光耀的道歉函則是這樣說的：「總理先生：本人深感苦惱……非常遺憾……不幸事件……不當行爲……很嚴重……檢討這些官員的行爲，可能施以懲戒。」

2. 甘迺迪已經把節制祕密權力運用的白宮內部管線通通拆掉。艾森豪是透過類似軍隊般嚴謹的參謀系統施行總統權力，甘迺迪則是把它當皮球踢。甘迺迪就職沒幾天就已廢除情報顧問委員會與行動協調會。這些機制當然不盡完美，但總是聊勝於無。豬灣事件後的國安會是甘迺迪政府第一次嚴肅討論祕密行動的圓桌會議。

3. 〔譯注〕「要找他的墓碑，請放眼四望」：原爲倫敦大火災後重建聖伯祿大教堂的魏倫爵士（Sir Christopher Wren）

的墓誌銘。

4. 畢賽爾認爲自己留給中情局「一份仍未被歷史遺忘，甚或永遠不會遺忘的遺產」。在一九九六年解密的祕密證詞中，畢賽爾對中情局的祕密工作提出這樣的評價：「部分由於個人的缺失和弱點的緣故，我覺得一九六〇年代的中情局已經有個相當可悲的記錄……全盤檢討包括宣傳戰、準軍事行動、政治活動各種祕密活動下來，祕密工作機關並不是可以指望找得到專業能力的地方。」畢賽爾說，中情局並沒有培養軍事事務、政治分析和經濟分析等基本技能，已經變成一個祕密官僚機構，而且是「很滑頭」的機構。

5. 麥康在全球視察途中，於一九六一年十月在菲律賓北部山區觀光勝地碧瑤，召開遠東區工作站長會議，選定一位新副局長爲首席情報分析員，此人即是臺北工作站長克萊恩。

6. 麥康始終不知道自己的任命案引發中情局內部大騷動。彭岱對總統說道：「我低估了中情局內第二、三級人員的反彈力道，不少很好的人才都惶惶不安。」主管情報處的副局長艾摩里（Robert Amory），稱麥康任命案是「廉價的政治動作」。另有些人擔心麥康會把中情局出賣給白宮新貴，祕密行動處則不滿局外人入主。

7. 〔譯注〕穿灰色法蘭絨西裝的人：原指史隆．威爾森（Sloan Wilson）所著的一九五〇年代暢銷書，曾改編爲電影《一襲灰衣萬縷情》，由葛雷哥利．畢克（Gregory Peck）擔綱演出。

8. 〔譯注〕貓鼬是一種靈活輕巧、強悍凶狠的小型肉食動物。

9. 甘迺迪總統是否授權中情局暗殺卡斯楚的問題，畢賽爾於一九七五年在由副總統洛克斐勒所主持的委員會上所做的回答，至少筆者就覺得很滿意。

問：所有的暗殺和暗殺企圖都得取得最高當局批准？

答：正是。

問：來自總統？

答：正是。

10. 如今，中情局又重拾設定殺害目標的勾當，赫姆斯對話全文值得吟味再三。他在一九七八年說道：「我們暫且拋開神學觀念和好人的道德觀，拋開之後立即會面臨一個事實，也就是一旦請別人去殺人，馬上就會遭到個人與政府的勒索。簡言之，一旦涉入殺害外國領袖，而且政府時時興起這種念頭，只是一般人不願承認而已。那麼有個問題來了，你殺了別人的領袖，他們爲什麼不能殺你的領袖？」這個問題自一九六三年十一月二十二日之後，便時時在赫姆斯心頭縈繞不去。

11. 麥康在一九七〇年八月十九日的口述史中，回述自己獲提名爲中情局局長後第一次和甘迺迪見面的情形。甘迺迪說：「除了艾倫．杜勒斯，這次討論只有麥納瑪拉（Bob McNamara，即 Robert McNamara）和他的副手吉爾帕特里克（Roswell Gilpatric）、魯斯克、安德森參議員（參院原子能委員會主席）四個人知道。」他還說：「我之所以不想讓別人知道，全是因爲一旦在地下室工作那些自由派混蛋得知我與你談這些話，恐怕你還沒獲得參院認可就會被他們毀掉。」

〔第十八章〕我們也騙了自己

一九六二年七月三十日星期一，甘迺迪走進橢圓形辦公室，轉開他上周末才吩咐安裝的嶄新錄音系統。他錄下的第一次對話，是關於推翻巴西政府和罷黜巴西總統高拉德（Joao Goulart）的計謀。

甘迺迪和駐巴西大使戈登（Lincoln Gordon）商議，投下八百萬美元左右下次大選，並打下反高拉德軍事政變的基礎相關事宜，戈登大使告訴總統：「必要時把他趕走。」中情局駐巴西工作站可以「明確而審慎地表明，我們未必反對各種形式的軍事行動，只要確定軍事行動的原因是——」

「——對付左派」，總統接口。他不容巴西或別的西半球國家變成第二個古巴。

於是，中情局的錢開始源源流入巴西政治圈。流通管道之一，便是「美國全國總工會」（AFL-CIO，知情的英國外交人士稱之爲AFL-CIA）所屬的「美國自由勞工發展協會」（American Institute for Free Labor Development），另一管道是新成立的巴西工商與民間領袖組織「社會調查研究協會」

（Institute for Social Research Studies）。受款者都是反高拉德總統，且與新任美國武官華特斯（Vernon Walters, 日後出任中情局副局長）有密切聯繫的巴西政治與軍事官員。這些投資不到兩年就有回報。[1]

二〇〇一年才謄寫成文字的白宮錄音帶，記錄著白宮祕密行動計畫形成的每日進展。

八月八日，麥康到白宮見總統，討論空投數百名國府官兵到中國大陸的得失。總統已批准此項準軍事行動，但麥康仍有疑慮。麥康告訴總統，毛澤東有地對空飛彈，而且上回中情局派出的U-2偵察飛行，從臺灣起飛後十二分鐘就被中共雷達發現與追蹤。甘迺迪的國安助理麥可・佛瑞斯托（Michael Forestal，故國防部長佛瑞斯托的兒子）說道：「這下可好玩了，我們也給總統來個U-2慘事。」這回要拿什麼當掩飾故事呢？總統開起玩笑。大夥兒都笑了起來。一個月後，毛軍果真打下一架U-2偵察機。

八月九日，赫姆斯前往白宮討論推翻距古巴三十哩外海地政權的可行性。海地獨裁者杜華利（Francois "Papa Doc" Duvalier）一直將美國經援中飽私囊，並利用美國的軍事支持來支撐他的腐敗政權。甘迺迪總統已授權發動政變，中情局也已將武器交給不惜任何手段推翻杜華利政府的異議人士。要不要殺杜華利的問題已衡量過了，麥康也已批准行動。

但中情局卻進展緩慢。赫姆斯說道：「恕我說一句，總統先生，這計畫好像不太行得通。」他提醒說，杜華利的「打手隊」是「一支不擇手段的武力」，因而「使得政變計畫岌岌可危」。中情局吸收來的最優秀特工雖是海地海防隊前首長，但缺乏執行政變的意志或手段。赫姆斯認爲成功希望渺茫。總統告訴赫姆斯：「要是找不到人合作的話，再來場政變的確沒什麼好處。」

八月十日，麥康、羅伯・甘迺迪與國防部長麥納瑪拉，在國務院七樓會議廳和國務卿魯斯克開會。討論主題是古巴。[2]麥康還記得有人「提議肅清卡斯楚政權最高層人士」，諸如卡斯楚和的國防部長弟弟勞爾（剛從莫斯科採購軍火歸國）。麥康覺得這種想法很可惡。局長認爲即將有個更大的危機。他預測蘇聯會運交核武給卡斯楚——具有攻擊美國本土能力的中程彈道飛彈。他已經擔心了四個多月，但他除了直覺有此可能性，並沒有任何情報佐證。

麥康是唯一看清威脅的人：「如果我是赫魯雪夫，我一定會把攻擊型飛彈放在古巴，然後用我皮鞋敲著桌子對美國說，『瞧瞧砲管朝哪裡再談變革如何？』我們還是來談柏林和我選定的其他話題吧。」沒人相信麥康的話。麥康時代的中情局史指出：「專家們一致且堅決認爲，這是絕無可能的事。他完全是孤軍奮戰。」

另外，各界也越來越懷疑中情局預測蘇聯行爲的能力。該局的分析已連續錯了十年之久。一九六二年參與眾院小組委員會審查中情局祕密預算的前總統福特說：「中情局一插進來就說三道四，指出蘇聯會怎麼對付我們等等的最可怕景象，說什麼我們會淪爲二流，蘇聯會變成一流國家。他們牆上釘著各式圖表和數字，他們的結論是在十年之內，美國的軍力和經濟成長都會落後於蘇聯。這是很恐怖的報告。其實他們完全錯了。這些就是我們最優秀的人才，就是中情局所謂的專家。」

全世界最危險的地區

八月十五日，麥康重回白宮，討論如何推翻英屬圭亞那的總理賈根（Cheddi Jagan）。圭亞那也就是位於南美加勒比海泥地中的破落殖民地。

身爲殖民農場工人後裔的賈根，是個接受美國教育的牙醫，娶了芝加哥出身的馬克思主義者珍娜．羅森伯格（Janet Rosenberg）。他第一次當選是在一九五三年，之後不久邱吉爾凍結殖民地憲法，下令解散政府，並將賈根夫婦拘捕下獄，直到英國恢復憲法政府才予釋放。賈根已兩度連任，且曾在一九六一年十月訪美，是白宮橢圓形辦公室座上客。

賈根回憶：「我去見甘迺迪總統是爲了尋求美國協助，以及他個人支持我們從英國獨立。他很討人喜歡，也讓人有如沐春風之感。現在美國卻擔心我會把圭亞那交給俄國人。我說：『如果你擔心的是這個，請不必擔心。』我們不會有蘇聯基地。」

甘迺迪曾在一九六一年十一月接受《消息報》（*Izvestia*）主編（赫魯雪夫的女婿）專訪時公開宣稱，「美國支持每一個民族都有權自由選擇其政府形態的理念」，賈根容或是「馬克思主義者，但美國不會反對，因爲這是公正選舉下所做的選擇，而他贏了選舉」。

其實，甘迺迪早已決定利用中情局罷黜賈根。賈根剛離開白宮不久，冷戰卻在圭國首都喬治城（Georgetown，或譯喬治敦）裡熱起來，很多前所未聞的電臺開始廣播、公務員罷工、暴動奪走百餘條人命。工會組織接受「美國自由工人發展協會」的金錢和建議之後開始造反，而協會則是接受中情局的錢和建議。白宮特別助理和甘迺迪家族史專家亞瑟．史勒辛格（Arthur Schlesinger）問甘迺迪總統：「中情局眞覺得自己可以執行祕密工作，也就是說，不管賈根是輸是贏，就算他心有所疑，中情局行動也絕不會留下有形的痕跡，讓他援引爲美國介入的證據？」

一九六二年八月十五日，總統、麥康和國家安全顧問麥克喬治．彭岱在白宮內決定，該是動手的時候了。總統發動一場耗資二百萬美元的活動，終於把賈根趕下臺。[3] 事後甘迺迪總統向英相麥克米倫解釋說：「拉丁美洲是全世界最危險的地區，英屬圭亞那出現共產政府的結果……會在美國軍事打擊古巴上形成不可抗拒的壓力。」

在決定賈根命運的八月十五日會議中，麥康交給總統一份中情局反游擊戰新理論報告，以及一份臚列正在越南、寮國和泰國、伊朗和巴基斯坦、玻利維亞、哥倫比亞、多明尼加、厄瓜多爾，瓜地馬拉和委內瑞拉十一個國家進行中的祕密行動。麥康告訴總統，這份文件「屬於高度機密，因爲它和盤托出所有的齷齪勾當」。彭岱笑道：「也是你的罪行的絕佳集成或事典。」

八月二十一日，羅伯．甘迺迪問麥康，中情局能否佯攻關塔那摩灣美軍基地，爲美國製造入侵古巴的藉口。麥康面有難色，第二天便私下告訴甘迺迪總統，入侵可能是個致命的錯誤。此外，他並首次提醒總統說，他認爲蘇聯可能正在古巴安置中程彈道飛彈。若是如此，美國偷襲可能會引發核戰。因此，他主張提高民眾警覺，讓大家知道蘇聯在古巴設飛彈基地的可能性。總統立即否決，反而覺得倘若眞有蘇聯飛彈基地存在，是否需要出動中情局游擊隊或美軍予以摧毀。那時候，除了麥康，沒人相信古巴有蘇聯飛彈基地。

八月二十二日午後六時過後不久，橢圓形辦公室內持續此一話題，但多了一位甘迺迪最信任的泰勒將軍參加。總統希望在討論古巴問題之前，先談談另外兩個祕密行動計畫。第一個是研議中的計畫，即下周空投二十名國府士兵到中國大陸，第二個則是中情局竊聽華府記者團計畫。

總統問：「柏爾溫（Hanson Baldwin）的事辦得怎麼樣了？」[4] 四個星期前，《紐約時報》國家安全問題記者柏爾溫發表一篇詳盡報導，述及蘇聯將建造水泥掩蔽壕以保護洲際彈道飛彈的發射地點，報導的內容正是中情局最新全國情報評估的結論。

總統於是命麥康成立一個國內任務小組，防止政府機密流向媒體。這項命令違反中情局章程所明定不得在國內從事間諜業務的規定。早在尼克森利用中情局老手成立「配管工」（plumber）小組防止新聞洩露之前，甘迺迪就已利用中情局監視美國人民了。

麥康稍後向總統表示：「中情局完全同意……成立此一任務小組，以永續的調查小組形式向我負責。」中情局從一九六二到六五年間，一直在監視柏爾溫和另外四名記者，以及他們的消息來源。甘迺迪命中情局局長執行國內監視計畫創下先例，詹森、尼克森和小布希總統只是蕭規曹隨而已。

這次白宮會議的話題終於又轉回卡斯楚身上。麥康告訴總統，這七星期來，已有三十八艘蘇聯船隻停靠古巴，船上貨物「可能含有飛彈零件，我們雖不得而知」，但不管有沒有，蘇聯總是在整建古巴軍力。總統問：「這個問題該跟是否建立飛彈基地分開處理吧？」麥康說：「不，我認為兩者息息相關。我認為他們是在雙管齊下。」

第二天，麥康離開華府去度蜜月長假。喪妻不久剛再婚的他，打算到巴黎和法國南部度蜜月。他寫信給總統說：「我很樂於隨時奉召。要是你真打電話來，我心中的罪惡感便可稍微減輕。」

放進箱子裡釘起來

八月二十九日，一架U-2偵察機飛過古巴，所拍得的膠片連夜沖洗。八月三十日，中情局分析人員在幻燈光片桌低頭細看，驀地叫了起來：我找到SAM地點！是SA-2地對空飛彈，也就是在俄國上空打下U-2的同型武器。同一天，另一架U-2飛越蘇聯領空被偵測到，此一違反美方保證的舉動，立即招來莫斯科正式抗議。

麥康在日後表示，古巴有地對空飛彈的消息，使得白宮「理所當然地不願或不敢」再批准新飛行計畫。總統命暫代局長職務的卡特將軍湮滅報告：「放進箱子裡釘起來。」他不能讓國際緊張變成國內政治動盪，尤其在離期中選舉只剩兩個月的時候。詎料，九月九日這一天，另一架U-2也在中國上空遭擊落。用中情局報告裡的話來說，現在國務院和五角大廈「普遍帶著厭惡，或最起碼是不安之情」，看待U-2偵察機和偵察風險。憤怒的彭岱在魯斯克催促下，以總統名義取消預定的U-2偵察古巴飛行，並召來主管「空中偵察委員會」（Committee on Overhead Reconnaissance）的中情局老手瑞柏（James Q. Reber）。「規畫這些任務的人是不是有人想開戰？」麥克喬治・彭岱不客氣地問道。

九月十一日，甘迺迪總統禁止U-2飛越古巴領空。四天後，第一批蘇聯中程飛彈停靠古巴馬里埃爾港（Mariel Harbor），但相片落差——在這歷史關鍵時刻出現一個盲點了，持續達四十五天之久。

麥康仍透過電報，從法國里維拉不斷督導中情局總部，這時便指示總部應提醒白宮「奇襲危機」。總局並沒有遵照指示。中情局估計古巴境內有一萬名蘇軍，實際數目卻是四萬三千名，認為古巴軍力十萬人，其實是二十七萬五千人。中情局斷然否定蘇聯在古巴建核武基地的可能性。

中情局頂尖專家在九月十九日的《國家情報評估特別報告》裡說：「在古巴領土上成立一支可以用來對付美國的核攻擊部隊與蘇聯政策不符。」驚疑不定的中情局以典型製造鏡像的手法說：「蘇聯對古巴的未來軍事計畫，可能連他們自己也不確定。」此一評估在中情局四十年誤判史上本來居於頂點，直到最近中情局對伊拉克軍事現勢的分析出錯才被蓋過。

麥康獨持異議。他在九月二十日發了蜜月假期間最後一次電報回總部，敦促局裡三思。分析員嘆口氣，然後再看看一位路邊觀察員起碼在八天前發回來的消息。這位在情報階層中屬於最低階古巴工作員報告說，聖克里斯托巴鎮（San Cristobal）附近有一支由七十呎長的蘇聯引曳拖車隊，在搬運一批用帆布蓋住、有電話桿大小的神祕貨物。中情局的哈爾彭說：「我沒聽過他的名字，這位工作人員是貓鼬計畫的唯一成績，這位工作人員告訴我們，有件奇怪的事情……空中偵察委員會討論了十天，終於批准再進行一次偵察飛行。」

十月四日，麥康一回工作崗位就對白宮禁止U-2偵察飛行十分生氣。將近五個星期，全然沒有進行偵察古巴飛行。他和羅伯·甘迺迪在「特別小組」（擴編）會議上，就是誰禁止飛行偵察問題「出現相當（熱烈）的討論」。禁止的人當然是總統。羅伯雖承認有必要蒐集更多古巴相關情報，但也表示總統最想要的是多點破壞行動：「他敦促展開『大規模行動』。」他責成麥康和藍斯岱派遣特工潛入古巴探查各大港口，綁架古巴士兵來盤問。這個命令促成十月間最後一次貓鼬任務，中情局在核彈危機最高潮時，以潛艇派出五十名特工和破壞工作專家。

就在美國情報大亂的時候，九十九枚核彈頭飛彈在十月四日神不知鬼不覺地進入古巴，每一枚的威力都強過杜魯門在廣島投擲的原子彈七十倍以上。就憑這一次隱密行動，蘇聯已對美國造成加倍的傷害力道。十月五日，麥康來到白宮，力爭國家安全繫於U-2偵察古巴，彭岱則嘲弄說，就算真有威脅，他深信憑中情局也不會查得出來。

近乎徹底的情報震驚

中情局發現飛彈往後十天，將此事描繪作成功業績，然而當時的掌權者鮮有人如此視之。總統國外情報委員會幾個月後的報告指出：「蘇聯在古巴導入和部署戰略飛彈，之所以會讓美國感到近乎徹底的情報震驚，極大部分是由於評估與回報情報指標的分析方法，功能失調所致。」報告中說中情局對總統「服務不佳」，又說它「未能提供政府主要官員最正確的（蘇聯現勢）面貌」。此外，該委員會發現「潛伏古巴內的祕密特工不足」，以及「未能妥善運用空中攝像偵察」，並在結論中說「古巴情勢方面的情報指標處理方式，可能是情報系統最嚴重的缺失，若不加以改正，可能會釀成最嚴重的後果」。缺失仍然沒有改正；二〇〇二年未能查知伊拉克軍火實情，情況大致相同。

不過，在麥康堅持之下，相片落差終於填上了。十月十四日拂曉時分，由戰略空軍指揮部海瑟（Richard D. Heyser）少校駕駛的U-2偵察機飛過古巴西部，六分鐘內便拍下九百二十八張照片。二十四小時後，中情局分析人員瞠目結舌望著前所未見的最大型蘇聯武器。十月十五日這一天，他們整天在比對U-2照片和每年勞動節莫斯科閱兵時所拍到的蘇聯飛彈照片，再查對去年由蘇聯軍事情報局（GRU）潘科夫斯基（Oleg Penkovsky）上校所提供的規格說明書手冊。[5] 潘科夫斯基從一九六〇年夏天開始花了四個月時間設法接觸中情局，可惜中情局官員太沒有經驗、太小心、太害怕，不敢敲定交易。他最後聯絡上英國情報機關，英方再和駐倫敦的中情局人員合作。他冒著極大的風險把將近五千頁的文件偷送出來，其中大部分是軍事技術和理論方面的文件。他也是自動投效，也是中情局第一位很有分量的蘇聯特工。可惜U-2照片送到華府剛好一個星期，潘科夫斯基就被蘇聯情報機關逮捕。

到了十月十五日傍晚，中情局分析人員已知道，照片中的SS-4中程彈道飛彈，具有攜帶一百萬噸彈頭從古巴西部打到華府的能力。

這時，甘迺迪總統正在紐約為三個星期後十一月期中選舉的候選人輔選造勢。當天晚上，彭岱在家中為新派任出使法國的波倫（Chip Bohlen）餞別。晚間十點左右，電話響起，是中情局副局長克萊恩打來的電話。「我們所擔心的事，看來是確有其事了」，克萊恩說道。

十月十六日早上九點十五分，赫姆斯帶著U-2照片到司法部長辦公室。赫姆斯回憶：「羅伯從辦公桌後站起身來，愣愣地望著窗外好一會兒，然後轉臉對著我，舉起雙拳在胸前，好像要對空揮拳似的，大叫：『可惡，都該下地獄。』這也正是我的感受。」

羅伯·甘迺迪認為：「我們被赫魯雪夫騙了，但我們也騙了自己。」

〔注釋〕

1. 橢圓形辦公室談話兩年後，高拉德被推翻，巴西開始走向警察國家之路。羅伯·甘迺迪曾親自到巴西瞭解狀況，說道：「我不喜歡高拉德這個人。」中情局策動的一九六四年政變，導致巴西出現二十年軍事獨裁。

2. 這次會議的記錄幾乎全部銷毀，幸好有國務院史家從爬梳中情局長檔案中拼湊出大致情形：

麥康在會中堅稱：「蘇聯在古巴已有極為重要的資產，絕不會讓古巴垮臺。」麥康預料蘇聯會增加經濟和技術援助，並以美國在義大利和土耳其有飛彈基地為由，提供古巴中程彈道飛彈……討論中也提到暗殺古巴政治領袖的問題。根據哈維在八月十四日提交赫姆斯的備忘錄，這個問題是由麥納瑪拉提起……一九六七年四月十四日，已退休的麥康提了一份備忘錄給剛接掌中情局長職務的赫姆斯，提到八月十日會議的情形：會中有人提議殺害包括卡斯楚在內的古巴政權高層人士，我立即提出異議，表示這個話題已完全超出美國政府和中情局的界線，這個構想既不該討論，也不宜形諸書面文字，因爲站在道德或倫理立場上，美國政府不能考慮採取這種行動。

麥康在一九六二年三月十二日特別小組會議上首次提到古巴核武問題：倘若古巴境內有飛彈基地，我們是否可以制定行動方案？這是他第一次警告，蘇聯會把飛彈送到古巴，其實，兩天前他還在二十六名共和黨籍參議員的聚會上表示，他「確信古巴沒有飛彈或飛彈基地」。

3. 詹森政府維持甘迺迪時代的做法，繼續與英國合作，鼓動和支持英屬圭亞那的親西方領袖與政治團體，以免圭亞那從自治殖民地走向完全獨立。特別小組暨三〇三委員會批准大約二百零八萬美元經費，供一九六二至六八年間進行祕密活動之用。

這筆經費一部分用在一九六二年十一月和六三年六月期間，以提高反對黨對賈根所領導的「人民進步黨」的勝算。美國政府成功地說服英國政府在圭亞那實施比例代表制（對反賈根勢力較爲有利），並將獨立時間延至強化反賈根勢力之後。

美國政府透過中情局提供反對黨競選經費與選戰技巧，角逐一九六四年十二月國會大選。美國提供的選舉經費和技巧，在號召可能投賈根反對票的選民登記上，扮演決定性的角色。

4. 聯邦調查局長胡佛親自出馬偵訊柏爾溫，並竊聽他家裡的電話。柏爾溫畢業於海軍官校，一九二七年除役，一九三七年起擔任《紐約時報》軍事分析員，曾獲普立茲獎。他在五角大廈的消息來源都是一等一的。

依據七月三十日晚上聯邦調查局錄到的談話，他從聯邦調查局出來後，餘悸猶存地告訴同事偵訊的詳情：「我認爲，這件事眞正的關鍵人是羅伯．甘迺迪和總統本人，其中又以羅伯特別對胡佛施壓。」談話內容的文本第二天就送到司法部長桌上。白宮國外情報委員會在第二天下午和總統開會，說柏爾溫已構成美國嚴重危機。

5. 〔譯注〕潘科夫斯基認爲赫雪魯夫可能是引發世界大戰的危險人物，是以在一九六〇和六一年間分別致函西方情報機關，表示願爲對方當特工，但中情局以爲他是反間，並沒有接受。

〔第十九章〕我們很樂意交換飛彈

中情局一直自欺欺人地認爲，蘇聯不會把核武運到古巴，現在雖是看到蘇聯飛彈了，還是搞不懂蘇聯是什麼心態。甘迺迪總統在十月十六日感歎：「我無法理解他們的觀點，我百思莫解。我對蘇聯的認識太少了。」

麥康飛到西雅圖參加因車禍喪生的繼子喪禮，代理局長職務的仍然是卡特將軍。九點三十分，卡特帶著羅伯·甘迺迪交辦的祕密攻擊古巴新方案，來到白宮地下指揮所「戰情室」（situation room）出席「特別小組」（擴編）會議。卡特曾暗中將羅伯·甘迺迪在歷次貓鼬行動會議上的表現，比喻成咬牙切齒的發怒小獵犬，他默默聽著司法部長批准八項新破壞行動，準備再報請總統核定。卡特之後再和中情局首席相片解讀員龍達赫（Art Lundahl）、首席飛彈專家葛雷碧（Sidney Graybeal）在白宮樓上碰面，三人帶著放大的U-2照片走進內閣廳，會見中午前才齊聚一堂的國安機關高層。

總統扭開錄音機。[1]古巴飛彈危機會議錄音，經歷四十多年才正確轉謄為文字，經編纂如後。

非常危險

總統盯著照片問道：「有多先進？」龍達赫答：「報告，我們沒見過這種裝備。」甘迺迪：「連蘇聯也沒有。」龍達赫：「沒有，長官。」總統：「它是要準備發射了嗎？」葛雷碧：「不，長官。」甘迺迪：「多久……我們不知道，是吧，他們還要多久才發射？」沒人知道。彈頭在哪裡？麥納瑪拉國防部長問。沒人知道。赫魯雪夫何以出此下策？總統百思不解。倒是國務卿魯斯克提出很好的揣測：「我們對他構成的核武恐懼程度，其實沒有他對我們核武的恐懼程度高。何況，我們在土耳其及附近一帶也有核武。」總統只隱約知道那些核武早已到位，完全忘了是自己決定把核武對準蘇聯。

甘迺迪總統下令研擬三個攻擊計畫：第一，以空軍或海軍噴射機摧毀核彈基地；第二，發動更大規模的空中攻勢；第三，入侵及征服古巴。他說：「我們當然要按第一計畫進行，我們要除掉這些飛彈。」會議在羅伯．甘迺迪主張全面入侵後於午後一時散會。

午後二時三十分，羅伯．甘迺迪在司法部大辦公室大罵貓鼬小組，並責成該小組提出新構想和新任務。他拋出總統在一個半小時前問他的問題，要赫姆斯回答，假設美國入侵，究竟有多少古巴人會為卡斯楚政權而戰。沒人知道。午後六時三十分，總統人馬再度在內閣廳開會。甘迺迪總統一想到貓鼬任務不由問道，子彈是否能摧毀了中程彈道飛彈。卡特將軍說可以，但飛彈是機動的，可以轉到新的地點隱藏。對準機動飛彈的問題，直到今天仍然無解。

總統現在思考對古巴發動核戰的問題，這才發覺自己對蘇聯領導人的瞭解實在太少了。總統說道：「我們肯定是一直以來都誤解他的意圖，我們當中認爲他會把中程彈道飛彈弄到古巴人的並不多見。」除了麥康，誰也沒想到，彭岱嘟噥道。赫魯雪夫到底想幹什麼？總統問道：「這樣做到底有什麼好處？他好像當我們突然才開始在土耳其部署大量中程彈道飛彈似的。我覺得，現在情勢非常危險。」一陣沈默。彭岱說：「我們是部署了，總統先生。」話題接著轉到祕密作戰上。彭岱表示：「我們有一份破壞方案表，總統先生……我知道你支持破壞行動。」的確，已有十個貓鼬五人小組乘潛艇潛入古巴，他們的使命是要以深水地雷炸掉停在古巴各港口內的蘇聯船隻、以機關槍和迫擊砲攻擊三處地對空飛彈地點，乃至追查核彈發射器。甘迺迪兄弟搖擺得很厲害。中情局是他們的鈍器。

總統退席，桌上留下兩個軍事選項：偷襲古巴和全面入侵。他臨走留言，要在明早啓程前往康乃狄克州助選之前和麥康見個面。卡特將軍、麥納瑪拉、彭岱等數人留下繼續開會。

中情局副局長卡特將軍已經六十一歲，身材矮胖，頭已禿，口齒凌厲。他是艾森豪時期的北美防空指揮部（NORAD）參謀長，對美國核武戰略相當瞭解。現在，總統一走，這位中情局長官便提出他最沈重的疑慮：「以奇襲進攻古巴，毀掉所有的飛彈。這也只是開始，並不是結束。」這只是第三次世界大戰的第一天。

我力薦的方針

第二天，十月十七日星期三，早上九時三十分，麥康和甘迺迪總統見面。「總統顯然傾向於要嘛就無預警地快速行動」，麥康在每日備忘錄裡指出。總統接著又請麥康驅車到賓州蓋茨堡向艾森豪做個簡報。麥康帶著U-2所拍的中程彈道飛彈照片，在中午時分來到蓋茨堡。麥康寫道：「艾森豪似乎傾向（並沒有明白建議）以軍事行動切斷哈瓦那，從而控制古巴政府核心。」

局長一面驅車回華府，一面整理思緒。他在四十八小時內往返西岸，已經非常疲憊。他當天下午所寫六張單行間隔的筆記，已在二〇〇三年解密，其中反映的是如何設法在不啓動核戰的情況下，除掉古巴飛彈。

麥康以他出身造船業的背景，自然很瞭解船艦在軍事、政治和經濟上的力量。因此，他在筆記裡所提出的構想，就包括「全面封鎖」古巴，亦即以揚言攻擊爲後盾，「阻斷所有進來的船運」。他和羅伯·甘迺迪、麥納瑪拉、魯斯克、彭岱一直開會到將近午夜，詳細說明他的封鎖策略。麥康的筆記顯示，這個構想並未獲得總統顧問群明顯的支持。

十月十八日星期四，上午十一時，麥康和龍達赫帶著新的U-2照片到白宮。照片中是另一組更大型的飛彈，每一枚都具有二千二百哩射程、可以攻擊西雅圖之外各大城市的能力。麥康說，飛彈基地由蘇軍管理；麥納瑪拉接著指出，空中突襲飛彈基地雖可一舉殺死幾百人蘇軍，但這是對莫斯科開戰的行爲，並不是對哈瓦那開戰。國務次卿包爾（George Ball）則提出卡特將軍兩天前所說的話：「我們若是無預警攻擊則有如發動珍珠港事變。」

總統說：「關鍵其實在於什麼樣的行動可以減少核武交火的機率，萬一到這地步，顯然就是全盤皆輸了……你有未經宣戰的封鎖建議，也有宣戰式的封鎖；我們有攻擊計畫一、二、三種，還有全面入侵計畫。」

那一天，麥康爭取到兩票支持他以攻擊威脅進行封鎖的主張，一票是艾森豪，另一票是羅伯．甘迺迪。他們轉向支持麥康之後，雖仍是少數，卻已起到改變形勢的作用。當天晚上午夜時分，甘迺迪總統一個人坐在橢圓形辦公室裡，對著隱藏式麥克風說：「意見顯然已由先制攻擊的優勢轉向了。」麥康很滿意地指出，總統在星期天打電話到他家說，「他已決定採取我力薦的方針」。十月二十二日星期一晚間，總統在電視談話中向全世界宣布此一決定。

我會被彈劾

十月二十三日星期二早上，白宮由麥康簡報揭開一天序幕。甘迺迪兄弟深知，麥康既是華府唯一正確事先提醒他們蘇聯威脅的人，那麼他也有可能對他們造成政治傷害，

麥康（右）與司法部長羅伯．甘迺迪關係親密，羅伯在祕密行動作業上扮演關鍵角色。

於是便將他推出操盤，向國會議員和各報專欄作家簡報。此外，他們更希望局長能讓史蒂文生大使挺直脊梁，在聯合國堅持美國的主張。

麥康從白宮打電話給中情局首席情報分析員克萊恩，要他帶著U-2照片副本飛到紐約。麥康解釋說，史蒂文生團隊「不太容易向聯合國安理會提出令人信服的主張。他們的處境有點尷尬，因爲，豬灣事件當時史蒂文生提出假照片，後來東窗事發」。

甘迺迪總統的十二名國安顧問開會討論，如何管理預定明天早上開始的封鎖行動。嚴格說來，這已構成戰爭行爲。根據克萊恩的轉述，麥康向聯合國會場外的人發表談話，指出前往古巴的船隻可能會試圖闖過美國戰艦。

「明天早上這八艘（蘇聯）船若繼續前航，我們要怎麼辦？」總統問道。

「我們都很清楚該」——一陣沈默，一聲緊張的輕笑，「我們處理掉？」

沒人知道。又是一陣沈默。

「打掉他們的方向舵，不是嗎？」麥康答道。

會議中斷。甘迺迪總統簽署封鎖聲明後，和老弟單獨留在內閣廳一會兒。

總統說道：「唔，看來是要眞下手了，但話說回來，我們其實也別無選擇，要是他們這次得逞，天曉得下次他們會怎麼搞？」

他弟弟說：「是別無選擇。我是說，你定會——被彈劾。」總統深然其言：「我定會被彈劾。」

十月二十四日星期三，上午十時，封鎖生效，美國持續保持僅次於核戰的最高警戒狀態，麥康則開始每日簡報。中情局局長終於負起法律賦予他的任務，將全國情報匯整成單一意見向總統呈報。他報告說蘇軍雖沒有全面警戒，卻也增加備戰，而且蘇聯海軍有數艘潛艇在大西洋上尾隨艦隊朝古巴前進。攝像偵察顯示，蘇聯在興建核彈頭倉庫，但未見核彈頭蹤跡。麥康煞費苦心地向總統指出，封鎖阻止不了蘇聯整備飛彈發射基地。

麥納瑪拉接著提出攔截蘇聯船隻與潛艇的計畫，一會兒麥康就打斷他的話。「總統先生，我剛接到一張便條……目前在古巴海域經確認爲蘇聯船隻的六艘……不是停航就是回頭。」魯斯克問道：「你所謂『古巴海域』是什麼意思？」總統則問：「是出去的船隻，還是進來的船隻？」麥康起身說道：「我去查查。」說罷便走了出去。魯斯克喃喃說道：「要分個清楚嘛。」

麥康再進來時也帶回嶄新的消息說，原本朝古巴航行的蘇聯船隻，到古巴島五百餘哩外時不是停航，就是折返。這時候，魯斯克想必挨近彭岱，說道：「我們雙方怒目對視，而對方剛眨眼了。」

麥康策略的第一部分已經奏效，隔離蘇聯船運將會持續。第二部分可就困難多了。正如他一再提醒總統的，飛彈仍在，核彈頭也還藏在島上，風險逐漸升高。

十月二十六日，駐聯合國大使史蒂文生在白宮指出，交涉飛彈撤出古巴可能得花上好幾個星期，甚至是好幾個月。麥康知道這是緩不濟急，於是在晌午時分把總統拉進橢圓形辦公室（羅伯就算在場也沒有發言），只和他還有照片解讀員龍達赫私下會談。攝相偵察顯示，蘇聯已引進短程戰場核武，僞裝的飛彈發射器幾乎都已準備就緒。每一處飛彈地點都由高達五百名軍事人員操作，另有三百多名蘇軍防護。

麥康告訴總統：「我一直很擔心，唯恐他們會在夜間啓動，第二天早上飛彈全對準我們。因此，我越來越關心的是接下來的政治路線。」

「還有什麼別的辦法？」總統問道。「另一個方法是，我們可以空襲或入侵。即使是入侵，一旦經過一番血戰後到達這些飛彈地點，我們還是得面對事實，它們還是指著我們。所以最後還是回到他們會不會發射飛彈的問題上。」

麥康說：「沒錯。」這時，總統的心思已從外交轉到戰爭上。總統說：「我的意思是說，撇開無法立即擺脫危機的外交行動，我們已經沒有別的行動可言。我認爲另一個方法是結合空襲和可能的全面入侵，也就是說，鑑於他們可能發射飛彈，我們勢必得雙管齊下。」

麥康力持愼重，反對入侵，他告訴總統：「入侵的嚴重性比大多數人所認知的還要高出許多。」俄國人和古巴人有「很多裝備……那兒有很多要命的東西，譬如火箭發射器、自走砲載具、半履帶戰車等等……會給入侵軍隊迎頭痛擊。這絕對不是一件容易的事」。

當天晚上，莫斯科一通長電傳到白宮。這通電報單是收發就發花了六個多鐘頭，一直到晚上九點才接收完畢。這封赫魯雪夫私函在非難「熱核戰浩劫」的同時，也提出一個解決辦法：只要美國保證不入侵古巴，蘇聯自會撤出飛彈。

十月二十七日星期六，麥康以飛彈最短可在六個小時內發射的壞消息，揭開上午十點的白宮會議，就在他快要結束簡報的時候，甘迺迪總統當場朗讀一則從美聯社莫斯科分社發出的快報：「赫魯雪夫總理已於昨日告知甘迺迪總統，宣稱美國若將火箭撤出土耳其，他也會將攻擊性武器撤出古巴。」會議頓時亂成一團。

起先，除了總統和麥康，誰也不相信這一套。

甘迺迪說：「我們也別自欺欺人，他們這提議的確很好。」

麥康甚表同意：這提議很明確，也很愼重，不容忽視。大夥兒討論如何回應就拖了一整天，其間還不時被恐怖時間打斷。首先是一架U-2從阿拉斯加沿岸誤入蘇聯領空，蘇聯噴射機群急起攔截。接著，大約午後六時左右，麥納瑪拉突然宣布，有一架U-2在古巴上空遭擊落，空軍少校安德森陣亡。

於是，參謀首長聯席會議強烈主張，應在三十六小時內對古巴展開全面攻擊。六時三十分左右總統離席，討論立即變得較不拘形式，也較粗暴。

麥納瑪拉說：「軍方的計畫基本上就是入侵，我們一旦出擊，就會全面攻擊古巴。如此一來肯定會變成入侵。」或是核戰，彭岱嘟噥道。麥納瑪拉接著說：「屆時蘇聯可能，我想大概是一定會，攻擊土耳其飛彈。」接下來美國勢必得攻擊蘇聯在黑海的船艦或基地。

這位國防部長說：「我認爲這是非常危險的事。現在我倒是不能確定，一旦我們攻擊古巴，是否還能避免這種後果。但我認爲我們應盡全力避免，方法之一便是先解除土耳其飛彈再攻打古巴。」

麥康大怒：「那我可就不明白你當時爲什麼不換呢！」

立場頓時大轉變，又有人嚷著說：換哪！換哪！麥康怒火上升，接著說道：「我們已經談過這個問題，我們也說過，我們很樂意用土耳其的飛彈交換古巴飛彈。」他激昂地陳述自己的觀點。「我會立刻把土耳其飛彈換出去，甚至絕口不跟別人提。我們談了一個星期，現在可好，（赫魯雪夫一提議）人人都贊成交換了。」

總統晚間七點半左右回到內閣廳後，建議大家先吃個晚餐休息一下。然後，他和弟弟、麥納瑪拉、魯斯克、彭岱以及四名親信助理在橢圓形辦公室繼續談。麥康被排除在外。他們討論的是他的構想，也是總統所要的。人人立誓保密。羅伯．甘迺迪離開白宮後，在司法部辦公室裡會見蘇聯大使杜布萊寧（Anatoly Dobrynin），並告訴他說，美國接受飛彈交換的提議，條件是不得公諸於世。甘迺迪兄弟不能被人看做是會和赫魯雪夫搞私下交易的人。所以，羅伯．甘迺迪司法部長刻意偽造會談備忘錄，刪去草案中提到交易的部分。這次交易一直祕而不宣，麥康在二十五年後還說：「甘迺迪總統和羅伯．甘迺迪司法部長堅稱，他們絕對沒和蘇聯代表討論土耳其飛彈，更沒有做這類交易。」

多年以來，世人一直相信全憑甘迺迪總統的冷靜決斷和他弟弟堅定致力於和平解決，始能讓美國免於核戰，至於麥康在古巴飛彈危機中的核心角色，則在二十世紀淹沒無聞。

甘迺迪兄弟很快便對麥康反目相向。這位局長大人讓全華府的人都知道，他是古巴飛彈危機中唯一尖兵，他在總統國外情報委員會作證時也說，他在八月二十二日就把自己的預感告訴總統。一九六三年三月四日，《華盛頓郵報》刊出委員會對「照片落差」的相關報告摘要。當天，羅伯．甘迺迪對老哥說，一定是中情局洩露消息來中傷他。

總統說：「是啊，麥康那傢伙眞是個混蛋。」

必要時可以處決卡斯楚

麥康在飛彈危機最熱的時候，設法抑制貓鼬小組，讓該組把相當多的精力用在為五角大廈蒐集情報上。他以為自己成功了，殊不知哈維卻認定美國即將入侵古巴，下令貓鼬成員準備進攻。

原本推動貓鼬行動最力的羅伯．甘迺迪，發現這指揮鏈上嚴重缺失後勃然大怒。哈維與他一陣對罵後被逐出華府。後來，聯邦調查局查到哈維和他原本請來暗殺卡斯楚的黑手黨殺手羅塞里宴酒話別，赫姆斯急忙把他調到羅馬當工作站長。到了羅馬，酷愛杯中物的哈維無人拘束，對手下作威作福，就和羅伯．甘迺迪苛待他沒有兩樣。

赫姆斯換上遠東事務主管費茲傑羅來接手哈維的古巴業務。費茲傑羅是哈佛人，也是百萬富豪，住在喬治城紅磚豪邸，餐具室有管家，車庫有積架名車。他很符合詹姆士龐德的形象，總統很喜歡他。韓戰初起時，魏斯納把他從紐約法律事務所請出來之後，立即當上遠東課祕密行動執行官。緬甸的李彌任務他出過力，後來又指揮中情局「中國任務」，把外國特工派去送死，直到一九五五年總部檢討認定中國任務浪費時間、金錢、精力和人命。後來費茲傑羅升爲遠東課副課長，協助規畫與執行一九五七至五八年間的印尼行動，當上遠東課長後又主持擴充速度極快的越南、寮國和西藏工作。

現在，甘迺迪兄弟命他炸掉古巴礦場、磨坊、發電廠和商船，希望能成立一支反革命部隊毀掉敵人。誠如羅伯．甘迺迪在一九六三年四月對費茲傑羅所說的，目標是在一年半之內，也就是下次總統大選前罷黜卡斯楚。中情局有二十五名古巴特工死在這些徒勞無功的行動上。

於是，費茲傑羅便在一九六三年夏秋之際，領導獵殺卡斯楚的最後任務。[2]

中情局打算用該局在古巴政府內地位最佳的特工古貝拉（Rolando Cubela）當殺手。神經質、口風不緊又暴戾的古貝拉，在古巴陸軍官拜少校，曾任駐西班牙武官，遊蹤甚廣。在一九六三年八月一日與中情局官員在赫爾辛基的談話提到，他自動請纓「做掉卡斯楚，必要可以處決他」。九月五日，他利用代表古巴政府出席大學世運會的機會，在巴西阿格雷里港會晤中情局主事官桑切斯（Nestor Sanches）。九月七日，中情局適時指出，卡斯楚已選巴西駐哈瓦那大使館向美聯社記者發表篇攻擊性演說。卡斯楚說，「美國領導人若協助任何殺害古巴領導人的企圖，他們自身也難保……倘若他們協助恐怖分子陰謀殺害古巴領導人，他們自己也難保安全。」

十月初，桑切斯和古貝拉在巴黎再度見面時，古巴特工告訴中情局主事官說，他需要一把配有望遠式瞄準鏡的強力步槍。一九六三年十月二十九日，費茲傑羅搭機飛到巴黎，在中情局安全屋會見古貝拉。

費茲傑羅說，他是羅伯．甘迺迪所派的專使（相當接近事實），古貝拉所指定的武器中情局會照辦。他說，美國希望古巴來次「眞正的政變」。

〔注釋〕

1. 白宮錄音帶到底有什麼內容，一直是各界熱烈論爭的議題。甘迺迪總統圖書館歷史專家史騰（Sheldon Stern）花了二十多年時間整理，終於在二〇〇三年理出一份可靠的文本。

一般認爲，古巴飛彈危機的考驗使得約翰與羅伯．甘迺迪兄弟脫胎換骨，一個是從少不更事的三軍統帥變成英明領袖，一個從鷹派變成鴿派，白宮也從哈佛座談會變成智慧殿堂。其實，這是不正確和僞造的歷史記錄而衍生的迷思之一。甘迺迪總統老愛以文情並茂但明顯不實的故事餵一些他屬意的新聞記者，羅伯的遺著則充斥著虛構和杜撰的對話，而經由在別的事情上還頗爲可信的歷史專家以及忠於甘家親信隨從反覆渲染。

現在我們已經知道，甘迺迪兄弟如何扭曲歷史記錄，掩飾解決危機過程的眞相。

2. 詳見一九九三年解密的易爾曼督察長呈赫姆斯局長報告——〈主題：暗殺卡斯楚計畫報告，一九六七年五月二十三日〉（Subject: Report on Plots to Assassinate Fidel Castro, 23 May 1967），下文即是引自該報告：

最後計畫展開時，麥康雖不知情，但已心裡有譜。一九六二年八月十五日，芝加哥《太陽時報》記者打電話到中情局總部，詢問黑手黨頭子詹卡納（Sam Giancana）、中情局、反卡斯楚古巴人士之間的關聯。這話傳到麥康耳中，麥康於是問赫姆斯此事是否屬實。赫姆斯交給他一份三頁的備忘錄作爲回應。備忘錄出自中情局安全室主任愛德華茨，內容是一九六二年五月十四日向羅伯．甘迺迪簡報的「敏感古巴行動」：一九六〇年八月至六一年五月之間的反卡斯楚行動，涉及以「洛杉磯羅塞里」和「芝加哥詹卡納」爲代表的「若干賭博業人士」。司法部長對這些人知之甚詳。備忘錄雖然沒有提到暗殺字眼，但箇中含意不言而喻。赫姆斯交出備忘錄時還加上一句話：「想必你已得知附件討論的行動性質。」麥康花了四分鐘時間讀了才知道詳情，怒不可遏。

這大概也就是赫姆斯不告訴他費茲傑羅領銜暗殺卡斯楚新計畫或誰在主導計畫的原因。一九七五年時，赫姆斯向季辛吉表示，羅伯．甘迺迪不止一次「親自處理」暗殺卡斯楚計畫。

〔第二十章〕老大，我們幹得不錯吧？

一九六三年十一月四日星期一，甘迺迪總統一個人在橢圓形辦公室，口述一起他在半個地球外啓動的大風暴，亦即暗殺美國盟友、南越總統吳廷琰的備忘錄。

甘迺迪說道：「我們必須負起相當大的責任。」他停了一會兒，和在屋裡跑進跑出的孩子玩了一下，然後恢復口述。他又頓了一下：「殺他的方式，尤其讓人痛恨。」

中情局柯奈因（Lucien Conein）是甘迺迪安插在殺害吳廷琰的叛將裡的間諜。柯奈因多年後在一次特別作證中表示：「我是整件陰謀中重要的一環。」

柯奈因綽號「黑路吉」（Black Luigi），頗有科西嘉黑幫分子的氣派。柯奈因早年加入戰略情報局和英國人一起受訓，空降到法國戰線後工作。一九四五年飛到中南半島和日本人打仗；他也曾與胡志明在河內過從甚密，兩人一度是親密戰友。他一直待在戰情局，後來成爲中情局的創始元老之一。

一九五四年，他是第一批派駐南越的美國情報官之一，胡志明在奠邊府之役打敗法國之後，在日內瓦國際會議（國務次卿華特．貝岱爾．史密斯代表美國出席）仲裁下，越南分割爲北越和南越。往後九年裡，美國一直支持吳廷琰總統，作爲越南反共先鋒。柯奈因在中情局新派的「西貢軍事代表團」裡隸屬中情局藍斯岱麾下。中情局的魯福斯．菲力普（Rufus Phillips）說，藍斯岱獲有「很廣泛的授權」，「一言以蔽之，就是『藍斯岱，竭盡所能拯救南越』」。

柯奈因到北越執行破壞任務，摧毀火車和巴士、汙染石油、組建二百名中情局訓練的越南突擊隊、將武器埋藏在河內墓園裡，然後回到西貢幫吳廷琰總統撐起場面。吳廷琰是越南這個佛教國家中少見的天主教徒，中情局提供他數百萬美元經費、一批保鑣以及可直通艾倫．杜勒斯的熱線。中情局成立南越各政黨、訓練祕密警察、拍電影、印行一本占星學雜誌，預言哪些明星是吳廷琰的最愛等。中情局是從底打起、建立一個國家。

無知又自大

一九五九年，北越工農大兵開闢「胡志明小徑」穿越寮國叢林，游擊隊和特工間諜從小徑源源南下。

寮國尙屬前產業時代的蓮花國度，成了「美國認爲利益受到共產世界挑戰的引爆點」，美國駐永珍（寮國首府）大使館內的國務院年輕官員狄恩（John Gunter Dean）說。中情局著手收買寮國新政府，組建一支反共游擊隊攻擊胡志明小徑。北越則以加強滲透，並訓練寮國共產黨（Pathet Lao, PL, 亦作巴特寮、或戰鬥寮）作爲回應。

美國在寮國的政治策略規畫者，是現爲中情局永珍工作站長的赫克夏，他也是柏林基地和瓜地馬拉政變的老手。赫克夏利用新進外交人員爲掮客，建立美國控制網。狄恩回憶：「有一天，赫克夏問我，是否可以帶個手提箱交給首相。手提箱裡裝的全是錢。」

日後出任駐泰國、印度、柬埔寨等國大使的狄恩說道，這筆錢讓寮國領導人「瞭解到美國大使館裡眞正當家的不是大使，而是中情局站長。大使理應支持寮國政府，基本上不是要動搖寮國；但赫克夏卻一心一意地反對中立派的首相，甚或要把他弄下臺。就是這麼回事」。

中情局強行逼退經自由選舉產生的聯合政府，並扶植佛瑪親王（Souvanna Phouma）爲新首相。當時中情局負責佛瑪首相的主事官詹姆士（Campbell James），是鐵路大亨的繼承人，言行舉止及穿著打扮都和十九世紀英國近衛軍沒有兩樣。從耶魯畢業已有八年的他，自認是寮國總督，過的當然也是總督般的生活。他在私人賭坊結交寮國各界領導人物，收買影響力；賭坊中間是一檯向狄恩借來的輪盤。

寮國之爭眞正的開端是，負責泰國突擊隊叢林戰訓練的中情局官員賴爾（Bill Lair），發現寮國皇家陸軍裡有位王寶（Vang Pao）將軍，率領一支自稱爲蒙族（Hmong）的山岳民族。一九六〇年十二月，賴爾向遠東課長費茲傑羅提到這位新吸收的人手。賴爾報告：「王寶曾說：『我們無法和共產黨一起生活，你給我們武器，我們就打共產黨。』」第二天早上，費茲傑羅在工作站要賴爾寫份建議書。「那是一通十八頁的電報，很短時間內就有回音……是眞的准了。」賴爾回憶道。

一九六一年一月初，艾森豪總統在任最後那幾天，中情局飛行員運交第一批武器給蒙族；半年後，王寶旗下九千餘名山岳民族，加入賴爾所訓練的三百名泰國突擊隊，投入反共戰鬥。中情局陸續送槍械、經費、無線電和飛機給首府寮軍和山區各游擊隊領導人。他們最迫切的任務是，切斷胡志明小徑。這時，河內早已在南方宣布成立「民族解放陣線」（National Liberation Front, Vietcong：一九六〇年十二月成立）。那一年，總計有四千名南越官兵死在越共手中。

甘迺迪上臺幾個月後，把寮國和南越的命運視為一體。甘迺迪不想派美國戰鬥部隊到叢林送死，反而叫中情局倍增寮國山岳民族部隊，配合吸收來的亞洲特工「盡其所能（在北越）發動游擊作戰」。

甘迺迪時代派到寮國的美國人，並不知道這個山岳民族叫蒙族，而以一個介乎「蠻族」和「黑鬼」的渾號稱他們為苗族。何姆（Dick Holm）就是當年的美國青年之一。「回首前塵，他感嘆「無知又自大的美國人來到東南亞……我們對所要協助的民族的歷史、文化和政治僅有微薄的認知……我們的戰略利益就是在總統選定的地區，以我們自己的方式強行『畫出一條（反共）界線』。」

主管情報業務的副局長艾摩里說，在中情局總部「所有的行動派都贊成在寮國開打，他們認為寮國是打仗的好地方」。[2]

我們收到很多謊報

派到越南的美國人同樣對越南的歷史文化一無所知，中情局官員卻自認是全球反共戰爭的先鋒。他們支配西貢。當時駐在西貢的國務院官員倪賀（Leonardo Neher）說：「他們以各式各樣的身分爲掩護，如電影和戲劇製作人、產業營業員；他們是教練、武器專家、商人。他們的經費多得讓人難以置信……他們要什麼有什麼，是一輩子最風光的時候。」

他們獨獨缺了敵人相關情報，這是一九五九至六一年擔任西貢工作站站長柯比的責任，他不久高升遠東課負責祕密行動。

柯比原爲戰情局敵後突擊隊，二戰期間亦然。他推動「伏虎計畫」（Project Tiger），空降二百五十名南越特工到北越；兩年後，二百一十七人遇害、失蹤或疑爲雙面諜。最後報告列出五十二組（每組最多達十七名突擊隊員）特工的下場：

「著陸後不久即遭俘擄。」

「河內電臺發布俘擄消息。」

「全組陣亡。」

「該組據信已遭北越控制。」

「著陸後不久遭俘擄。」

「內奸、背叛、殲滅。」最後這一行字顯示，美國發現有一組突擊隊暗中爲北越工作，從而追殺其他組員。中情局一直搞不懂任務怎麼會失敗，直到冷戰後柯比的同夥、伏虎計畫副指揮杜文田上尉透露，他一直爲河內當間諜，這才眞相大白。

美國大使館政治組副組長巴博爾（Robert Barbour）說：「我們收到很多謊報，有些一聽就知道是在騙人，有些卻令我們難辨眞假。」

一九六一年十月，甘迺迪總統派泰勒將軍評估越南形勢。泰勒在極機密報告中說，「南越目前已陷於極嚴重的信心危機」，美國必須「以行動而不僅是徒託空言，表明美國嚴正承諾幫助拯救越南」。他寫道：「爲取信於人，這承諾必須包含派遣美國軍力到越南。」這是很重大的祕密。

泰勒將軍繼續寫道，爲贏得這場戰爭，美國需要更多的間諜。中情局西貢工作站副站長大衛·史密斯（David Smith）則在報告祕密附件中表示，主戰場應該是在南越政府內部。他說，美國必須滲透並左右西貢政府，「以加速決策與行動過程」，必要時可以改變西貢政府。這差事落在柯奈因頭上。

沒人喜歡吳廷琰

柯奈因於是跟吳廷琰半瘋的弟弟吳廷瑈攜手推動「戰略村」（Strategic Hamlets）計畫，把各村莊農民集中任進武裝營區，以防共黨滲透。一身美軍中校軍裝的柯奈因，就此一頭栽進腐敗的南越軍事、政治與文化裡。

他說：「我可以到每一個省分。可以和各部隊指揮官聊天，其中有些是我認識多年的人，有些甚至是二戰時期的老交情。這些人有些已身居要職。」他的人脈很快就成爲中情局在南越的最佳聯繫。但是，還有太多的事是他不知道的。

一九六三年五月七日，佛陀誕生二千五百二十七年紀念日前夕，柯奈因飛到越南古都順化，發現有一大批他前所未知軍事護法人員。他們勸他搭下班飛機離開。他回憶：「我想留下。我想看看佛誕日慶祝活動，看看點滿蠟燭的小船順著香江而下的光景，誰知大謬不然。」第二早上，吳廷琰的軍隊攻擊且殺害順化護法人員。

柯奈因說：「吳廷琰與現實脫節。」吳廷琰的藍色童軍裝模倣「希特勒青年團」，中情局代訓的特種部隊和祕密警察，設法想在佛教國家越南成立一個天主教政權。吳廷琰壓迫僧侶，也使得他們變成一支強大的政治勢力。接下來的五個星期，僧侶反政府示威風起雲湧。六月十一日這一天，六十六歲的僧人釋廣德在西貢十字路口引火自焚。自焚照片轟傳全世界。他肉身成灰，只留下一顆心。吳廷琰爲保權位開始破壞佛塔、殺害僧侶和婦孺。

羅伯．甘迺迪事後不久說道：「沒人喜歡吳廷琰，要怎麼弄掉他，找個既可以繼續反共戰爭，又不致使越南一分爲二，從而丟掉反共戰爭和越南的人，這是個大問題。」

一九六三年六月底七月初，甘迺迪總統開始在私下談話中談到擺脫吳廷琰的問題。若要辦得好，最好是祕密行事。甘迺迪從提名駐越新大使展開政權變革計畫，他所提名的洛奇（Henry Cabot Lodge），爲人傲岸專橫，也是兩度敗在他手下的政治對手，一次是角逐麻薩諸塞州參議員，另一次他擔任尼克森競選夥伴。甘迺迪保證讓他在西貢享有總督般的權力，洛奇便欣然接受任命。

七月四日，柯奈因接到南越代理參謀長陳文敦將軍信息，這位他相識十八年的老朋友說：請至卡拉維爾飯店（Caravelle Hotel）一晤。當天晚上，陳文敦將軍在煙霧瀰漫、眾聲喧嘩的飯店地下室俱樂部透露，軍方已準備推翻吳廷琰。

陳文敦問：「要是我們動手，美國會做何反應？」八月二十三日，甘迺迪總統給了回答。

星期六，雨夜，總統獨自一人，因背痛拄杖而行的他，哀悼著兩星期前安葬的死產兒子派屈克。當晚九點過後不久，總統接到國安助理麥可．佛瑞斯托的電話，也接到由國務院希斯曼（Roger Hilsman）起草尚未批示的極密電報，是要傳給新任大使洛奇的。電文告訴洛奇，「我們必須面對吳廷琰權位難保的可能性」，並敦促洛奇「就如何罷黜吳廷琰一事擬具詳細計畫」。國務卿、國防部長和中情局長都對以政變推翻吳廷琰心存疑慮，故以這通電報並未與三人磋商。

「我眞不該核准」，總統明白後果後這麼告訴自己，但命令已經傳下。

希斯曼告訴赫姆斯說，總統已下令罷黜吳廷琰。[3] 赫姆斯把任務交給剛上任的遠東課長柯比，柯比又把任務轉到他挑選接替自己西貢工作站長職務的李察森：儘管這命令「顯然要我們在還沒有正確辨認林中鳥兒或牠們哼什麼調之前，就拋掉手中的鳥兒」，但「中情局必須完全接受決策者的指令，設法完成他們想要的目標」，柯比指示李察森說。

八月二十九日，到任才六天的洛奇打電報回華府：「我們已走上推翻吳廷琰政府的不歸路。」在白宮，甘迺迪接收電報、批准、下令洛奇應確實掩藏美國（柯奈因）在政變中的角色，赫姆斯則在一旁聽著。[4]

洛奇很不滿中情局在西貢高高在上。他在私人日誌裡寫道：「中情局經費比較多；房子比外交人員的大；薪水較高、武器較多、現代設備較多。」他很嫉妒李察森大權在握，很瞧不起這位站長對柯奈因在政變計畫中的關鍵角色所展現的持重態度。洛奇決定要換個新站長。

於是，他處處激怒李察森，以羅伯．甘迺迪八個月後做祕密口述史時的話來說——「讓他曝光，公然把他的名字洩露給各大報」，以精心算計的手法洩露給一位路過西貢的優秀記者。這則報導成了熱門大獨家。報導中指名道姓說李察森（前所未見的安全漏洞），「使洛奇從華府帶來的行動計畫受挫……因爲中情局不同意該計畫……此間一位畢生奉獻民主的高級官員，將中情局的坐大比喻爲惡性腫瘤，並表示連白宮也治不了它」。《紐約時報》和《華盛頓郵報》亦陸續報導。李察森事業毀了，四天後便離開西貢；洛奇大使不久就搬進他的住處。

柯奈因的老朋友陳文敦將軍說：「幸好李察森被召回了，要是他繼續待下去，可能會對我們的計畫造成很大傷害。」

完全沒有情報

十月五日，柯奈因到西貢參謀總部拜會楊文明將軍。據他的報告說，這位習稱「大明」的將軍提到暗殺和美國支持新軍事執政團的問題。工作站代理站長大衛．史密斯則建議「我們不要畫地自限，毫無轉圜地反對暗殺計畫」。這話聽在洛奇大使耳中是如聆天音，麥康聽來卻宛如惡咒。

麥康訓令史密斯站長不要「煽動、批准或支持暗殺行動」，並匆匆跑到橢圓形辦公室。日後他作證指出，當時他很小心地避開可能讓人把白宮和謀殺聯想在一起的字眼，而選擇用運動來比擬：總統先生，假設我是棒球隊領隊，而我只有一位投手，那麼，不管這位投手是好是壞，我都會讓他留在投手丘上。麥康在十月十七日「特別小組」會議上，以及四天後一對一與總統面談時，先後指出自從八月洛奇到任後，美國在越南的外交政策一直建立在「完全沒有（西貢政情）情報」上，柯奈因周遭的情勢發展「極爲危險」，且有形成「美國絕對災禍」之虞。

洛奇大使則向白宮保證：「我相信，迄今爲止我們透過柯奈因涉入的程度，仍在可設詞否認的範圍內。基於兩個理由，我們不應反對政變。第一，即使只是最起碼的和局，下任政府也不至於像現任政府這麼糟糕和跌跌撞撞。第二，就長程而言，對政變企圖澆以冷水頗爲不智……我們應該切記，這是越南人民唯一可能改變政府的方法。」[5]

白宮發了一通審慎指示的電報給柯奈因：查明南越將領們的計畫、不要鼓動他們、保持低調。太晚了：諜報和祕密行動的界線已名存實亡。柯奈因太有名了，做不了潛伏的工作。柯奈因說：「我在越南相當出名。」相關人士都知道他的身分，知道他代表的是什麼機關。他們相信，這位中情局先鋒是美國代言人。

十月二十四日晚上，柯奈因會晤陳文敦將軍，得知政變將在十天內發動。十月二十八日，兩人再度碰面。陳文敦日後寫道，柯奈因「提出要給我們經費和武器，但我拒絕了，我說我們只需要勇氣和信念。」

柯奈因小心翼翼地轉達美國反對暗殺的意思。他日後作證時說，當時南越將領的反應是：「你們不喜歡那樣嗎？好，我們自有辦法……你們不喜歡，我們也不會再談。」他並沒有阻止他們。他說，要是他當時阻止，「我當時就會被大卸八塊，弄瞎眼睛。」

柯奈因回報洛奇大使說政變已近。大使隨即派中情局菲力普去見吳廷琰。兩人坐在總統府裡談論戰爭和政治，驀地，「吳廷琰狐疑地看著我，說道：『有人要搞政變對付我？』」菲力普憶道。「我看他一眼，眞想大叫一聲。我說：『大概是吧，總統先生。』我們沒再深談。」

誰下的命令

政變在十一月一日，西貢時間正午，華府午夜時分展開。[6]陳文敦將軍差專人到柯奈因家相請，柯奈因換上軍裝，召來菲力普照顧他妻子和幼兒，然後抓起一把點三八口徑左輪手槍和裝有大約七萬美元的袋子，跳上吉普車，快速駛過西貢街道，直奔南越陸軍參謀總部。街上砲火四起。政變領袖已關閉機場，切斷市內電話線，突襲中央警察總局，接收政府電臺，攻擊政權中心。

柯奈因在西貢時間午後二時過後不久，發出第一份報告。他利用吉普車上的安全通信線路和工作站保持聯繫，一面現場描述槍林彈雨、軍隊調動和政治運作等狀況，工作站則透過密碼電報，將他的報告轉發白宮和國務院。當年能達到這種近乎即時的情報，已相當難能可貴。

「柯奈因於參謀總部／從大明與陳文敦將軍處目擊觀察。將領們試圖以電話聯繫總統府，但未能如願。他們的提議如後：倘總統立即辭職，他們可保證他安全，並讓總統和吳廷琛安全離境。若總統拒絕這些條件，則總統府會在一小時內遭到攻擊。」這是第一通電報。

一個多鐘頭後，柯奈因發出第二通電報：「沒有商量餘地，總統只有答應或不答應一途，毋庸多言。」將近午後四時之際，陳文敦將軍和眾盟友打電話給總統，提議給他避難所和安全離境。總統拒絕。接著，這位南越總統打電話給美國大使，問道：「美國究竟持何種態度？」洛奇答稱不知：「現在是華府時間早上四點三十分，美國政府不可能發表什麼看法。」接著說道：「我這兒有一份報導，說是這次行動的主事者提議讓你和令弟安全出境，不知你聽到這消息沒有？」

「沒有。」吳廷琰撒了謊，吳遲疑一下，大概是已恍悟陰謀政變也有洛奇一份。「你有我的電話號碼」，說罷便結束交談。三個小時後，吳廷琰和弟弟逃到一位資助他建立私人情報網的中國商人所有的安全屋。這間別莊設有電話線可直通總統府，因此還能維持他還在位的假象。戰鬥持續一整夜，叛軍猛攻總統府，造成將近一百人死亡。

凌晨六時左右，吳廷琰致電大明將軍，表示他準備辭職下臺，大明將軍則保證他安全。吳廷琰說，他會在西貢華人區裡的聖方濟沙勿略教會（Saint Francis Xavier）等候。大明將軍派出一輛裝甲運兵車去接吳氏兄弟，並令貼身保鑣在前引路，然後向心腹豎起兩根手指。這是暗號：殺掉他倆。

陳文敦將軍命人清理總部、搬來一張蓋著綠毛布的大桌子，準備召開記者會。陳將軍對老朋友柯奈因說：「請便，我們要請新聞界朋友進來。」柯奈因一回到家，又被洛奇傳了去。他說：「我一到大使館就被告知說，我得去把吳廷琰找出來。我又累又煩，於是問『是誰下的命令？』他們告訴我，命令出自美國總統。」

早上十點左右，柯奈因驅車回參謀總部，向他碰到的第一位將軍質問。十二年後在參院調查此次暗殺事件的委員會上，柯奈因祕密作證：「大明將軍告訴我，他們自殺了。我看了他一眼，說在哪裡？他說，他們在堤岸區天主教堂內雙雙自殺。」

柯奈因說：「我想，當時我是失去冷靜了。」他當時想到的是道德罪愆和自己永恆的靈魂。「我告訴大明將軍，你是佛教徒，我是天主教徒，所以你大概不知道，如果他們是在教堂裡自殺，今晚神父會舉行彌撒，你這說詞是站不住腳的。我問他們到底在哪裡？他說，他們在參謀總部，在參謀總部後面，你想見見他們嗎？我說不必了。他說，爲什麼？我說就算只有百萬分之一的人相信你說他們在教堂裡自殺，我卻看出他們不是自殺，又知道箇中別有隱情，那我麻煩可大了。」

柯奈因回到美國大使館報告說，吳廷琰總統已身亡。但他並沒有完全據實以報。他在電報中說：「據越方告知，他們是在離城途中自殺。」華盛頓時間凌晨二時五十分，傳來國務卿魯斯克署名的回電：「吳廷琰、吳廷瑈自殺一事，此間甚感震驚……若此說屬實，理應公開表明他們確是自殺身亡。」

一九六三年十一月二日，早上九點三十五分，甘迺迪兄弟、麥康、魯斯克、麥納瑪拉和泰勒將軍在白宮召開不列入記錄的會議。開議沒多久，佛瑞斯托就帶著西貢傳來的快報跑進來。泰勒將軍回述說，總統驀地跳起來，「臉上帶著我未曾見過的震驚和惶恐神情衝了出去」。

午後六時三十一分，彭岱給洛奇發了一通只有麥康、麥納瑪拉和魯斯克三人過目的機密電報：「吳廷琰與吳廷瑈之死已造成此間震撼，此外，倘若他們遭暗殺的說法傳到一位或多位未來政府高層官員耳中，未來政府的立場和名聲可能會大受傷害……不宜讓人留下這裡很輕易接受政治暗殺的假象。」

羅森索（Jim Rosenthal）是那個星期六美國駐西貢大使館的執勤官，洛奇派他到大門接待幾個重要訪客。羅森索說：「我永遠忘不了那情景。那輛車開到大使館，照相機喀嚓響個不停。柯奈因從前座跳出來，打開後車門，敬禮，那些傢伙一一下車。他好像要送他們到大使館似的，的確沒錯。我剛陪他們上電梯，洛奇已出來迎接……這些人剛剛發動政變、殺了國家元首，馬上就到大使館來，彷彿在說：『嘿，老大，我們幹得不錯吧？』」

〔注釋〕

1. 〔譯注〕何姆另名Richard Holm，先後在十三任中情局局長手下任事，足跡遍歷各大洲，一生多采多姿，尤以追蹤豺狼卡洛斯（Carlos the Jackal）經歷最爲人熟知，曾獲中情局最高獎章「傑出情報勳章」，著有《美國特工》（*The American Agent*）回憶錄。
2. 中情局內部對在寮國開戰的得失有過大辯論。一九五三至六二年間主管情報業務的艾摩里副局長說：「局裡分裂得很厲害。行動派都贊成在寮國開打，他們認爲那裡是打仗的好地方……費茲傑羅就強烈支持此議。」艾摩里不以爲然，於是在代擬甘迺迪總統第一次談到寮國問題的全國電視談話稿子後不久便辭職。甘迺迪表示，寮國受到內外共產勢力威脅，他告訴全國民眾：「它的自身安全和我們大家的安全息息相關。本諸人人共遵的眞正中立精神，我們在寮國所求的是和平，不是戰爭。」

3. 一九六三年八月二十三日星期六傍晚，甘迺迪總統決定推翻吳廷琰，中情局給總統的每日簡報提到，中情局訓練的南越突擊隊殺害佛教徒示威群眾，而且，「昨日吳廷瑈告訴美國人士，軍方將領已建議總統實施戒嚴。吳廷瑈否認此舉形同政變，但也警告說萬一吳廷琰在佛教徒問題上動搖或妥協，很可能會釀成政變」。這份簡報很可能促成甘迺迪批准希斯曼電報。麥康向艾森豪表示，總統隨興批准未經協調的電報，乃是迄至目前爲止甘迺迪政府「最重大的錯誤」之一。前總統艾森豪大怒。國安會在幹什麼？國務院搞什麼政變？麥康答道，甘迺迪身邊「盡是一些想要改革全世界所有國家的自由派」。艾森豪反問，這些自由派是誰任命的呢？老將軍「對美國前途表示憂心」。

4. 赫姆斯出席一九六三年八月二十九日白宮午間會議，與會者有總統、麥納瑪拉、魯斯克和十餘位高層官員。會議記錄顯示，洛奇大使已指示中情局的菲力普「告訴南越將領，美國大使支持中情局的做法」，意即中情局、美國大使館和白宮意見一致。「總統問過在場的人，是否對我們所採行的行動方針懷有疑慮」而魯斯克和麥納瑪拉果眞表示疑慮，但稍後，他決定由「洛奇大使全權負責在南越的公開與祕密活動」。

5. 十月二十九日，麥康、赫姆斯和柯比前往白宮，於午後四時二十分與甘迺迪兄弟及國安小組開會。柯比拿出一張軍事部署詳圖，說明吳廷琰和政變領袖雙方實力相當。甘迺迪人馬同樣正反意見相當；國務院支持，軍方和麥康反對。不過，到了這時候，由白宮啓動的行動已勢在必行了。

6. 根據柯奈因在邱池委員會上的證詞，吳廷瑈與西貢軍區司令安排一起僞裝越共在市內做亂的假事件，計畫中還包括暗殺美國官員，然後再由吳廷瑈調兵平定假造反事件。詎料這位司令官竟將吳廷瑈的計畫告訴政變將領。依柯奈因的說法，政變將領於是「將計就計」，致使眞的發生政變時，吳廷瑈還以爲是假造反。邱池委員會說，柯奈因在十一月一日早上從家裡提了三百萬越幣（四萬二千美元）給陳文敦將軍，當作購買糧草和撫恤傷亡費用。柯奈因在作證時的說法則是交出五百萬越幣，也就是七萬美元左右，柯比則說是六萬五千美元。

〔第二十一章〕

我認爲是陰謀

一九六三年十一月十九日星期二，赫姆斯帶著一把藏在航空旅行包內的比利時製機關槍到白宮。

這件武器是戰利品；中情局沒收三噸卡斯楚意圖走私到委內瑞拉的軍火。赫姆斯先把機關槍帶到司法部給羅伯．甘迺迪過目，羅伯則認爲應該讓他哥哥看看。於是，兩人進了橢圓形辦公室，和總統討論如何打擊卡斯楚。深秋日光漸暗，總統從搖椅上站起來，凝望窗外玫瑰園。

赫姆斯將機槍放回袋子，說道：「幸好特勤局沒發現我們帶機關槍進來。」陷入沈思中的總統，聞聲轉回身來和赫姆斯握握手。「沒錯，它讓我信心油然而生。」他含笑說道。

星期五，麥康和赫姆斯在總部局長房間內共進三明治午餐，七樓高敞的窗戶外，櫛比鱗次的屋頂一路迤邐到地平線外。驀地，惡耗傳來。

總統遭槍殺。麥康戴上軟呢帽，直奔一分鐘車程外的羅伯．甘迺迪家，赫姆斯則下樓回辦公室，起草一份書面文告，通電全球各地的工作站。他那一刻的想法跟詹森副總統相差無幾。

詹森回憶：「當時掠過腦海的是他們槍殺了我們的總統……下一個會殺誰呢？華府出了什麼問題？飛彈幾時會打來？我認爲這是陰謀，而且我一提出這個疑問，和我一起的人幾乎人人都有同感。」

在往後的一年裡，中情局以國家安全之名，隱瞞住它從新總統及其爲調查這起暗殺所成立的委員會所得知的大部分內情，該局的內部調查也在混亂和懷疑中瓦解，留下許多疑雲至今仍揮之不去。本文則是根據一九九八至二〇〇四年間解密的中情局記錄和中情局官員宣誓證詞而寫成。

結果驚人

赫姆斯十一月二十二日寫給各工作站的全球通告指出：「甘迺迪總統慘死一事，我們務必迅速查出各種不尋常的情報跡象。」在總部，夏綠蒂・巴斯托（Charlotte Bustos）立即發現異狀。她在中情局所負責的是墨西哥檔案管理，就在電臺發布消息說，達拉斯警方逮捕奧斯華（Lee Harvey Oswald）兩分鐘後，她抓起奧斯華的卷宗，跑過走廊，趕忙去找主管墨西哥和中美洲祕密行動的上司惠騰。

惠騰回憶道：「結果很驚人。」

卷宗顯示，一九六三年十月一日上午十時四十五分，有位自稱奧斯華的男子打電話到墨西哥市蘇聯大使館，詢問他申請前往蘇聯旅遊簽證結果如何。墨西哥市工作站在在墨國祕密警察大力協助下，得以進行代號「使節」（Envoy）的行動，竊聽蘇聯與古巴大使館往來電話。中情局因而取得奧斯華的電話通聯內容。

惠騰說：「墨西哥市是全世界最大、最活躍的電話截收作業中心，聯邦調查局長胡佛一想到墨西哥工作站便會得意洋洋。」調查局因此逮到不少駐紮美國西南部的美軍，意圖出賣軍事情報或向墨西哥市俄國使館投誠。此外，中情局還對蘇聯大使館進行攝相偵察，並拆閱進出使館的每一份郵件。

不過，由於竊聽業務量太龐大的緣故，很多沒用的情報也有如洪水般湧向工作站。因此，工作站是在八天後才聽到十月一日錄音、回報奧斯華預備訪蘇、並詢問總部：奧斯華是何方神聖？中情局知道他是美國陸戰隊出身，一九五九年十月公開向蘇聯投誠。中情局檔案裡有一份匯整聯邦調查局和國務院報告的資料，詳列奧斯華試圖放棄美國國籍、揚言要告訴蘇聯太平洋地區美軍部署的機密、娶了俄國女子，以及他在一九六二年六月被遣送回國等。

奧斯華居留蘇聯期間，「中情局沒有任何線索可以回報他的活動，或蘇聯KGB和他有什麼交易，」惠騰在一份內部報告中寫道。不過，「奧斯華和其他類似的投誠者可能都落在KGB手中。我們確信，這類投誠者都會受到KGB盤查，即使安插落戶也絕對有KGB線民環伺，甚至可能被KGB吸收，以便日後到海外執行任務。」

惠騰知道，這位射殺總統的男子可能是共產黨特工，於是拿起電話，請赫姆斯立即下令檢查「使節」錄音帶和墨西哥市轉譯的文本。中情局工作站長史考特（Win Scott）隨即打電話給墨西哥總統，墨國祕密警察和中情局竊聽人員漏夜追查奧斯華聲音的來源。

中情局有奧斯華檔案的消息傳開，麥康也回到總部，接著急忙開了六個小時的會議，最後一次是在晚間十一點三十分才開議。麥康得知中情局早已知道奧斯華到過墨西哥市蘇聯大使館，頓時大為震怒，他痛罵助理，更氣中情局的管理方式。

中情局的內部調查在十一月二十三日星期六早上具體成型。赫姆斯會晤局內大老，如自一九五四年以來一直主持反情報業務的安格頓等人。安格頓滿心期待，以爲會接辦奧斯華的案子，赫姆斯卻交給惠騰去負責，令他大爲憤慨。

惠騰是最瞭解如何揭露陰謀的人。他在二戰期間是個戰俘審訊專家，一九四七年加入中情局。他也是第一位在該局使用測謊器的人。一九五〇年代初期，他就已利用測謊器在德國調查數百位雙面諜、假投誠者和僞造情報者。此外，他也破獲幾起最大宗的騙局，譬如有個騙子拿著僞造的蘇聯通信密碼賣給維也納工作站。惠騰所破獲的另一起案子，則牽涉到一位安格頓在義大利的特工，安格頓甚至一度爲他掮上五國情報機關。後來證明這位特工是個騙子，病態的說謊者；他爽朗地分別向五個國家的情報機關透露自己爲中情局工作，很快就被五國情報機關聘爲雙面諜，請他回去滲透中情局。惠騰揭露安格頓作業缺失不只這一樁。在每個案件中，赫姆斯都告訴惠騰，直接到安格頓那間溟濛又煙霧瀰漫的辦公室找他。

惠騰說：「我曾進去找我的保險單，通知我的最近親。」一次次的對衝使兩人都對彼此產生「反感，最大反感」。所以，從惠騰接下奧斯華案子那一刻起，安格頓就千方百計搞破壞。

到了十一月二十三日上午，中情局已知悉，奧斯華在九月底和十月間陸續前往古巴和蘇聯大使館，想盡快到古巴待一陣子，等蘇聯簽證發下來。赫姆斯說：「他到過古巴和蘇聯駐墨西哥大使館，無疑是我們對他初步印象中很重要的一部分。」正午過後不久，麥康趕回市內，向詹森總統報告古巴牽連本案的消息，詹森和艾森豪之間的長談爲之中斷；艾森豪在會談中提醒詹森小心，羅伯・甘迺迪主掌祕密工作大權。

午後一時三十五分，詹森總統打電話給老朋友，向華爾街權力掮客魏舍（Edwin Weisl）吐露：「這件事……這位刺客……可能有很多牽連非你我所知……可能比你我所想還要深入。」當天下午，德州鄉親、也是詹森親信的美國駐墨西哥大使曼恩（Tom Mann），表示他懷疑卡斯楚主使暗殺。

十一月二十四日，星期日早上，麥康來到白宮時，負責抬甘迺迪靈柩送至阿靈頓國家公墓國葬的護靈人員已逐漸聚集。麥康上前向詹森更詳盡地說明推翻古巴政府的行動。這時詹森仍然不知道，美國想殺卡斯楚少說也有三年了。知道的人少之又少。艾倫．杜勒斯是其中一位，赫姆斯是另一位，羅伯．甘迺迪是第三位。卡斯楚很可能是第四位。

當天，墨西哥市中情局工作站明確斷定，奧斯華在九月二十八日向蘇聯情報官員申請簽證時，曾與一位叫柯斯提科夫（Valery Kostikov）的男子面談，此人據信是KGB十三課人員，也就是KGB裡負責暗殺的部門。[1]

工作站傳回一張名單，列出該站懷疑可能和蘇聯駐墨情報官員有接觸的外國人名字，其中有位叫古貝拉的，正是中情局暗殺卡斯楚終極計畫那位古巴特工。兩天後，古貝拉的主事官桑切斯在甘迺迪總統死亡時間，將一枝裝滿毒藥的筆（當靜脈注射器）交給古貝拉。墨西哥工作站的報告提出一個令人痛心的問題：古貝拉莫非是卡斯楚的雙面諜？

護靈隊伍剛要離開白宮，電視實況播出奧斯華在達拉斯警局被殺的消息。總統下令中情局立即提出有關奧斯華的所有情報。惠騰匯整成一份概要交給赫姆斯，赫姆斯在一、二個小時候轉交給總統。這份報告是遺失還是銷毀不得而知。據惠騰說，主要內容是中情局雖沒有確鑿證據說，奧斯華是莫斯科或哈瓦那方面的特工，但不無可能。

我們如履薄冰

九月二十六日星期二，麥康向美國新總統正式做情報簡報。「總統帶著相當鄙夷的口氣說，星期六司法部某人建議他應就甘迺迪總統暗殺案進行獨立調查。總統否決此一構想。」麥康在列入記錄的每日備忘錄中寫道。

七十二小時後，詹森違背自己的直覺，自己翻了案。十一月二十九日，也就是感恩節過後那一天，詹森連哄帶騙地讓滿心不情願的最高法院首席大法官華倫（Earl Warren）主持調查，接著又打了五個小時電話，一一敲定華倫委員會各委員。總統接受羅伯．甘迺迪的建議，打電話給既驚訝或疑惑的艾倫．杜勒斯。杜勒斯問：「你可曾考慮過我以前的工作和任務的成效？」詹森匆匆說聲考慮過了，便掛上電話。杜勒斯馬上打電話給安格頓。

外面天色已暗，總統匆匆趕在報紙截稿前召集委員談話。他一一唸出自己欽點的人選。審愼爲要，總統說：「我們不能只有參院、眾院、聯邦調查局和一些人忙著作證說，赫魯雪夫殺了甘迺迪，或卡斯楚殺了甘迺迪。」詹森給福特眾議員的印象是，他需要找些瞭解中情局運作的人。詹森最重要的一通電話在晚間九點打出，電話那頭是他最敬愛的良師，也是國會監督中情局最力的參議員羅素（Richard Russell）。詹森給通訊社的華倫委員會名單雖已將他名字列入，羅素卻是敬謝不敏。

總統吼道：「我跟你說，你非當不可，你是中情局委員會主席，這回非得借重你不可。」詹森重申，不要隨意談論赫魯雪夫殺害甘迺迪的話題。

羅素說：「唔，我不覺得是他直接下手，若說卡斯楚脫不了干係，我倒是一點也不覺得意外。」

成立華倫委員會對赫姆斯構成嚴重的道德兩難困境。惠騰作證道：「赫姆斯知道，暗殺計畫曝光對中情局和他個人有很不好的影響，甚至有可能變成古巴所以會採行暗殺手段，無非是爲了報復我們意圖暗殺卡斯楚的種種活動。這對他和中情局都有災難性的影響。」

赫姆斯自己再清楚不過了。他在十五年後的最高機密證詞中說：「我們如履薄冰。我們很擔心當時的結論可能……指控外國政府主使此種行爲，等於是存心撕毀這層面紗。」

揭露反卡斯楚計畫的問題，也對羅伯．甘迺迪造成難以負荷的壓力。因此他一直保持沈默。

總統已下令聯邦調查局調查甘迺迪總統遭暗殺事件，並訓令中情局充分配合，將調查結果呈報華倫委員會。然而，他們沉疴已重，依舊積習難改。

中情局、聯邦調查局、五角大廈、國務院和移民局在一九六二年初的時候就有奧斯華的檔案。一九六三年八月，奧斯華在新奧爾良數度與中情局資助的反卡斯楚團體「古巴學生理事會」（Cuban Student Directorate）成員接觸，這些成員也先後向主事官報告說，他們懷疑奧斯華想打進理事會高層。到了一九六三年十月，聯邦調查局已知道，他可能是支持古巴革命的狂亂馬克思主義、可能訴諸暴力、最近一直與蘇聯情報官員有所接觸。十月三十日，聯調局得知他已混進達拉斯「德克薩斯高中圖書儲藏室」工作。

簡言之，奧斯華是個心儀卡斯楚的憤怒投誠者、中情局有理由相信他可能被共產黨吸收、急於經由哈瓦那回莫斯科、在總統車隊路線埋伏。

中情局始終沒有和聯邦調查局比對報告。聯調局一直沒能追到他的行蹤；這等於是預告他們在二〇〇一年九一一事件前的表現。胡佛局長在一九六三年十二月十日就宣告，聯邦調查局「嚴重無能」，只是這份備忘錄一直祕而不宣，直到進入二十一世紀才解密。

聯調局助理局長狄洛奇（Cartha DeLoach）敦促胡佛不要懲戒怠忽職守的探員，以免此舉被視爲「直接承認我們的失職，可能造成暗殺總統事件」。胡佛依舊懲處十七名手下。胡佛在一九六四年十月寫道：「我們未能就奧斯華調查任務中若干明顯的層面徹底加以追查。我們大家都應該記取教訓，但我懷疑有些人到現在還是懵懵懂懂。」

華倫委員會完全不曉得這回事。正如惠騰不久便得知，中情局也掩蓋很多明知是事實的情報，沒讓委員會知道。

惠騰孜孜矻矻爬梳從海外工作站蜂擁而來的大量假情報，從中整理出事實。惠騰回憶道：「好幾十人宣稱在這兒在那兒見過奧斯華，從北極到剛果，各式各樣的陰謀境況下都有人見過他。」幾千條假線索把中情局引入迷宮，要從中理出事實，惠騰還得依賴聯邦調查局和他共享情報。結果他還是花了兩個星期，才獲准調閱聯調局在一九六三年十二月所做的初步報告。「我這才知道，調查期間聯調局顯然早就知道無數與奧斯華背景相關的重大事實，卻一直沒有和我溝通。」惠騰在多年後作證時說道。

聯邦調查局按例是不與中情局分享情報的，怎奈總統已下令要他們配合。負責中情局和聯調局之間聯繫的正是安格頓，而「安格頓壓根兒就不告訴我，他和聯調局會談的內容是什麼，或他從聯調局獲得什麼情報」，惠騰說道。安格頓既無法左右調查方向，便打擊惠騰、非議他的工作、瞞下本案相關事實，要惠騰徒勞無功。

赫姆斯和安格頓已達成協議，根本不告訴華倫委員會和局內調查人員有關暗殺卡斯楚的計畫。這是個「在道德上可以理解的行爲」，惠騰十五年後作證說道。「赫姆斯之所以扣下情報，乃是因爲它會讓他丟了工作」。這些情報「在分析甘迺迪暗殺事件的周邊事件上是個絕對關鍵因素」，要是他早知道，「我們對甘迺迪暗殺事件的調查必會大不相同」，惠騰如是說。

安格頓和艾倫．杜勒斯的祕密談話，主導著中情局情報的走向，他和赫姆斯的決策則可能形塑華倫委員會的結論，但安格頓在作證時卻說，委員會對蘇聯與古巴掛鉤的意義，解讀方式跟他和他那一小撮幕僚始終不一樣。

他說：「我們的看法比較敏銳，我們比較積極投入……我們對KGB十三課和蘇聯這三十年來的破壞與暗殺史也比較有經驗。我們知道很多案例，也知道他們的手法。」他表示，交出他嚴守的祕密沒有意義。

他的行爲已構成妨礙司法。他只有一個辯詞。安格頓相信，莫斯科已派出一位雙面間諜來掩飾蘇聯在殺害甘迺迪事件中所扮演的角色。

箇中牽連必會釀成大亂

他懷疑的人叫諾先科（Yuri Nosenko）。在一九六四年二月，也就是安格頓接下中情局內部調查的時候，諾先科以KGB設誠者的身分來美。他是蘇聯菁英的愛子：父親是造船部長、共黨中央委員會委員、過世後安葬於克里姆林宮內。一九五三年諾先科二十五歲的時候加入KGB，一九五八年在KGB內專門監視國內英美旅客的部門工作。後來轉調美國課，一九六一至六二年間專責監視美國大使館，之後升為觀光課副課長。

此君酷愛伏特加，因此出了不少紕漏，但都有他父親地位罩著而安然無事，直到一九六二年六月，以安全官身分隨同蘇聯代表團前往日內瓦出席十八國裁軍會議才眞正出事。他第一天晚上就喝得爛醉如泥，隔天一醒過來赫然發現有個妓女搶了他價值九百美元的瑞郎。KGB對經費處理不當的彈劾相當嚴厲。

諾先科認為（或誤認）美國代表團有位叫馬克（David Mark）的團員是中情局官員，於是便去找他。五年前以美國大使館政治與經濟參事身分到過莫斯科的馬克，雖然不是間諜，卻幫了中情局不少小忙，蘇聯因此公開宣布他是不受歡迎人物。這對他的事業並沒有傷害，後來他也當了大使和國務院情報部門第二號人物。

馬克還記得，有天下午，核禁試條約會議快結束的時候，諾先科朝他走過來，以俄語說道：「我有話要和你談……這兒不方便。我想和你吃個午餐。」這是很明顯的推銷手法。馬克想到郊外有家餐廳，便約定明天見面。「當然，我立刻就告訴中情局的人，他們說，『天哪，你怎麼選那家餐廳呢？那是間諜光顧的地方。』」美國人和俄國人進餐，兩名中情局官員一旁嚴密監視。

諾先科告訴馬克妓女和失款的事。馬克記得他是這麼說的：「我得趕快補上。所以，我給你一點中情局很感興趣的情報，我只要錢。」馬克提醒他：「我說啊，你這可是犯了叛國罪呢。」但諾先科已有心理準備。於是兩人商定明天在日內瓦再碰面。兩名中情局官員趕忙飛到瑞士首都主持盤問，其中一位貝格萊（Tennent Bagley）是蘇聯課駐伯恩官員，會一點俄語，另一位專程從總局飛過來，此人叫齊賽瓦勒（George Kisevalter），是處理俄國特工問題第一把好手。第一次見面諾先科就醉醺醺而來。他在多年後說道：「醉得厲害。」中情局錄下他一大篇談話，怎知錄音機卻故障了，事後雖由貝格萊根據齊賽瓦勒的記憶拼湊出一份記錄，但大部分都已在轉譯過程中漏失掉了。

貝格萊在一九六二年六月十一日打電報回總部說，諾先科已「徹底證明他的誠意」，且已「提供重要情報」，完全配合。然而，在往後的一年半裡，安格頓卻說動貝格萊，使得他相信自己是上當了；原本最支持諾先科的人，從而變成最反對他的人。

諾先科答應回莫斯科替中情局當間諜。一九六四年一月底，他再度隨蘇聯裁軍代表團到日內瓦，也悄悄會晤中情局主事官。二月三日，華倫委員會聽取第一批證人證詞這一天，諾先科表明他想立即投誠。諾先科說，他處理過KGB的奧斯華檔案，其中沒有任何蘇聯涉及暗殺甘迺迪的指涉。

安格頓認定他撒謊。這個判斷產生嚴重的後果。

諾先科雖已提供大量機密，怎奈安格頓已認定他是蘇聯大陰謀的一環。他相信，KGB很久以前就已滲透中情局高層，不然，阿爾巴尼亞和烏克蘭、波蘭和韓國、古巴和越南一連串行動以失敗收場，該怎麼解釋呢？搞不好這些反蘇行動，蘇聯早就知情；也許他們全受莫斯科控制，也許諾先科是奉命來保護臥底間諜的。安格頓唯一接納的投誠者高利欽（Anatoly Golitsin）——中情局精神病專家已證明此人屬於臨床型偏執症，更證實且加深安格頓最深層的憂慮。

身為反情報主管，安格頓最大的責任是保護中情局及探員，但在他手中卻是失誤連連。一九五九年，中情局第一位身在蘇聯內部的間諜波波夫（Pyotr Popov）少校遭KGB逮捕及處死；為莫斯科工作的英國間諜布雷克，在柏林地道尚未開挖便洩露消息，但直到一九六一年身分才曝光，致使中情局不得不推測蘇聯可能利用地道傳送假消息；六個月後，安格頓的西德合作對手費爾飛，蘇聯間諜身分曝光，但已對中情局在德國與東歐活動造成極大傷害；一年後，古巴飛彈危機中的祕密英雄潘科夫斯基被蘇聯逮捕，一九六二年春天遭處死。

接著是安格頓在反情報業務上的指導者、至交、酒伴菲比，在一九六三年一月逃到莫斯科後，這才揭露在英國情報機關最高層服務的他，原來是蘇聯間諜。想當初，他剛開始引人疑竇的時候，華特·貝岱爾·史密斯便訓令所有與他接觸過的人都得提出報告；哈維明確地表示他是蘇聯間諜，安格頓則明確地說他不是。

到了一九六四年春天，安格頓經連年失敗慘重後，亟思設法補救。他認爲只要中情局咬住諾先科，也許就能揭穿大陰謀——甘迺迪暗殺事件自可迎刃而解。

一九九八年解密的赫姆斯國會證詞就說出這個問題：

赫姆斯：假如諾先科提供的奧斯華相關消息屬實，我們自會在奧斯華及其與蘇聯當局的關係上得出明確的結論。倘若他所說不實，如果他是奉蘇聯情報機關之命對美國政府放出這種消息，則必然會導致完全不同的結論……倘若他確實是說謊，則不啻暗示奧斯華是KGB特工，那麼，我認爲這種指涉必會釀成大亂——這不是對中情局或聯邦調查局而言、而是針對美國總統和國會來說。

問：你可以說得明確點嗎？

赫姆斯：可以，我可以明白地說。換言之，蘇聯政府下令暗殺甘迺迪總統。

這些話等於罪名已定。於是，一九六四年四月中情局在司法部長羅伯‧甘迺迪批准下，將諾先科單獨拘禁起來，先是關在一處安全屋，然後轉到維吉尼亞州威廉斯堡郊外的中情局訓練中心「佩里營」（Camp Peary）。在中情局蘇聯課監管下的諾先科，所受到的待遇與在古拉格（gulag，勞改營）的俄國同胞無異。三餐粗茶淡飯少得可憐，一盞孤燈整天亮著，無人相伴。諾先科在一份二〇〇一年解密的申訴中指出：「我沒東西吃，一直處在饑餓狀態。我不能和別人接觸，不能看書，不能抽煙，甚至連呼吸新鮮空氣也不行。」

他的證詞與二〇〇一年九一一事件後被中情局監禁的人犯極爲相似：「我被衛兵帶走，矇上眼罩，戴著手銬，載到機場，弄上飛機。我被帶到另一處地點，關進門上有鐵窗的水泥牢房，裡面只有一張鐵床和一條床墊。」中情局檔案裡保留著諾先科在牢房裡接受貝格萊心理恐嚇偵訊的詳情。諾先科以俄語低聲懇求：「我衷心……衷心……求你相信我。」貝格萊以英語扯開嗓門吼回去：「一派胡言！一派胡言！一派胡言！」貝格萊因爲這件差事榮升蘇聯課副課長，並獲赫姆斯頒發「傑出情報勳章」。

一九六四年夏末，向華倫委員會報告諾先科審訊結果的差事落到赫姆斯頭上。這是需要極爲慎重處理的難題。於是，赫姆斯在委員會結束調查前幾天便告訴華倫首席大法官，中情局不能接受莫斯方面在暗殺總統一事上辯稱清白的說詞。華倫對這最後發展甚感不快，因此，委員會的最後報告裡也完全沒提到諾先科這個人。

赫姆斯自己倒是很擔心監禁諾先科可能招來的後果，他說：「我知道，我們不能違反美國法律，一直非法監禁他。天知道，要是今天發生類似情況會有什麼結果，因爲我們的法律並沒有修改。我不知道該怎麼處理諾先科這種人。當時我們就曾請司法部指示機宜。很顯然地，我們是非法監禁他，但到底要怎麼處置他呢？要是放了他，一年半載後準會有人說：『你們這些人要是有點腦筋就不會這麼做了，他是攸關誰殺害甘迺迪的關鍵哪。』」

中情局派另一偵訊人員審訊諾先科之後，斷定他一直都在說實話。終於，諾先科在投誠五年後獲釋，獲得八萬美元賠償，有了新的身分，更由中情局支付津貼。

然而，安格頓和他那幫人依舊不罷手。他們要在中情局裡找叛徒，要把蘇聯撕作兩半。獵捕內奸行動從追查有斯拉夫姓氏的工作人員開始，一路循著指揮鏈查到蘇聯課長。行動一直持續到一九七〇年代，中情局的俄國業務也因此癱瘓十年之久。

諾先科投誠後的二十五年間，中情局一直努力想把他的案子寫下最終章。中情局總共進行七次大規模的個案研究，其間諾先科經歷定罪、免責、再起訴等等折騰，直到冷戰末期才由中情局的修雅（Rich Heuer）做出最後裁決。修雅本來堅信大陰謀說，後來在衡量諾先科提供的情報價值才逐漸改變看法：這位俄國間諜指認或提出的調查線索，包括KGB有意吸收的外國人約二百名，美國人二百三十八名；指出大約三百名蘇聯情報員和聯絡人，以及將近二百名的KGB官員；找出蘇聯在美國駐莫斯科大使館內安裝的五十二具隱藏式麥克風；增加中情局對蘇聯恐嚇外交人員和外國記者手法的認識。幾經衡量後，若還相信大陰謀說，勢必得堅信四件事：第一，莫斯科願為保護一名臥底間諜交出上述情報；第二，所有的共產投誠者都是特工偽裝；第三，組織龐大的蘇聯情報機關存在的唯一目的是為了誤導美國；第四，甘迺迪暗殺事件背後有讓人參不透的大陰謀。

對赫姆斯來說，案子仍未了結。他說，除非有一天蘇聯和古巴情報機關交出檔案，否則這件事永遠不會了結。反正，甘迺迪之死不是一個神經錯亂的流浪漢，用劣等來福槍和七美元的瞄準鏡下的手，就是有更驚人的內情。正如詹森總統在任期快結束前所說的：「甘迺迪一直要幹掉卡斯楚，倒是卡斯楚先幹掉他了。」

〔注釋〕

1. 蘇聯情報官員和中情局官員一樣，都是以大使館簽證官的身分為掩護。蘇聯情報官涅奇波仁科（Oleg Nechiporenko）在回憶錄中指出，他起先是聽聞有奧斯華這個人，後來親眼看到他以差強人意俄語申請簽證；他顯然是要回古巴，免得自己和卡斯楚遭美國情報勢力加害：「奧斯華極為苦惱緊張，特別是在提到聯邦調查局的時候；他突然歇斯底里，開始啜泣，淚眼模糊叫道，『我好怕……他們要殺我！讓我進去！』他一再重複自己受到迫害，連在莫斯科也到處有人跟監，然後用右手從夾克左側口袋掏出一把左輪手槍，『看吧，現在我得隨身帶槍保護自己的性命。』」

〔第二十二章〕

險惡趨勢

甘迺迪兄弟的祕密行動作爲，令詹森一輩子揮之不去。他曾再三表示，達拉斯暗殺事件乃是吳廷琰事件的報應。[1]詹森感嘆道：「我們這一夥人找上一票天殺的強盜惡棍跑去殺他。」他在任的第一年，一次又一次政變衝擊著西貢，越南開始出現殺害美國人的暴動，他唯恐中情局成爲政治謀殺工具的疑慮，與日俱增。

現在他才知道，羅伯．甘迺迪掌握祕密行動大權，威脅到他的總統大位。詹森在一九六三年十二月十三日和麥康在橢圓形辦公室會議上就坦率地問說，假使羅伯．甘迺迪要離開政府，他什麼時候會走人。麥康說道：「部長打算繼續當司法部長，至於總統要他涉入情報工作、國安會議題、反游擊事務多深，則不得而知。」[2]答案不久就明朗了：羅伯指揮祕密機關的日子結束了。他在七個月後離開政府。

十二月二十八日，麥康飛到詹森位於德州的農莊一起吃頓早餐，同時簡報訪問西貢的結果。「總統立即提起，他希望改變中情局『斗篷與劍』的角色」，麥康記錄道。[3]這位局長再贊成不過了。麥康說，中情局的唯一合法任務是情報蒐集、分析和匯報，而不是陰謀推翻外國政府。詹森則說：「他煩透了每次提到他或中情局的名字，總是與齷齪勾當聯想在一起。」

不過，詹森還是夜不成眠，拿不定是該全面前進越南，還是該撤出。沒有美國支持，西貢政府肯定會垮臺，但他既不想投入成千上萬的美國大兵，又不想被人看做是袖手走人。戰爭與外交之間，唯一辦法就是祕密行動。

情報業務沒人管

一九六四年初，麥康和西貢工作站新站長奚爾瓦向總統匯報的全是壞消息。麥康「極爲擔心」，認爲「我們賴以衡量戰爭趨勢的情報資料完全錯了」。他提醒白宮與國會：「越共從北越乃至其他地方獲得大量支援，且這種支援可能日益擴大，鑑於海域遼闊和海岸線綿長，欲藉封鎖疆界來加以阻止，非雖不可能，卻也極爲困難。越共從政治立場向南越人民訴求的攻勢十分有效，既爲他們的武裝部隊取得新血，更化解掉反抗。」

西貢工作站兩年前對北越展開的「伏虎」準軍事行動計畫，在死傷與叛逃無數中結束。現在，五角大廈提議配合中情局重起爐灶。

「34A計畫行動」是個爲時一年的祕密突擊作戰系列計畫，目的是要北越別在南越和寮國作亂，計畫重心則是由另一組空降行動，將情報與游擊小組空投到北越，並由沿岸一帶的海上攻擊配合，攻擊主力則是中情局所訓練的南越特種部隊，中國國民黨軍人和南韓突擊隊則擔任支援。至於這些攻擊是否能讓胡志明改弦易轍，麥康卻是完全沒有信心。我們「應該告知總統，芝麻綠豆般的活動不是什麼大事」，他建議道。

中情局奉命將亞洲準軍事活動網交給五角大廈在南越的「特別作戰小組」指揮後，赫姆斯提醒要防範「險惡的趨勢」，將中情局由諜報業務拉到傳統軍事支援幕僚角色，該局執行長寇克派屈克則預見「中情局分崩式微，祕密工作被參謀首長聯席會議吃掉」。這些都是預言式的憂慮。

一九六四年三月，總統派麥康和麥納瑪拉回西貢。局長回來後告訴總統說，戰局不太樂觀。麥康在為詹森總統圖書館所做的口述史中說道：「麥納瑪拉先生提出樂觀看法，認為戰事順利。我必須表明我的看法，只要胡志明小徑暢通，補給和護送人員毫無攔阻地湧入，就說不上戰事順利。」

這是麥康局長生涯末日的開端。詹森關閉橢圓形辦公室大門，中情局和總統的溝通僅限於兩周一次的世界情勢書面報告。總統只是有空時想看再瀏覽一下。四月二十二日，麥康向彭岱表示，他「極為不滿詹森總統沒有依甘迺迪和艾森豪總統慣例，直接聽取我做情報簡報」。一星期後，麥康說：「我難得見到他，這令我非常擔心。」於是，詹森和麥康在五月到焦樹（Burning Tree）鄉村俱樂部打了一場八洞高爾夫。但兩人一直到十月間才有實質的交談。總統在職已十一個月，這時才問麥康中情局規模到底有多大，經費多少，究竟能給他什麼樣的服務。局長的建言總統很少聽得進，也很少去注意；總統不理睬，他就沒有權力；他一沒有權力，中情局就逐漸走向一九六〇年代危險的中間路線。

麥康和麥納瑪拉在越南問題上的歧見，透露出更深刻的政治裂痕。按法律規定，中情局局長是國內所有情報機關會議的主席，但五角大廈這二十年來，一直處心積慮要局長在這個現稱爲「情報界」（intelligent community）的不和諧樂團裡擔任第二小提琴手。過去這六年間，總統情報顧問委員會多次建言，中情局局長應該管理情報界，中情局本身則讓首席營運官去管理，但艾倫・杜勒斯斷然拒絕，全心全意只關心他的祕密行動作業。麥康雖一再表示他個人希望擺脫斗篷與劍的業務，但一九六四年時祕密業務仍消磨掉中情局三分之二的預算，以及麥康百分之九十的時間；他要伸張局長的法定權限，主管美國情報通盤業務。他需要與責任相應的權力，但每次都被五角大廈破壞，讓他始終無法如願。

美國情報三大機關這十年來都壯大不少。三者名義上歸中情局局長統轄，可惜這權力只是徒託具文。譬如局長按理應該監督「國家安全局」——因韓戰失誤連連，而在華特・貝岱爾・史密斯敦促之下由杜魯門在一九五二年成立的全球電子偵聽機關。但該局的經費與權力卻掌握在國防部手中。此外，國防部長麥納瑪拉還掌控著他在豬灣事件後，爲協調陸、海、空軍及陸戰隊情報所成立的「國防情報局」。還有一個是一九六二年專爲建造人造偵察衛星所成立的「國家偵察局」（National Reconnaissance Office, NRO），但一九六四年空軍將領就試圖從中情局手中，搶走對這個年度預算高達十億美元機關的掌控權。奪權結果也撕裂了仍頗爲脆弱的偵察局。

麥康大發雷霆：「我正準備要告訴國防部長和總統，他們盡可以拿走國家偵察局。我想，我應該做的是，打電話告訴總統，請他另外找個中情局局長……五角大廈的官僚老是想把事情搞砸，好讓情報業務沒人管。」

麥康在那年夏天就想辭職，但詹森命他最起碼要待到大選。現在越戰已全面開打，表現忠誠最爲要緊。

打飛魚

越戰是在總統和五角大廈宣稱，北越於八月四日無端攻擊航行於國際海域的美國船隻之後，在國會強力通過「東京灣決議」授權展開。負責蒐集與匯整相關情報的國家安全局堅稱，北越攻擊證據確鑿，麥納瑪拉發誓賭咒背書，海軍的官方越戰史也說是有眞憑實據。

這倒不算是眞正的錯誤。越戰是從根據假情報編造政治謊言開始的，倘若中情局能依其章程行事，假如麥康能落實法律賦予他的責任，所有的假報告可能都撐不過幾個小時就會被拆穿。然而，全盤眞相卻一直到二〇〇五年十一月國安局發布極爲詳盡的的自白書後才大白於世。

一九六四年七月，五角大廈與中情局斷定，六個月前展開的「34A計畫」陸上攻擊，正如麥康所提醒的，只是一連串無意義又煩人的瑣事。美國於是決定讓中情局高格曼（Tucker Gougelmann）指揮，從海上展開突襲；此人是久經沙場的陸戰隊員，多年後成爲最後一位在越戰中捐軀的美國人。另一方面，華府也加強偵察北越以支援高格曼部隊，海軍則在代號「德索托」（Desoto）作戰計畫下，從越南外海一艘驅逐艦上一間密室裡，展開竊聽敵人加密通信（術語稱爲信號情報〔SIGINT〕）作業，每間密室各有天線和監視器，由十餘名「海軍安全大隊」（Naval Security Group）軍官操作；他們竊聽北越軍方的談話，國安局則將他們所蒐集的資料加以解碼和翻譯。

參謀首長聯席會議派出「麥道克斯號」（Maddox）軍艦，由賀立克（John Herrick）上校指揮，執行德索托任務以「刺激和記錄」北越對突襲行動的反應。美國並不承認越南適用十二海浬領海的國際規定，是以命麥克道斯號待在距大陸八海浬、離北越東京灣沿岸島嶼外以四節速度航行。一九六四年八月第一天晚上，麥道克斯號監看「34A計畫」攻擊北越中部海岸外翁美島（Hon Me Island），並在追蹤北越反攻行動時，監視在島外集結的配備魚雷和機槍的俄製巡邏艇。

八月二日午後，麥道克斯號偵察到三艘巡邏艇逼近，賀立克於是向第七艦隊指揮官發出快電：必要時他會攻擊北越船艦，並請求「透納喬伊號」（Turner Joy）驅逐艦和「提康德羅加號」航空母艦噴射戰機支援。午後三點一過，麥道克斯號三度向北越巡邏艦開火；五角大廈或白宮絕口不提也不承認這三次開火，反而一口咬定是北越先動手。麥道克斯號仍然砲火不斷之際，四架海軍F-8E噴射戰機已猛轟北越巡邏艇，炸死四人，重創兩艘，並向第三艘進擊。北越艇長逃開，躲在岸邊海口內等候海防方面指示。北越巡邏艇機槍也在麥道克斯號留下一個彈孔。

八月三日，詹森總統宣布，美軍會持續在東京灣巡邏，國務院則表示已向河內發出外交照會，警告北越「進一步無端軍事行動」的「嚴重後果」。同一時間，另一起「34A計畫」海上任務，已展開破壞北越外海翁邁島（Hon Matt Island）上雷達站的行動。

緊接著，在八月四日風雨之夜，美軍第七艦隊各驅逐艦艦長、指揮官和五角大廈領導都接到發自信號情報操作員的緊急警報：八月二日在翁美島外遭遇的那三艘北越巡邏艇回來了。在華盛頓，麥納瑪拉立即電告總統。東京灣時間午後十時，華府時間上午十時，美軍驅逐艦紛紛發回快報，說他們遭到攻擊。

麥道克斯號與透納喬伊號上的雷達與聲納操作員報告說，看見屏幕上光點明滅，艦長於是下令開火。二〇〇五年解密的國安局報告形容「兩艘驅逐艦在東京灣暗沈沈的海面上猛地迴轉，透納喬伊號瘋狂似地發射三百多發砲彈」，正由於這兩艘艦艇採取迴避行動，「美艦高速迴轉，因而造成聲納操作員的報告中多了許多魚雷來襲的警報」。他們是對自己的影子開火。

詹森總統立即下令，當晚開始空中攻擊北越各海軍基地。

不到一個小時後，賀立克上校回報：「整個行動留下許多疑點」。九十分鐘後，疑點在華府消失不見。國安局告訴國防部長和總統說，該局已截獲北越海軍公報：「犧牲兩艘船艦，其餘均無恙」。然而，美軍展開空襲北越行動後，國安局再查看所截收的通信，卻找不到上述內容。派在南越和菲律賓的信號情報竊聽人員再查，結果還是沒有。國安局於是複核提交總統的電信內容，再比對原始電文的翻譯和時間戳記。

這一查才知道原文是：「我們犧牲了兩名同志，但人人都很英勇。」這封電文雖是在八月四日麥道克斯號和透納喬伊號開火之前或開火之際所寫，但所說的不是當晚的情形，而是兩天前，也就是八月二日美艦第一次開火的情況。

國安局瞞下這明顯事實。該局分析員和語言專家再三再四查看時間戳記，結果，人人都三緘其口。八月五日至七日之間，國安局領導層拼湊出五份報告和摘要，然後匯編成一份正式的大事記，這也就是官方版的眞相、東京灣事故的定論、後世情報分析人員和軍事指揮官要堅持的說詞。

在處理過程中，國安局的人銷毀最確鑿的證據，也就是麥納瑪拉交給詹森那通截收電文。當時擔任中情局副局長的克萊恩說道：「麥納瑪拉已接管粗糙的信號情報，並已將他們認爲是第二次攻擊的證據交給總統過目，而這也正是詹森想要的證據。」在講理的世界裡，嚴核東京灣發回來的信號情報，並對情報內容提出不偏不倚的解釋，應該是中情局的工作。可惜世界已不講理了。克萊恩說：「亡羊補牢，爲時已晚，戰機已經出動了。」

誠如國安局二〇〇五年的自白書中所說：「絕大多數報告的說法都是沒有發生攻擊事故，所以，爲要說明的確發生攻擊事故便採取一個刻意的後續動作……一個讓信號情報符合八月四日晚間東京灣事故說詞的動作。」自白書的結論說，「我們刻意扭曲情報，以佐證確有攻擊事故的見解」，坦承美國情報官員「將相左的證據合理的處理掉」。

其實，詹森打算轟炸北越已有兩個月之久了。原爲中情局資深分析員的東亞事務助理國務卿比爾・彭岱，在一九六四年六月就已擬妥一份戰爭決議草案，待時機成熟便可提交國會審議。國安局的假情報完全符合這項預定政策。八月七日，國會授權在越南開戰。參院以八十八對二票、眾院以四百一十六對零票通過。克萊恩說，這是一齣「希臘悲劇」；這政治劇場上的一幕，重現於四十年後以伊拉克軍火假情報支持另一位總統開戰的論調。

東京灣上到底發生什麼事，有賴詹森來做個總結，四年後他果然說了實話。總統說道：「見鬼了，那些蠢大兵只是在打飛魚。」

〔注釋〕

1. 赫姆斯說，詹森曾在一九六三年十二月九日，在和麥康、費茲傑羅及他本人開會時，表達「天譴論」的看法：「甘迺迪在某種意義上造成吳廷琰慘死，結果他自己也遭人暗殺。」後來又多次向韓福瑞副總統、白宮助理杜根、甘迺迪的新聞祕書沙林傑提到類似的看法。

2. 麥康在十二月十三日的備忘錄指出：「我向總統解釋說，我已告訴羅伯，他不可能重拾與總統之間的親密關係，因爲過去他和哥哥是手足之親，不是正式關係。那種關係在兄弟之間已經很少見，在商界或政界更是前所未見。」

3. 詹森總統更在意的是自己的形象。一九六二年出版的暢銷書《隱形政府》（*The Invisible Government*），首度嚴謹地檢視中情局及其與白宮之間的關係，令詹森頗感不安。書中揭露，所有的祕密行動都是由「特別小組」這個由中情局、國務院、五角大廈和白宮高層所組成的委員會所批准，並表明總統是這些祕密任務的最高負責人。委員會主席國安顧問麥克喬治·彭岱覺得，特別小組最好改個名字，於是在駁回幕僚群的許多建議（其中包括建議改名「隱形小組」）之後，發布「三〇三號國安決議備忘錄」，正式更名爲三〇三委員會。

該委員會的解密記錄顯示，甘迺迪主政期間中情局進行的大規模祕密行動有一百六十三次，每個月不到五次，從詹森主政到一九六七年二月爲止，共一百四十二次，每個月不到四次。

〔第二十三章〕有勇無謀

赫姆斯說：「越南是糾纏我整整十年的夢魘。」從他由祕密行動處主管到升爲中情局局長，越戰一直和他常相左右。「像惡夢似的，夢中總牽涉許多不可能成功的活動，以及不可能達成卻一再重提、加倍、強化、再加倍的要求。」

赫姆斯重述：「我們按規矩試過各種作戰方式，也動員最有經驗的地下工作人員，努力想打進河內政府。在局裡，未能滲入北越政府是這些年來最讓人感到挫折的一面。我們無從斷定胡志明政府最高層的動向，也無從得知他們的決策過程和主事者是誰。」至於這種情報失敗的根源，則是「舉國對越南歷史、社會和語言毫無所知所致」。我們自己不想知道，當然就對不知道的東西所知無多。

赫姆斯在詹森圖書館口述史中說：「最悲哀的是，無知（或者，你也可以說是天眞）——導致我們誤判、誤解和做出許多錯誤決定。」

越南也讓詹森惡夢連連。要是他在越戰上有所動搖、遲疑或失敗，「羅伯．甘迺迪肯定會跳出來帶頭反對我，見人就說我背棄約翰．甘迺迪對南越的承諾，說我是懦夫、說我不像男人、說我沒有擔當。唉，我可以看到夢魘悠悠而來。每晚一睡著就看見自己躺在寬敞空地正中央，遠處有好幾千人眾聲雜沓，呼喊著朝我跑過來：『膽小鬼！叛徒！無能者！』」

麥康的戰爭

南方共產游擊隊「越共」的實力不斷增長，原主管「特別作戰小組」（反游擊）的新任大使泰勒將軍和中情局遠東處長柯比，於是積極尋求新戰略對付神出鬼沒的恐怖分子。當了九年情報業務副局長、後轉到白宮當祕密計畫預算官的艾摩里說：「反游擊作戰變成最荒唐的戰爭口號。它代表很多東西，不同的人解讀也不相同。」羅伯．甘迺迪知道它的意思，更已提煉出它的精義：「我們所需要的，是會開槍的人。」

一九六四年十一月十六日，中情局西貢站長奚爾瓦一份爆炸性的報告擱在麥康辦公桌上，報告標題叫〈反游擊戰實驗及其含義〉。赫姆斯和柯比已經過目和批准。這是個含有一大風險的大膽構想：正如中情局副局長卡特當天所提醒局長的，可能把越戰由麥納瑪拉的戰爭，變成麥康的戰爭。

奚爾瓦一直想藉由在南越各省成立準軍事巡邏隊，追剿越共，擴大中情局在南越的力量，於是和南越內政部長及警察總監合作，向一位心術不正的工會首領買下東北角一片地產，並爲南越民眾開辦游擊戰速成訓練班。一九六四年十一月第一星期，美國選民讓詹森再當四年總統，奚爾瓦則飛到東北角視察。訓練三組各四十名南越新兵的軍官報告說，他們只犧牲六人就已殺掉一百六十七名越共。奚爾瓦於是決定從南越各地運五千名平民到東北角，接受中情局軍官和美國軍事顧問三個月的軍事與政治教育訓練。以奚爾瓦的話來說，這些人各歸本鄉後可以充當「反恐小組」，也可以殺越共。

麥康雖對奚爾瓦很有信心，也批准他的計畫，但總覺得這是一場失敗的戰爭。因此，奚爾瓦報告到他手上的第二天，他又到白宮再度向詹森總統遞出辭呈。他提出幾個夠格的繼任人選名單，請總統讓他辭職。總統又不理會這位中情局局長。

麥康繼續留任同時，他所面臨的危機也日漸累積。他和幾任服侍過的總統一樣，篤信骨牌理論，也曾告訴未來出任總統的眾議員福特說，「一旦南越落入共產黨手中，寮國和柬埔寨肯定會垮臺；接著是泰國、印尼、馬來西亞，最後是菲律賓」，從而對中東、非洲和拉丁美洲產生「巨大影響」。他不認為中情局對付得了叛亂分子和恐怖分子，更擔心「越共可能成為未來主流」。他相當肯定中情局沒有打擊越共的能力。

奚爾瓦後來也感嘆中情局「有目如盲」，看不清敵人和敵方策略。他寫道，在鄉村裡，「越共運用的恐怖手段具有目的性和準確性，教人看了會心生恐懼」。於是農民「給他們食物、替他們招兵買馬、藏匿他們、提供他們所需的情報」。一九六四年底，越共把恐怖戰爭搬到南越首都西貢。「越共在西貢市內使用恐怖手段的次數很頻繁，有時是隨機應變，有時則是精心規畫與執行」，奚爾瓦寫道。國防部長麥納瑪拉從機場前往西貢市途中，差點被安置在公路旁的炸彈擊中；聖誕前夕，汽車炸彈炸毀西貢單身軍官宿舍。隨著自殺炸彈客和破壞者恣意攻擊，傷亡人數也日漸升高。一九六五年二月七日凌晨二時，越共攻擊位於越南中部高地的百里居美軍基地，造成八名美軍死亡。火力戰結束後，美軍搜查越共攻擊者屍體，在其中一位的背包裡發現基地詳圖。

我們武器比較多，也比較大；他們間諜多，也比較優秀。這是兩者決定性的差異。

四天後，詹森總統還擊。啞彈、集束炸彈和汽油彈齊出動。白宮發出急電到西貢請中情局評估形勢。當時西貢工作站經驗最豐富的越南情報分析員艾倫（George W. Allen）說，炸彈嚇不了敵人，他們越來越強大、意志絲毫不動搖。但泰勒大使一行行地細讀，仔細刪除悲觀的段落後，才發給總統。西貢工作站中情局人員注意到，壞消息不受歡迎。情報毀在政治將軍、文人指揮官和中情局自己手中的情況依舊，在往後三年多的時間裡，中情局給總統的戰情報告裡，沒有一份是真正有分量的。

三月八日，陸戰隊全副武裝登陸峴港，美女送上花圈。在河內，胡志明也準備要好好接待美軍。

三月三十日，奚爾瓦在大使館斜對面的工作站二樓，一面和手下情報官講電話，一面看著窗外一名男子開著灰色標緻（Peugeot，現名寶獅）舊轎車從街上開過來，再一看駕駛座，赫然炸彈引信已經點燃。

奚爾瓦回憶：「理智告訴我這是汽車炸彈之際，世界頓時膠著變成慢動作。我手裡還拿著電話，不假思索地離開窗邊轉身撲倒，但我身體還沒落地，那輛車子已經爆炸了。」飛散的碎玻璃和金屬片打在奚爾瓦眼睛、耳朵和喉嚨上。這起炸爆事件造成至少二十名路人、奚爾瓦那位二十二歲的祕書當場死亡，工作站內兩名中情局官員永遠失明，六十名中情局和大使館人員輕重傷。艾倫身受多處挫傷、割傷和腦震盪。奚爾瓦左眼失明，醫生讓他服用大量止痛劑，用紗布包紮他的頭部，並告訴他若繼續留在西貢可能有完全失明之虞。

總統不知道要怎麼對付看不見的敵人。「那裡一定有些比較有腦筋的人，可以想出辦法讓我們找出明確的打擊目標」，夜落西貢之際，詹森提出這種質問。他決定再投入數千名美軍到戰場，加強轟炸作戰，可卻不曾和中情局局長磋商。

不會贏的軍事努力

一九六五年四月二日，麥康最後一次請辭，迨詹森選定繼任者立即生效。他向總統提出不祥的預言：「隨著時間一天天過去，我們可以預見停止轟炸的壓力必會越來越大。這壓力來自美國各階層人士、新聞界、聯合國和世界輿論。因此，這次作戰在時間上對我們很不利，我認爲北越指望的也是這一點。」他手下最優秀分析員之一的哈洛德．福特（Harold Ford）告訴他：「我們漸漸脫離越南現實」，且「繼續變得越發有勇無謀」。現在麥康也知道了。他告訴麥納瑪拉說，美國即將「轉入勝算不明的戰鬥狀態」。他對總統的最後提醒已是盡量地直言不諱：「我們會發現自己在一場打不贏的戰爭中陷入叢林戰鬥，而且很難從中抽身。」

詹森早就不聽麥康的逆耳忠言了。局長知道，不管總統想什麼，自己已經沒有影響力了。詹森和以後的總統一樣，只有在中情局的工作符合自己想法的時候才喜歡中情局，不符合的時候就把它丟進字紙簍裡。他說：「我來和各位談談這些搞情報的傢伙。我小時候在德州家有頭母牛叫貝茜，每天早上要擠牛奶時，我會把牠套上夾頸框，然後坐在旁邊擠出一桶鮮奶。有一天，我特別賣力地擠，擠滿一大桶，但一個不留神就讓老貝茜沾滿牛屎的尾巴甩過那桶牛奶。這些搞情報的傢伙就專幹這種事。我們辛辛苦苦弄出一個很好的計畫或政策，他們就大甩帶屎的尾巴。」

〔第二十四章〕

開始下滑

總統要找一位「大人物」當中情局局長，「一位可以爲拯救國家而點燃引信的人」。中情局副局長卡特反對找局外人。他說，找個唯唯諾諾的軍方人士來，是個「嚴重錯誤」，選個政治夥伴則是「大災難」，要是白宮認爲中情局裡沒人夠格，「不如乾脆關門大吉，把它交給印地安人算了」。在總統國安小組麥康、麥納瑪拉、魯斯克和彭岱眼中，赫姆斯是近乎無異議的人選。但總統全然不理會他們的意見。一九六五年四月六日，他打通電話給五十九歲的退役海軍上將雷伯恩（William F. "Red" Raborn）。此君是德州迪卡圖人士，政治信用不錯：他在一九六四年總統大選期間，在電視聲明中稱亞利桑納州出身的共和黨候選人高華德（Barry Goldwater）參議員太笨不適合當總統，因而贏得詹森的青睞。至於他的名氣則是來自主持海軍潛艇「北極星」（Polaris）核彈開發時，結交國會許多朋友。他是在航太工業裡有份好工作的好人，在棕櫚泉有一片好地產，俯瞰著他最喜歡的高爾夫球場第十一球道。

雷伯恩立正聆聽總司令訓示。詹森總統說：「我現在需要你，很需要你快來。」兩人談好一陣子，雷伯恩才搞懂，原來詹森要他去當中情局局長。總統保證新任副局長赫姆斯會爲他分憂解勞：「你可以天天睡午覺，我們不會讓你過度操勞的。」詹森以直截的話語訴諸他的愛國情操：「老驥伏櫪，雄心未已。」

這位海軍上將在一九六五年四月二十八日上任，總統大事鋪張爲他在白宮弄個宣誓就職大典，說他在全國尋尋覓覓，才找到唯一可以勝任這份工作的人。感激的淚水流下雷伯恩雙頰。這是他當中情局局長最後一次快樂時光。

同一天，多明尼加共和國發生爆炸案。自從一九六一年暗殺獨裁者杜琦樂之後，美國一直想把多明尼加塑造成加勒比海地區的

詹森總統（右）換掉麥康，改派倒楣鬼雷伯恩海軍上將，圖為一九六五年四月攝於詹森農場。

櫥窗，可惜未能如願。如今，武裝反抗軍已在首府進行街頭巷戰，詹森決定派遣四百名陸戰隊，和聯邦調查局去支援中情局工作站。這是自一九二八年以來，美軍第一次大規模登陸拉丁美洲國家，也是豬玀灣事件後第一次在加勒比海地區從事這類軍事冒險。

當天晚上，在白宮盛裝集會上，雷伯恩毫無證據、信口開河報告說，反抗軍受古巴控制。「我認爲，這是卡斯楚先生發動的眞正的鬥爭。我心中毫無疑問，這一定是卡斯楚開始搞擴張。」雷伯恩在第二天早上和總統電話交談時說道。

總統問：「有多少卡斯楚的恐怖分子在那兒？」

雷伯恩答道：「唔，我們已明確指認出其中八名，我已在六點鐘左右傳了一份清單到白宮，現在應該在戰情室吧，清單裡詳細說明他們的身分、職業和他們所受的訓練。」這張八名「卡斯楚恐怖分子」清單，也在中情局備忘錄裡出現，內容是這麼說的：「沒有證據顯示卡斯楚政權直接涉入當前的暴動。」

總統掛上電話，決定增派一千名陸戰隊到多明尼加。

當天早上，總統問國家安全顧問說，中情局有發來危機警訊嗎？彭岱答道：「毫無消息。」

四月三十日，兩千五百名陸軍傘兵部隊登陸多明尼加，總統對其私人律師佛塔斯（Abe Fortas）說：「我們的中情局說，這完全是……卡斯楚搞鬼，他們說是！是他們在裡面的人告訴我們的！……這次絕對是卡斯楚……他們已經轉進到西半球別的地方，這可能跟越南有關，是共產黨全盤大計的一部分……萬一卡斯楚接收多明尼加，我們可能遭逢最嚴重的內政災難。」總統準備再派六千五百名士兵到聖多明哥。

麥納瑪拉對雷伯恩的話半信半疑。總統問國防部長：「你不認爲中情局可以證明？」麥納瑪拉答：「我不這麼認爲，總統先生。你不知道卡斯楚想幹什麼。你很難向任何團體證明卡斯楚除了訓練這些人，還別有所圖，而且我們也訓練不少人。」

這話倒是讓總統沈吟一下，說道：「好吧，你覺不覺得你、雷伯恩和我得好好討論一下？中情局告訴我說有兩名卡斯楚首領涉入，過一會兒又說有八名，再過一會兒就變成五十八名……」

麥納瑪拉斷然表示：「我不相信這種說法。」

儘管如此，總統在對全國發表的談話中仍然堅稱，他絕不容「共黨陰謀人士」在多明尼加共和國建立「西半球另一個共黨政府」。

雷伯恩危機報告對詹森的傷害，一如U-2對艾森豪、豬灣對甘迺迪，直接導致美國媒體首次認定詹森有「信用落差」（credibility gap）問題。這個字眼首先出現於一九六五年五月二十三日，很傷人，很刺人。

總統從此沒有再找中情局新局長進一步商議。

在雷伯恩搖擺不定的指揮下，中情局士氣暴落。主管情報業務的克萊恩副局長說：「眞是可悲，這是長期滑落的開端。」有個苦中作樂的笑話說，杜勒斯開的是一艘歡樂船，麥康是堅固的船，雷伯恩則是一艘快沈沒的船。排名第三的執行官懷特說：「可憐的老雷，他每天早上六點半出門，吃早餐時心裡兀自想著總統總有一天會再找他。」詹森再也沒找過他。懷特說，很明顯地，雷伯恩「不夠格管理中情局」。這位倒楣的海軍上將「完全在狀況外，要是你向他提到某個外國，他肯定搞不清楚你說的國家是在非洲，還是在南美洲」。這位新局長在國會祕密作證時出了大洋相，導致參議員羅素不得不提醒詹森：「雷伯恩有個缺點必定會讓他惹禍上身，那就是他根本不承認自己一無所知……要是你決定甩掉他，只要換上赫姆斯就行了。他比任何人都有概念。」

雷伯恩跌跌撞撞胡亂揮棒的時候，其實是赫姆斯在管理中情局。那一年，他同時要打三場祕密行動作戰，每一場都由是從艾森豪開頭、甘迺迪補強、現在則是詹森急於想打贏東南亞戰爭的關鍵。在寮國，中情局努力想切斷胡志明小徑；在泰國，中情局操縱選舉；在印尼，中情局祕密支援屠殺無數共產黨人的領導人。這三國都是三位總統心目中的骨牌，下令中情局看牢，唯恐其中一個倒下，越南也會跟著垮臺。

七月二日，詹森致電艾森豪，向他請教升高戰爭的問題。美軍在越南的死亡人數已有四百四十六人。暗殺吳廷琰之後的第九個軍事執政團剛上臺，其中領導人物之一的阮高奇，是在中情局任務中把準軍事特工空投去送死的駕駛員，另一位阮文紹則是後來出任總統的將軍。阮高奇心狠手辣，阮文紹貪汙腐敗，但兩人卻撐著南越民主的門面。詹森問道：「你覺得我們眞能打敗越共嗎？」艾森豪答道，勝負完全依靠良好的情報，而「這也是最困難的事」。

聖戰

寮國戰事發端於情報戰。依據世界強權及其盟邦所簽訂的協議，所有外國戰鬥人員都應該離開寮國，而且協調交涉的正是剛到任的美國大使蘇利文（William Sullivan）。然而，實際上河內在寮北就有數千名部隊，以支應寮國共產黨部隊，中情局間諜和影子軍團也遍布寮國各處。工作站長和所屬情報官員都已奉命要暗中打一場戰爭，毋需理會外交細節和當地軍事現實。

一九六五年夏天，詹森派遣數萬名美軍到越南之際，主持寮國戰爭的是三十名左右的中情局官員。他們以該局支援的軍事補給，武裝擔任游擊戰的蒙族戰士、潛至胡志明小徑周邊一帶，並監督由賴爾代訓的泰國突擊隊。

泰北湄公河對岸的烏董（Udorn），有個由中情局和五角大廈闢建的基地，賴爾就在基地內一個祕密處所遙控寮國戰事。賴爾年方四十，已在東南亞爲中情局效力十四年。他的祖先自美墨戰爭阿拉摩（Alamo）之役之後一直住在德州，他倒是娶了泰國老婆，吃的是米飯配大辣椒，喝的是蒙族烈酒。寮國戰事不利的時候，他把詳情鎖在自家保險櫃裡，有中情局同僚喪生的時候，他將他們的下場列入機密。這場戰爭應該「盡可能不曝光」，賴爾說道。「當時之所以會有祕而不宣的想法，乃是由於我們去那兒的時候，並不知道美國的長程做法如何……一旦開始時採行隱祕戰術，要改變就相當困難了。」

在寮國打得最厲害的中情局官員，是大家口中的「小波」波謝尼（Anthony Poshepny）。一九六五年時他也剛好四十歲。他十幾歲時就當了陸戰隊員，曾在硫磺島戰役受過傷，韓戰時期是中情局準軍事任務老手，也是一九五八年印尼政變失敗後、搭乘潛艇逃出蘇門答臘島的五名中情局官員之一。他住在寮國首府北方數百哩外的龍天谷（Long Tien）中情局基地內，一瓶威士忌或蒙族烈酒是他隨身良伴。他是祕密戰爭的現場指揮官，整天跟蒙族和泰國士兵在一起，高地與河谷內的羊腸小道都有他的足跡。他已完全在地化，甚至有點瘋了。

賴爾說：「他做的全是些稀奇古怪的事，我知道，要是把他弄回國去，他在總部大廳肯定待不了五分鐘。他雖一直待在外面，局裡可有不少人很佩服他，因為他們始終沒有親身經歷。再說，他也做了不少事。局裡的大老全心知肚明，可他們就是沒說過半句話。」

小波手下把殺死的敵人耳朵割下當作打勝仗的證據，他則全收在綠色玻璃紙袋裡，一九六五年夏天，他就帶著一袋人耳到永珍中情局工作站，全倒在副站長的桌上。這位倒楣的收貨人就是李潔明。若是小波想嚇嚇這位常春藤出身的新貴，那麼他是成功了。

李潔明一九五一年剛從耶魯畢業就加入中情局，先在遠東課服務，韓戰期間負責空投特工到中國大陸，上過中國國民黨的當。他日後到北京當差，先是當工作站長，後來當上美國駐北京大使。

李潔明在一九六五年五月空降寮國當副站長，站長心力交瘁時由他代理站長。他把工作重心放在永珍搞政治作戰。中情局的錢源源湧入，「充當部分『建設國家』經費」，他說，而且「我們也對肯聽我們建言的政治人物投下大批的錢」。下屆國民大會選舉結果顯示，中情局欽點的領導人物在五十七席中就占了五十四席。不過，永珍工作站的差事其實很不容易。

李潔明回憶：「我們眼見有些小夥子在直升機墜毀中身亡。我們在這兒有政變、洪水等各式各樣的事情要處理。我們看到有些人因受不了壓力而垮了。」

雄糾糾的美國人到了熱帶戰區，最常見的問題是性、酒和發瘋，在永珍尤變本加厲，其中又以白玫瑰夜總會最為常見。李潔明回憶說，某天「有位中情局高級官員向查訪偏遠地區祕密戰爭的國會代表團做完簡報後，當晚就帶他們到白玫瑰夜總會見識永珍的夜生活。代表團看到有個美國大漢光溜溜地躺在地上大叫：『我現在就要！』有位女侍立刻撩起裙子坐在他臉上。這名男子正是白天向代表團做簡報那位官員」。

中情局工作站設法確認共黨標的、找出胡志明小徑的蹤跡，並追捕敵人。李潔明說：「我們設法建立部落小隊，他們回報的殺敵數字相當高，但我認爲有部分是捏造的。」此外，他們也幫美國轟炸任務擔任目視標的的工作，然而，單是一九六五年就發生四次摧毀無辜平民目標的事故，其中一個甚至是蘇利文前一天才做親善訪問的友好村莊。那次轟炸是由賴爾下令，目的是爲解救一位在熱戰區迫降而遭寮國共產黨俘虜的中情局駕駛，結果炸彈落點和目標差了二十哩，這位駕駛布雷斯（Eric Brace）變成戰俘，在「河內希爾頓」（Hanoi Hilton）關了八年。[1]

一九六五年六月，王寶手下有位最優秀的軍官，搭乘直升機深入北越四十哩，開著機門找尋迫降的美機駕駛時，遭地面炮火射殺。八月，一架美國航空（Air America）直升機墜入永珍市外湄公河，中情局駐寮國西北基地主管歐吉威（Lewis Ojibway）和同機一位寮國陸軍上校殉職。中情局在總部大廳入口大理石牆上刻有一顆星星紀念歐吉威。十月，另一架直升機在寮柬邊界附近墜機，兩位中情局知名官員的愛子杜威爾（Mike Deuel）和馬隆尼（Mike Maloney）身亡。中情局又加了兩顆星星。

李潔明說，中情局在寮國的戰爭規模雖小，但具有「很大的興奮感，這是一種終於找到有人可以打共產黨，甚至偶爾還能在游擊戰裡打勝仗的感覺。這是一場聖戰，一場打得很漂亮的戰爭」。

中情局龍天站逐漸擴充：新的道路、倉庫、軍營、卡車、吉普車、推土機；跑道更大、出機更多、火力更強、空中支援也增多。中情局飛機滿天飛，空投大米，蒙族乾脆不務農了。李潔明說：「我們人手增加二、三倍。」初來乍到的中情局官員，「眞的把寮國當成準軍事問題，不瞭解全盤局勢……已經變得有點像是越戰。約莫在這個時候，情勢開始失控」。

一九六五年十月，柯比全球視察之旅來到寮國後飛往龍天。這時越戰已火力全開；年底將有十八萬四千名美軍進駐越南。能否打敗北越，關鍵仍然在寮國的胡志明小徑能讓共產黨將人員和物資迅速輸送到戰場，美軍想要摧毀都來不及。柯比很不開心：敵人控制的戰略據點遍布全寮，乃至首都永珍的外圍。

他要把工作站長換上一個能強打硬攻的指揮官，而最適合這種工作的便是謝克禮。

典型的成功故事

謝克禮長年駐在邁阿密，試圖推翻卡斯楚不成後，改任柏林工作站長。還不到半年，電話來了。他的工作重心一直集中在蘇聯、古巴和東德，從不曾到過亞洲。他飛到泰國烏董基地，看見推土機正在翻紅土、偽裝的美軍噴射戰機蓄勢待發準備轟炸北越、架子上堆滿炸彈，不免心想：「這兒沒人空談。」

他要對敵人開戰，而且要立即見到成效，於是在副站長李潔明協助下，開始在叢林裡建立一個王國。兩人成了好朋友。李潔明形容他「好大喜功，心狠手辣」，可謂傳神。李潔明說：「他決心想做的是，整頓寮國工作站，藉由打擊胡志明小徑在越戰中扮演關鍵角色，他帶進達成這主要目標所需的準軍事人才。」

謝克禮從邁阿密及柏林工作站帶來親信手下，要他們深入各省分組建立鄉村民兵，再派民兵出戰。民兵一開始擔任偵察胡志明小徑的任務，然後逐步投入戰鬥。他在寮國各地廣設中情局基地，在他手下工作的中情局官員由三十人變成二百五十人，足足增加七倍多；在他指揮下的寮國準軍事武力，則倍增到四萬人。他要他們當前進空中管制員，把美國空中武力帶到寮國各地。到一九六六年四月時，寮國東南部已有二十九個道路觀察小組，回報烏董中情局基地敵人活動情況，基地再派出轟炸機去摧毀敵人。

美國空軍把寮國叢林炸成廢墟。B-52轟炸機飛進北越，摧毀胡志明小徑前端大小村莊聚落，陸軍和海軍則派出突擊隊打斷脊梁，不讓小徑蜿蜒進入南越。

謝克禮統計破壞和傷亡後得出結論，認爲他結合山岳部落和美國軍事技術的戰法，已經「革新非正規戰爭」，且「將一種嶄新的武器交到美國決策者手中」。在華盛頓，總統人馬看到謝克禮報告吸收那麼多的寮國突擊隊員、每個月殺掉那麼多的共產黨徒、完成那麼多的任務，無不將他的表現評爲「典型的成功故事」，進而再撥出幾千萬美元讓中情局在寮國打仗。謝克禮以爲自己打勝仗，殊不知北越仍然從胡志明小徑源源南下。

靠泊東南亞

在泰國，中情局所面臨的是更爲棘手的政治問題：製造民主假相。

一九五三年時，華特・貝岱爾・史密斯和杜勒斯兄弟派「狂野比爾」唐諾文到曼谷當特命全權大使。已經七十高齡的他，還有一場仗要打。曼谷大使館首席新聞官湯瑪士（Bill Thomas）說：「唐諾文大使建議艾森豪總統，我們應該立足泰國，再設法從曼谷轉進其他國家，阻止這股共產主義狂潮，錢不是問題。」

唐諾文在韓戰後就著手大力整頓東南亞各地的祕密作戰業務。他背後有四萬多名的泰國警力幫忙，而這位由中情局和唐諾文使館支助的警察總監卻是鴉片大王。中情局和快速擴張的美國軍事援助代表團則武裝和訓練泰國軍隊，而泰軍指揮官又掌控曼谷各大妓女戶、屠宰場和酒庫。唐諾文公開支持軍頭，稱他們是泰國民主的守護神。中情局利用和這些將領的關係在烏董附近所建設的基地，原本是東南亞地區祕密作戰神經中樞，九一一事件後則充當拘押和審訊伊斯蘭激進分子的祕密監獄。

在唐諾文離職後，泰國仍維持十多年的軍事獨裁。一九六五年，泰國將領雖在華府敦促下，提出舉行大選之議，但又擔心左派會乘勢崛起。因此，中情局著手建立並控制泰國民主進程。

一九六五年九月二十八日，赫姆斯、祕密行動處主管費茲傑羅和遠東課主管柯比提交白宮一份「資助某一政黨，並在選舉上支持該黨及該黨候選人投入國會選舉」的建議書。城府深沈且好大喜功的駐泰大使馬丁（Graham Martin），強烈支持他們的計畫，只因他向來把中情局視爲個人的錢櫃和警察大隊。他們在報告裡說，問題很難處理。「今天的泰國仍處於不得組黨的戒嚴狀態」，且泰國將領「很少著力、甚或無意做政治上的發展或組織以準備未來大選」。不過，在大使和中情局堅持之下，他們終於同意合力組織新黨，中情局則以提供數百萬美元以便成立新的政黨機器回報。

此舉的目的無非是要維繫「現今執政團體的領導和控制」，並「確保所成立的政黨能在大選中成功贏得安定與絕對多數」。中情局表示，這「形同從根基上建立民主選舉程序」，以便美國「在東南亞的靠泊地上有個穩定的政府」可以依靠。詹森總統親自批准計畫。泰國安定與否，攸關美國在越南的成敗。

踏浪登岸

中情局曾提醒白宮，若是丟掉美國在印尼的影響力，就算打贏越戰也會變得毫無意義。[2] 中情局努力替這個穆斯林人口最多的國家物色一個新領導人。

緊接著，在一九六五年十月一日這天，發生一場政治大地震。

七年前中情局政變推翻不了的印尼總統蘇卡諾，現在卻展開看似要對自身政府搞政變的動作。在位已二十年，健康和判斷力大不如前的蘇卡諾，爲了鞏固統治竟與印尼共產黨結盟。印尼共黨憑著不斷提醒選民中情局侵害國家主權，就已吸引無數新血，實力大增，如今已有三百五十萬名黨員，成爲繼俄羅斯與中國之後的全球最大共黨組織。

蘇卡諾突然左傾其實是個致命的錯誤。當晚，包括陸軍參謀長在內，起碼有五名將領遭暗殺，國營電臺宣布革命委員會已接管政權，以保護總統和國家免受中情局傷害。

雅加達工作站在軍部和政府裡有些朋友，更有一位職位絕佳的工作人員馬立克（Adam Malik），四十八歲的他是個頓悟前非的馬克思主義者，當過蘇卡諾的駐莫斯科大使和商工部長。

馬立克在一九六四年跟蘇卡諾決裂後，在雅加達一處安全屋和中情局的麥卡沃伊碰過面。麥卡沃伊是祕密工作人員，十年前曾促成中情局吸收日本未來首相；現在來到印尼，銜命要打進印尼共產黨和蘇卡諾政府。

麥克沃伊在二〇〇五年的訪問中說：「我吸收並指揮馬立克，在我們所吸收的印尼人裡，他是位階最高的一位。」有位共同的朋友介紹兩人認識，並替麥克沃伊的爲人做擔保；這位中間人是日本商人，以前是日共成員。吸收馬立克之後，中情局的計畫獲准，加速推動在印尼左右派之間製造政治嫌隙的祕密行動。

一九六五年十月，印尼歷經數周動盪後，分裂爲二。

中情局竭力鞏固一個影子政府，由馬立克、中爪哇蘇丹和一位叫蘇哈托（Suharto）的少將三人共同組成。馬立克利用自己和中情局的關係，安排與美國新任大使葛林（Marshall Green）進行一系列祕密會議。葛林大使說，他在「隱密環境」會晤馬立克過程中，「很清楚地瞭解到蘇哈托和馬立克的想法，以及他們打算要做什麼」：透過他們所領導的新政治組織「打倒九三〇組織行動陣線」（Kap-Gesttapu），[3]讓印尼擺脫共產主義。

葛林大使說：「我下令將大使館爲緊急通信準備的十四具對講機，全部交給蘇哈托，這可提供他和他手下高級軍官額外的內部安全保障」——也是中情局監視他們作爲的管道。「我將此事回報華府後，比爾．彭岱回電表示極爲高興。」這位遠東事務助理國務卿，是葛林大使從葛羅頓高中時代至今的三十年老友。

一九六五年十月中旬，馬立克派親信助手到美國大使館資深政治官馬庭思（Bob Martens）家；此人曾在莫斯科服務，而當時馬立克正是駐印尼大使。馬庭思交出一份由共產黨報紙剪報匯整而成的六十七名印尼共產黨領導人名單，他說：「我相信這不是死亡名單，它是非共產黨人拼命要瞭解對方組織的一種手段——別忘了，當時共產黨與非共產黨之間生死鬥爭的結果，仍在未定之天。」兩個星期後，葛林大使和雅加達工作站長托瓦（Hugh Tovar）陸續收到二手報告，說爪哇東部和中部發生屠殺暴行，數千人遭蘇哈托將軍默許的民兵震撼部隊殺害。

東亞事務助理國務卿和國安顧問彭岱兄弟認定，蘇哈托和「打倒九三〇組織行動陣線」值得美國支持，葛林大使則提醒他們，美援不能由五角大廈或國務院經手；政治風險太大，必須徹底掩飾。大使、國安顧問和遠東事務助理國務卿這三位葛羅頓校友一致同意，這筆錢得由中情局處理。

三人同意以五十萬美元醫療援助的形式，透過中情局運交印尼軍方，印軍可轉售換成現金，另外再臨時批准運交一批精密通訊器材給軍方領袖。葛林大使與托瓦站長磋商後，致電比爾·彭岱，建議給馬立克實質報酬：

這通電報旨在證實本人以前的意見，即提供五千萬盧比（約一萬美元）供「打倒九三〇組織行動陣線」活動之用。這個由軍方扶植且以平民爲主的行動團體仍承擔著當前鎭壓行動的重任……我認爲，在馬立克看來，我們願以這種方式協助他，就表示我們贊同他目前在軍方反印尼共黨行動上所扮演的角色，如此必可促進他和軍方的合作關係。察覺或日後揭露我們支援此次事件的機率，如同以往的黑包作業一樣微乎其微。

印尼開始掀起滔天巨浪。蘇哈托將軍與「打倒九三〇組織行動陣線」殺人無數。後來，葛林大使在國會山莊的副總統辦公室告訴韓福瑞（Hubert H. Humphrey）說，「三十至四十萬人」在「血泊中」遭殺害。副總統韓福瑞提起自己與馬立克相識多年，大使則稱許馬立克是「他這輩子見過最聰明的人」。馬立克正以外交部長身分訪美，獲邀在橢圓形辦公室與美國總統會談二十分鐘；兩人所談的大部分是越南問題，但在會談快結束的時候，詹森總統忽然說他一直以極大的興趣注意印尼情勢發展，並祝福馬立克與蘇哈托。有了美國背書，馬立克後來當上聯合國大會主席。

葛林大使在參院外交委員會祕密會議上，修正他原先對印尼死亡人數的估計。「我認爲，我們估計可能接近五十萬人。當然，正確數字沒人知道，我們只是就很多村莊人口銳減來判斷。」他在二〇〇七年三月解密的祕密證詞中說道。

阿肯色州出身的主席傅爾布萊特（J. William Fulbright）參議員提出一個直截了當的簡單問題。

「我們涉入政變嗎？」

「沒有，主席，」葛林大使說。

「我們是否涉入前次政變的企圖？」

大使：「沒有，我不認爲如此。」

「中情局沒有份嗎？」傅爾布萊特問。

葛林：「你說的是一九五八年那一次嗎？」當然，從亂七八糟開始到苦澀收場，都是中情局一手主導。「這個問題恐怕不是我所能回答的，我不太清楚當時的情況。」大使說道。

這是千鈞一髮時刻，誰知，就在堪堪接近慘烈行動及其嚴重後果的時候，主席卻輕輕放過：「你不知道中情局是否涉入。而這次我們並未涉入。」

大使說道：「沒有，主席。絕對沒有。」

印尼新政權把一百多萬名政治犯打入監牢，很多人一蹲就是幾十年，有些則死在獄中。冷戰期間，印尼一直實施軍事獨裁，鎮壓的後果盪漾至今。

四十年來，美國一直否認自己和印尼假反共之名行屠殺之實有任何關聯。「我們沒有興風作浪，我們只是踏浪登岸。」葛林說。

深爲困擾

二十年前，魏斯納和赫姆斯聯袂從柏林飛到華府時，心中還在揣想中情局是否有成立的一天。如今兩人都已升到主管祕密業務的地位，只是一人即將登上權力高峰，另一人卻已墜入深淵。

最後那幾個月，魏斯納一直待在喬治城家裡，在絕望中啜飲雕花玻璃杯裡滿滿的威士忌。中情局祕而不宣的機密裡，有一則是其中一位創始元老進出精神病院多年。魏斯納自一九六二年精神病再犯之後，已被辭退倫敦工作站長職務，強制退休。他胡言亂語，說看到希特勒，又說他看到異象，聽見怪聲。他知道自己已經好不了了。一九六五年十月二十九日，魏斯納和中情局老友布萊恩（Joe Bryan）約好到他在馬里蘭州東岸的莊園打獵。當天下午，他走到別莊，拿下獵槍，轟掉自己的腦袋，享年五十六歲。在國家大教堂（National Cathedral）舉行的喪禮備極哀榮。他安葬於阿靈頓國家墓園，墓碑上刻著：「美國海軍上尉」。

冷戰風潮逐漸衰退。魏斯納安葬後幾星期，中情局副局長克萊恩找上總統情報顧問委員會主席柯立福，在雷伯恩喉嚨畫上一刀。

克萊恩警告說，雷伯恩局長是對國家有害的危險人物。一九六六年一月二十五日，柯立福告訴已擔任五年的國安顧問而正準備辭職的麥克喬治・彭岱說，情報顧問委員會「對中情局的領導問題眞的深感困擾」。幾天後，一則刻意向《華盛頓星報》洩露的報導，讓雷伯恩知道他已經出局了。這位海軍上將立予還擊。他把自己的成就列了一長串清單交給總統助理莫耶斯（Bill Moyers）：刪除毫無成效的陳年祕密行動；設置一個全天候的作業中心，提供總統新聞與資訊；越南反恐小組實力倍增、在西貢的總體活動增至三倍。他向白宮保證，總部和海外工作站士氣高昂。一九六六年二月二十二日早上，詹森總統看了雷伯恩洋洋得意的自我評估報告之後，拿起電話打給彭岱。

雷伯恩「完全忘了自己評價不高和表現不佳的事實，他自認對中情局做了很大的改善，以爲自己成就可觀。我想，大概是赫姆斯讓他有這種想法吧。」總統說道。

彭岱在那個星期就辭職，之後，詹森一直沒找人負責習稱爲三〇三委員會的祕密行動監督機制，很多需要白宮關注的活動，諸如把多明尼加大選導向有利於現流亡紐約的前總統、挹注經費和武器給剛果獨裁者等，也都暫時擱置。一九六六年三到四月間，詹森一直讓這個位置虛懸。他起先希望莫耶斯（後來成爲電視上最明快的左派代言人）接手三〇三委員會，莫耶斯出席五月五日那天的會議覺得不寒而慄，趕忙辭謝。結果，總統敲定他最忠心的應聲蟲羅斯陶當國安顧問兼三〇三委員會主席。該委員會在五月間恢復正常運作後，雖是無爲而治，卻在那一年批准中情局五十四項祕密行動，其中絕大多數是支援東南亞反共戰爭。

終於，在一九六六年六月第三個星期六這一天，白宮總機撥了一通電話到赫姆斯家。

五十三歲的赫姆斯，雖然華髮漸霜，但因爲常打網球的緣故，身體仍然很健康，每天像瑞士錶般上緊發條，早上六點半就開著他那輛黑色凱迪拉克老車到總部，連星期六也不例外；那天剛好是他難得的休假日。戰時對祕密情報工作的浪漫情懷，已經變成全心投入的熱情，結縭二十七年的妻子、大

一九六六至七三年擔任局長的赫姆斯（左），爭取並贏得詹森總統尊重。照片是一九六五年赫姆斯獲任副局長前一個星期，初會詹森。

他七歲的雕刻家茱莉亞・席爾斯（Julia Shields）獨守空閨，兒子到外地上大學。他的生活完全奉獻給中情局。他一接起電話，便聽到自己最大的願望終於實現了。

六月三十日，他在白宮宣誓就職那天，總統把海軍軍樂隊找來表演。現在，赫姆斯手中掌握將近二萬名工作人員、其中三分之一以上的人在海外擔任諜報工作，並控有大約十億美元的預算。他被視爲華府最有權勢的人之一。

〔注釋〕

1. 〔譯注〕河內希爾頓是一處監獄，越南文稱 Hoa Lo，意指「火爐」。原為法國殖民時期關政治犯的地方，北越用來關戰俘，一九八七年好萊塢有部同名電影，便是以該監獄為背景。

2. 一九六五年三月五日，中情局資深官員告訴三〇三委員會說：「一個一億五百萬人的國家落入『共產陣營』，會使得打贏越戰變得沒有什麼意義。」中情局二月二十三日的備忘錄則說明印尼祕密行動計畫的進展：「自一九六四年夏天以來……與國務院攜手規畫構思及擬定政治行動作業方案……本方案的要旨是利用印尼共產黨內部的派系鬥爭、強化印尼素來對中國大陸的疑慮、將印共描繪成赤色中國帝國主義的工具。詳細的活動形態包括聯合並支持現有的反共團體……（進行中的祕密計畫則包括）在印尼組織和機構內部展開政治活動，以及訓練日後可擔當重任的軍事人員及文職官員……（目標是）培養有潛力的領袖，以確保蘇卡諾亡故或遭罷黜後，順利由非共產政府接手。」

3. 〔譯注〕九三〇組織：前文所說五名將領遭暗殺之日即為九月三十日，該革命委員會因而自稱九三〇運動組織。

〔第二十五章〕

我們打不贏這場戰爭

赫姆斯接掌中情局的時候，已有二十五萬美軍投入戰爭。一場逐漸發展的浩劫，消磨掉東南亞一千名祕密工作人員和總部三千名情報分析人員的精力。

中情局總部也醞釀著一場戰爭。分析人員的工作是判斷能不能打勝仗，祕密行動處的使命則是協助打贏戰爭；多數分析員很悲觀，祕密行動人員則多半幹勁十足。雙方各在不同的領域工作；兩處之間有武裝守衛把守。赫姆斯覺得自己像個「馬戲團騎師，腳踏兩匹都有充分理由要自行其道的馬」。

赫姆斯掌權的那年夏天，有數百名新進人員到中情局上班，其中有位二十三歲青年，心想可以在印地安納大學攻碩士的最後一年時，免費到華府一遊，抱著好玩心情簽了約。日後當上中情局局長和國防部長的羅伯特·蓋茨，搭乘中情局巴士從華府市中心開進一條倒鉤鐵絲網圍牆夾道的車道。他走進一幢樓頂有各式天線、頗為莊嚴的七層樓水泥建築。

他憶道：「大樓裡面倒是平凡得出奇，毫無裝潢的長廊、狹小辦公隔間、油布地板、公家發放的金屬家具，看起來倒像是一間大保險公司。」中情局給蓋茨一個九十天驚奇的訓練、立即升准尉、派至密蘇里州惠特曼空軍基地學習核目標定位法。這位初出茅廬的中情局分析員，就是在這裡駭然窺得越戰進程：飛機駕駛員不足，派白髮蒼蒼的校級軍官出去轟炸北越。

蓋茨回憶，「這時我們便知道，我們打不贏這場戰爭。」

拗圓成方

赫姆斯和遠東業務主管柯比都是畢生從事祕密作業的人，他們提交總統的報告在在反映昔日祕密機關的幹勁。赫姆斯向詹森表示：「本局全力奉獻，以求美國在越南的總體計畫成功。」柯比則提交白宮一份頗爲得意的西貢工作站評估報告：儘管「戰爭尚未結束，但我方在蘇聯和中國方面的情資報告，想必會極力關切越共日增問題，以及南越和美國不斷改善打一場人民戰爭的能力」。此外，赫姆斯欽點的越南事務特別助理喀威爾（George Carver），也是常向白宮報喜的人。

然而，中情局多位優秀分析員卻已在分送總統及十數位白宮高級助理的長篇報告書《越南共產黨意志百折不撓》（*Vietnamese Communists' Will to Persist*）中論斷，美國再怎麼努力都無法打敗敵人。國防部長麥納瑪拉在一九六六年八月二十六日看到報告後，立即打電話給赫姆斯，說他想見見中情局第一流的越南專家。事有湊巧，喀威爾剛好休假，於是便由副手艾倫奉召到五角大廈內部密室與國防部長進行首次、也是絕無僅有的一對一談話。他被安排在十點半開始，談半個鐘頭。這次對話也是中情局和五角大廈在詹森總統任內唯一一次眞正的會談。

麥納瑪拉得知艾倫已經花了十七年的工夫研究越南問題，不由大感興趣，因爲他根本不知道居然有人投入這場鬥爭這麼長的時間。他說，那麼，你對我們該怎麼做想必有很多看法囉。艾倫回憶道：「他想知道，若是我和他易地而處會怎麼做。我決定坦誠相告。」

他說：「停止增派美軍，停止轟炸北越，並與河內談判停火。」「麥納瑪拉叫祕書取消上午所有約會，待午飯後再說。

國防部長問道，美國爲什麼要任由亞洲骨牌倒下呢？艾倫答道，談判桌上談和的風險不會比戰場爭戰大，美國若能停止轟炸，並與中國、蘇聯、東南亞盟友及敵人交涉，也許可以獲得光榮的和平。

聽了這九十分鐘扣人心弦的異論之後，麥納瑪拉做了三個重大決定：請中情局匯整一份戰爭部署報告，亦即評估敵人對付美國的武力部署；他吩咐助理匯整一九五四年以來的越戰祕史，亦即「越戰報告書」（Pentagon Papers）。他開始質疑自己在越戰的作爲。麥納瑪拉在九月十九日以電話向總統表示：「我自己越來越覺得，我們應該確實計畫停止轟炸北越，正如我以前提過的，我們應該明確地規畫兵力上限。我認爲我們不該只瞻前不顧後，一味叫嚷再增加、再增加，再增加到——六十萬、七十萬人，在所不惜。」總統唯一的回應是無法辨識的嘟囔。

麥納瑪拉終於瞭解（可惜爲時已晚），美國大幅低估在越南殺害美國軍人的敵軍實力，多年之後，美國在伊拉克戰爭上同樣犯了這致命的錯誤。他交辦的部署研究，在西貢的美軍指揮官和中情局總部分析人員之間引起極大爭論。美國在越南所面對的共產黨戰鬥人員總數，究竟是軍方堅稱的不到三十萬人，還是多數中情局分析員所認爲的超過五十萬人？

兩者的差距主要在於游擊隊、非正規戰鬥人員和民兵的數目。倘若敵人在經歷美軍兩年無情地轟炸和猛烈攻擊之餘，仍然保有五十多萬兵力，則象徵這場仗眞的沒有勝算可言。低報數字則是南越美軍指揮官魏摩蘭（Willain Westmoreland）將軍和他的助手柯默（Robert Komer）的信條。綽號「噴射機巴布」（Blowtorch Bob）的柯默是中情局創局元老之一，負責魏摩蘭新成立而擴展極速的反游擊戰活動，代號爲「鳳凰」（Pheonix）。他不斷發給詹森極密備忘錄說，勝利指日可待；他說，眞正的問題不在於我們能否打勝仗，而是在於我們想多快打勝仗。

雙方你來我往爭論了好幾個月，赫姆斯終於忍不住派喀威爾到西貢找魏摩蘭和柯默。他們的會談並不順利。軍方處處阻礙。一九六七年九月十一日，議論陷入僵局。

柯默在晚餐會間一個小時的獨白中，這麼對喀威爾說，「你們這些人非讓步不可」，眞相會「製造公共災害，破壞我們在這兒的大事」。喀威爾發電報給赫姆斯說，軍方不爲所動。喀威爾回報局長說，他們必須證明勝券已然在握，卻凸顯「他們全然沒有能力讓新聞媒體（乃至一般大眾）相信戰事大有進展，至爲重要的是，再怎說都無法貶抑進步的形象」。若將越共非正規軍在南越的人數量化，則「總數超過四十萬人，從政治上來說，這實爲斷難接受的數字」，因爲軍方一旦有了「預定的總數、固定的公關立場，便會動彈不得，無法再進一步（除非你另有指示）」。

赫姆斯既要調和鼎鼐，又得把中情局的報告修正到符合總統的政策，不免感到極大壓力，最後只得讓步。他說，「數目多寡毫無意義」。於是，中情局正式接受軍方假報的數字，即二十九萬九千人，甚或更少。喀威爾回報局長的電報中說：「這是硬要把圓的拗成方。」

壓制和僞造越南情勢報告由來已久。一九六三年春天，麥康就受到五角大廈莫大壓力，要他刪去悲觀的評估報告中引述南越政府「重大缺點」的部分，諸如軍隊士氣低落、情報機關很糟、共產黨滲入軍隊等。中情局改寫後的評估報告如下：「我們認爲，共產黨挺進已然受挫，情勢正在改善當中。」其實，中情局根本不這麼認爲。幾星期後果然傳來順化暴動，接著是僧人自焚和陰謀推翻吳廷琰。

這種壓力一直沒停過；總統的新任國家安全顧問羅斯陶不斷命中情局要向白宮提出戰情佳報。你到底是挺哪邊呀？羅斯陶怒吼道。赫姆斯在拗圓成方那天，還送了一份老實得有點殘酷的研究報告請總統過目。赫姆斯致函總統，開宗明義就說：「內附報告極爲敏感，尤其是萬一洩漏有這份文件存在的話。」又言：「本件現在不會、將來也不會給任何政府官員過目。」單是報告標題「越戰結果不利的意涵」就很勁爆。報告中說：「迫在眉睫的問題是，美國的行動受限於傳統和輿論態度，不可能弭平一個相當強大的、奉獻的、有能力的、廣受支持的革命運動……美國軍力結構不適於應付意志堅定、應變靈敏和政治感敏銳的對手所發動的游擊戰。其實，這已不是新發現。」

在西貢，中情局最優秀的官員自己也有所發現：蒐集情報越多，越發覺自己知道的實在太少了。不過，到了這節骨眼，中情局怎麼回報華府都已無關緊要了。從來沒有一個戰爭有那麼多的情報交在指揮官手中：虜獲敵人的文件、殘酷審訊戰俘所得的消息、電子攔截、空中偵察、從前線血泊與泥濘中傳回西貢工作站的戰地報告、審慎的分析、數據研究、按季整合中情局與軍事指揮官所知的大小情報。今天，距五角大廈不遠處有一間舊魚雷工廠，存放著八哩長的微縮膠卷，不過是當年越戰情報檔案的一小部分罷了。

情報那麼多，實質意義卻那麼少，也是前所未見的。戰爭行爲已由美國領導人彼此相告、且一再告訴美國人民的一連串謊言所設定，白宮和五角大廈不斷地試圖說服民眾相信戰事順利。總有一天眞相會大白。

〔注釋〕

1. 艾倫認爲，美國政府的宗旨是利用編造的情報來進行「輿論操作和政治勸誘，改變認知以符合特定的觀念，不管這些觀念是可以贊同，或明顯地無法贊同」。他所證實的做法，從僞造機密情報、控制輿論到操作政治支持等，今天的美國人也許已耳熟能詳。當然，中情局的西貢報告裡也有些根深柢固的偏見，例如在究竟該選阮文紹還是阮高奇當下屆南越總統的問題上，中情局就堅持南越軍方會選阮高奇。國務院派駐西貢的官員，包括日後成爲美國情報界龍頭的尼格羅龐提（John Negroponte）在內，則確信出線的是阮文紹。國務院官員歐克萊（Robert Oakley）認爲，中情局跟阮高奇淵源很深，在報告上不免有所偏袒。

〔第二十六章〕

政治氫彈

一九六七年二月十三日，赫姆斯走訪美國各地核武實驗室一整天之後，下榻新墨西哥州阿布圭克（Albuquerque）某飯店休息，忽然有個氣急敗壞的中情局通信官，帶著白宮傳來的消息到飯店找他：速返華府。

左派小月刊《堡壘》（*Ramparts*）刊出報導說，「頗受敬重的全球性美國大學生團體「全國學生聯合會」（National Student Association），接受中情局優渥津貼多年。其實，中情局前不久才提醒白宮說，「中情局涉入民間自主組織與基金會一事，勢必引起大火。中情局可能被指控爲不當干涉內政、操縱和危害純眞青年，屆時政府可能會遭到波及。」

報導刊出後，詹森立即宣布由國務院第二號人物卡眞巴赫（Nick Katzenbach）出馬，徹底檢討中情局與民間自主團體之間的關係。由於赫姆斯是唯一知道內情的人，所以「詹森要我負責把中情局拉出火坑」。

《紐約時報》記者雷斯頓（James Reston）意有所指地說，中情局和許多未指名的電臺、刊物、工會的關係也岌岌可危。中情局二十年來的祕密工作，短短時間內便暴露無遺。

自由歐洲電臺、自由電臺和文化自由會議都是中情局的手筆，所有在反共自由左派大纛下欣欣向榮、有影響力的小雜誌，所有廣受敬重的團體，如福特基金會和亞洲基金會等，都為了中情局錢財和人才充當該局暗渠——一一交織成一份人頭公司和外圍組織的文件線索，一家搞砸就全砸了。

電臺無疑是中情局最有影響力的政戰活動，中情局花了四億多美元補助它們。我們有理由相信鐵幕後數以百萬計的聽眾很重視廣播。然而，一旦暴露它們原來是中情局的頻道，其正當性就要大打折扣了。

中情局是用紙牌堆砌的一間不牢靠房子，這一點赫姆斯心知肚明。中情局支持各電臺和基金會，雖是該局最大規模的祕密行動計畫一部分，但它們本身其實沒有什麼隱密可言。十年前赫姆斯就曾和魏斯納談過，中情局應淡出祕密補助業務，讓國務院處理電臺業務，兩人也都同意要設法說服艾森豪總統，只可惜兩人都沒有後續動作。國務卿魯斯克從一九六一年起就一直提醒說，數以百萬計的美元從中情局流向學生團體和民間基金會，已成為「國內外流言蜚語共通的話題或常識」。[2]這一年來，《堡壘》月刊都在中情局監視中，赫姆斯也曾送一份備忘錄到白宮給莫耶斯，詳述該雜誌各編輯與記者的政治和個人行為。

談到祕密行動管理問題，有怠忽之責的不單是中情局而已，白宮、五角大廈和國務院這些年來一直沒有好好監督中情局也難辭其咎。從甘迺迪就職開始到今天，中情局已展開三百多項大規模的祕密行動，除了赫姆斯，沒有一個當家主事的人知道大部分的作業。國務院某情報官員在一九六七年二月十五日提出報告說道：「我們既沒有妥善地明訂執行計畫的方法，也沒有追蹤檢討若干進行中的大計畫。」

總統授權監督中情局、並挹注其祕密活動的機制，並沒有發揮作用，或者說從來就沒有作用。白宮、國務院、司法部和國會越來越發覺中情局已有點不受控制。

打定主意要殺他

一九六七年二月二十日，詹森總統打通電話給代理司法部長萊姆希．克拉克（Ramsey Clark）。[3]五個星期前，詹森和聯合供稿專欄作家皮爾森（Drew Pearson）在白宮進行長達一個小時的不列入記錄對話。皮爾森的專欄「華府旋轉木馬」果然不是浪得虛名，一篇文章提到黑手黨殺手羅塞里是中情局哈維至交好友，哈維又是羅伯．甘迺迪參議員死敵，就讓詹森總統頭昏腦脹。

詹森對克拉克說：「故事圍繞著中情局……派人要幹掉卡斯楚。太離譜了。」口氣彷彿是轉述聽來的故事似的：「豬灣事件之後，他們找了一位相關人士，連同另外幾個人，帶到中情局，並由中情局和司法部長指示前去暗殺卡斯楚……他們弄了些毒藥。」這話沒錯，但故事還沒完。這故事把詹森帶到一個雖無憑據卻很嚇人的結論：卡斯楚逮到陰謀者，「稍加刑求，他們就一五一十告訴他……於是他說，『好，我們會處理』；接著他便召喚奧斯華和一批人進來，要他們去……把任務辦好」。他們要辦的任務就是暗殺甘迺迪總統。

詹森吩咐克拉克去查查，聯邦調查局是否知道中情局、黑手黨和羅伯・甘迺迪參議員之間的瓜葛。

三月三日，皮爾森的專欄說：「詹森總統坐在政治氫彈上——一項未經證實的報導說，可能是羅伯・甘迺迪批准的暗殺計畫反彈波及到他哥哥。」這篇文章把羅伯・甘迺迪嚇壞了，第二天就約赫姆斯吃午飯，而局長也把中情局唯一一份將甘迺迪與黑手黨反卡斯楚陰謀掛鉤的備忘錄帶過來。

兩天後，聯邦調查局完成提交總統的報告，有個嗆辣的標題「中情局派遣幫派分子至古巴暗殺卡斯楚之意圖」。報告說得簡捷明快：中情局確曾試圖暗殺卡斯楚，中情局雇用黑手黨成員下手，當時身為司法部長的羅伯・甘迺迪很清楚中情局的計畫，也知道黑手黨涉案。

詹森斟酌了兩個星期，才命赫姆斯正式調查中情局反卡斯楚、杜琦樂和吳廷琰計畫。赫姆斯別無選擇，只得吩咐督察長易爾曼（John Earman）照辦。易爾曼把少數知道內情的人一一叫到辦公室，再一一匯整中情局檔案，慢慢地整理出一份詳盡的報告。

魯斯克命國務院情報司長休斯（Tom Hughes）就中情局祕密業務展開獨立調查，。五天後，休斯、魯克斯、卡貞巴赫三人坐在國務卿辦公室裡，盤算著總統是否該約束一下中情局。休斯認為，收買外國政治人物、支持外國政變或運交軍火給外國反抗軍等作為，可能侵蝕美國的價值觀，因而建議將祕密活動減少到「不能再減的最小量」，而且唯有在「其預見結果攸關國家安全或國家利益、此種效益應足以勝過風險，且其他方法都無法有效獲得」的情況下，才可以進行。魯克斯把這些想法傳達給赫姆斯，赫姆斯並沒有強烈反對。

同一星期，赫姆斯很仔細地看完中情局督察長那份一百三十三頁的報告草稿。報告中雖稱殺害吳廷琰和杜琦樂的人「受美國政府鼓動而不受控制」，卻詳盡解析反卡斯楚陰謀的種種手法。報告中說：「我們不得不強調，負責其事的中情局官員感受到自己承受甘迺迪政府極大壓力，才會想在卡斯楚問題上有所作爲。我們發覺，人們口中隱約提到的『有所作爲』時，他們心裡很清楚就是要殺掉他。」儘管壓力是來自政府最高層，報告裡卻對總統授權的問題默不作聲。唯一可以提出明確答辯的羅伯·甘迺迪參議員，正忙著推動一項加重褻瀆美國國旗罰責的法案。

這份報告暗示擔任過祕密行動處主管的艾倫·杜勒斯、畢賽爾、赫姆斯以及費茲傑羅，這幾位還在世的中情局官員共謀殺人，且特別著墨於費茲傑羅，說他在甘迺迪總統遭暗殺前一星期，親口答應提供配有望遠瞄準鏡的步槍，給矢言要殺死卡斯楚的古貝拉。費茲傑羅雖矢口否認，但極可能是謊言掩飾。

五月十日，赫姆斯把他親筆眉批的督察長報告放進公事包，動身去見總統，至於兩人談些什麼，毫無記錄可查。五月二十三日，赫姆斯到參議員羅素主持的中情局委員會作證。羅素對中情局事務的瞭解比局外人多，他與詹森總統的關係也比華府任何人都要親密。他問赫姆斯一個在政治暗殺中很尖銳的問題：中情局要「前工作人員三緘其口的能力」如何。

赫姆斯當天回到總部後，便將督察長調查所衍生的文件悉數銷毀，只留下一份報告在保險櫃，這一鎖就是六年多，文風不動。

赫姆斯很清楚，最瞭解暗殺卡斯楚陰謀的中情局官員，便是極不穩定的哈維。此人雖因酗酒惡習不改而被革去羅馬工作站長職務，但仍拿中情局薪水，每天都在總部走廊上蹓躂。中情局執行長懷特說：「有時在開會的時候，哈維會醉醺醺地出現，他就是愛喝私釀的馬丁尼。」懷特還記得，一九六七年五月最後一個禮拜，他跟費茲傑羅、安格頓在赫姆斯辦公室開會，所討論的主題就是該怎麼處理哈維。討論結果是小心翼翼地把他弄出中情局，保證讓他有個平靜的退休生活。中情局安全室主任歐斯邦（Howard Osborn）帶這位沒用的情報官出去吃午飯，並回報說「哈維對中情局和局長極盡冷嘲熱諷」，若是逼虎跳牆，他必定會對中情局和局長恐嚇勒索。哈維直到過世前還跟中情局糾纏不休。

走火入魔

這是赫姆斯遭逢事業大危機的時候。一九六七年整個春天，他都面臨著和暗殺陰謀這顆定時炸彈一樣嚴重的危機：不少最優秀的情報官開始反對安格頓的陰謀論。

安格頓自從在以色列協助下取得赫魯雪夫譴責史達林的祕密談話文稿以來，這十多年一直在中情局裡享有崇高的地位。除了反情報主管這個關鍵角色，他仍掌控著以色列專案以及與聯邦調查局聯繫的業務。但他那莫斯科「大陰謀」的觀點卻逐漸侵蝕中情局。赫姆斯擔任局長時的中情局祕史（二〇〇七年解密），就詳盡地透露安格頓的論調和方針：

到一九六〇年代中期時，安格頓已抱持一套將對美國產生嚴重後果的觀點。他相信，在一批極高明的政府領導人引導下的蘇聯，對西方懷有無可化解的敵意。國際共產主義仍然穩若磐石，莫斯科與北京決裂的報導，無非是精心策畫的「假情報戰」之一環。安格頓在一九六六年寫道，一個「整合與果斷的社會主義集團」，積極助長「分裂、演變、權力鬥爭、經濟浩劫和善惡共產主義」的假消息，刻意向莫名所以的西方世界呈現「一片混亂鏡像」。一旦這戰略欺騙計畫成功地分化西方團結，莫斯科便可輕易地一一收拾自由世界國家。在安格頓看來，唯有西方情報機關可以反制這種挑戰，力挽狂瀾，西方文明的命運大部分掌握在反情報專家手中。

誠如中情局後來的正式評估所做的結論，安格頓想法很不正常，「是個思想鬆散和漫無章法的人，他的理論一應用在公開記錄的事務上，便顯得不值得予以愼重考慮」。聽信他的話，後果很嚴重。這些後果包括，於一九六七年春天決定繼續監禁已在中情局禁閉室非人環境下非法拘押三年的蘇聯投誠者諾先科；接連誣陷蘇聯課資深官員爲莫斯科所用；蘇聯投誠者或所吸收的特工之言一概不予採信。赫姆斯時期的中情局祕史說：「很多忠心耿耿的中情局工作人員，就因爲一些巧合與薄弱的間接證據，就蒙受心懷貳志的嫌疑。針對蘇聯進行中的作業喊停，新任務受到壓制，只因誤信中情局內的臥底間諜已洩密，中情局大部分的人已被克里姆林宮盯上。投誠者和長年合作的線民所提供的寶貴情報不予理會，只因爲擔心情報加了料。」

中情局內部逐漸對安格頓產生一股力道雖小卻很堅定的反彈。在一九六七年四月赫姆斯第一次看到的備忘錄裡，蘇聯課資深官員麥科伊說道：「我們沒上敵人假情報的當，而是自己在騙自己。」他告訴赫姆斯，安格頓的心態使得「我們的蘇聯活動完全癱瘓」。五月，中情局安全室主任歐斯邦提醒道，諾先科案是個在法律和道德上都很可恨的行爲。赫姆斯請副局長泰勒將軍設法解決。後來泰勒回報說，諾先科絕不可能是雙面諜，蘇聯課頓時左右爲難，赫姆斯必須釋放人犯，並做重大人事更動以正門風。

安格頓和他的幕僚幾乎完全沒有提供局內其他部門任何情報；他認爲自己就是最後顧客，不願流傳自己的書面結論。他破壞東歐各工作站長、侵害盟國情報機關、危害總部——誠如赫姆斯新指派的蘇聯課長金斯利（Rolfe Kingsley）屢次抗議的，全然沒有「絲毫佐證說蘇聯課內有或曾經有」臥底間諜。以泰勒將軍的話來說，赫姆斯認爲「安格頓走火入魔……赫姆斯雖感歎安格頓妄想太過，但也認爲他是個難以取代的可貴人才，其他的特點應可以掩蓋過妄想的缺點」。

安格頓毀人事業、傷人性命、製造混亂，赫姆斯依舊對他信任不減。爲什麼？第一，大家都知道，安格頓掌理反情報業務這二十年間，中情局沒有出過叛徒或被蘇聯間諜滲透，單是這一點就讓赫姆斯非常感激了。第二，誠如赫姆斯時期的中情局祕史首度揭露的，他局長任內的最大成就：中情局正確預告中東六日戰爭，安格頓也有部分功勞。

一九六七年六月五日，以色列對埃及、敘利亞和約旦發動攻擊。中情局早有所知。以色列一直告訴白宮和國務院，說他們已面臨大危機。赫姆斯則向總統指出，這是精心算計的一著棋，而他們之所以要說這種白色謊言，無非是希望贏得美國直接軍援。令詹森大大鬆口氣的是，赫姆斯說以色列會精心挑選攻擊的時間和地點，而且可能在幾天之內迅速取得勝利。上述不足爲外人道的預測，最終消息來源正是安格頓從以色列情報機關最高層的朋友處得來，然後直接獨家向赫姆斯報告。他的話沒錯。中情局史記載：「預測的後續準確性奠定赫姆斯在詹森白宮的聲譽。這個資歷肯定讓赫姆斯的局長績效獲致高分，也進一步鞏固安格頓在反情報評估上的地位。」

這一針見血的精闢推論，理所當然地讓詹森留下深刻印象。赫姆斯頗爲得意地向中情局史家敘述，這是詹森在總統任內首次體認到：「情報在他生活中占有一定分量，而且這分量還頗重……這是他第一次眞有點被『情報人具有他人所無的見解』此一事實嚇到。」

他讓赫姆斯在周二午餐會報上占有一席之地，這是全城最好的一席、政府最高會議，也就是赫姆斯口中「不可思議的權力核心」——同席的有國務卿、國防部長和聯參首長主席。往後一年半裡，每周一次，中情局得到它最需要的東西：美國總統的關愛。

大量暗管

赫姆斯希望嚴控中情局的祕密，不讓國內人民得知。爲達此目的，他要求國外作業不要出現令人不快的意外。在當時的政治環境下，中情局很多的祕密活動都像是潛伏的氫彈。

一九六七年六月，赫姆斯吩咐費茲傑羅針對中情局每一個海外祕密行動進行評估，以確保隱密性安全無虞，對有可能搞砸的活動一一關閉。

一九六八年，自信滿滿的赫姆斯（左二），在周二午餐會上向詹森總統和魯斯克國務卿（右二）做簡報。

中情局經不起再一次公開醜聞或公開調查的風險。針對古巴計畫的內部調查，使費茲傑羅承受莫大壓力，五個星期後，他竟在和英國大使打網球的時候心臟病突發。他和魏斯納一樣，享年五十六歲。

費茲傑羅安葬後，赫姆斯選了忠心老友卡拉米辛（Thomas Hercules Karamessines）來領導祕密行動處。朋友口中的老K，是中情局創局元老之一，曾任雅典工作站長，因爲脊椎彎曲的緣故，時時痛不欲生。一九六七年夏秋，兩人陸續檢討中情局在全球各地的祕密行動業務。沒有一個國家是中立區，赫姆斯的目標是要讓中情局勢力遍布全球。

在西貢，中情局剛展開一項極爲敏感的行動，由詹森總統批准，代號「毛茛」（Buttercup），亦即吸收政治敏感度較高的越共戰犯，讓他配備祕密無線電發報器回到河內，試圖向北越伸出和平觸角，以便打開與敵人最高層談判之門。可惜毫無成效。中情局曾在許多親美國家如巴拿馬等國，在當地設立共產黨並加以控管，希望有一天莫斯科會邀請這共黨領導人訪蘇，從而探出蘇聯第一手祕密。可是，中情局在這場永不止息滲透克宮的戰爭中，收穫極少。赫姆斯於是設法動員中情局第一批遍布全球各地的潛伏特務，也就是沒有外交身分保護的間諜，他們平常的身分可能是國際律師或《財富》雜誌五百大企業的巡迴業務員。這個代號「環球」（Globe）的行動，已經進行五年之久，不過，這種遊走全球各地的情報官不過十餘人而已。

好的行動往往要花上好幾年時間布局。赫姆斯解釋：「首先得打好基礎，還得找人合作；要想成功先得在結構裡埋設大量的暗管。」

然而，單憑耐心、毅力、經費和巧計，還不足以對付共產主義，而是得將眞正的武器交給友好國家的統治者、或中情局訓練的祕密警察與準軍事部隊。艾森豪總統曾創設了一體適用的「海外內部安全計畫」（Overseas Internal Security Program），由中情局配合五角大廈和國務院共同管理。而寫出以「民主、無私、無條件的方式協助其他國家自助」任務宣言的，正是中情局自家人漢尼，也就是漢城工作站那位騙子站長、以及瓜地馬拉「成功行動」前線指揮官。

漢尼建議以武裝第三世界盟邦的方式來維護世界安全。他辯稱道，「雖然有些人指責美國援助不民主國家，強化其安全機關，從而讓他們鞏固權位，從道德上說乃是錯誤的做法」，殊不知「只協助自由世界各國政權，雖可符合我們自治的理想，但美國卻消受不起這種道德奢侈。將絕對君權、獨裁和軍事執政團完全從自由世界抹去，只指望剩下的那些國家，美國勢必走上孤立之路，此乃至爲明顯不過的事」。

海外安全計畫在全球二十五個國家訓練七十七萬一千二百一十七名軍人和警官，也爲中情局找到祕密行動的沃土。該計畫協助柬埔寨、哥倫比亞、厄瓜多爾、薩爾瓦多、瓜地馬拉、伊朗、伊拉克、寮國、祕魯、菲律賓、南韓、南越和泰國創設祕密警察，而這些國家的內政部長和警察總長都和中情局工作站密切聯繫。此外，中情局還在巴拿馬成立國際警察學校、在德州洛佛雷斯諾（Los Fresnos）成立「爆破」學校，訓練中美和南美洲各國的軍官，結業生當中則包括日後薩爾瓦多與宏都拉斯行刑隊的領導人。

從課堂到刑訊室往往只有一步之隔。艾森豪與甘迺迪時期的中情局情報處主管艾摩里說：「中情局身處險地，稍有不慎就會流於蓋世太保式的戰術。」

一九六〇年代，中情局在南美的工作範圍大幅擴張。柏林基地老手、一九六五至六七年間擔任拉丁美洲課對外情報組長的波爾加說：「卡斯楚是個觸媒，中情局和拉丁美洲資產階級有個共通之處，就是恐懼。」

波爾加說：「我的任務是運用拉丁美洲各國的工作站，蒐集與蘇聯和古巴相關情報。要達成這個目標，要得有個相對穩定的政府與美國合作。」

中情局支持拉丁美洲阿根廷、玻利維亞、巴西、多明尼加共和國、厄瓜多爾、瓜地馬拉、圭亞那、宏都拉斯、尼加拉瓜、祕魯和委內瑞拉等十一個國家的領導人。一旦友好政府掌權，中情局就有五個管道可以維持美國對這些領導人的影響力。波爾加說：「我們可以成爲他們的對外情報機關，因爲他們對世界大事不甚了了，所以我們就來個每周簡報——當然得做點手腳以符合他們的感受。錢當然是最受歡迎的；採購玩具、娛樂器材、武器；訓練；還有，我們可以領一票軍官到布雷格堡（Fort Bragg）或華府度個假。」

在赫姆斯簽准的正式報告裡，中情局所抱持的立場，當然是認爲拉丁美洲各國軍事執政團對美國有利；他們是唯一有能力控制政治危機的勢力；有法治總比亂成一團爭民主自由好。

在詹森主政的時候，甘迺迪兄弟所發動的反游擊任務已生了根，艾森豪的海外安全計畫也大行其道，中情局則到處扶植政治和軍事盟友。一九六七年，中情局透過在中美和南美兩地所細心培養的獨裁者，取得冷戰時期最大勝利：追捕切．格瓦拉（Che Guevara）。

你在殺人

切．格瓦拉是古巴革命軍人和間諜的象徵。他們深入蠻荒，遠至剛果作戰，該國有支叫「辛巴」

（Simbas）的平民反抗軍，不僅讓強人莫布杜飽受威脅，更在一九六四年綁架中情局史坦利維爾基地主任。

剛果是冷戰戰場，莫布杜和中情局如膠似漆。中情局駐剛果第三號人物戈森（Gerry Gossens）提議，雙方另設一支對付蘇聯和古巴在非洲勢力的部隊。戈森說：「莫布杜給我一間房子、七名軍官、六部福斯車，我則教他們偵察技巧。我們建立一個對中情局負責的剛果情報機關。我們指導並管理他們；最後，在總統同意下，我們支付他們的活動經費。有了情報之後，我先審查、編纂、再交給莫布杜。」莫布杜從中情局手中得到所需要的一切：金錢和槍械、飛機和駕駛、一名私人醫生，以及與美國政府相濡以沫所產生的政治安全感，中情局則在非洲心臟地帶廣建基地和工作站。

在一場典型的冷戰戰爭中，切．格瓦拉和古巴同志在中非坦干伊喀湖（Lake Tanganyika）西岸，遭遇中情局與古巴游擊隊。配備無後座力步槍和戰機的中情局部隊，攻擊七千名左右的辛巴反抗軍和大約一百名切．格瓦拉的古巴士兵。在砲火下，切．格瓦拉接到卡斯楚的命令：「自保爲上，避免殲滅。」

切．格瓦拉忍辱撤退。撤退途中，他橫渡大西洋，試圖在拉丁美洲點起革命火花。他輾轉進入玻利維亞山區，中情局也追蹤而至。

這時，中情局出資一百多萬美元扶植的右翼將領巴里恩托斯（Rene Barrientos）已接掌這個赤貧國家的政權。以中情局自己的話來說，這筆錢是要「鼓勵」一個「友好親美的穩定政府」，以及「支持軍政府綏靖計畫」。巴里恩托斯將軍就憑著日益壯盛的軍隊鎮壓反對人士。中情局拉丁美洲課長布羅伊（Bill Broe）滿意地寫信向赫姆斯報告：「隨著巴里恩托斯將軍於一九六六年七月三日當選，此次行動可謂功德圓滿。」中情局另備有巴里恩托斯檔案呈給白宮，國家安全顧問羅斯陶轉交給總統的時候說道：「這是在解釋二十日下星期三你和巴里恩托斯將軍午宴時，他可能會向你致謝的原因。」

一九六七年四月，巴里恩托斯告訴美國大使韓德森（Douglas Henderson）說，他手下官兵正在山區追捕切．格瓦拉。韓德森當周即飛回華府，並將消息轉告費茲傑羅。費茲傑羅說：「這不可能是切．格瓦拉。我們認爲，切．格瓦拉已在多明尼加共和國喪命，安葬在一處未標示的墳墓裡。」儘管如此，中情局還是派出兩名豬玀灣事件的老手南下，加入美國所訓練的玻利維亞騎兵隊追捕行動。

這兩位中情局古巴工作人員裡，有位叫羅德里蓋茨（Feliz Rodriguez）的，從前線傳回一系列令人悸動的快報。他這些二〇〇四年才解密的消息，是多年來一直籠罩在迷霧中的那場遭遇戰唯一的目擊描述。羅德里蓋茨從希格拉斯村以無線電回報拉帕斯（La Paz）工作站長提爾頓（John Tilton），再由提爾頓轉報總部的布羅伊和波爾加。他們將報告匯呈赫姆斯，赫姆斯再帶到白宮。

一九六七年十月八日，切．格瓦拉與玻利維亞騎兵衝突後遭俘時，除了大腿受傷，狀況尚可，只是他要在南美製造一個越南的理想，已消逝在玻利維亞高地的稀薄空氣中。俘虜者把他帶到一間小校舍。羅德里蓋茨得知，切．格瓦拉的命運將在明天由拉帕斯的玻利維亞統帥部決定。

羅德里蓋茨報告中說：「我會設法保住他性命，但恐怕事與願違。」

第二天破曉時分，羅德里蓋茨盤問切．格瓦拉時，只見他以手掩臉坐在校舍地上，手腕和腳踝綁得結實，旁邊有兩具古巴同志屍體。兩人談到剛果遭遇戰和古巴革命方向。切．格瓦拉說，除了豬玀灣事件之類的武裝衝突，卡斯楚所殺的政敵不超過一千五百人。「當然，古巴政府對侵犯領土的游擊隊領袖是一概處死」，根據羅德里蓋茨的說法，當時切．格瓦拉是這麼說的。「這時，他頓了一下，臉上露出狐疑神情，及至發覺自己正在玻利維亞領土上，不覺微微一笑。」羅德里蓋繼續說道：「他這一落網，游擊組織已遭重挫……他堅信自己的理想終會實現……他斷然決定成敗在此一舉，並沒有規畫萬一失敗時從玻利維亞潛逃的路線。」

上午十一點五十分，統帥部下令處決切．格瓦拉。羅德里蓋茨以無線電通報提爾頓：「下午一點十五分，切．格瓦拉在一排槍彈下遭處決。切．格瓦拉最後的遺言是：『告訴我太太擇人再嫁，告訴卡斯楚，革命必會在美洲再起。』他對行刑官說：『記住，你在殺人。』」

提爾頓傳回切．格瓦拉死亡消息的時候，波爾加是總部執勤官。

「能送他的指紋來嗎？」波爾加問道。

提爾頓答道：「我可以送他的手指。」劊子手已將切．格瓦拉的雙手剁下。

首要考慮應是政治敏感性

像這種能讓赫姆斯和手下情報官員吹噓的成就並不多見。無數失誤已讓成就黯然失色。國務院埃及科長通知剛上任的近東事務助理國務卿貝妥（Luke Battle）：「中情局的活動再次捅出大麻煩。」埃及統治者納瑟抱怨（已不是第一次，而且不是無的放矢），中情局試圖推翻他的政府。傳給貝妥的消息中說：「中情局顯然希望可以遮蓋這些事件，絕不容許有這種事情發生。」

貝妥知道中情局在埃及的勾當。有位樂天的主事官不慎洩露中情局和開羅知名報紙編輯阿敏（Mustapha Amin）之間的關係時，貝妥正是駐埃及大使。阿敏一直和納瑟走得很近，中情局於是收買他，要他提供消息並刊登親美的報導。開羅工作站長曾向貝妥大使撒過謊，否認中情局與阿敏之間的關係。貝妥說道：「其實他一直拿美國薪水。歐岱爾（Bruce Odell，中情局主事官）定期與阿敏碰面。他向我保證絕無金錢交易，但阿敏被捕時的照片顯示分明就有此類交易。」這件案子成為全球報紙頭條，其中特別點出歐岱爾是以外交身分爲掩護的特工。阿敏以間諜罪名受審、遭到酷刑、判處九年徒刑。

赫姆斯一直想建立中情局的信心，也一直希望詹森總統能在一九六七年九月中情局成立二十周年時，到維吉尼亞州朗格里向總部同仁發表談話，可詹森卻一步也不曾踏進過中情局。他派副總統韓福瑞參加慶祝典禮，而韓福瑞發表的正是鼓勵的談話：「你們必定會遭人批評。只有不做事的人才不會被批評，我可不希望見到這種情況。」

中情局禁不起來自政府的持續批評，何況是大眾的批評。中情局的存續全靠隱密，每回有砸鍋的行動上報，中情局內僅餘的信心就消減幾分。

一九六七年九月三十日，赫姆斯頒下嚴格的祕密活動新準則，並分送各工作站遵行。工作站長及其頂頭上司收到這種過於謹慎的指示，還是中情局史上第一遭。命令中說，「檢討所有具有政治敏感性的計畫，凡列名美國支薪表上的外國朝野政治人物以及若干軍方領導人」，均應將其身分通報總部。花在祕密活動的經費，再小也要據實申報。「我們的首要考慮應是該活動的政治敏感性及其與美國外交政策的一貫性」。

流向江郎才盡的外國特工、三流報紙、無足輕重的政黨和其他成效不佳活動的經費逐漸縮水。於是西歐地區的大型政治作戰工作開始萎縮。中情局要把重心放在東南亞的熱戰、以及中東、非洲與拉丁美洲的冷戰上。

然而國內也有一場戰爭正在進行。總統剛吩咐赫姆斯展開政治敏感性最高的活動：監視美國人。

〔注釋〕

1. 〔譯注〕《堡壘》係政治與文學刊物，於一九六二至七五年發行。
2. 魯斯克在一九六一年十二月九日要求「特別小組」處理下列問題：「一、中情局支持教育與慈善性質的民間團體。二、這些祕密經費已成爲國內外流言蜚語共通的話題或常識。三、祕密經費引起外界對相關團體的疑慮，可能使得它們無法進入某些國家。四、祕密經費嚇走其他不想和中情局活動或目標扯上關係的其他經費來源。五、大多數個案都毋需隱瞞經費係由美國政府提供的事實。六、所有的活動都應由暗化明……七、如何處理與亞洲基金會、非洲學生運動及其他組織的關係？」

   一九六八年六月二十一日，三〇三委員會開會處理亞洲基金會問題，指出「聯邦政府縱有經費，也沒有人能準確預測要怎麼分配」才能取代中情局的補助。
3. 〔譯注〕萊姆希．克拉克於一九六七年三月二日升爲司法部長，直到六九年詹森總統任期結束。此人雖是執法機關首長，卻站在受壓迫者一方，曾創設「國際行動委員會」（IAC），對維護人權和民權著力頗深，也曾公開宣稱米洛塞維奇和海珊是反帝國主義英雄，有些媒體因此稱他是「戰犯的最好朋友」。

〔第二十七章〕

追查外國共產黨人

詹森總統一直很擔心，唯恐反戰運動會把他趕出白宮，不料最後將他掃地出門的卻是越戰本身。一九六七年十月，少數中情局分析員參加第一次華府反戰遊行。總統把示威者當成國家公敵。他深信這些和平運動都是莫斯科和北京在幕後主導及資助，可惜苦無證據，故吩咐赫姆斯找出證據。

赫姆斯提醒總統，中情局依法不得監視國人。他說，詹森是這麼告訴他的：「這我很清楚，所以我要你做的是追查這件事，外國共產黨人干涉我們的內政，是可忍孰不可忍，我要你竭盡所能追查。」這些話若是詹森親口來說，可能會比赫姆斯所轉述的更率直。

於是，中情局長明顯違反法律賦予它的權限，兼差當起祕密警察頭子。中情局代號「混沌」（Chaos）的國內監視行動，時間長達七年之久，赫姆斯為此增設特別工作小組，負責監視國人業務，並審愼地把它安插在安格頓的反情報工作人員裡。十一名中情局情報官員留起長髮，學了些新左派的術語，混進美國和歐洲各和平團體。中情局匯整了一份三十萬名美國人姓名和組織名稱的電腦索引，以及七千二百名公民的檔案，並開始與全國警察單位祕密合作。中情局無法區分極左和反戰主流，乾脆把和平運動的主要組織都列入監視。在總統指揮下，國家安全局經由赫姆斯和國防部長把龐大的竊聽威力用在美國公民身上。總統和國會保守派都認爲，和平運動與動搖美國的種族暴動之間必有關聯，因此要中情局證明確是共產黨在背後搞鬼。中情局全力以赴。

一九六七年，美國貧民區成了戰區；七十五起個別的都市暴動撼動全國，總計造成八十八人死亡，一千三百九十七人受傷，一萬六千三百八十九人被捕，二千一百五十七人定罪，經濟損失估計達六億六千四百五十萬美元。底特律四十三人死亡，紐華克二十六人死亡，紐約、洛杉磯、舊金山、波士頓、辛辛納提、岱頓、克里夫蘭、楊格城、托列多、佩歐利亞、迪蒙、威奇塔、伯明罕和坦帕街道上怨氣衝天。十月二十五日，阿肯色州民主黨人、參院常設調查小組委員會主席麥克里蘭（John McClellan）函請赫姆斯找出蘇聯在美國搞黑人權力運動（black-power movement）的證據。「本委員會對國內各好戰組織的活動甚感興趣」，麥克里蘭參議員寫道。

麥克里蘭說，莫斯科已「在非洲迦納專爲有色人種成立一所諜報或破壞學校」，且有不少美國人擔任教官。參議員寫道：「據稱，這些教師都來自加州，若能得知返美教師或學生的身分，對本委員會將大有助益……如蒙貴局合作，無任感荷。」

中情局這個祕密情報機關果然通力合作，卡拉米辛在十月三十一日便將得自邁阿密古巴人士的未證實傳言回報白宮。報告中說，古巴聖地牙哥附近海邊成立一處「黑人訓練營」，專門「訓練黑人從事反美顛覆活動，課程中包括由蘇聯教官教授英語」。接著說道：「他們的反美顛覆活動包括與種族暴動相關之破壞行動，目的是要把黑人革命帶進美國。」報告指出：「參加訓練課程的黑人約有一百五十人，部分可能已潛抵美國。」

詹森大為震怒。他在一九六七年十一月四日周六午後一次九十五分鐘的叫囂中，告訴赫姆斯、魯斯克和麥納瑪拉：「我不會容共產黨打倒政府，他們目下就在幹這種事。我看到這些人搭著共產黨的飛機在我們國家到處飛，就是一肚子火。總得有人仔細查查是誰出國了、去了哪裡、為何出境。」最後這句話詹森是針對赫姆斯說的。

可是，中情局一直找不到可以把美國左派或黑人權力運動領袖和外國政府扣在一起的證據。赫姆斯在十一月十五日將這令人不快的事實回報總統。他報告說，中情局雖懷疑有些美國左派人士可能在意識形態上與莫斯科或河內有關連，但沒有證據顯示「他們是受他人指令行事」。詹森命赫姆斯加強搜查，但除了讓中情局持續違反規章，毫無所獲。

對無數美國人而言，每晚電視都把戰爭帶進家裡。一九六八年一月三十一日，幾乎每個南越主要城市和軍事要塞，都遭共產黨四十萬大軍攻擊。攻勢從農曆新年第一天開始，敵軍圍攻西貢以及美軍在順化、溪山的基地。二月一日，電視和靜態照相機捕捉到西貢警察局長用手槍冷血射穿共產黨俘虜腦袋的畫面。攻擊無日或已。美軍還擊火力雖大——單是溪山一帶就投下十萬噸炸彈，共產黨奇襲戰術卻造成美國心理重創。赫姆斯無法預測共產黨新春攻勢，因為中情局對敵人的意圖幾乎毫無所悉。

一九六八年二月十一日，赫姆斯在總部召集手下所有越南專家開會。除了喀威爾一人仍然很樂觀——但也為時不久，與會者都同意以下幾點：駐西貢美軍總司令魏摩蘭將軍沒有一貫的戰略；增派美軍無濟於事；南越政府與軍方無法協力抗敵，美國應該抽身。赫姆斯派艾倫回西貢評估損失，並拜會阮文紹總統和阮高奇副總統。艾倫發現南越軍方一盤散沙，兩位領導人爾虞我詐；美軍保護不了越南；美國特工驚惶失措，士氣低落。自一九五四年在奠邊府之役重挫法國以來，河內已取得最大的政治勝利。赫姆斯親自向總統報告極悲觀的結論，使得詹森最後一點政治意志蕩然無存。

二月十九日，河內展開第二波新春攻勢之際，詹森總統私下與艾森豪會談。第二天午餐會報上，赫姆斯傾聽總統敘述詹、艾兩人對話內容。詹森重述：「艾森豪將軍說，魏摩蘭將軍擔負著比美國歷史上所有將軍都要沈重的責任。我問他，二戰期間有多少盟軍歸他指揮。他說，包括美國和盟國部隊，大約有五百萬人。我告訴他，魏摩蘭手上只有五十萬大軍，怎麼說他是承擔最大責任的美國將領呢？他說，這是不一樣的戰爭，魏摩蘭並不知道誰是敵人。」[1]

詹森終於明白，沒有什麼辦法能讓越南情報的失敗起死回生，美國無法擊敗一個自己所不瞭解的敵人。幾星期後，他宣布不會尋求連任。

〔注釋〕

1. 有些歷史學家和回憶錄作者認爲，詹森決定退出選舉之前的幾個星期，是中情局分析員喀威爾讓他改變對越戰的看法。但據中情局首席越戰史專家哈洛德．福特指出，喀威爾和中情局對詹森的影響，「顯然遠不及中情局情報之外的其他因素，如共產黨新春攻勢本身的震撼力、國會與民眾反戰情緒急劇升高、聯參首長主席惠勒（Earle Wheeler）、保羅．尼茲（Paul Nitze）、萬克（Paul Warnke）在新春攻勢後所做的坦誠而嚴酷的評估報告、柯立福及原本支持詹森越戰行動的『智者』大多突然倒戈。此外，國務院和中情局分別在三月底提交的評估報告也得記上一筆」。

4 ● 1968-1977

尼克森與福特時期的中情局

甩開群丑

〔第二十八章〕那些小丑到底在朗格里做什麼

一九六八年春天，赫姆斯很擔心下一位老闆不是羅伯·甘迺迪就是尼克森。甘迺迪擔任司法部長時，濫用中情局的力量，既徵用中情局，又對赫姆斯冷眼相待，滿心不屑。不管他是候選人，還是當上一國最高統帥，中情局檔案裡的祕辛都會對他構成威脅。甘迺迪參議員六月間在競選活動時遭人暗殺，赫姆斯著實震驚，卻不怎麼悲傷。甘迺迪加諸赫姆斯的譏諷，留下一輩子難以抹滅的傷痕。

尼克森的問題完全不同。赫姆斯很清楚他對中情局怨恨有多深。尼克森認爲中情局充斥著東岸菁英主義者、反射思考的自由派、喬治城街談巷議、甘迺迪的人馬。他把自己一生中最大的失敗——亦即一九六〇年大選失利，怪罪到中情局頭上，已是公開的祕密。他確信（誤信）艾倫·杜勒斯所洩漏的祕密和謊言，幫助了約翰·甘迺迪在電視辯論上取得關鍵性的分數。尼克森在一九六二年回憶錄《六次危機》（*Six Crises*）裡寫道，要是他當選總統，一定要在中情局之外成立新的機構來執行祕密行動。這等於公開威脅要將中情局剜心剖腹。

一九六八年八月十日，尼克森和赫姆斯首度長談。詹森總統邀尼克森到德州故鄉的農莊（LBJ Ranch），請他吃牛排和帶穗玉米，又開著敞篷車帶他參觀農莊，然後才回頭和赫姆斯暢談國際大事：捷克斯洛伐克與蘇聯之間的對立、卡斯楚仍然支持全球革命運動，以及美國和北越之間的祕密和談。

尼克森直接向赫姆斯提出一個尖銳的問題。

「他們仍然相信我們輸了這場戰爭？」他問道。

赫姆斯道：「北越確信他們已取得奠邊府之役後的勝利。」這是尼克森最不想聽到的答案。

尼克森當選三天後打電話給詹森：「你覺得赫姆斯這個人怎麼樣？你會繼續用他嗎？」

詹森答：「我會的。他夠格，很幹練，會告訴你實話，而且爲人忠心耿耿。」

這是很高的評價。這一年來參加總統晚餐會報，赫姆斯不僅贏得詹森的信任，也使他在華府贏得首席專家的聲譽。他相信，中情局經這二十年的歷練，已培養出一批專精於蘇聯威脅的情報分析員，以及一個能執行諜報任務而不致暴露身分的祕密機關。他自詡是個爲總統效命的忠誠軍人。

赫姆斯不久便會發覺忠誠的代價。

無可救藥的隱密

赫姆斯在二十年後憶述：「尼克森誰都不信。他雖當了美國總統，乃至一國行政元首，卻一再告訴民眾，空軍在越南的轟炸行動啥也打不著，國務院盡是些穿細直條紋西裝喝著雞尾酒的外交官，中情局想不出打贏越戰的法子……等等不一而足……『他們都是笨蛋獃瓜，這也不會做，那也不會』。」

一九六九年一月，新政府上臺沒幾天，赫姆斯在白宮午餐會上如坐針氈，尼克森則好整以暇挑吃乾酪和罐裝鳳梨。總統臭罵中情局，國家安全顧問季辛吉（Henry Kissinger）留神傾聽。赫姆斯表示；「我絲毫沒有懷疑，尼克森對中情局吹毛求疵一定也影響到季辛吉。」

總統當選人和這位哈佛人可說是志同道合。國務院情報司長休斯觀察：「兩人都是無可救藥的隱密行動派，季辛吉尤好此道；兩人都是積習難改的炒手，但尼克森手法比較透明些。」他倆已達成共識：他們將獨自構想、指揮和管理祕密行動。祕密行動與諜報變成為他們個人所用的工具，尼克森利用它們在白宮建立政治堡壘，季辛吉則藉此變成主管國家安全的代理國務卿——以他的助理莫里斯（Roger Morris）的話來說。

赫姆斯採取自保的防範措施，網羅各方賢達成立「祕密活動研究小組」，向總統當選人尼克森報告祕密行動處的價值，一面也免得中情局橫遭抨擊。該小組由曾是魏斯納的心腹林賽來主持，會址設在哈佛大學，祕密召開會議；主要委員是畢賽爾和寇克派屈克，以及六位曾在白宮、五角大廈和中情局服務的哈佛教授。其中有三位教授和老同事季辛吉很熟，他們早就知道不管誰當選，季辛吉都是下任總統的國家安全顧問，因為季辛吉同時擔任尼克森和韓福瑞的親信顧問。尼、韓兩位壓根兒沒想過要找別人當國安顧問。

該小組於一九六八年十二月一日提出祕密報告，在諸多建議中有一項令季辛吉特別開心：新總統應賦予一位白宮高層官員監督所有祕密活動之責。季辛吉不單是監督，還要經營它們。

報告籲請新總統：「向中情局長明確表示，一旦局長斷定研議中的行動不可行，他寄望局長會說

『不』。」尼克森把這個建言當作耳邊風。

報告又說：「單憑祕密行動很難達成重要目標，祕密活動充其量只能爭取時間、預測政變，不然就是製造可以使用明顯手段以達成重要目標的有利條件。」尼克森根本不懂這個原則。

「接受中情局祕密援助的個人、政黨或現任政府萬一曝光，可能受到嚴重傷害，甚或毀於一旦。總的來說，祕密行動曝光會造成美國在國際輿論上觀感不佳。對有些人來說，曝光表示美國無視國家權利與人權，另有些人則認爲會曝光正顯示我們無能且不勝任，才會被逮個正著……對很多美國人、尤其是知識界和青年人而言，美國從事『齷齪勾當』的印象會使得他們疏離政府。」報告接著說道。「在這種情況下，曝光不啻替新左派製造機會，使他們能影響政治輿論的層面更加寬廣。美國一向站在這些相關國家的第一線，倡導國際事務應講究法治，萬一我們祕密介入可能是（或看似）他國內政的事務，我們的信用和在國際法治上的角色，必會受到相當程度的傷害。」尼克森和季辛吉刻意不理會這些見解。

報告結論：「我們的印象是中情局這些人變得太過內生，幾乎所有的高層人員在組織裡的年資都已二十年……此外尚有強烈的孤立與內化傾向……缺乏創新與洞察力。」這點尼克森倒是非常相信，於是著手打入中情局核心，任命陸戰隊中將庫希曼（Robert Cushman）爲副局長，此人在他副總統任內擔任他國安助理。庫希曼的使命是幫總統盯著美國間諜。

中情局急於向總統當選人邀寵，於是比照詹森時代的作法，每天呈交情報簡報給尼克森，可惜都鎖在尼克森所住的紐約皮耶飯店三十九樓套房保險櫃裡，文風不動。到十二月時，季辛吉傳話表示，尼克森不看簡報。季辛吉擺明地說，中情局有事通報總統必須通過他，赫姆斯或中情局的任何人都不許單獨見總統。

季辛吉一開始就掌控中情局的業務，而且是越看越緊。一九六七至六八年間，中情局的監督機關三〇三委員會熱烈辯論祕密行動方針的光景消逝；現在季辛吉控制著委員會裡的每一位委員——赫姆斯、司法部長米契爾（John Michell），還有國務院和五角大廈的第二號官員，儼然變成他的個人秀。在往後三十二個月裡，三〇三委員會名義上批准了近四十項祕密行動計畫，但卻沒有眞正開過一次會；尼克森時期的祕密行動計畫，總計三分之二以上未經委員會正式審議。美國的黑手活動完全由季辛吉把持。

眾所周知，一九六九這一年，總統竊聽民間人士預防消息外洩，並管控政府內的資訊流通。他的國家安全顧問季辛吉更過分：利用中情局監視美國人，此一事實在此之前未見諸史冊。

在反戰運動呼籲全國罷市、也就是每個月全國休業一天之後，赫姆斯接到季辛吉命令，要他監視反戰罷市組織領導人。中情局安全室資深官員班納門（Robert L. Bannerman）的辦公日誌裡，有一份標題爲「季辛吉博士——資訊請求」的備忘錄。

備忘錄載道：「季辛吉博士請求我們提供反戰罷市各團體領導人所有資訊。經考慮後，將此請求轉交〔刪〕答應承當本報告核心任務，並在周末撰寫本報告的人。」這不唯是中情局「混沌」行動的延續——搜查外國支持反戰運動，更是總統國安顧問明確要求中情局監視美國公民。

這一記錄也反映出赫姆斯這方面毫不遲疑地配合。自一九六二年至今，三任總統都無視中情局規章，命令局長監視美國公民，尼克森更認爲總統在國家安全範圍內的所有行動全都合法。他說就算總統做了，也不算不合法。在他之後的歷任總統當中，只有小布希全然擁抱這種源於君權神授的總統權限解釋。不過，總統發出這種命令是一回事，非民選官員以總統之名這麼做又是另一回事。

狠狠地打擊蘇聯

尼克森和季辛吉對隱密性的操作能耐遠超乎中情局之上，他們和美國敵人交易——與蘇聯、中國和北越祕密交涉，中情局所知不多，甚或全然不知。這是有道理的：白宮不太相信中情局專家對共產勢力的說法，尤其是該局對蘇聯軍力的評估。

在一九六九年六月十八日國家安全會議上，尼克森對赫姆斯說：「我無意說他們在說謊或曲解情報，但我希望各位審慎區隔事實與意見。」

「事實是，一九六五、六六、六七和六八年的情報預測我全看過了，發覺和俄國人實際擁有的武力誤差高達百分五十，而且都是低估

一九六九年三月，尼克森總統在中情局總部與歡迎者握手。尼克森其實並不信任中情局，也看不起該局的工作。

了。我們必須從事實下手，所有的事實，並在確切的事實基礎上做出結論。明白嗎？」尼克森說。

中情局回嘴說蘇聯既沒有意圖，也沒有發動先制核武攻擊的技術，尼克森勃然大怒。這是針對蘇聯戰略武力一系列正式評估所得出的結論，但尼克森一概不予採信。他在赫姆斯呈上的蘇聯核武能力報告上做眉批：「沒用。膚淺且不用心地引述我們從報上已得知的消息。」中情局的分析報告，在尼克森建立反彈道飛彈系統計畫（日後星戰〔Star Wars〕狂想曲的前奏）下飛散。「中情局到底要站在哪一邊？換言之，就是『我們一起來修改證據吧』。」赫姆斯對白宮該次議論如是回憶。

到頭來，赫姆斯奉命唯謹，刪除一九六九年中情局最重要的蘇聯核武力評估報告中關鍵段落。中情局再度削足適履，爲配合白宮的政策形態而修正自己的報告。他決定配合白宮之舉「與中情局分析人員不甚相得，在他們看來，我破壞中情局最基本的責任，亦即評估所有可取得的資料，不拘美國政策而做出結論的權限」，赫姆斯記錄道。但赫姆斯不想在這方面冒險：「我確信，我們跟尼克森政府爭論肯定有輸無贏，反而會在爭論過程中使中情局受到永久的傷害。」他手下分析人員雖對壓制異議和未能記取失敗教訓頗有怨言，卻沒有任何改善蘇聯軍力與意圖分析的計畫。

中情局這八年來一直在研究間諜衛星所拍攝的偵測照片，從太空往下看，力圖湊出蘇聯軍力的拼圖。中情局研議中的次世代偵察衛星將配備電視攝影機。赫姆斯始終認爲，儀器取代不了間諜。[1] 然而，他卻向尼克森政府保證，偵察衛星可賦予美國力量，確保莫斯科會遵守正在赫爾辛基談判的《限制戰略武器條約》（the Strategic Arms Limitation Treaty, SALT）所達成的協議。

然而中情局取得蘇軍相關原始資料越多，大拼圖卻越不清楚。尼克森批評中情局低估蘇聯核武火力雖不無道理，但他任期中從頭到尾咬住這一點猛批中情局，這種壓力所造成的結局現在已是一目了然：從尼克森時代到冷戰末期，中情局每回評估蘇聯戰略核武時，都高估莫斯科核武現代化的速度。

儘管如此，尼克森仍須依賴中情局來顛覆蘇聯，不僅在莫斯科，而是在全球每一個國家搞顛覆。赫姆斯在一九七〇年三月二十五日的備忘錄裡記錄：「今天國家安全會議後，總統召喚季辛吉和我到橢圓形辦公室，就SALT、寮國、柬埔寨、古巴和黑手活動等問題討論二十五分鐘。在黑手活動方面，總統吩咐我要打擊蘇聯，盡可能在世界各地狠狠地打。他說，『儘管動手』，應隨時知會季辛吉，盡量發揮想像力。我不曾聽過他這麼鏗鏘有力地談論一件事情。」總統難得關愛中情局，赫姆斯大受鼓舞之餘，「便把握機會大加發揮說，我強烈覺得美國應不計一切，以施壓或激怒而又不致招來明確代價的方式對付蘇聯」。他向總統保證，中情局將發動另一波反蘇祕密行動。[2]

赫姆斯在第二星期送呈白宮的報告裡，只有一段引起尼克森的注意。赫姆斯檢討（二十年來斥資四億多美元）自由歐洲電臺和自由電臺的工作，以及電臺維繫鐵幕後不滿火種的能力，並詳述蘇聯異議分子如生物學家沙卡洛夫和索忍尼辛（中情局已將他們所說的話回播蘇聯）的工作。莫斯科雖花了一億五千萬美元的經費來攔截廣播信號，還是有五千萬東歐人收聽自由歐洲電臺，蘇聯公民也想盡辦法把收音機調到自由電臺頻率。此外，這兩家電臺自一九五〇年代末葉至今，已陸續發了二百五十萬本書籍和期刊到蘇聯及東歐各國，希望藉由廣播和印刷品促進兩地的知識與文化自由。

這些都是好消息，但也是老消息。最讓尼克森神馳心動的是中情局左右選舉的能力。

赫姆斯提醒總統：「自由世界在共產黨或人民陣線威脅下，打贏選戰的例子不勝枚舉，我們成功地面對並化解威脅。一九六三年圭亞那和一九六四年智利大選，就是在困難環境下也可落實計畫的絕佳例子。也許世界各地很快就會出現同樣的狀況，我們早有精心策畫的祕密選舉方案，隨時可以採取行動。」這還像話。金錢和政治才是接近尼克森心意的話題。

唯一辦法是老辦法

中情局支持西歐各國政治人物的作法，冷戰期間不絕如縷，名單中包括西德總理布蘭德（Willy Brandt）、法國總理莫勒（Guy Mollet）、以及在義大利全國性選舉中當選的每一位基民黨候選人。

這二十年來中情局起碼花了六千五百萬美元在羅馬、米蘭和那不勒斯收買影響力。儘管麥克喬治．彭岱在一九六五年就已表示，在義大利的祕密行動計畫是「奇恥大辱」，但依舊行之不輟。尼克森時期駐米蘭總領事斐納（Thomas Fina）說，外來強權操弄義大利政治已有數世紀之久，華府只是追隨「法西斯、共產黨、納粹、英國和法國傳統罷了」。斐納是美國在義情報與外交老手。他指出，中情局「補助某些政黨，從某些政黨撤資；給某些政治人物錢，不給某些政治人物錢；補助書籍出版、廣播內容；補助報紙；補助記者」。中情局有的是「財源、政治資源、朋友和勒索的能力」。

尼克森和季辛吉恢復傳統，他們的工具則是中情局羅馬工作站長暨特命全權大使馬丁。季辛吉稱馬丁是「那冷眼傢伙」，絕對是恭維的意思。馬丁的首席政治官巴博爾（Robert Barbour）說：「他顯然很欣賞和他一樣無情冷酷施展權術的人。」另有些美國外交官則覺得馬丁陰森古怪，「滑溜得像一桶鰻魚」。二十年前，馬丁任職美國駐巴黎大使館時，就曾把馬歇爾計畫經費轉成中情局經費，一九六五至六八年擔任駐泰大使時，更與中情局密切合作。美國外交官裡沒像他這麼鍾情於祕密活動的。

尼克森也認爲他很出色。他在一九六九年二月四日告訴季辛吉說：「我個人對馬丁很有信心。」就這一句話，機器啓動。

馬丁出任駐義大利大使，乃是旅居羅馬的美國右翼富豪塔倫提（Pier Talenti）的手筆；此人於一九六八年尼克森角逐總統時，向朋友及政治盟友募了幾十萬美元，從此打開通往白宮之門。塔倫提到白宮見季辛吉的軍事助理海格（Alexander Haig）上校，提醒他社會主義者行將接掌義大利，並建議另派新大使以反制左派。他提到馬丁，他的口信直達層峰。馬丁說服尼克森和季辛吉，相信「他是最佳人選，因爲他堅毅不拔，可以帶給義大利政壇改變」，羅馬大使館副館長史塔伯樂（Wells Stabler）說道。

悻悻然投入美國在義大利祕密行動的史塔伯樂說：「馬丁決定，唯一的辦法就是老辦法。」馬丁在取得尼克森與季辛吉正式批准後，從一九七〇年開始，負責將二千五百萬美元分配給基民黨人和新法西斯主義者。史塔伯樂說，這筆錢在宏偉的大使館「密室」，由「大使，我本人和工作站長」分配，「有些給政黨，有些給個人，站長和我偶爾會提點建議，但批准之權掌握在大使手中」。工作站長史東是搞伊朗政變和敘利亞流產政變的老手，在蘇聯課當了三年行動組長之後，調派羅馬當工作站長。

史塔伯樂說，史東將大約六百萬美元交給主流基民黨人，另有數百萬流入各政黨內推動「極保守政策」的委員會。同時又有數百萬流入極右地下組織。

正如馬丁所保證的，這些錢改變了義大利的政治面貌。他所支持的安德烈奧蒂（Giulio Andreotti）

就是靠著中情局挹注的經費當選總理。不過，祕密金援極右派也在一九七〇年引起新法西斯流產政變。這筆錢資助極右團體進行包括恐怖爆破等祕密行動，但義大利情報單位一直把罪名扣在左派頭上。此外，祕密金援也導致戰後義大利最大政治醜聞。義大利國會調查發現，軍事情報首長米契里（Vito Miceli）將軍至少拿了中情局八十萬美元。米契里以意圖武力竊國罪名被捕入獄，義大利在位最久的總理安德烈奧蒂，晚年全花在抗辯謀殺等刑事罪名上。

中情局在義大利收買影響力的日子，終於隨著馬丁離開羅馬，轉調美國下任、也是最後一任駐南越大使而結束。

我們知道風險所在

一九六九與一九七〇年，尼克森和季辛吉把中情局的工作重點擺在祕密擴大東南亞戰爭上。他們命中情局以七十二萬五千美元賄賂阮文紹總統、操縱西貢媒體、操縱泰國選舉，並加強在北越、柬埔寨和寮國三地的祕密突襲行動。

尼克森巡訪東南亞前夕，赫姆斯奉命告知總統中情局在寮國行之有年的戰爭。他提醒尼克森，中情局「維持著三萬九千名非正規部隊，負擔大部分的實際反共戰鬥」，他們是自一九六〇年來即由王寶將軍所領導的蒙族戰士，「八年連續征戰下來，這些非正規軍已兵困馬乏，王寶……不得不以十三、四歲的少年補充傷亡兵源。本局從游擊戰角度來阻止北越前進的做法，至此已達極限」。尼克森的的回應是，命赫姆斯在寮國增設一支泰國游擊大隊支援蒙族戰士。季辛吉問道，若出動B-52轟炸寮國，以何處爲佳。

尼克森一面強化東南亞祕密作戰，一面籌思與毛澤東祕密和解。爲清除通往中國之路的障礙，他們於是壓制中情局對付中共政權的活動。

過去這十年間，中情局以打擊中國共產主義之名，花了幾千萬美元空投數噸武器給爲西藏精神領袖達賴十四世丹增嘉措而戰的游擊隊。一九六〇年二月艾倫·杜勒斯和費茲傑羅向艾森豪報告時，「總統就猜疑這些活動的最後結果，是否會讓中共採取更殘暴的鎮壓報復手段」。

儘管如此，艾森豪還是批准該計畫。中情局於是在科羅拉多州洛磯山成立訓練營，每年直接補助達賴喇嘛十八萬美元，並在紐約和日內瓦設置西藏之家，充當達賴的非正式使館。西藏行動的宗旨一方面是要維繫「自由西藏」的夢想，同時也藉此牽制華西地區的共軍，但至今結果不過是死了幾十位反共戰士，以及在一次交火之後取得一包沾滿血汙但毫不重要的共軍文件而已。

一九六九年八月，中情局申請來年再撥二百五十萬美元經費給西藏抗暴軍，並稱這一千八百名游擊隊是「是一支萬一與中共敵對時足堪大用的武力」。季辛吉問道：「這對我們有什麼直接利益？」他已回答自己的問題。補助達賴繼續，西藏反抗軍解散。

季辛吉接著一一解除中情局其餘的反中共任務。

突擊隊行動萎縮成臺北和漢城有氣無力的電臺廣播、空飄傳單到大陸、在香港和東京散播假消息，以及中情局所謂的「中傷與妨礙中華人民共和國的全球行動」。中情局仍然與蔣介石合作，蔣則在自由臺灣做著無望的〔反攻大陸〕努力，完全沒有察覺尼克森和季辛吉已計畫到北京和毛主席、周恩來總理促膝長談。

季辛吉好不容易和周恩來同席，周總理問到自由臺灣最近的選舉：「中情局有沒有動手腳？」

季辛吉向周恩來說：「太過高估中情局的能耐了。」

「他們已成爲全世界談論的主題，只要有個風吹草動，大家都會想到他們。」周恩來說。

季辛吉答：「這倒是眞的，這是太恭維他們，其實他們擔當不起。」

周恩來得知季辛吉親自批准中情局祕密行動後，不由大感興趣，故表示他懷疑中情局仍在顚覆中國人民共和國。

季辛吉答道，大多數的中情局官員只會寫「長篇大論、言不及義的報告，不搞革命」。

周恩來說：「你用了革命（revolution）這個字眼，我們說的是顚覆（subversion）。」

季辛吉忙認錯：「或顚覆。我瞭解。我們知道雙方關係的風險所在，絕不會讓某一個機關執行可能妨礙此一進程的小活動。」

這就是結論，中情局自此不得插手中國業務。3

民主不管用

中情局從各戰線來支援越戰，其中最大活動之一在尼克森就職三個星期後臻於成熟，也就是一九六九年二月製造泰國民主表相的祕密行動。

軍事執政團已統治泰國十一年，泰國各基地有數萬美軍枕戈待旦，準備對河內開戰。可是，獨裁統治者未必支持美國爲東南亞民主奮鬥的想法。

代號爲「蓮華」的中情局選舉作戰，其實就是直接給錢——一九六五年由馬丁大使首度提出此構想，經詹森總統批准，尼克森總統再次背書。中情局曼谷工作站勸誘軍事執政團舉行大選，軍頭們一再推拖。最後，中情局在一九六八和六九年砸了好幾百萬美元到泰國政壇，資助執政團脫下軍裝轉型爲執政黨，準備迎接各項選舉。中情局的泰國掌櫃撒拉辛（Pote Sarasin），是一九五二至五七年駐美大使、一九五七至六四年東南亞公約組織（Southeast Asia Treaty Organization）主席、軍事執政團首屆一指的文官門面。

大選結果軍事執政團輕鬆獲勝，但統治者對民主虛飾越來越不耐，不久就終止民主實驗，凍結憲法，解散國會。撒拉辛重作馮婦，扮演戒嚴下的文官門面，在不流血政變之夜，帶著軍頭們向美國駐曼谷大使館的朋友解釋。他們表示很尊重民主原則，也試過要落實民主，但「民主在今天的泰國顯然不管用」。

中情局的祕密行動向來只是其薄無比的虛飾而已。泰國政變後，季辛吉告訴尼克森說：「泰美關係不致有變，『革命委員會』的領導人，其實就是我們長久以來一直打交道的同一批人。我們預期在泰國的各項計畫，都可以毫不間斷地繼續推動。」

叫中情局那些笨蛋動起來

一九七〇年二月，尼克森急令中情局趕緊在柬埔寨採取行動。經過一年規畫之後，在名義上屬中立國家的柬埔寨祕密轟炸疑似越共據點的行動，終於在三月十七日展開，美軍B-52轟炸機以十萬八千八百二十三噸的炸彈，轟炸業經中情局與五角大廈確認（誤認）爲北越祕密指揮中心的六個疑似共黨訓練營的地點。

赫姆斯忙著爲駐柬埔寨新工作站動土奠基的時候，柬埔寨已發生政變，右翼總理龍諾掌權。政變時間正是祕密轟炸開始那一天，中情局和美國政府爲之震動。

「那些小丑到底在朗格里做什麼？」尼克森大發雷霆。「叫中情局那些笨蛋動起來」，他吩咐道。他要赫姆斯運交數千支AK-47自動步槍給龍諾，印製一百萬分傳單，散播美國即將入侵的消息。接著，又命中情局交一千萬美元給柬埔寨新領導人，並強調「把錢交給龍諾」。

尼克森曾吩咐中情局，統計通過施亞努港流入敵手的武器彈藥到底有多少。實際上，中情局在這個問題上已花了五年時間，可惜一直乏善可陳。尼克森建議，中情局若能買收柬埔寨右翼軍頭，或許可以切斷軍火流動，赫姆斯基於現實理由提出異議：這些軍頭個個都靠軍火交易進帳數百萬美元，中情局沒有經費可以收買或租用他們的忠心。總統聽不進這種辯解，一九七〇年七月十八日，尼克森在國外情報顧問委員會上對中情局的表現百般挑剔。

他說：「中情局形容經由施亞努港流入的物資是涓涓細流。」其實，柬埔寨境內共產黨的軍火有三分之二來自該港。他質問道：「如果連這麼直截了當的問題都能犯錯，教我們怎麼判斷中情局的評估或更重大的發展呢？」

尼克森說：「美國每年花六十億美元在情報業務上頭，應該要有比現在更好的成績。」情報委員會的會議記錄描述尼克森越說越火大：「他不能容忍有人在情報上說謊。若有情報不足或與惡劣情勢相關的情報，他要知道詳情，不能忍受扭曲的情報。」

會議記錄載道：「他知道，情報系統被狠狠地咬了好幾次之後，報告盡量寫得不溫不火，以免再被人咬上。他認爲故意扭曲情資報告的主事者應予開除，並暗示不久他可能就會看到情報系統大造反的報告了。」

在這微妙時刻，尼克森命令中情局操作智利選舉。

〔注釋〕

1. 連最先進電子竊聽技術所截收的都不算是情報。一九六八年，中情局和國安局展開一項代號「孔雀魚」（Guppy）的計畫，截聽莫斯科行動電話線路。同年九月，蘇聯入侵捷克前夕，華沙公約主席從莫斯科機場打電話給蘇聯領導人布里茲涅夫（Leonid Brezhnev）。中情局雖截聽到這通電話，「問題是，他們也不傻，滿口暗語，什麼『月亮紅了』啦，我們根本猜不透倒底是入侵開始還是取消」，國務院情報官費雪（David Fischer）說道。
2. 赫姆斯列出對付莫斯科的五點方案：

——中俄緊張關係。中俄邊境衝突和全球共產政黨的控制權之爭，使得蘇聯極易〔下一行未解密〕……

——蘇聯涉入中東事務。由於蘇聯現身中東含有許多不安定因素，其間有大好機會誘發阿拉伯世界與蘇聯關係緊張。

——蘇聯與東歐關係。面對蘇聯的軍事干預和經濟剝削，東歐民族主義穩定成長，已成爲〔下一行未解密〕升高蘇聯及其附庸國間緊張的行動沃土。

——蘇聯與古巴關係。卡斯楚懷疑蘇聯意圖掌控古巴政治與經濟命脈，並影響卡斯楚未來的領導地位，可製造〔下一行未解密〕能利用的形勢。

——蘇聯國內異議與經濟停滯。助長知識分子間的不安，可形成壓力，促使克里姆林宮節制對外行動，集中精神處理國內危險局勢。

3.不盡然。尼克森訪問中國一年之後，中情局的李潔明在中國出生，在亞洲從事諜報活動二十年）就自請加入即將設立的北京聯絡辦事處，這也是毛澤東掌權近二十五年來第一個美國外交使節團。

李潔明所請獲准後，成爲第一任北京工作站長，與後來出任聯絡辦事處主任的老布希合作無間。老布希後來在一九七六年當上中情局局長。美方向中共政府表明李潔明的身分，中共也接受他，但有一個條件，不能搞情報。李潔明不得吸收諜報人員，不得從事祕密活動。

李潔明有一份歸檔的祕密名單，供日後中情局設立眞正的工作站之用，但苦於動彈不得，直到愛熱鬧的老布希上任之後，才帶著他出席各式招待會，結識中共高層官員和北京外交使節團。老布希說，「我希望你參與我的工作，我希望和你合作，讓你成爲工作小組一員」，李潔明回憶道。李潔明由此結交許多中美兩國未來的領導人。老布希、李潔明與鄧小平副總理交情甚篤（說過「不管黑貓白貓，會捉老鼠就是好貓」的鄧小平，在毛澤東死後成爲中共政權首腦），三人原則上同意合作蒐集蘇聯軍事、戰略與技術情報。後來老布希與李潔明以民間人士的身分重返中國，說服鄧小平開放美國石油公司赴中。一九八九年老布希總統任命李潔明爲駐北京大使之後，美中終於達成情報合作協議。

〔第二十九章〕美國政府要的是軍事解決

到了一九七〇年前後，從德州邊境到火地島（Tierra del Fuego），西半球每一個國家都感受到中情局的影響力。在墨西哥，總統只和中情局工作站長（不是美國大使）打交道，而且在元旦時會在家裡收到中情局局長親自準備的簡報。在宏都拉斯，前後兩任工作站長都不理會大使，私下向軍事執政團保證美國會支持他們。

少數拉丁美洲國家對民主法治的理想只是耍嘴皮，中情局認爲赤色威脅升高的智利就是其中之一。

預定在一九七〇年九月舉行的總統大選中，左派候選人阿言德（Salvador Allende）遙遙領先；基民黨支持、中情局最愛的溫和派候選人托米克（Randomiro Tomic）則瞠乎其後；右翼的亞歷山德里（Jorge Alessandri）雖然強烈親美，卻是貪贓枉法，美國大使柯利（Edward Korry）認爲不能支持此人。

籌碼盡出。

中情局曾打敗過阿言德一次。「在一九六四年九月智利總統大選前兩年多，甘迺迪總統就首度批准以政戰行動推翻阿言德。中情局接通管線，注入大約三百萬美元到智利各政治組織，也就是以一票一美元的價碼，把親美的基民黨候選人福雷（Eduardo Frei）拱上臺。一九六四年詹森當選總統後，雖批准繼續買票，選票價碼卻低了許多，福雷於是和提著滿裝現鈔公事包的政治顧問一起展開「出門投票」的拜票活動。中情局則透過天主教會和工會資助反阿言德活動，更在軍警司令部鼓動反阿言德風潮。國務卿魯克斯告訴詹森總統，福雷當選是「民主的勝利」，這要「部分歸功於中情局表現優異」。

福雷當了六年總統，依憲法規定不能再選。現在同樣的問題又來了：怎麼阻止阿言德。赫姆斯連月來一直提醒白宮，若想繼續掌控智利，就得盡快批准新的祕密行動。要贏得外國選舉，固然需要錢，可也得有時間布局。中情局派在聖地牙哥工作站當站長的赫克夏，曾在柏林監視蘇聯、協助推翻瓜地馬拉政權、把寮國拉到美國陣營，可說是中情局裡最持久、最可靠的一位了。如今他強烈建議美國支持右翼候選人亞歷山德里。

季辛吉手上已有東南亞戰爭，心思已被占據。他曾把智利比擬作直指南極心臟的匕首。一九七〇年三月，他還是批准十三萬五千美元的打倒阿言德政戰計畫。六月二十七日，再增加十六萬五千美元，他說：「我們不能因為智利人民不負責任，就讓一個國家走上馬克思主義道路。」他贊成打倒阿言德，但不支持任何參選人。

一九七〇年春夏，中情局展開工作，在國內外向知名記者散播宣傳，後者則像是中情局的速記員般照本宣科。一份局內報告指出：「特別值得一提的是，《時代》雜誌的封面故事報導有極大部分得力於中情局提供的書面材料和簡報。」在歐洲，梵諦岡高級代表、西德與義大利的基民黨領導人應中情局之請，共同壓制阿言德。赫姆斯細述在智利「廣印海報、散播新聞消息、鼓動社論評議、耳語謠言、發行傳單和宣傳品」，目的是要恐嚇選民，亦即「指明阿言德當選則智利民主有毀於一旦之虞」。「我們工作很帶勁，但可見的效果微乎其微」，赫姆斯說道。

柯利大使認爲中情局的工作極不專業。他在多年後表示：「我走遍世界各地，沒見過這麼差勁的選戰宣傳。我對中情局說，弄出這種『恐怖選戰』的中情局白痴，根本不瞭解智利和智利人，應該立即革職。這種事兒和一九四八年我在義大利看到的差不多。」

一九七〇年九月四日，阿言德以百分之一．五的差距贏得三方選舉，得票率不到百分之三十七。依智利選舉法，國會應在選後五十天宣布結果，並確認阿言德以最高得票數當選。這只是法律形式。

你已經有越戰了

投票前操縱選情，中情局經驗豐富；投完票後再動手腳，倒是第一回。中情局有七個星期時間可以扭轉結局。

季辛吉指示赫姆斯衡量政變成功的機率。成功機會很小：智利從一九三二年就實施民主至今，軍方未曾想要奪取政權。赫姆斯致電赫克夏站長，要他和能處理阿言德的軍官建立直接聯繫。赫克夏雖沒有這種人脈，卻認識全智利最有權勢的艾德華（Agustin Edwards）。艾德華擁有智利大部分銅礦、全國最大報《水星》（*El Mercurio*）、百事可樂裝瓶廠。智利大選後一星期，艾德華飛到美國，探望老朋友肯道爾（Donald Kendall），此人是百事可樂的執行長，也是尼克森最重要的金主。

九月十四日，艾德華、肯道爾和季辛吉一起喝咖啡。後來，「肯道爾去找尼克森，請求幫點小忙把阿言德趕走」，赫姆斯回憶道。（事後肯道爾矢口否認，赫姆斯常以此嘲弄他。）晌午時分，赫姆斯在華盛頓希爾頓飯店和艾德華見面，討論反阿言德軍事政變的時機。當天下午，季辛吉批准再撥二十五萬美元的智利政戰經費。中情局直接交給艾德華、《水星》和反阿言德的活動經費，總計達一百九十五萬美元。

同一天早上，赫姆斯告訴波爾加（時已改調布宜諾斯艾利斯工作站長），要他帶阿根廷軍事執政團主席拉努塞（Alejandro Lanusse）將軍一起搭乘下一班飛機回華府。這位將軍在一九六〇年代一次流產政變後坐過四年牢，是個實事求是的人。第二天九月十五日午後，波爾加與拉努塞在中情局局長辦公室裡，等候赫姆斯會晤尼克辛與季辛吉後歸來。

波爾加回憶，「赫姆斯回來的時候一副緊張兮兮的樣子」，理由很簡單：尼克森命他在不知會國務卿、國防部長、美國大使和工作站長的情況下發動政變。赫姆斯在筆記本上潦草寫下總統的指令：

也許只有十分之一機會，但為了拯救智利……

可動用經費一千萬……

動用最佳人手……

讓經濟重創……

赫姆斯有兩天時間提交季辛吉作戰計畫，四十九天阻止阿言德上臺。

波爾加與赫姆斯於一九四五年一起在柏林基地出道，至今已相識二十五年。波爾加望著老友的眼睛，看見他眼中閃過絕望神色。赫姆斯轉過頭問拉努塞，阿根廷軍事執政團能否幫忙推翻阿言德。這位阿根廷將軍凝視著局長。

他說：「赫姆斯先生，你手上已經有越戰了，可別讓我也打起越戰。」

我們需要的是有種的將軍

九月十六日，赫姆斯與祕密行動處主管卡拉米辛、連同其他七名資深官員舉行晨間會議。他宣布：「總統要本局防止阿言德上臺或把他趕下臺。」卡拉米辛全權負責，並隨時通報季辛吉。

中情局將阿言德行動分成兩路，第一路是政戰、經濟壓力、宣傳和強硬外交，目的是買收足夠的智利參院票，阻止參院認可阿言德當選。若此計行不通，則由柯利大使出馬，說服福雷總統發動憲法政變。這當然是最後手段，柯利告訴季辛吉，屆時美國會出面「譴責智利及智利人民遭受極度剝削與貧窮，迫使阿言德採行警察國家式的強硬措施」，而挑起民變。

第二路是軍事政變。柯利大使對此毫無所悉。赫姆斯未遵守總統排除赫克夏的命令，反而吩咐波爾加到阿根廷相助。赫克夏和波爾加都是早年柏林基地的哥兒們，是二戰以來的好友，也都是中情局最優秀的官員。兩人都認爲第二路是徒勞無功的做法。

赫姆斯打電話到巴西工作站，請大衛・菲力普領導智利特別任務小組。菲力普自一九五〇年成爲中情局人，是瓜地馬拉和多明尼加共和國政變老手，也是中情局最優秀的宣傳專家。他對第一路不抱任何希望。

菲力普表示：「像我一樣在智利住過且瞭解智利的人都知道，賄賂一位參議員或許可行，二位、三位麼？沒有機會。他們實施民主已有好一陣子了，肯定會去檢舉告發。」至於第二路方案，菲力普說：「智利軍方是很典型的民主模範。」總司令施奈德（Rene Schneider）早就宣告，軍方會遵守憲法，不插手政治。

在第一路方面，菲力普有二十三名御用外國記者可以挑動國際輿論。他和同僚所主導的反阿言德報導登上《時代》雜誌封面。關於第二路，他有一組假旗號人馬，也就是持假護照的中情局潛伏人員，一位喬裝哥倫比亞商人、一位阿根廷走私者、第三位扮玻利維亞軍事情報人員。

九月二十七日，這些假旗號工作人員要求大使館武官、中情局老朋友魏默（Paul Wimert），請他幫忙找些可以推翻阿言德的智利軍官。曾在最近試圖挑起政變的少數將領中，有一位叫維奧克斯（Roberto Viaux）的，正是絕佳人選。但魏默的同僚認爲維奧克斯是危險人物，有些甚至認爲他精神不正常。

十月六日，有位假旗號工作人員與維奧克斯長談。數小時後，柯利大使首次得知中情局在他背後陰謀搞政變，於是和赫克夏發生尖銳對立。柯利大使道：「給你二十四小時，你要不承認是我在當家，就請你離境。」

柯利電傳季辛吉：「本人深感驚駭。我方積極鼓動政變的任何企圖，都可能導致另一場豬灣事件般的失敗。」

季辛吉火冒三丈，訓令大使不得干預，然後再度召喚赫姆斯到白宮密商。結果是一通快電傳到聖地牙哥工作站：「聯繫智利軍方，讓他們知道美國政府想要軍事解決，而且我們今後會支持他們……起碼要製造一點政變的氣氛……支持軍方行動。」

十月七日，命令剛出總部，赫姆斯便啓程展開爲期二周的西貢、曼谷、永珍和東京工作站巡迴視察行程。

同一天，赫克夏絞盡腦汁，想要打消配合維奧克斯將軍展開政變的點子。站長回報總部說，維奧克斯政權「將是智利和自由世界的悲劇……維奧克斯政變只會製造大量流血而已」。這話在華府可不怎麼中聽。十月十日，距阿言德上臺只剩兩個星期，赫克夏再度嘗試向上司解釋。赫克夏寫道：「長官要我們挑起智利混亂，透過維奧克斯方案，我們提供給長官的政變，不可能是不流血方式。況且美國涉入的痕跡昭然若揭，更不可能掩人耳目。誠如所知，工作站人馬已愼重衡量總部所提議的各項計畫，結論是每項計畫達成目標的機率都是微乎其微。因此，押注在維奧克斯身上固然風險係數極高，仍引起長官的青睞。」

總部躊躇。

十月十三日，赫克夏回報消息，維奧克斯考慮綁架服從憲法精神的陸軍總司令施奈德將軍，季辛吉隨即傳喚卡拉米辛到白宮。十月十六日，卡拉米辛電傳命令給赫克夏：

政變推翻阿言德乃是我政府堅定且持續的政策……鑑於僅由維奧克斯及其掌控的部隊來發動政變必然失敗無疑……我們應鼓勵他擴大計畫……鼓勵他聯合其他的政變規畫者……華倫蘇埃拉等人對此

行動極感興趣……致上我們最高祝福。

聖地牙哥首都要塞司令華倫蘇埃拉（Camilo Valenzuela）將軍六天前與中情局聯絡，透露他願意、或許可以、但又有點害怕。十月十六日晚上，華倫蘇埃拉手下一位軍官和中情局接觸，要求提供經費及指示。「我們需要的是有種的將軍」，這位軍官說。

第二天晚上，華倫蘇埃拉將軍派兩名上校去見中情局的軍事代表魏默上校。他們的計畫幾乎和維奧克斯首倡的構想一模一樣，也就是綁架施奈德將軍，把他送到阿根廷、解散國會、以三軍名義接掌政權。他們收到五萬美元現金、三挺輕機槍和一包催淚瓦斯；這些都是總部卡拉米辛所批准的。

十月十九日，距行動只剩五天，赫克夏指出，第二路方法「雖很不專業、很不安全，但在智利環境中可能有一絲成功機會」。換言之，很多智利軍官都已知道中情局要阻止阿言德上臺，政變的勝算已然升高。中情局十月二十日的備忘錄說：「所有相關軍事部門都知道我們的立場。」第二天，赫姆斯結束為時兩星期的亞洲工作站巡視行程，返往美國。

十月二十二日，距智利國會開議確認大選結果只剩五十小時，施奈德將軍上班途中遭到一批武裝人員襲擊，連中數槍後送醫急救。國會以一百五十三票對三十五票通過確認阿言德為依憲法規定所選出的總統後，不久便在急救手術中身亡。

中情局花了好幾天才搞清楚是誰殺施奈德將軍。在總部，菲力普原以為凶器是中情局給的輕機槍，後來發現下手的不是華倫蘇埃拉的人馬、而是維奧克斯的手下，這才鬆口大氣。原本預定要把遭綁架的施奈德將軍偷偷運出聖地牙哥的那架中情局飛機，反而載起這位收受中情局金錢和槍械的軍官。波爾加回憶：「他口袋裡藏把手槍來到布宜諾斯艾利斯，說『我有大麻煩了，你得幫幫我』。」中情局從買票開始，結果變成走私自動化武器給準刺客。

中情局不値一文

中情局未能阻止阿言德上臺，白宮大爲震怒。總統和白宮人馬都認爲，智利祕密行動之所以功敗垂成，是中情局裡的自由派祕密組織破壞所致。季辛吉的心腹海格已晉陞爲將軍，他說這次行動之所以會失敗，全是因爲中情局官員以自己的政治情感，在「最終評估報告及補救行動建議」上，加油添醋。海格告訴主子，整肅「赫姆斯之下左翼主導的職務」此正其時，並堅稱「中情局執行祕密計畫的手段、態度和概念，應做大幅修正」。

尼克森頒布命令，赫姆斯若想保住飯碗，就得立刻清理門戶。局長馬上答應把六名副局長開除四名，只留下主管祕密行動處的卡拉米辛和主管科技處的杜基特（Carl Duckett）。他在提交季辛吉的備忘錄中委婉提醒說，繼續整肅下去，將會影響手下的士氣和投入。尼克森總統則一再揚言要砍中情局預算。當時擔任預算局長的舒茲（George P. Schultz）回憶：「尼克森奚落中情局以及該局不像樣的情報表現。總統會說：『我要你砍掉中情局三分之一的預算。不，還是砍掉一半好了。』這是尼克森發洩怒氣的方式，不必太認眞。」

尼克森可不是鬧著玩的。一九七〇年十二月，有位季辛吉的助理就央求老闆：「私下敦促總統不要那麼大幅、獨斷、全面地削減經費……大刀闊斧可能招來不測後果。」往後兩年，總統還是拿著這把刀抵住中情局喉嚨。

尼克森治下的白宮不僅凌虐中情局，而且是狠狠地凌虐。就在十二月，季辛吉和舒茲奉尼克森指示，派出預算局裡的揮斧手詹姆士．史勒辛格（James R. Schlesinger）爲代表，針對赫姆斯的角色和責任展開爲時三個月的查核。四十一歲早生華髮的史勒辛格，是季辛吉的哈佛同窗，智慧絲毫不遜，只是少了翻雲覆雨的特質。他在白宮就是靠大刀闊斧幫政府裁去駢枝枯木而建立聲望。[2]

史勒辛格回報說，情報成本飆升，情報品質卻陡降。七千名中情局分析人員理不出國際現勢，六千名祕密行動官員無法滲透共產世界高層，中情局長除了管理祕密行動、並提出尼克森與季辛吉很少看的報告，無權從事任何業務。中情局不支持尼克森的全球野心：開放中國門戶、對抗蘇聯、依美國條件結束越戰。史勒辛格下了結論：「以情報團體目前的結構而言，沒有證據顯示它們能理解這一層級的問題。」

他提出自一九四七年以來最徹底的諜報機關改組計畫。新成立的國家情報機關其首長將在白宮上班，負責監督情報業務，中情局將予解散，另設新的機關專門從事祕密工作與諜報。

負責將此構想付諸行動的海格在備忘錄中寫道，此舉將是美國政府有史以來「最具爭議性的硬仗」。關鍵在於，國會既創設中情局，自然也應在它改造重生上扮演部分角色，而這卻是尼克森不甘心接受的，一定得祕密爲之。他命季辛吉啥事都別做，用一個月時間落實改革。然而，季辛吉毫無意願。他在海格備忘錄上信筆寫道：「我寧願以拖待變，我無意爲它拋頭顱灑熱血。」

這場漫長的戰爭隨著阿言德上臺一年後而結束，尼克森索性直接命赫姆斯只扮演美國情報機關名義領導人的角色，把管理權交給他欽點的副局長庫希曼將軍。赫姆斯以靈敏的還擊擋開這致命一擊。

他把庫希曼打入冷宮，讓這位將軍自動請調出任陸戰隊司令。中情局第二號職務懸缺六個月。

庫希曼一請調新職，改革中情局的構想算是壽終正寢，僅存尼克森心中。尼克森怒道：「情報機關是聖牛。我們到白宮以來至今拿它一點辦法也沒有。中情局不值一文。」[3]他下定主意要甩掉赫姆斯。

自然且可能的結果

顛覆阿言德的行動仍然持續。卡拉米希在他一九七〇年十二月十日的筆記指出，「第二路行動並沒有眞正結束」，白宮會議反映出未來的走向：「季辛吉扮起魔鬼代言人，指責中情局研議中的計畫仍然是支持溫和派，但既然阿言德以溫和派自詡，我們何不支持激進派？」

這正是中情局的做法。它把尼克森所提撥的一千萬美元，大部分用於在智利散播政治與經濟混亂種子。這些種子在一九七一年逐漸發芽生長。從寮國和南越工作站長調回總部當拉丁美洲課長的謝克禮告訴上司說，他手下官員可以「左右主要軍事指揮官，讓他們在政變勢力方面扮演決定性的角色」。新任聖地牙哥工作站長華倫（Ray Warren）則已建立軍事人員與政治破壞者網路，可設法擺脫智利軍方的憲法根基。另一方面，阿言德也犯下致命的錯誤；他爲因應中情局施加於他的壓力，成立一支叫「總統之友」（Grupo de Amigos del Presidente）的影子軍團，並由卡斯楚在背後支持。智利軍方爲此覺得良心不安。

阿言德當選快三年了，聖地牙哥工作站有位叫戴凡（Jack Devine）的年輕情報官，[4]發了通快報給剛由尼克森提名爲國務卿的季辛吉。電報中說，美國會在數分鐘或數小時內接到「計畫推翻智利總統阿言德的軍團某位主要軍官」的求助。

政變在一九七三年九月十一日爆發，快速而恐怖，阿言德得知自己可能被捕之後，在總統府以卡斯楚致贈的自動步槍自裁。當天下午，皮諾契特（Augusto Pinochet）將軍的軍事獨裁政權登場，中情局立即與軍事執政團搭上線。皮諾契特以殘暴手段統治智利，在所謂「死亡篷車」（Caravan of Death）的鎮壓行動中，[5]殺害三千二百餘人，監禁和酷刑數萬人。

冷戰結束後，中情局在提交國會的自白書中承認：「無疑地，中情局的聯絡人積極參與並掩飾嚴重侵害人權的罪行。」皮諾契特時期的智利情報局長孔特雷拉斯（Manuel Contreras）上校即此中主要人物。此人在政變兩年後就成爲中情局特工，並在中情局說他親自主導數千件謀殺與酷刑案件之際，前往維吉尼亞州總部會晤中情局高層官員。孔特雷拉斯以一椿恐怖行動聞名：一九七六年暗殺阿言德時代的駐美大使勒提里爾（Orlando Letelier）及其美籍助手莫飛特（Ronni Moffitt）。兩人在距白宮十四條街外遭汽車炸彈炸死後，孔特雷拉斯揚言要將自己和中情局的關係公諸於世，阻止美方將他引渡至美國受審。中情局十分肯定，皮諾契特必定知情且批准這起在美國領土內進行的恐怖暗殺。

皮諾契特政權主政十七年垮臺後，孔特雷拉斯才以殺害勒提里爾罪名，由智利法院判處七年徒刑。皮諾契特則以謀殺及竊占二千八百萬美元藏匿海外祕密帳戶罪名遭起訴，尙未定罪便在二〇〇六年以九十一歲高齡過世。筆者撰寫本書之際，「死亡篷車」倖存者分別向智利、阿根廷、西班牙與法國法院控告季辛吉。季氏擔任國務卿時，白宮法律顧問就已向他提出持平的警告：「啓動政變之企圖者，可能被視爲對此一行動的自然且可能結果需負有責任。」

智利特別任務小組長菲力普說，中情局未能「在（祕密行動）機器安裝開關按鍵」。「我認爲一旦啓動軍事政變，聖地牙哥可能出現兩個星期的街頭巷戰，各地鄉間則可能有好幾個月的戰事和數千人死亡。我知道自己涉入可能有一人會遭殺害的事情。」他在第二路方案失敗五年後，向參院祕密作證時如是證言。

訊問者問道：你怎麼分辨暗殺一人和政變中數千人死亡？

他答道：「先生，你教二戰時的轟炸人員如何分辨按下發射鍵，是會造成數百人還是數千人死亡？」

〔注釋〕

1. 中情局檔案透露祕密行動影響一九六四年選舉的部分詳情。中情局在一九六四年七月二十一日致三〇三委員會的備忘錄中建議，增撥五十萬美元以打倒阿言德。這筆錢可以讓基民黨候選人福雷「維持選戰活動的步調和節奏」，並讓中情局得以因應「最後意外事故」。七月二十三日，三〇三委員會批准此議。中情局的傑塞普（Peter Jessup）在致國安顧問彭代的備忘錄裡說：「我們不能失去這個人，我認爲不宜在本案上撙節經費。我們認爲共產黨會撒錢，但我們沒有掌握到證據；他們認爲我們會撒錢，同樣也沒有證據。所以，我們就撒點錢吧。」九月一日，國務卿魯斯克就智利選情向詹森提出簡報：「非共產勢力似可贏得九月四日大選，這有一部分要歸功於中情局傑出的工作；這種發展將是民主一大成就，也是對拉丁美洲共產主義的一大打擊。」蘇聯情報檔案顯示，阿言德至少從莫斯科拿了五萬美元還有由智利共產黨經手的十萬美元。在克里姆林宮眼中，阿言德的問題出在他是資產階級社會主義者，不是眞正的共產黨。

2. 史勒辛格是尼克森政府靠精簡政府竄起的四人幫之一，其餘三人爲：

——溫伯格（Caspar W. Weinberger，史勒辛格在預算局的上司），在尼克森手下走的是福利國路線，十年後當上雷根政府的國防部長，卻使五角大廈預算倍增。

——倫斯斐（Donald Rumsfeld）在尼克森手下當「經濟機會辦公室」（Office of Economic Opportunity）主任時大打反貧窮戰爭，一九七五年接下史勒辛格的位置，成爲美國史上最年輕的國防部長。

——錢尼當國會議員的時候專砍預算，後來接下倫斯斐的位置，當上福特總統的白宮幕僚長，一九八九年又接溫柏格的位置當國防部長。在本書截稿之際，錢尼是美國副總統，更是小布希政府祕密行動的總管。

——倫斯斐在小布希上臺時重返五角大廈，主掌每年預算近五千億的國防部，也成爲史上最年長的國防部長。

這四位尼克森人馬在一九七三至二〇〇六的三十三年當中，主導五角大廈達二十二年之久。他們都跟尼克森一樣，對中情局不屑一顧。

3. 尼克森仍然繼續施壓。他在一九七二年五月十八日向哈特曼表示：「最需要清理門戶的部門就是中情局。中情局的問題出在它是個四肢發達大腦麻痺的官僚機構，另一個問題是它的人馬就跟國務院一樣，主要是常春藤和喬治城那一票人，不像軍隊或聯邦調查局那麼兼容並蓄。我要馬上研究有多少中情局人員可以用總統措施來開除……我要立即行動，透過（預算局長）溫伯格將中情局執行團隊所有職務的人力減少一半。精減人力行動必須在年底前完成，這樣我們才能著手找尋更好的人才。精簡行動只能以基於預算不得不出此下策的理由來落實，當然，你我都知道眞正理由是什麼，我要以實際行動來處理這個問題。」

4. 〔譯注〕戴凡還曾擔任祕密行動處的拉丁美洲課長、助理副局長、代理副局長以及倫敦工作站長。一九九八年自中情局退休。

5. 〔譯注〕死亡篷車：政變後數周，皮諾契特派軍人搭篷車巡行全國，逮捕異議人士與反抗分子。

〔第三十章〕

我們要倒大楣了

尼克森總統時期的政府祕密監視行動，在一九七一年春天達到最高潮，不僅中情局、國安局和聯邦調查局分頭監視美國公民；國防部長賴德（Melvin Laird）和聯參首長也利用電子竊聽和監視技術監視季辛吉；尼克森則在甘迺迪和詹森的基礎上加以改良，在白宮與大衛營裝置精巧的音控麥克風；[1]尼克森和季辛吉都竊聽自己親信助理和華府記者的電話，防止政府消息外洩。

儘管如此，消息還是源源外洩。六月，《紐約時報》開始刊登四年前麥納瑪拉國防部長所提出的《越戰報告書》（越戰祕史）摘要，消息來源艾斯伯格（Daniel Ellsberg）是五角大廈出身的年輕好手，由季辛吉禮聘至國安會擔任顧問，也是尼克森在加州聖克萊門莊園的常客。季辛吉大怒，尼克森更是怒不可遏，於是命國內事務首席顧問艾立克曼（John Ehrlichman）力堵消息外洩。艾立克曼召集各方好手組成「配管工」（Plumber）小組，並由在瓜地馬拉政變和豬玀灣事件中扮演重要角色、最近剛從中情局退休的官員韓特主持。

哈特大使（Sam Hart）說，韓特是個「奇人」，他在一九五〇年代末期便結識當時擔任烏拉圭工作站長的韓特。「他完全不管別人、完全不講道德，他對自己和周遭的人而言，都是個危險人物。據我所知，他歷經劫難，位置越爬越高。」一九五〇年韓特和中情局簽約時是個浪漫的年輕戰士，後來把才華發揮在寫間諜小說上，表現也還不錯。他從中情局退休不到一年，和他只是泛泛交情的尼克森總統顧問寇爾森（Chuck Colson），便請他接下爲白宮主管祕密行動的新差事。

韓特飛到邁阿密找已改做房地產生意的老夥伴、古巴裔美國人巴克（Bernard Barker），兩人就在豬玀灣事件死難者紀念碑旁長談。

巴克說道：「他形容這次任務攸關國家安全。我問他是代表誰出面，他給我的回答可眞是値得大書特書。他說，他現在屬於白宮層級的團隊，直接受命美國總統。」兩人又召集四位邁阿密古巴人，其中包括目前每個月仍領中情局一百美元薪水的老手馬丁尼斯（Eugenio Martinez），他曾爲中情局出過從海上潛入古巴任務三百多次。

一九七一年七月七日，艾立克曼以電話通報尼克森派在中情局裡的密探庫希曼副局長。這位總統助理告訴他說，韓特會直接請他協助。艾立克曼說：「我要你知道，他其實是在替總統辦事。他有相當大的自由處理權，你可別小看他。」韓特的要求水漲船高：他要他昔日的祕書回籠、在紐約有一間配有安全電話的辦公室、精密錄音機、在艾斯伯格心理醫生位於比佛利山莊的診所內裝設監視攝影機、中情局負責軟片顯影。庫希曼將軍事後知會赫姆斯說，中情局已發給韓特全套僞裝：紅色假髮、變音器、假身分證。緊接著，白宮命中情局提出艾斯伯格的心理狀態資料，此一命令雖是直接違反中情局不得監視美國公民的規章，赫姆斯依舊遵命照辦。

赫姆斯在一九七一年十一月把庫希曼趕出中情局之後，尼克森花了好幾個月，終於找到絕佳的人選：華特斯中將。

華特斯將軍負責歷任總統的特勤任務已有二十年，但赫姆斯一直沒見過他，直到一九七二年五月二日他以副局長身分來到中情局才初次識荊。華特斯將軍細述：「我剛從主管一個中情局毫無所知的工作過來。心中原另有副局長人選的赫姆斯說，『我聽過你的大名，但不知你對情報業務有什麼瞭解？』我說，『我這三年來與中國、北越談判，還曾悄悄把季辛吉送到巴黎十五次，你和局裡全沒人知道。』」[2] 赫姆斯聞言當下怦然心動，但不久便猜疑這位新副局長心向何方。

林中每棵樹都會倒下

一九七二年六月十七日星期六深夜，中情局安全室主任歐斯邦打電話到赫姆斯家裡。局長心知肯定不是好消息。他還記得當時的對話：

「還沒睡呀？」

「是啊。」

「我剛剛得知，華盛頓特區警方逮捕五名偷闖民主黨總部水門大廈的人士……四名古巴人和麥考德（Jim McCord）。」

「麥考德？從你那兒退休的人？」

「兩年前。」

「那些古巴人呢，是邁阿密還是哈瓦那來的？」

「邁阿密……到美國已有一段時間了。」

「你認得他們？」

「目前還不知道。」

「先聯絡行動組的人……叫他們聯絡邁阿密，查查這兒和邁阿密的記錄……沒別的事了吧？」

「不，還沒完呢，韓特好像也牽涉其中。」歐斯邦沈重地說。

赫姆斯一聽到韓特的名字，不由倒抽一口氣。「他們到底在幹什麼？」他問道。其實他心裡有數：麥考特是電子竊聽專家，韓特替總統辦事，罪名是竊聽，這是觸犯聯邦法律的罪行。

赫姆斯坐在床邊，一通電話追到洛杉磯某飯店找聯邦調查局代理局長葛雷（L. Patrick Gray）。執掌聯調局四十八年之久的胡佛局長，已在六個星期之前過世。赫姆斯很仔細地告訴葛雷，偷闖水門大廈的人受命於白宮，中情局與此事毫無干係。瞭解嗎？很好，晚安。

六月十九日星期一早上九點，赫姆斯在總部召集高層官員舉行例行晨間會報。已成爲中情局第三把手的柯比執行長記得赫姆斯是這麼說的：「我們要倒大楣了，因爲這些都是老人。」也就是，以前是中情局的人，而且「我們都知道他們在白宮工作」。第二天早上，《華盛頓郵報》把水門案的責任推到橢圓形辦公室門口——不過，一直到今天還是沒人眞正清楚尼克森是否授權偷闖水門大廈。

六月二十三日星期五，尼克森吩咐行事效率極佳的幕僚長哈特曼（H. R. Haldeman），急召赫姆斯和華特斯到白宮，命他們以國家安全名義阻撓聯邦調查局調查。兩人起初同意擔當這樁很危險的事。

華特斯打電話給葛雷請他袖手。但在六月二十六日星期一這天，尼克森的法律顧問狄恩卻踰越分際，命華特斯籌措大筆無從追查款子，給六名被捕的中情局老人當封口費。星期二，狄恩重提此議；後來他告訴總統說，封口的代價約是兩年一百萬美元，只有赫姆斯（他若不在國內則是華特斯）有權從中情局機密預算中提撥祕密經費。美國政府內唯一可名正言順攜帶一只提箱現鈔給白宮的官員就是他倆，這一點尼克森自己也很清楚。

赫姆斯回憶：「我們在世界各地都可以弄到錢。我們有一整套的三角套匯業務，用不著洗錢。」但是，一旦中情局提交這筆錢，「最終結局便是中情局末日，要是我配合白宮的做法，不僅我會鋃鐺入獄，中情局的信用也會就此永遠破產。」他說道。

赫姆斯拒絕白宮要求後，隨即在二十六日逃離華府，前往亞洲、澳洲和紐西蘭進行爲期三星期的情報考察，留下華特斯代理局長職務。一星期過去了。聯邦調查局探員開始反抗袖手命令。葛雷於是向華特斯表示，中情局若要他以國家安全名義撤銷調查，必須給他一份書面命令。兩人都清楚書面證據的風險。葛雷在七月六日與華特斯會談後不久，打電話到聖克萊門別莊找尼克森總統：「你的幕僚人員（想操縱中情局）等於是在給你致命傷害。」一陣沈默之後，總統告訴葛雷放手調查。

七月底赫姆斯歸來後不久，等候審判、可能有五年牢獄之災的麥考德，透過律師傳話給中情局說，總統的人要他在作證時說偷闖水門大廈是中情局的作業。白宮某助理告訴他，讓中情局背黑鍋，隨後總統自會頒布特赦。麥考德在信中答說：「要是赫姆斯倒了，水門作業又推到中情局頭上，林中每棵樹都會倒下，今後將是一片赤地焦土。目前已是緊要關頭。請傳出訊息，他們若想砸掉中情局，這次算是走對路了。」

人人都知道我們日子難過了

一九七二年十一月七日，尼克森以美國史上最懸殊的票數當選連任當天，便矢言要在第二任期內以鐵腕管理中情局和國務院，要把它們毀了再依自己的意思重新改造。

十一月九日，季辛吉建議以原子能委員會主席詹姆士．史勒辛格取代赫姆斯。「好主意」，尼克森答道。

十一月十三日，尼克森告訴季辛吉說，他打算「毀掉外交機關。我的意思是毀掉舊的外交機關，再造一個新的」。他安排一位自家人凱西來擔任這個工作；凱西是戰略情報局老人，同時也是共和黨募款第一把好手。一九六八年尼克森初次當選後，凱西一直要尼克森讓他當中情局長，但尼克森為討好美國工商界而做了狡獪的決定，讓他去當證管會主席。如今，在尼克森第二任期，凱西將出任國務院主管經濟事務的次卿，而他真正的使命則是充當尼克森的破壞分子。

十一月二十日，尼克森在簡短、尷尬的大衛營會面中開除赫姆斯。他提出以駐蘇聯大使的職務交換。赫姆斯考慮種種後果之際，兩人頓時陷入困窘的沈默之中。赫姆斯說：「總統先生，我認為，派我到莫斯科不是很好的主意。」尼克森答道：「唔，可能吧。」

赫姆斯改提出使伊朗，尼克森趕忙催他接下。此外，兩人也達成協議，赫姆斯可以留任到一九七三年三月六十歲生日，也就是中情局正式退休年齡再調職。尼克森後來自毀承諾，再次展現他無端的殘忍行徑。「那個人根本是狗屎」，赫姆斯說起這段往事仍不禁氣得微微發抖。

赫姆斯至死都認爲，尼克森之所以開除他，乃是他不淌水門案渾水的緣故。殊不知，所有的記錄都顯示，尼克森早在私闖水門大廈之前，就已決心要拋棄赫姆斯並改造中情局。尼克森確實認爲，赫姆斯在外面專搗他的蛋。

十年後，曾擔任尼克森助理的好友甘農（Frank Gannon）問道：「你認爲眞有、或曾經有中情局陰謀要趕你下臺?」

尼克森答：「很多人都這麼認爲。中情局有此動機。我對中情局及其報告十分不滿，尤其不滿他們對蘇聯軍力、以及我們在全球各地面臨的問題方面的評估，這已不是什麼祕密……他們也知道我想砍掉一些朽木枯枝。所以，他們有動機。」

「你覺得他們怕你?」甘農問。

尼克森答：「當然，他們有怕我的理由。」

十一月二十一日，尼克森把中情局交給史勒辛格，史勒辛格欣然接受。尼克森很高興終於「擺進自己的人——我的意思是說，一個確實有李察．尼克森標記的人，此人就是史勒辛格」，赫姆斯說。史勒辛格的使命與在國務院的凱西一樣，就是要從內部翻新。總統不斷訓令：「甩掉那批小丑。他們有什麼用處?弄四萬個人在那裡看報紙而已。」

總統在十二月二十七日口授的備忘錄列出他們的使命。雖然季辛吉也想掌控美國情報，但「當家的人應該是史勒辛格」，尼克森說。[3] 要是國會「認爲總統把所有情報活動都交給季辛吉，肯定會吵翻天。另一方面，要是我提名中情局新局長史勒辛格當我的情報活動首席助理，就可以通過國會這一關。再說季辛吉也沒時間……我一直要他和海格改組情報機關，三年來毫無成效。」這句話強烈呼應當年艾森豪在任期結束前最後一次發火，氣自己在整頓情報機關這場戰爭上慘遭「八年重挫」。

赫姆斯在任的最後那段日子，最怕的是尼克森及他親信來搜中情局檔案，於是在權限內盡量銷毀兩套可能使中情局毀於一旦的祕密文件。其中一套就是二十年前他和艾倫・杜勒斯親自批准以迷幻藥和其他藥物控制心靈的實驗。這些記錄留存極少。

第二套是他自己的祕密錄音帶。他這六年又七個月的局長任內，在七樓和主管官員開過數百次會議，留下的數百卷談話錄音，也在他二月二日正式離職前已一一銷毀。

「赫姆斯離開總部的時候，門口擠滿送別的人。一屋子的人都紅了眼，因為人人都知道，今後我們的日子難過了。」當時擔任首席助理的哈爾彭說。

〔注釋〕

1. 從一九七一年二月十六日到七三年七月十二日，尼克森利用音控啓動的隱藏式麥克風，偷偷錄下在白宮和大衛營的會議與對話內容，總時數達到三千七百多個小時。他之所以決定保留錄音，部分是為了防範季辛吉日後出回憶錄時有所歪曲。尼克森怪季辛吉以竊聽手段防止白宮助理群把消息洩露給新聞界。

2. 能操九國語言的華特斯，一九五〇年代擔任艾森豪總統幕僚，同時兼任正副總統、國務院與國防部高層官員口譯。一九六〇至六二年任駐義大利武官兼駐中情局聯絡官，六二至六七年派駐巴西期間策畫過一次軍事政變。一九六七至七二年擔任駐法武官期間，在巴黎和談的折衝上扮演重要角色。

3. 尼克森強調：「中情局本身需要提升品質，同時減少高層情報官員的數量。中情局和國務院一樣，基本上是個自由派的機關，我要那兒的人起碼去掉一半——不，至少百分之三十五到四十，我要中情局那些人確實改善他們對外交政策的態度。」

〔第三十一章〕改變特勤機關的觀念

赫姆斯離職，史勒辛格來到總部這一天，象徵中情局這個祕密情報機關崩解的開端。

史勒辛格只當十七個星期的局長，但在這段期間內就整掉五百多名分析人員，一千多名祕密工作人員。海外人員接到沒有署名的密電，告知他們已被開除；反響是，史勒辛格接到匿名死亡威脅，於是在安全小隊裡增設武裝警衛。

他任命柯比為祕密行動處新主管，然後向他解釋說，「改變『特勤機關』觀念」的時候已到，科技時代已經來臨，這在行幹了二十五年的老人，好日子已經結束了。柯比回憶：「他高度懷疑祕密行動人員的角色和影響力。他覺得中情局在這些人掌理之下，已經變得自滿和自負；的確，很多『老人』只會官官相護、爾虞我詐和細數當年太平日子，此外確無其他作為。」

這票老人辯稱，中情局的海外工作都是反蘇鬥爭的一環，不管是在開羅，還是在加德滿都，都是在對抗莫斯科和北京。然而，在尼克森、季辛吉和共產國家領導人杯觥交錯的時候，這還有什麼意義呢？和平在望。尼克森的低盪（détente）政策虛耗冷戰祕密機關的銳氣。

柯比立即針對中情局的能力展開調查。十年前，中情局的預算半數投入祕密工作，到尼克森時期降至不到百分之十，在吸收新人才方面也由於越戰的緣故日漸萎縮。政治氣氛不利於招募青年才俊，在輿論要求下，越來越多的大學校園禁止招募人員到校；另一方面，結束徵兵也斷了徵調新進軍官爲中情局幹部的路子。

就美國諜報人員來說，蘇聯仍然是個近乎未知的領域，北韓和北越則是一片空白。中情局最佳的情報，都是向盟國情報機關和該局直接掌控的第三世界領袖買來的。中情局對權力末端的國家最有效，可惜這些國家無足輕重，且有礙視野，讓人無法看清世界舞臺。

安格頓仍然主掌反情報部門，他的蘇聯陰謀論仍然使蘇聯課陷於癱瘓。主管一九六〇和七〇年代反蘇聯工作的哈維蘭・史密斯（Havilland Smith）說：「安格頓害人不淺。他害我們脫離蘇聯業務。」柯比最不樂意的工作之一，便是怎麼處理這位酗酒成性、甚且認定柯比就是蘇聯臥底的捕諜人。柯比設法說服史勒辛格開除安格頓。新局長拿到這份簡報後斟酌再三。

安格頓在他煙霧繚繞的幽暗辦公室裡，帶領新主子走一趟蘇聯五十年歷史之旅，從蘇聯共產主義興起開始，進入一九二〇和三〇年代俄國精心設計的誘餌行動與政治操縱等反西方工作，經過一九三〇和四〇年代共產雙面諜與假情報工作，輾轉來到一九六〇年代中情局自身的最高層已被莫斯科滲透的結論。簡言之，敵人已侵蝕中情局的防禦系統，深入中情局內部。[1]

史勒辛格相信柯比的簡報，安格頓這趟引導式的地獄之旅又讓他心搖神馳。

史勒辛格說，他把ＣＩＡ這個「中情局，看作是小中央、小情報、小局」，認爲它已成爲季辛吉管轄的「國安會的構成分子」。因此，他打算把中情局交給副局長華特斯管理，他自己則處理國家安全局的電子監聽大機關「國家偵察總署」，以及國防情報局的軍事報告，他打算扮演他呈給總統的報告裡所說的角色：國家情報機關首長。

然而，他的雄心壯志卻因白宮的高犯罪率和不軌行爲而粉碎。史勒辛格說：「水門事件逐漸凌駕在所有事務之上，我原有的希望漸漸被必須保護和挽救中情局的單純需要淹沒。」

他在如何挽救中情局的問題上有與眾不同的看法。

史勒辛格原以爲，中情局已將水門事件內情一五一十告訴他。因此，韓特作證時說中情局提供技術協助，讓他和「配管工」搜索艾斯柏格心理醫師的診所，不由令他大爲震驚。他從中情局的調查檔案裡，找出中情局幫韓特處理他窺探辦公室後的膠卷，更深入的調查則揭露了麥考德寫給中情局那幾封形同勒索美國總統的信件。

柯比早年曾深入敵後，也有六年的時間監督在越南剿共的作業，自然不會輕易爲口頭暴力所動。可是，史勒辛格的暴怒著實令人害怕。局長下令，必要時任誰都可以開除，把中情局拆了，翻開地板，把所有藏汙納垢的東西都找出來。接著，史勒辛格親自起草一份備忘錄發給中情局所有人員。這份短箋堪稱是中情局局長最危險的決策之一。他想留芳後世：

我已命本局所有高層作業官員，立即向我報告正在進行中、或已事過境遷但可能構成違反本局規章的一切活動。

本人在此指示目前受聘於本局的所有同仁，個別將所知的上述活動向我報告。同時，也請已離職的員工比照辦理。凡有這類消息的人可來電……表示他想告訴我「中情局規章外的活動」。

中情局規章極為含糊，但有一點相當明確：中情局不得成為美國的祕密警察。[2]然而，在冷戰過程中，中情局卻一直在監視美國公民、竊聽他們的電話、拆閱他們的平信、屢奉白宮命令策畫謀殺工作。

史勒辛格這份命令在一九七三年五月九日發布且即日生效。同一天，水門事件開始侵擾尼克森。他迫於情勢已將白宮舊人全部開除，只留下新任幕僚長海格將軍。史勒辛格命令發布後幾個小時，海格以電話告訴柯比說，司法部長已辭職，由國防部長瓜代；史勒辛格則由中情局轉調國防部，並表示總統希望柯比能出任下任中情局長。尼克森政府亂成一團，柯比一直到九月才宣誓就職，在這四個月空檔期裡，華特斯是代理局長，柯比則是內定局長，情況眞是無比的尷尬。

柯比已經五十三歲，其中有三十年待在戰情局和中情局，可說成年後的歲月就是祕密行動的化身。一九七三年整個春天，他迫於形勢不得不擔起史勒辛格打手的責任，召來同僚，發下辭退文件。在這當中，他那二十幾歲的長女因厭食症而香消玉殞。五月二十一日，柯比靜下心來好好地看初步匯整的中情局六百九十三宗可能違法的犯罪實錄。同一星期，參院召開水門案公聽會。尼克森及季辛吉竊聽助理和記者的消息曝光。專門調查水門案之特別檢察官人事令宣布了。

柯比這一生都是虔誠天主教徒，篤信犯下道德罪愆必自食惡果，但他現在才知道反卡斯楚陰謀以及羅伯·甘迺迪在其中扮演核心角色；心靈控制實驗、祕密監獄，還有對不自知的人身上進行各種藥物實驗。中情局竊聽且監視美國公民與記者，有三任總統的明確命令爲後盾，倒是沒有牴觸他的良知。不過，他也知道在當前的氛圍下，萬一這些祕密外洩，中情局可能會毀於一旦。柯比將這些罪行封存起來，著手管理中情局。

白宮在水門案壓力下分崩離析，往往使得柯比和中情局好像也要垮臺似的。尼克森不看中情局提供的情報反而是好事。一九七三年剛好碰到猶太教贖罪日和伊斯蘭教齋月兩個神聖日子重疊，埃及對以色列開戰，且深入以色列占有的領土內。相較於一九六七年準確預測六日戰爭，這次中情局卻誤判風緊雲驟的形勢。柯比說：「我們並沒有以昔日的榮耀自我掩飾。我們前一天就預測戰爭會爆發但卻沒有爆發。」

埃以開戰前幾個小時，中情局還向白宮保證：「演習活動雖異於尋常，但不致發生戰爭。」

〔注釋〕

1. 就目前所知，當時的中情局的確遭到敵人低階滲透，譬如有位叫金無怠的分析員，就是替中國當了二十年間諜才被發覺。迄今爲止的證據顯示，臥底間諜當中並沒有蘇聯人。不過，安格頓的看法卻是，證據不足不能證明沒有。
2. 中情局執行祕密行動的法律基礎，完全來自國家安全會議的合法命令、總統與中情局長之間的共識，以及國會監督。這種三角關係在一九七三年完全破功，當時，純屬行政職務、沒有法律基礎或地位的國家安全顧問權傾一時，暗中把持一切。

〔第三十二章〕

古典法西斯主義理想

一九七三年三月七日，尼克森總統在橢圓形辦公室接見中情局之友帕巴斯（Tom Pappas），此人是希臘裔美國商業鉅子，也是政治說客。帕巴斯在一九六八年總統大選時，代希臘軍事執政團送禮，捐了五十四萬九千美元給尼克森當競選經費。這筆透過KYP（希臘情報機關）洗錢捐出的款子，是尼克森白宮歲月黑暗祕史之一。

帕巴斯現在又要捐給總統幾十萬美元，用來收買因水門案繫獄的中情局老人使其緘口。尼克森深表感謝：「我知道你幫了很大的忙。」「這筆錢大部分來自『上校團』成員或支持者，也就是在一九六七年四月奪權的希臘軍事執政團，由艾倫．杜勒斯時代所吸收的中情局特工，同時也是KYP與中情局聯絡官的帕帕多普洛斯（George Papadopoulos）上校領銜。

日後出使希臘的居里（Robert Keeley）說道：「這些上校軍官策畫多年，他們都是法西斯主義者，完全符合以一九二〇年代墨索里尼爲代表的古典法西斯主義之定義：社團主義國家、結合的產業與工會、沒有國會、火車準時開、嚴格的紀律與管制……幾可說是古典法西斯主義理想。」

希臘軍事、情報官員與中情局先後派駐雅典的七任站長密切合作。他們和赫姆斯時期祕密業務主管、希臘裔美國人卡拉米辛相處甚歡，也始終認爲「中情局是個可以直通白宮的有效管道」，一九六七年政變時美國駐雅典高級外交官員安修茨（Norbert Anschutz）說道。

然而，這些上校們還是讓中情局措手不及。情報分析老手、現爲情報處主管的李曼說：「我只見過一次赫姆斯發火，那就是一九六七年希臘上校團政變的時候。我們知道希臘將領一直計畫以政變推翻民選政府，但時機尚未成熟；誰知這批上校先出王牌，毫無預警就動手。赫姆斯一直以爲會接到將領政變的通知，一有政變發生，很自然地認爲就是那麼回事，一旦事出意外不免大爲震怒。」李曼讀過雅典工作站徹夜發回來的電報：「請讓赫姆斯息怒，告訴他這是不同的政變，我們沒有布線。這是新思維。」

美國官方對上校團的政策是冷淡而疏遠，直到一九六九年一月尼克森就職後才改觀。軍事執政團利用與雅典工作站合作二十年之久的帕巴斯爲密使，把錢捐給尼克森總統和安格紐副總統（Spiro Agnew，是美國史上最有權勢的希裔美國人）的政治資金。有捐款就有回報，先是安格紐到雅典進行官方訪問，國務卿、國防部長和商務部長亦陸續往訪；美國開始賣坦克、飛機和大砲給軍事執政團。美國大使館官員布拉德（Archer K. Blood）說，中情局雅典工作站堅稱賣軍火給執政團，「可以把他們拉回民主政治」。這其實全是「謊言」，但「我們若是對軍事執政團稍有批評，中情局便會勃然大怒」。

一九七三年左右，美國是唯一對監禁和刑求政敵的軍事執政團相處和睦的已開發國家。美國駐雅典總領事肯尼迪（Charles Stuart Kennedy）說：「中情局工作站長和那些毒打希臘人的傢伙狼狽為奸，我一提起有些事可能構成人權問題，中情局必定置若罔聞。」肯尼迪指出，中情局「和壞人太親近了，這顯然也對大使產生不良的影響」。而塔斯卡（Henry Tasca）大使正是尼克森的老朋友。

一九七四年春天，伊翁尼迪斯（Demetrios Ioannidis）將軍接掌軍事執政團。他和中情局合作已有二十二年之久，中情局是他接觸美國政府的唯一管道，美國大使和外交機關都在狀況外。在軍事執政團眼中，中情局工作站長波茨（Jim Potts）就是美國政府。國務院主管塞浦路斯事務的官員柏雅特（Thomas Boyatt）說：「中情局在雅典有個主要資產，那就是他們與該國統治者關係深厚，因而不想受人打擾。」

被一個小將耍了

塞浦路斯是座島嶼，距土耳其海岸四十哩，離雅典五百哩，先後被希臘和自先知穆罕默德以降的伊斯蘭大軍征服，分裂為二。希臘上校團對塞浦路斯領袖馬卡里奧斯大主教（Archbishop Makarios）銜恨甚深，一直想推翻他。美國駐塞浦路斯代表團副團長柯勞福（William Crawford）風聞他們的陰謀。

他回憶道：「我自以為可以證明他們想把紙牌屋推倒，帶著充分的證據前往雅典，雅典工作站長波茨卻告訴我說絕對不可能。他不認同我的看法：我們和這些人合作了二十年，知道他們絕不會做出這麼蠢的事。」

到了一九七四年，柏雅特確信在雅典的中情局朋友想除掉馬卡里奧斯，於是傳了通電報給塔斯卡大使。電報中說，去找伊翁尼迪斯將軍，以「連他都可以理解的單音節字眼」告訴他，「美國強烈反對希臘政府任何人士或明或暗攪弄塞浦路斯形勢的企圖」，告訴他「我們尤其反對任何推翻馬卡里奧斯及扶植親雅典政府的企圖，因爲一旦出現這種情況，土耳其勢必會入侵，這對大家都沒有好處」。

可是，塔斯卡大使一輩子沒和伊翁尼迪斯將軍說過話。這是中情局工作站長專擅的角色。一九七四年七月十二日，國務院收到雅典工作站一通電報。安啦，伊翁尼迪斯和軍事執政團沒有任何推翻馬卡里奧斯大主教的行動。柏雅特回憶道：「所以，沒事啦，既然當事人都這麼說了。我回到家裡。誰知，星期一凌晨三點忽然接到國務院行動中心的人打電話來：『你最好過來一下。』軍事執政團已發動攻勢。柏雅特趕到國務院時，通信官已將兩份文件擺在他眼前。一份是中情局給總統尼克森和國務卿季辛吉的簡報：「伊翁尼迪斯一再向我們保證，希臘並未調動軍隊到塞浦路斯。」另一份則是美國駐塞浦路斯大使館發來的電報：「總統府火焰沖天，塞浦路斯軍隊被打得潰不成軍。」

安卡拉傳來的快電說，土耳其三軍業已動員。希臘和土耳其這兩支都由美國訓練及武裝的北約軍隊，眼看就要拿美國武器開戰了。土軍攻擊北塞浦路斯海岸，用美製坦克大砲將塞島隔開。土耳其區對希臘裔塞人展開大屠殺，希臘區則對土裔塞人展開大屠殺。中情局整個月的簡報都說希臘軍方和人民堅定支持伊翁尼迪斯將軍，誰知塞浦路斯之役一開打，希臘軍事執政團就垮了。

中情局未能提醒華府土希之戰雖是不尋常的個案，但從該局的編年史來看，自韓戰以降這類失誤其實不少。單以一九七四年來說，就有葡萄牙軍事政變，以及完全始料未及的印度核武試爆。但這回不同：中情局與希臘軍方如膠似漆，理應對他們提出警告。

柏雅特在多年後說道：「我們這一票人連同整個美國情報機關全都被一個希臘小將給耍了。」

可怕的代價

一九七四年八月八日，尼克森辭職。最後致命一擊：他承認下令中情局以國家安全之名妨礙司法。

第二天，國務卿季辛吉看到柏雅特極不尋常的報告，說中情局一直說謊隱瞞自己在雅典的作爲，蓄意誤導美國政府，這些謊言推波助瀾，造成希臘、土耳其和塞浦路斯戰爭，數千人喪生。

次周，美國駐塞浦路斯大使館周邊發生槍戰，一顆子彈正中戴維斯（Roger P. Davies）大使心臟，大使當場身亡。在雅典，數萬人在美國大使館外遊行，示威者意圖火燒大使館。尼克森辭職當天由季辛吉欽點庫必希（Jack Kubisch）出使塞浦路斯，剛到任的大使是個經驗豐富的外交官。

庫必希主張撤換工作站長，中情局於是派出在哈佛學過希臘語、曾任祕魯與瓜地馬拉工作站長的魏奇（Richard Welch）。魏奇住進歷任站長的住處，而該大樓的地址已是眾所皆知。庫必希大使說：「這是個很嚴重的問題。我幫他安排另謀住處、設法掩飾他的身分，並給他一些掩護。」鑑於雅典反美情緒高張，此不失爲審愼措施。他說：「但魏奇夫婦似乎完全不在意，他們認爲在雅典不會有很嚴重的威脅。」

魏奇夫婦前往距站長大樓只有幾條街的大使官邸，參加耶誕酒會，驅車返回山上住所時，有輛坐著四個人的小車在車道上等他們，其中三人強制站長下車。庫必希大使說：「他們以點四五手槍朝他胸口開了三槍，他們殺了人之後，上車揚長而去。」這雖是中情局史上第一次有站長遭暗殺，卻也是該局以前的手法之一。

庫必希大使說，他在雅典第一次看到「美國政府必須為……與壓迫政權如此水乳交融付出可怕代價。」這代價有一部分是由於坐視中情局形塑美國外交政策所致。

〔注釋〕

1. 尼克森吩咐新聞祕書伍茲（Rose Mary Woods），帕巴斯到訪一事不得留下記錄。他說：「我不希望出現任何暗示我感謝他為水門案被告籌錢的事。」到目前為止，沒有人知道白宮為什麼派人到水門大廈。也許，他們是去查「民主黨全國委員會」主席歐布萊恩（Larry O'Brien），是否握有尼克森／帕巴斯掛鉤的證據。帕巴斯是尼克森選擇安格紐為一九六八年競選搭檔的幕後推手，尼克森在一九七二年爭取連任時，帕巴斯個人又捐了至少十萬美元，交換條件是讓駐希臘大使塔斯卡留任。除了尼克森的心腹，塔斯卡可能是唯一知道尼克森競選經費來自希臘軍事執政團的美國人。帕巴斯並未因水門案吃上官司。至於希臘獻金案，國會調查則基於國家安全理由撤銷。帕巴斯於一九八八年在佛州棕櫚灘豪宅內過世。

〔第三十三章〕

中情局會完蛋

一九七四年十月七日，福特總統第一次主持國家安全會議時，開宗明義說：「我首先提個運用機密素材的問題。」

水門案的倖存者國務卿季辛吉、國防部長詹姆士・史勒辛格、中情局副局長華特斯，以及雄心與影響力都不小的白宮幕僚倫斯斐，都對最近的洩密事件甚爲震怒。美國正準備運送價值數十億美元的軍火給以色列和埃及，報紙已刊出以色列的採購清單和美方的回應。

福特說：「這是令人無法容忍的事，我已和倫斯斐討論幾個處理的選項。」福特希望在四十八小時內提出阻止新聞界刊登內幕消息的計畫。史勒辛格說：「我們缺少必要的工具，我們必須制定《公務人員機密法》（Official Secret Act）。但目前的氣氛不利於這類立法。」

保密權已因歷任總統以國家安全之名所說的一連串謊言而鬆動，譬如，說U-2是氣象飛機、美國不會入侵古巴、美國船艦在東京灣遭到攻擊、越戰是正義之師等等，尼克森垮臺顯示出這些冠冕堂皇的謊言，在民主社會已不管用了。

柯比把握機會重建中情局與白宮關係，他自己很清楚，侵害保密權也有危及中情局存亡之虞。柯比從福特當副總統那一刻起就開始調教他，每天由信差送一份專呈總統的簡報副本給他，隨時讓他知道中情局耗資四億元打撈蘇聯沈沒潛艇的祕密計畫（搶救計畫因潛艇裂成兩半而告終）。柯比希望福特知道「總統所知道的一切。我們不希望再出現像杜魯門竟不知道『曼哈頓計畫』那樣的情況」。

不過，福特始終沒打過電話給他，或找他私下密商。福特將國安會恢復到艾森豪時期的光景，柯比雖固定參加國安會，但唯獨他從未獲准進入橢圓形辦公室。柯比一直想要在重大議題上軋一腳，卻始終不得其門而入。有季辛吉和海格這兩位守門員、守護者，柯比始終打不進福特白宮核心。何況，就算他眞有挽回中情局名聲的機會，也在一九七四年十二月消失無蹤了。

《紐約時報》記者赫許（Seymour Hersh）已發覺中情局監視美國公民的祕密。連月報導下來，他已得知梗概，一九七四年十二月二十日星期五這天，又獲得爭取多時採訪柯比的機會。柯比（祕密錄下對話）試圖說服赫許，非法監視沒什麼大不了，只是不值一提的小事情。他說：「家醜不宜外揚。」可是，他不得不承認，家醜已然外揚。赫許徹夜趕稿，一直寫到星期六早上。

一九七四年十二月二十一日，周日頭版大標題：「據報中情局在美國針對反戰勢力展開龐大作業」。

爲保護中情局，柯比把非法國內監視的問題扣在安格頓頭上——他和聯邦調查局合作拆閱平信。柯比把安格頓叫到七樓，當面開除他。中情局外頭淒淒冷冷，安格頓餘生都在爲自己的工作編織神話。有人請他解釋，中情局爲什麼不依白宮命令銷毀毒藥，他的說法是：「要政府祕密部門完全遵照政府明顯的命令，豈不匪夷所思。」

死貓會叫

耶誕前夕，柯比發了一封長電給季辛吉，概述史勒辛格吩咐匯整的祕密資料。水門案餘波盪漾之際，這些資料萬一外洩，中情局可能無法倖存。季辛吉將祕密資料濃縮成五頁單行間隔的備忘錄，在耶誕節這一天交給福特總統。一九七五年，國會把一整年的調查全花在挖掘這份備忘錄裡的眞相上。

季辛吉告知總統，中情局確實有監視左派人士、竊聽並跟監記者、非法搜查、私開無數的郵件袋。其實還有許多更不堪的事，季辛吉不便把自己從所謂「恐怖文書」得知的內情寫下來。他提醒福特，中情局有些行爲「明顯違法」。另有些人則「提出深刻的道德問題」。福特總統雖在眾院中情局小組委員會當了十年的委員，卻沒聽過國內監聽、心靈控制和暗殺陰謀這些祕辛。暗殺陰謀的始作俑者，始於二十世紀最爲人敬愛的共和黨總統艾森豪時期的白宮。

一九七五年一月三日星期五，福特接到另一份報告，這次是出自代理司法部長希伯曼（Laurence Silberman）手筆。

希伯曼當天得知，柯比保險櫃裡有一疊厚厚的卷宗，記錄著中情局各種不法行爲的祕密，推測其中可能含有觸犯聯邦法律罪行的證據。這位全美最高執法官員於是計誘中情局長，說他必須交出卷宗，否則會吃上妨礙司法官司。現在已不是柯比要不要吐露祕密的問題，而是要保護卷宗就會坐牢的問題。

在這危機四伏的關頭，希伯曼自己差點就當上中情局局長，他後來出任聯邦上訴法院法官，二〇〇五年時主持調查中情局長。希伯曼在口述史中說道：「福特要我到白宮管情報，但我婉拒了。當時白宮方面愼重考慮由我出任中情局局長，我所以不想接手，當然有許多理由。」最重要的理由是，他知道中情局即將面臨狂風暴雨。

希伯曼在一月三日呈給總統的報告裡提到兩個問題。其一：「暗殺特定外國元首的計畫，最保守地說，也已構成獨特的問題。」其二：「赫姆斯先生可能在出任伊朗大使的確認公聽會時，犯了僞證罪。」「在宣誓作證之下，赫姆斯被詢及中情局是否涉及推翻智利總統阿言德時，卻答稱沒有。宣誓保密，同時宣誓實言相告的赫姆斯，已構成未能告知國會實情的不當行爲，終得面臨聯邦法官以說謊罪名起訴。

一月三日晚上，福特告訴季辛吉、副總統洛克斐勒和倫斯斐，萬一這些祕密外洩，「肯定會毀了中情局」。一月四日星期六中午，赫姆斯到橢圓形辦公室。福特告訴他：「老實說，我們現在可眞是一團亂哪。」總統表示，洛克斐勒將主持一個委員會調查中情局的國內活動，只調查國內活動。福特希望該委員會能謹守這有限的授權。他告訴赫姆斯：「要是它踰越授權可就慘了。要是群情洶洶迫使我們再進一步，壞了中情局的清白，那未免太可惜了。我當然認爲你沒錯，除非有相反的證明。」

赫姆斯知道前途凶險。

他提醒總統：「很多死貓會紛紛出頭，中情局的事我並不是完全知道。或許也沒有人知道一切。但我很清楚地知道，要是有死貓出頭，我也不落人後。」

那天赫姆斯丟出一個人給白宮，他告訴季辛吉說，羅伯·甘迺迪一手安排反卡斯楚暗殺陰謀，季辛吉隨即把消息傳給總統。恐怖加深。福特本人是從華倫委員會竄起，成爲全國知名人物，但現在他才瞭解，甘迺迪總統暗殺事件還有許多他所不知道的內情，而這些失落的拼圖也糾纏他一輩子。他在生命快結束的時候稱中情局「沒有天良」，竟扣住證據沒讓華倫委員會知道。福特說，中情局「錯在沒把他們所掌握的資料交給我們，他們沒給我們完整資料的判斷是不對的」。

現在，白宮須面對八項國會針對中情局的調查和聽證。倫斯斐說明白宮的化解方法就是，洛克斐勒委員會的委員全都是「共和黨和右派」。已經有一人列入名單：「政治評論家、演員工會前會長、前加州州長雷根」。

「最後報告該怎麼寫？」總統問道。與會者原則同意，當務之急是損害管理。季辛吉說，「應該好好管束柯比」，要是他不三緘其口，「這些資料馬上就會人盡皆知」。

一九七五年一月十六日，福特總統在白宮以午餐會款待《紐約時報》發行人和資深編輯群。總統說，談論中情局的過去絕對不符國家利益，一旦洩露最重大的祕密，可能會毀了杜魯門以降每一位總統的名聲。什麼祕密？有位主編問道。暗殺！福特說。到底是福特所說的話奇怪，還是這些編輯人設法不將他的供述公開奇怪，倒也很難說。

尼克森辭職後三個月新選出的國會，堪稱是美國史上最具自由色彩的一屆。福特總統在二月二十一日告訴倫斯斐：「問題是，怎麼規畫配合國會調查中情局。」倫斯斐矢言會爲總統展開「損害控制行動」。他將負責決定福特和洛克斐勒可以告訴國會山莊多少祕密。

三月二十八日，史勒辛格告訴總統，首要之務是盡量減少「凸顯中情局（在全球各地的）行動」。「中情局內部不滿情緒高張」，埋下此種不滿情緒的史勒辛格說道。祕密機關「充斥著心力交瘁的老特工」，都是有可能洩密的人，柯比又「太配合國會」。洩密的風險日甚一日。

〔注釋〕

1. 赫姆斯委決不下，不知是要說眞話，還是該保守祕密。他在一九七三年出任駐伊朗大使的任命聽證會作證時，在中情局有沒有策動推翻智利民選政府的問題上說了謊。因此，出使伊朗四年期間，屢次奉命回華府，接受國會委員會、刑事調查員與白宮各委員會的盤問。一九七七年十一月四日，赫姆斯經聯邦法院判處兩年緩刑和二千美元罰款。他接受未向國會吐實的行爲不當罪名。赫姆斯曾辯稱，中情局局長保守國家機密的誓言高於國會作證誓言，但法院判定憲法和美國法律高於保密權。

〔第三十四章〕別了西貢

一九七五年四月二日，柯比提醒白宮說，美國快打敗仗了。

季辛吉說：「讓我瞭解一下狀況，南越還有沒有機會另闢戰線，阻止北越？」[1]

柯比指著地圖說：「在西貢北邊。」

「毫無希望了！」詹姆士・史勒辛格叫道。

季辛吉問，南越是否即將崩潰？柯比認爲似乎是必然的。

季辛吉道：「馬丁（Graham Martin，駐南越大使），我認爲應該開始準備撤退計畫。我認爲，我們有責任把信任我們的人弄出來……我們必須把參與鳳凰計畫的人弄出來。」該計畫是柯比在一九六八至七一年以使館文官身分協助逮捕、偵訊與刑求越共的準軍事行動。保守估計，鳳凰計畫殺了超過二萬多名越共嫌疑分子。

柯比說，「現在的問題是，我們到底要設法在西貢周邊堅壁清野」？或是協商一個保住面子、甚或保住性命的解決方案，以便不流血撤離首都？

季辛吉說，「只要我還在這個位置」，絕不談判，繼續送武器到西貢，讓北越和南越自己去解決。「我們什麼也挽救不了」，他說。

柯比答：「人命是唯一還能挽救的。」但季辛吉一意孤行，他絕不以談和方式來結束戰爭。

四月九日，柯比再到白宮，盡量讓福特關注共產黨大軍已逼近南越、寮國和柬埔寨各首都的事實。美國軍事與情報部隊二十年的奮鬥逐漸接近尾聲。

柯比在四月九日對總統和國安會成員說：「共產黨已展開新一輪攻勢，最終目標是西貢。」美國必須開始盡快撤離美國人和南越人。西貢一旦淪陷，勢必會有整肅行動。在南

一九七五年四月西貢淪陷之際，柯比局長（左一）向福特總統簡報。福特兩側為國防部長史勒辛格（最右）與國務卿季辛吉。

越有數千名美國人，數萬名盟國的政治、軍事與情報人員，以及無數的南越人，若再待下去，性命可能不保。

柯比說：「目前北越在南越有十八個步兵師。我們認爲河內會採取一切必要行動，促使戰爭提前結束，時間可能就在初夏之際。」他多算了兩個月。西貢市仍有六千名美國軍官、特務、外交官和美援工作人員在賣力工作，這裡會在三個星期內淪陷。柯比告訴總統：「我們應請國會撥款，以便履行撤離一、二百萬南越人的承諾。」這將是美國史上最大模規的緊急撤退行動。

在華府，白宮、國會、五角大廈和美國駐西貢大使都沒把柯比的警告放在心上。有個人最瞭解情況：西貢工作站長波爾加。

我們已輸掉這場漫長的戰爭

一九七五年四月二十九日凌晨四點，波爾加在火箭大砲聲中驚醒。[2] 機場火光沖天，中情局在南越往返服務的七架直昇機全毀。波爾加有好幾百人要照顧。替他工作的美國人固然是個問題，爲他賣命的南越人及其家屬也需要安排。人人都想離開，但在目前的情況下，定翼飛機已不可能進出機場。

波爾加迅速穿上藍襯衫和茶色長褲，直覺地把護照揣進口袋，急忙趕到大使館。人口四百萬的西貢街頭，由於全天候戒嚴的緣故，空無一人。他打電話給馬丁大使，患有氣腫和支氣管炎的馬丁痛苦呻吟。波爾加接著聯絡季辛吉以及前任國安局長的太平洋區美軍司令蓋勒（Noel Gayler）。他接獲華府新命令：盡可能撤離非必要人員；除此之外，對於誰該留下、誰該走以及如何離開等，季辛吉完全沒有指示。

南越軍隊潰不成軍，警力瓦解，原本寂靜異常的街頭已成無政府狀態。

福特總統下令，大使館人員由六百人減至一百五十人，其中五十人爲中情局留守人員。波爾加倒是不太敢想像，西貢淪陷後，越共還會准許中情局工作站繼續運作。

在大使館內，波爾加看見很多人氣得大摔大踩尼克森和季辛吉的照片。以波爾加的話來說，大使館成了「沒有團長的馬戲團」。

上午十一點三十八分，福特下令關閉美國駐西貢使館，所有人員必須在入夜前離境。數千名驚恐的南越人形成一道人牆圍住大使館，只剩一條由停車場通往法國大使館花園的祕道可以進出。馬丁大使把妻子和僕人藏在祕道。波爾加打電話回家，女傭告訴他說，家裡有幾位訪客：一位是副總理、一位三星上將、南越通信情報局長、禮賓司長、數名軍官及其家屬，還有多位與中情局合作的南越人。

福特總統下達撤退令後三個小時，第一批直昇機從八十海浬外海飛抵西貢。陸戰隊駕駛憑著高超技術和過人膽識，把大約一千名美國人和將近六千名南越人送出西貢。有一張轟傳一時的照片，顯示最後一批直昇機群裡，有一架停在屋頂上，一群人爬上安全梯。這張照片多年來一直被誤認是大使館的一角，其實是是中情局的安全屋，那些倉惶登機的人都是波爾加的朋友。

波爾加當晚就把中情局的檔案、電報和密碼冊悉數銷毀，午夜後不久，他發出告別電文：

這是西貢工作站最後一通電報……我們已輸掉這場漫長的戰爭……未能記取歷史教訓的人必會重蹈覆轍，但願我們不會再有另一次越南經驗，但願我們都能記取教訓。別了西貢。

他接著把發報機也毀了。

三十年後，波爾加憶述越戰最後時刻：「當我們爬上狹窄的鐵梯到屋頂停機坪時，我們知道，我們拋下數千名大使館後勤人員。我們都知道敗軍之師領導者的感受。」

十五年努力付諸東流

兩個星期後，中情局在寮國的長年戰爭，在一處石灰岩柱環繞的山谷中終結。北越部隊包圍位於龍天谷的核心據點。山脊上盡是共軍士兵，數萬名蒙族戰士與家屬齊聚原始跑道上，希望有飛機能載他們離開，卻不知中情局這十五年準軍事任務下來，已經沒有飛機可以救他們了。

留在龍天谷這位中情局人員叫丹尼爾（Jerry Daniels），在蒙大拿州當過跳傘救火員，蒙族朋友都稱他「阿天」（Sky），雖然只有三十三歲，卻已在這偏僻內地待了十年。他是蒙族軍事與政治領袖，擔任一九六〇年至今中情局在寮國最大資產王寶將軍的主事官，也是因功獲寮國國王頒贈「萬象」和「白傘」勳章的七名中情局官員之一，其他幾位包括賴爾和謝克禮。

丹尼爾懇求寮國工作站長阿諾德（Dan Arnold）派機到龍天谷。阿諾德在口述史中說：「撤退不宜延誤。」可是已無機可派。「空中運輸須經華府授權，當然，我們會優先處理。這得從中情局上報白宮……華府一再要我們緊急另外安排空中運輸，因為我們已經嚴重延誤。會發生這種問題，主要是因為最高層拖延的緣故。」

一九七五年五月十二日，中情局好不容易在泰國找到最後兩架C-46。這兩架飛機大小與DC-3

相若，屬於中情局的民間承包商大陸空運（Continental Air Services）所有，十餘年來，有數百架同樣機型的飛機滿載貨物在龍天機場降落，離開時總是空機飛越脊嶺，沒人搭過滿載的C-46離開龍天。這款飛機原本只能承載三十六人，然而這次撤退每次都超載加倍的乘客，而且每趟都有數千人搶搭。

一九七五年五月十三日早上，在曼谷的「美國軍援司令部」司令艾德霍特（Heinie Aderholt）空軍准將，接到一通陌生人的電話。艾德霍特將軍與中情局合作空中行動已有二十年，目前主管著唯一尚在東南亞運作的軍事行動。將軍回憶：「那位仁兄並沒有表明身分。他說，美國拋棄龍天谷的蒙族朋友。他用『拋棄』（abandoning）這個字眼。」這位陌生人請艾德霍特派四架中型運輸機C-130拯救蒙人。艾德霍特在曼谷機場候機室找到一位再過幾分鐘就要離境的飛機駕駛，以五千美元現金請他開C-130到龍天谷，然後再打電話回國請聯參首長主席布朗（George Brown）將軍批准執行此次任務。當天午後，C-130飛抵龍天谷，數百名蒙族不消幾分鐘便登上飛機；這架飛機隔天早上再飛回龍天谷。

中情局的丹尼爾負責龍天谷撤退事宜，同時擔任王寶將軍的貼身保鑣，這時在機場當起飛行管制員，掌握著五萬名驚恐蒙族人的性命。丹尼爾和王寶不能被外界視爲拋棄自己手下及其家屬。五月十四日早上，C-130一飛回龍天谷，蒙人急忙奔向後貨艙門。這是一幕憤怒與絕望交織的景象。王寶偷偷溜到幾哩外一處停機處，搭上中情局直昇機悄然離去。

丹尼爾給自己找了一架飛機。飛行記錄寫著：「一片混亂……我們在十點四十七分起飛，中情局在龍天谷的祕密基地就此結束。」現場有位中情局特約飛機駕駛諾茨（Jack Knotts）上尉以錄音帶記錄寮國長年戰爭的最後幾分鐘。丹尼爾帶著公事包和一箱啤酒，開著藍白相間的福特吉普車來到停機處。他下了車，驀地呆立不動。諾茨說：「他不想上直昇機，他還不想離開！他從後座拿出公事包，開始對著無線電講話。他慢慢地踱著圈子，一遍又一遍，最後敬個禮——他在這兒待了那麼久，一旦要離開，的確是很難過的事。他立正，彷彿在對吉普車行禮，其實是對盡付東流的十數年心血行禮。」

赫姆斯稱「我們打贏（寮國）戰爭」，實在教人不明白。福特和季辛吉強行以政治安排讓共黨接掌寮國，「之後我們就一走了之」，何姆（Dick Holm）說道。何姆三十五年中情局生涯是從寮國開始的。倖存的蒙族人落得在難民營終老或流亡異地，「他們的生活方式完全毀了」，何姆寫道。「他們有家歸不得」。「對這些在動盪年代與我們密切合作的人」，美國「沒有負起應有的道義責任」。

丹尼爾撤出龍天谷七年後，在曼谷寓所瓦斯中毒身亡，享年四十歲。沒人知道他是否自裁。

〔注釋〕

1. 白宮對話後沒幾天，柬埔寨失守，美國大使狄恩和中情局工作站長惠波（David Whipple）對周遭狀況的掌握，倒是比西貢同僚高明許多。狄恩憶述：「中情局很清楚赤柬的組織和領導。惠波給我們看了些赤柬在一九七五年四月之前種種暴行的資料。」

2. 波爾加在一九七二年一月接手謝克禮的站長職務時，手下有五百五十人，其中二百人是祕密特工。一九七三年簽署《巴黎和平協定》（Paris Peace Accords）之後，尼克森和季辛吉仍不斷指示：「以其他方式繼續戰爭，以維持一個非共產的南越。」季辛吉因巴黎和談成果榮獲諾貝爾和平獎，波爾加則見證外交折衝過程。大策略家季辛吉在一九七二年美國總統大選前幾個星期，未經南越總統阮文紹批准，逕自與北越談判和約條件及停火協議。在西貢，季辛吉在其助手尼格羅龐提和彭克大使（Ellsworth Bunker）共同出席的晚宴上，親口囑咐波爾加透過中情局在南越軍中的內線，「對阮文紹施壓」。

波爾加認爲，南越情況今非昔比，季辛吉的命令毫無道理。更沒有道理的是，季辛吉自己向《新聞周刊》記者透露祕密談判內容。這位記者以電報從西貢發回美國的報導，被南越情報機關截獲，並將副本交給阮文紹總統和波爾加，波爾加再交給季辛吉。

一九七三和七四年美軍銳減之際，中情局西貢站仍然維持每年三千萬美元的預算。這時，波爾加的工作是蒐集情報業務而非準軍事任務。偵訊員拷問擄來的共軍及特務，分析員則爬梳前線傳回來的報告；中情局派在南越四個軍事部門的分隊長，分別負責協調數百名美國與南越官員。敵軍勢如破竹。

中情局仍然試圖找出敵人的野戰總部，美軍稱之爲「竹幕五角大廈」（Bamboo Pentagon），實際上叢林裡並沒有敵軍總部，而是每一個帳篷、地道，甚至一個人就是一個總部。一九七四年八月尼克森垮臺之後，國會群起反戰，開始大砍數十億軍費，使得南越軍方頓失所倚。一九七五年三月，北越逼近西貢。撤退計畫漫無章法，造成數千名替美國工作的南越人死亡或被捕。馬丁大使返回華府，成爲季辛吉的特別助理。

〔第三十五章〕

沒用又怕事

中情局猶如被征服的城市般慘遭蹂躪。國會各委員會紛紛爬梳該局檔案卷宗；其中，參院著重在祕密行動方面，眾院則專挑諜報和分析失誤。華盛頓街頭出現手繪的柯比海報，上頭畫著骷髏頭、交叉骨頭和幾張黑桃王牌。中情局高層官員人人自危，唯恐個人和專業聲譽會毀於一旦。白宮則擔心政治毀滅。一九七五年十月十三日，福特與總統人馬於橢圓辦公室會商，權衡利害。

柯比告訴總統：「凡是正式顯示美國涉及暗殺的文件，都是外交政策上的禍事。此外，他們也想深入追查（寮國戰爭）之類的祕密作戰行動。」白宮是否要訴諸法院來阻止國會調查呢？倫斯斐說：「最好是採政治對抗方式，不要訴諸法律。」爲準備打這一仗，福特總統在十月底改組內閣。

此舉立即被外界稱爲「萬聖節大屠殺」（Halloween Massacre）。史勒辛格下臺，換上倫斯斐當國防部長，錢尼（Dick Cheney）則接下白宮幕僚長職務。此外，福特還採取一項與他平素爲人不太一樣的權術措施，開除柯比改提名老布希擔任中情局局長，藉此排除一九七六年總統候選人提名之爭的挑戰者。因此，他這種選擇表面上看來便顯得相當突兀。

老布希不是將軍、元帥或間諜，對情報業務幾乎是一無所知。他純粹是個政治人物，父親普瑞斯考特·布希（Prescott Bush）是康乃狄克州選出的貴族參議員，也是艾倫·杜勒斯的知交，後來遷至德州，在石油生意上發了財。老布希當過兩任眾議員，但兩度角逐參院失利；也當過二十二個月的駐聯合國大使，水門案期間擔任共和黨全國委員會主席，一九七四年八月差點當上副總統。沒當成副總統是他從政生涯中最大打擊，所幸有個慰問獎可以任他選個稱頭的大使職務，結果他選了中國。老布希從北京透過厚厚的三稜鏡看到，中情局就憑著「美國之音」和一星期前的剪報大搞權力鬥爭。

政治本能告訴他這件差事沒什麼出息。他自問：「我就此葬送在中情局？」並寫道：「它是政治墳場。」他告訴福特：「我認爲這是徹底終結政治前途。」這種前景令他意志消沈，但基於禮貌不得不答應下來。

老布希在一九七六年一月底接掌中情局，沒幾個星期便發覺自己挺喜歡它的隱密、同志情誼、小道具和國際陰謀。中情局等於是個有十億美元預算的「骷髏會」（Skull and Bone）祕密結社。[1]他在三月間寫信給友人：「這是我做過最有意思的工作。」他上任不到十一個月，就已提振總部士氣，爲中情局擯上所有的批評者，並巧妙地利用中情局爲自己日漸飛揚的雄心壯志奠定政治基礎。

除此，乏善可陳。老布希從一開始就擯上控管百分之八十情報預算的國防部長倫斯斐。倫斯斐說，這筆錢是我的；偵察衛星、電子監視和軍事情報，都屬於美軍的戰場支援系統。美軍雖已全面撤退，倫斯斐仍然處處阻擋老布希，極不願中情局局長在機密經費上發言。老牌分析員喀威爾在中情局口述史中說，倫斯斐對中情局很「捉狂」，且確信中情局在「監視他」，因而切斷中情局與五角大廈行之有年的溝通與合作管道。

經歷水門事件與越戰之後，吸收新情報官員很不容易，中情局充斥著只會耗時間的中年官僚，已形成頭重腳輕的現象。總部十六名最資深的官員中老布希一口氣換掉十二名，希望挪出些位置。他想任用自己人主管祕密業務，於是把柯比留下的老主管納爾遜（Bill Nelson）找來，告知該是他離開的時候了。納爾遜敬個禮立刻走人，但在離開之前丟了一份備忘錄在老布希桌上，告訴他還有兩千多名冗員。老布希依循艾倫．杜勒斯的傳統，把這份報告束諸高閣。

腰斬中情局

老布希在一九七六年六月一日寫信給福特：「這是本局動盪與苦惱期。國會參眾兩院一年多來的密集調查，已使過去和目前的祕密行動任務廣泛曝光。」在老布希擔任局長時，因調查而衍生出參院設置監督委員會，眾院亦在一年後設立。老布希在信中說，總統若能設法抵擋國會，則「祕密行動作業必會像過去二十八年一樣，對外交政策做出積極的貢獻」。

其實，在頗爲警覺的新國會監督之下，中情局的新祕密活動作業並不多。老布希在答覆筆者書面提問時極力主張，國會調查對中情局造成長遠的傷害；他們「阻礙我們與世界各國的聯繫關係」——中情局與外國情報機關的聯繫，是蒐集情報的主要來源，「甚至造成許多海外人士自與中情局合作關係中抽腿」。他說最糟的是，「他們破壞堪稱我國公職人員中最優秀團隊的士氣」。

此外，一九七六年在前線連連失利，也使中情局銳氣大挫。最大的失敗在安哥拉。西貢淪陷兩個月後，福特總統批准新的行動以確保安哥拉繼續反共。安哥拉雖是葡萄牙在非洲的至寶，但里斯本的領導人卻是歐洲殖民者當中最差勁的，撤走時把安哥拉劫掠一空。敵對勢力征戰不休，安哥拉行將解體。

中情局透過最好的盟友安哥拉總統莫布杜，挹注三千二百萬美元現金，以及價值一千六百萬的武器給安哥拉。這批武器落在一批難以駕馭的反共游擊隊手中，他們由莫布杜的連襟指揮，且與白人南非結盟。這項計畫獲得尚比亞總統卡翁達（Kenneth Kaunda）從旁協助，此人是個溫柔敦厚的領導人，長年接受美國與中情局暗中支持；負責協調的則是季辛吉國務院的青年才俊、中情局故祕密行動處處長魏斯納的兒子小魏斯納（Frank G. Wisner, Jr.）。

小魏斯納說：「我們已經被趕出越南，福特

一九七六年六月十七日，老布希、福特總統與布朗特使討論貝魯特撤僑事宜。

政府頗為擔心美國（在全球各地）遭受共軍考驗。所以，我們到底是要眼睜睜地看著一望而知是共黨領導的攻勢逼近、接收油藏豐富的安哥拉、並在非洲南部展開冷戰呢？抑或設法加以阻止？」

小魏斯納道：「越戰之後，我們不可能直接跑去對國會說，『這麼著，我們就送此軍事教官和裝備給莫布杜』，所以，季辛吉和總統決定由中情局出面。」然而，中情局支持的反共部隊已潰敗，莫斯科和哈瓦那強力支持的敵人則已控制首都。季辛吉下令再撥二千八百萬美元祕密支援，但中情局的應變預算已用罄。在擔任中情局長不到一年的老布希上臺之初，國會就已明確禁止祕密支持安哥拉游擊隊，把正進行中的活動從中腰斬。這是前所未見之事。「中情局被腰斬，我們被趕回來」，小魏斯納說。

我覺得自己好像上當了

一九七六年七月四日，美國建國兩百周年這天，老布希準備在賓州赫許市（Hershey）某飯店會見維吉尼亞州州長。卡特（Jimmy Carter）還沒贏得民主黨總統候選人提名，就已請中情局提供情報簡報，老布希的反應特別熱烈。從沒有哪個總統候選人在那麼早就提出這種要求。老布希和主管國家情報的副局長李曼發覺卡特對簡報特感興趣；李曼早年眼見艾倫·杜斯倫看也不看便將報告束諸高閣而深感挫折。三人從間諜衛星討論到非洲白人統治的前途意猶未盡，於是決定七月間到卡特位在喬治亞州平原鎮（Plains）的家再續話題。

局長差點到不了，因為中情局的「灣流型」噴射機應付不了平原鎮的草皮跑道，中情局向五角大廈尋求後勤支援，獲知老布希必須搭乘直昇機到皮特森田。中情局飛行人員查了查地圖。皮特森田到底在哪裡？一通電話打到平原鎮，這才知道「皮特森田」是鎮外某農家的四十畝田地。

六個小時的討論觸及黎巴嫩、伊拉克、敘利亞、埃及、利比亞、羅德西亞和安哥拉問題。中國問題談了三十分鐘，蘇聯問題十倍長時間。中情局的人從下午談到傍晚，卡特在海軍當過核子工程師，頗能掌握美國戰略核武的奧妙細節。此外，他對間諜衛星所取得的蘇聯武器相關證據特感興趣，也瞭解它們所蒐集到的情報可以在武器管制談判上扮演重要角色。他得知蘇聯始終沒有透露核武規模的正確數據，美方必須走上談判桌告訴蘇方，他們有多少飛彈，我們又有多少。卡特不由沈吟：他似乎沒想到蘇聯會虛報。

老布希向他保證，第一代間諜衛星所攝得的照片足以提供尼克森和福特總統進行美蘇「限制戰略武器條約」（SALT）所需的資訊，且可嚴密監視蘇方是否遵守雙方協議。代號「鑰匙孔」（Keyhole）的新一代間諜衛星今夏到位，可以提供即時電視影像，毋需經過緩慢的顯影手續。中情局科技處研究多年的「鑰匙孔」，確是一大突破。

卡特的競選夥伴、明尼蘇達州參議員孟岱爾（Walter Mondale）則問到中情局祕密行動和與外國情報機關聯繫的問題。孟岱爾是參院調查中情局的「邱池委員會」成員，[2]該會的最後報告已在兩個月前出爐。時至今日，邱池委員會之所以還會有人提及，主要是由於該會主席在聲明中說中情局已變成「囚野的離群象」——此一說法免除歷任總統驅象爲患的責任，大有言不及義之嫌。本來就對邱池委員會惱怒異常的老布希，拒絕回答孟岱爾的問題。

兩個星期後，八名中情局官員陪同老布希到平原鎮，眾人在卡特家圍成圓圈而坐，卡特的女兒和愛貓進進出出。出乎眾人意料的是，卡特對世界情勢的理解極爲高明，當他和福特進行自甘迺迪與尼克森之後首次電視辯論時，便細數福特外交政策得失，並對中情局嚴加抨擊，他說：「我們的政府雖有越戰、寮戰、中情局、水門案等等失策，仍然是全世界最好的體制。」

一九七六年十一月十九日，老布希和總統當選人卡特在平原鎮舉行最後一次尷尬的會談。卡特回憶：「(老) 布希想繼續待在中情局，要是我當時同意了，他就永遠當不了總統。他的人生會走上一條截然不同的道路！」

老布希對這次會談的記錄顯示，他向總統當選人卡特透露幾樁正在進行中的活動，包括中情局祕密金援外國元首，如約旦國王胡笙、安哥拉總統莫布杜，以及若干軍事強人，如後來成爲巴拿馬獨裁者的諾瑞加（Munuel Noriega）等。[3] 老布希察覺卡特突然興趣缺缺。他這印象很正確。總統當選人認爲中情局補助外國元首一事頗值非議。

到了一九七六年底，老布希和局裡一些原本支持他的人搞僵，原因是他做了一個不良的政治決定，讓一票新保守思維的人（李曼稱之爲「喧囂的右翼人士」）改寫蘇聯軍力評估報告。

福特總統的情報顧問委員會中最會叫囂的凱西，一直與情報圈的朋友、同事有所議論；他們都認定中情局嚴重低估蘇聯軍事實力。凱西與委員會的同僚敦促福特總統讓局外的團隊來寫蘇聯評估報告。這個小組的成員都對低盪政策深爲不滿，而且都是由共和黨右派如葛里翰（Daniel O. Graham）將軍以及伍佛維茨（Paul Wolfowitz）親手挑選；前者主張飛彈防禦最力，後者是希望破滅的軍管談判主談人、日後出任國防部副部長。一九七六年五月，老布希以輕快的筆調批准「B組」（B team）：讓它高飛！如擬。喬治・布希。

議論雖具有高度技術性，卻可以歸納成一個簡單的問題：莫斯科意欲何爲？B組形容蘇聯正處於大力整軍建武階段，事實上莫斯科正在削減軍費。他們大幅高估蘇聯洲際彈道飛彈的準確性，把蘇聯建造中的轟炸機數量多估了一倍；一再警告的危機沒個影兒，所說的威脅根本不存在，所談的科技根本還沒開發；最可怕的是，瞎說蘇聯有個打贏核戰的戰略。接著，一九七六年十二月，他們選擇性地把消息告訴同路的記者和專欄作家。李曼說：「B組肆無忌憚，他們到處洩密。」

B組亂了好幾年，不僅導致五角大廈大幅增加武器開發預算，更直接促成雷根在一九八〇年共和黨總統提名之爭時名列前茅。冷戰結束後，中情局一一檢驗B組報告，結果是每一項都錯了。這是轟炸機落差和飛彈落差的翻版。

在福特政府最後一次的國家安全會議上，老布希告訴福特、季辛吉和倫斯斐：「我覺得自己好像上當了。」

情報分析變成政治利益的工具，清譽一旦玷汙便永難恢復。自一九六九年尼克森強制中情局改變對蘇聯先制核武攻擊能力的看法以來，該局評估報告的政治化傾向越來越露骨。尼克森時期主持中情局國家情報評估處的阿博特．史密斯在口述史中說道：「我把它看作是轉捩點，自此之後江河日下。尼克森政權的確是第一個把情報當成另一種政治形態的美國政府，後果肯定是損失慘重，我認爲的確慘不忍睹。」一九七二年接替阿博特．史密斯的休曾格（John Huizenga）對中情局史家說得更明白，而他的看法在往後十年乃至進入二十一世紀後仍是擲地有聲：

回想起來，我確實不相信美國政府裡的情報機關可以提出誠實的分析成果，而不必冒著政治論戰的風險。我認爲這段期間裡，以政治觀點處理情報的傾向日甚一日，而其中又以在政治看法上極爲分歧的問題爲主，譬如東南亞問題和蘇聯戰略武力成長等。回首往事，我覺得，各位若以爲我們大多數人都認爲……只要提出率直的分析成果，政府就可以照單全收，未免失之天眞……我認爲，情報對我們這些年來的政策影響其實相當小。小到幾乎等於沒有。在某些特定情況下，某些看法和事實也許有些影響，但也只限於極狹窄的範圍內。大致而言，情報活動改變不了政治領導層賴以出線的前提。他們帶著包袱上臺，多少都得一直揹下去。理想的情況應該是，嚴肅的情報分析……協助政策上重新檢視其前提，提出比較細緻且較接近現實的決策。我想，這是我們永遠無法實現的大志。

中情局局長和未來的美國總統並不把這些想法放在心上。

中情局偉大之處

老布希在總部和同仁告別時，依例發出感謝函：「但願往後我能設法讓美國民眾更充分地瞭解中情局偉大之處。」他是最後一位獲得總部近乎完全支持的中情局局長。在他們眼中，他在挽救這個祕密機關上居功厥偉。但令他慚愧的是，最後讓中情局受政治挾持的也是他。

季辛吉在卡特就職前的最後一次聚會上說道：「我覺得情報分析的品質沒有降低；不過，在祕密行動方面卻未見提升。我們已無能爲力了。」

有史以來最擁護中情局的老布希答說：「亨利，你說的沒錯，我們既沒用又怕事。」

〔注釋〕

1. 〔譯注〕「骷髏會」係耶魯大學祕密學生組織，原則上只有出身富裕的白人男性可以參加，與耶魯淵源深厚的中情局高層固然不乏骷髏人，政商界也處處有骷髏人蹤跡，如《時代》雜誌老闆魯斯、比爾和麥克喬治・彭岱兄弟、兩位布希總統皆是。
2. 邱池委員會想調查「暗殺陰謀」，不意卻一頭栽進黑巷，不曉得這些陰謀都是出自歷任總統授權。該委員會最爲人稱道的貢獻，是留下相當豐富的中情局史料和證詞稿本。至於眾院的情報監督委員會則是不了了之，最後報告的草稿雖然外洩，但始終沒有正式公布。國會第一次監督情報的努力功敗垂成。中情局老手霍頓（John Horton）是個心胸開闊的人，但他在一九八七年提到邱池委員會時仍不免說道：「經過這一番折騰，除了形同一場媒體馬戲，還有什麼？中情局暗殺過誰來著？據我所知，沒有。但各位一定會以爲我們專幹這種事。」
3. 老布希還向卡特提到「未獲授權電子監聽」美國公民，中情局與巴勒斯坦解放組織的關係，以及夏德林（Nicholas Shadrin）懸案。夏德林是蘇聯投誠者（也許是雙面諜），十一個月前在維也納遇害。中情局在維也納還有一件案子，但老布希沒對卡特提起。一九七五年十二月魏奇在雅典遇害後，柯比局長訓令工作站長與蘇聯情報官員在維也納祕密會談。他要知道莫斯科是否違反冷戰不成文規矩，下手殺害魏奇。另外，此舉也有爲會談而會談的意味，因爲雙方最高層一直沒有正式的溝通管道。雙方都覺得這次對話很有效，因此這條熱線在冷戰時期一直維持暢通。

5 ● 1977-1993

卡特、雷根與老布時期的中情局

勝不足喜

〔第三十六章〕他想推翻他們的體制

卡特在選戰期間抨擊中情局是國家恥辱，他上臺後簽署的祕密行動命令次數，卻不下於尼克森和福特。所不同的是，他是以人權之名爲之。人權問題把中情局萎縮的權限引導到新任務上。

卡特找尋新局長人選不太順利。國務院情報司前研究司長休斯敬謝不敏之後，他把腦筋動到甘迺迪的演講主稿人索倫森（Ted Sorenson）頭上。索倫森憶述：「卡特來電問我能否到平原鎮一行，著實有點出乎我意料之外。我有個哥哥當中情局潛伏間諜多年。我南下平原鎮和卡特稍微談了一下，第二天卡特便向我提出這個差事。」可惜，他是二戰「良心逃兵」，提名戛然而止，這種情形還是中情局史上頭一遭。「他讓我一個人懸在那兒，沒有給予任何支持。」索倫森悻悻然憶道。

第三次嘗試時，新總統選了一位幾乎全然陌生的人：駐紮義大利那不勒斯的北約南翼指揮官史坦菲爾德・譚納（Stansfield Turner）海軍上將。譚納是中情局史上第三位發現中情局這艘船很難駕御的海軍上將。他雖是第一位坦承自己對中情局完全不熟的局長，但很快就能伸張自己的權威。

不是正當的遊戲方式

譚納道：「很多人以爲，卡特總統是叫我去『清理整頓』，其實他根本沒這麼說。他從一開始就有志於建立良好的情報機關。從衛星、特務到國際現勢分析方式等機制，他都很想瞭解，也很支持情報活動。同時，從他的個性中我也完全瞭解，我們必須在美國法律範圍內行事。此外，我還知道卡特總統要我們做的事雖有道德上的限制，但每當我質疑我們的作爲是否接近極限而請他裁奪時，他的決定往往都是叫我們放手去做。」

譚納說：「卡特政府對祕密行動毫無成見，中情局自己對祕密行動覺得有問題，乃是歷經批判，餘悸猶存的緣故。」

祕密行動處很快就給譚納出個生死兩難的問題。「他們來對我說：『我們有個特工快要打進恐怖組織，但他們要他再做一件事證明他的誠意，他得暗殺一位政府成員。我們可以批准他這麼做嗎？』我說：『不行，把他撤出來。』這是交易。他也許可以拯救一些人的性命，但我不容許美國爲了這麼一點機會，就與殺人者爲伍。這是攸關人命和國家名譽的事。我認爲這不是正當的遊戲方式。」

譚納很快就掌握特工與儀器拉鋸戰的本質。他把機器置於人員之上，把更多的時間和精力用在改良美國偵察衛星的全球覆蓋率。他成立一個協調組和統一的預算，設法把「情報界」組織成一個聯合同盟。爲他這主張效力的人都被箇中混亂情況嚇了一大跳。「我負責人類情報蒐集（情報作業中有人類、電波類、圖像類等）。看著堆在我面前這些空中畫餅式的行動，我不免心想到底是哪個傢伙想出這些極不務實、又不可行的點子。」曾在北京擔任老布希駐北京時的副館長，後來才加入「情報界」的何志立（John Holdridge）回憶道。

情報分析員的得分也不高，卡特總統自己就曾對中情局的每日簡報和他在報上看到的重複表示不解。卡特和譚納都猜不透，中情局的評估報告為什麼總是那麼膚淺和言不及義。中情局與新總統一開始就扞格不入。

卡特改變行之有年的規則

在卡特的國安人馬裡，五個大頭就有四種不同的盤算。總統和副總統夢想以人權原則建立美國外交政策，國務卿范錫（Cyrus Vance）認為武器管制是首要之務，國防部長哈洛德．布朗（Harold Brown）希望能以比五角大廈預計經費少幾十億美元打造新一代軍事與情報技術，國家安全顧問布里辛斯基（Zbignew Brzezinski）則是貓頭鷹派和鴿派之外的鷹派。華沙落入莫斯科手中的百年苦難形塑他的思維，他不僅要幫美國爭取東歐民心，更把這種志向導入總統的外交政策裡，因此他總想在蘇聯最弱的地方給予致命一擊。

福特總統和蘇聯領導人布里茲涅夫於一九七五年在赫爾辛基簽署協議，支持「人員與觀念自由流通」。福特和季辛吉把這一紙協議當成門面，俄羅斯和東歐那些受盡蘇維埃國家陳腔濫調的人卻是嚴肅看待。

卡特批准、布里辛斯基下令中情局針對莫斯科、華沙和布拉格展開一系列的祕密行動。他們命中情局在波蘭和捷克出版書籍、補助雜誌與期刊的印刷及發行，協助將異議分子的著作回銷蘇聯，支持烏克蘭及其他少數族群的政治工作，將傳眞機和錄音機交給鐵幕後心懷自由的人士。他們希望藉此顛覆資訊管制，瓦解共產世界的壓制根基。

當時在布里辛斯基的國安會擔任蘇聯情報分析官的蓋茨說，卡特所發動的政治戰開闢冷戰新戰線：「他透過人權外交政策，成爲自杜魯門以來第一位直接挑戰蘇維埃政府在其人民眼中正當性的總統。因此，蘇聯立即視爲這是個針對他們根本的挑戰：他們認爲他想推翻他們的體制。」

其實，卡特的目標倒是比較溫和：他想改變蘇維埃體制，並沒有廢除之意。可是，中情局的祕密行動處不想接這種任務。白宮加強祕密行動的命令，遭到蘇聯和東歐課長的抵制。他們這麼做有理由：他們保護在華沙一位彌足珍貴的特工，不希望白宮的的人權理想危及此人。波蘭有位叫庫林斯基（Ryszard Kuklinski）的上校，一直以嚴正態度提供蘇聯軍事相關消息，也是中情局在鐵幕後層級最高的特工。[1]布里辛斯基道：「嚴格說來，庫林斯基上校不算是中情局特工。他是自動請纓，獨立作業。」他是在訪問漢堡期間暗中提供消息給美國，平時很難聯絡到他；往往大半年音訊全無。不過，只要庫林斯基經斯堪地納維亞到西歐遊歷就一定會留話。被華沙當局懷疑和跟監之前，他在一九七七和七八年陸續提出的消息透露，一旦發生戰爭時，蘇聯如何將東歐各國軍隊納入克里姆林宮；他告訴中情局，莫斯科會怎麼在西歐打這場仗；蘇方計畫以戰術核武對付西歐，單是漢堡一地就可出動四十枚。

蘇聯課擺脫安格頓時代的偏執妄想後，陸續吸收鐵幕後的特工。中情局的哈維藍·史密斯說：

「我們已脫離戰略情報局莊嚴光榮的傳統，變成一個眞正的諜報機關，致力於蒐集外國情報。我們可以深入東柏林而不會被逮到，可以吸收東歐人，可以跟蹤和吸收蘇聯人，單單缺了一樣，就是對蘇聯意圖毫無所悉。而且，我眞的不知道要怎麼才能辦到。這就是祕密機關的特權了。倘若我們能吸收到政治局成員，就可以瞭如指掌了。」

一九七〇年代末葉的蘇聯政治局是個腐敗老朽的老人統治集團。帝國過度擴張之餘，已從內部逐漸壞死；而頗有政治野心的蘇聯情報頭子安德洛波夫（Yuri Anderopov），已爲克里姆林宮那些步履蹣跚的上司製造蘇聯是超級強國的假象。不過，蘇聯的「波將金村」（Potemkin village）也讓中情局上了當。[2]譚納將軍說：「我們早在一九七八年就察知蘇聯經濟困窘，我們理應、我應進一步推論經濟問題會導致政治問題。但是，我們都認爲他們會勒緊腰帶，在史達林式的政權下繼續前進。」

卡特本能地決定以伸張人權原則爲國際標準的做法，被祕密機關的人視爲信仰行爲，他適度動員中情局探查鐵幕甲冑的漏洞，則是對克里姆林宮小心翼翼地挑戰。儘管如此，他也促成蘇聯開始衰亡。蓋茨結論道：「事實上，卡特改變了行之有年的冷戰規則。」

從黑白衝突到紅白衝突

卡特也利用中情局悄然破壞南非的種族隔離政策。他的立場改變了三十年來外交政策的方向。一九七七年二月八日，白宮戰情室裡，總統和國安小組一致同意，應是美國嘗試改變南非種族主義政權的時候。布里辛斯基說：「由黑白衝突變成紅白衝突的可能性很大。這是漫長且艱辛的歷史過程，而促進此一進程符合我們的利益。」這與種族無關，而是要回歸歷史的正道。

中情局代理局長諾奇（Enno Knoche）表示：「我們設法改變他們的基本態度。這需要密切的觀察。」換言之，美國將開始監視南非。一九七七年三月三日，卡特在正式的國家安全會議上吩咐中情局，探討如何對南非及其種族主義盟友羅德西亞施以政治和經濟壓力。

中情局副局長卡盧奇（Frank Carlucci）指出，問題在於「沒有人要關心非洲，我們相當注重蘇聯。我們所以會派人到非洲工作站，目的無非是想吸收蘇聯派在那邊的人。這是第一優先的要務」。蘇聯支持南非種族隔離政權強敵「非洲民族議會」（ANC），而ANC領導人曼德拉（Nelson Mandela）在一九六二年被捕與監禁，中情局也有部分責任。中情局與南非「國家安全局」（Bureau of State Security, BOSS）合作極爲融洽，中情局官員可說是「和南非安全警察並肩站在一起，有些傳言說，他們曾對曼德拉本人下手」。尼克森、福特與卡特期間擔任非洲四國工作站長的戈森說道。

一九七七年，戈森與統治羅德西亞的白人優越論者伊安．史密斯（Ian Smith），以及尚比亞總統卡翁達合作。戈森以尚比亞首都盧薩卡（Lusaka）工作站長的身分，定期會晤卡翁達總統與他的安全機關首長，[3]逐漸勾勒出南非黑白武裝勢力各擺陣勢的局面：「我們必須知道，蘇聯、捷克、東德和北韓提供多少武器和訓練？他們能推翻羅德西亞嗎？我們必須派人打進這兩個前線政府。」

一九七八年，戈森成爲普勒托利亞（Pretoria）工作站長。華府命他監視南非白人政府。現在，美國試圖把蘇聯趕出南部非洲，同時爭取非洲各國黑人政府支持，中情局則是這個遠大抱負的一環。

戈森說道：「這是我首次奉命以單邊行動對付南非國安局，我引進一些對南非政府不公布身分的新人，鎖定南非軍方新標的，譬如他們的核武計畫、對羅德西亞的政策等。大使館充滿疑問：南非政府到底想幹什麼？」中情局這兩年開始蒐集各種族隔離政權的相關情報，沒多久，羅德西亞祕密警察逮捕三名誤蹈陷阱的中情局官員，南非情報機關又逮住第四名。出使尚比亞擔任新大使的小魏斯納回憶道：「中情局官員鬧出間諜醜聞，是我最大的危機、最棘手的時候。」

中情局總部眼見任務一一搞砸，驚慌之餘趕忙停止活動，撤出諜報人員。中情局落實卡特人權政策的努力戛然而止。

特殊文化

卡特政府的道德觀不利於中情局道德觀。譚納局長很想遵守卡特不對美國民眾說謊的承諾，但這對一個成敗完全靠欺騙的祕密情報機關而言，卻是個兩難的問題。譚納對祕密行動處的一點信心，往往就被一些造反行為打消。

譬如，美國駐南斯拉夫大使伊戈柏格（Lawrence Eagleburger，後來出任老布希總統的國務卿）就在一九七八年意外發現總部祕密行動處發給全球工作站長的指令。譚納背後有某位高層人士發出指示，要各工作站的主要活動別讓大使知道。

伊戈柏格說：「我問工作站長是否屬實。他答：『沒錯，是真的。』我說：『好，我要你發通電報回去給譚納將軍。』

他說得直截了當：「這個命令未撤銷之前，你不准在南斯拉夫作業。我說到做到，你不准進辦公室，不准在貝爾格勒或南斯拉夫執行任何業務。你打烊了。」

譚納是基督教科學派教友（Christian Scientist），平常都以熱開水沖檸檬代替咖啡或茶。那些酷愛威士忌的中情局老幹部，言行舉止充滿對譚納的不屑。譚納在多年後寫道，祕密行動處裡的敵人放話詆毀他——他們拿手的基本技巧之一。其中最主要的是一則流傳二十五年之久的假消息：譚納一手破壞一九七〇年代的祕密行動機關。事實上，第一刀是尼克森下的命令，詹姆士．史勒辛格解雇一千名祕密工作人員；福特總統時期的老布希則不理會祕密行動處主管的建議，將兩千多人革職；譚納則是從績效最差的百分之五下手，整整裁掉八百二十五人。他的做法獲得總統大力支持。卡特給筆者的回信裡說：「我們都注意到，被他解聘的那些不適任和無能的人滿懷怨恨，但我完全支持他。」

譚納選擇麥克馬宏來領導祕密行動處，老幹部極力反抗。麥克馬宏不是他們那一國的人。麥克馬宏從幫艾倫．杜勒斯提手提箱開始幹起，目前主管科技處，此乃中情局製造諜報軟體和硬體的部門。他告訴譚納：「不，我不是適當人選。他們有自己獨特的文化，讓他們自行其事才會表現最好。而且，你也得瞭解他們的思考模式。我上一回和他們接觸是在五〇代年代初期的柏林。時代不同了。」

一九七八年一月，麥克馬宏力辭半年未果，終於成爲十八個月來第三位祕密行動處主管。他接手三個星期後，奉命出席新國會眾院情報監督委員會第一次會議。祕密行動處大反彈。麥克馬宏說：「稍有風吹草動，他們就捉狂。但據我所知，國會議員並不瞭解中情局或祕密行動，我是去調教他們。」他提著一個購物袋裝著諜報道具，如小相機、小錄音機等前往國會山莊。「我說，『我來給各位說明一下我們是怎麼在莫斯科作業的。這是我們使用的一些裝備。』接著就把道具發下去。他們看著這些道具……簡直像是被催眠似的。」其實麥克馬宏一輩子沒到過莫斯科。結果，如遭魔法鎮住的委員會通過比總統所提出的預算還多，而且超出許多。尼克森時代慘遭蹂躪和打擊的祕密行動處，就在一九七八年秋天開始重建信心。

不過，在美國情報總部裡，情緒仍然低落。「儘管目前的士氣（每下愈況）有問題，我認為中情局還是會想出有創意的點子。但我們也不宜自欺欺人：中情局原有的能力現在已很薄弱，只有少數官員能像以前那樣冒險犯難以完成任務。」布里辛斯基的中情局聯絡官在一九七九年二月五日如此建議。[4]

同一星期，世界在中情局眼前崩解。

壯觀的運動

一九七九年二月十一日，巴勒維國王的軍隊潰敗，狂熱的阿雅圖拉（ayatollah）掌控德黑蘭。[5]三天後，東方數百哩外一場殺戮，帶給美國同樣的負荷。

美國駐阿富汗大使達伯斯（Adolph "Spike" Dubs）在喀布爾街頭被抓走，遭到對抗親蘇聯傀儡政權的阿富汗反抗軍綁架，拘禁在旅館內。他在阿富汗警方（蘇聯顧問陪同）攻打旅館時，慘遭殺害。這是阿富汗失控的明顯跡象。由巴基斯坦支持的伊斯蘭反抗軍對無神論政府發動革命，蘇聯那些老邁的領導人驚惶南望。中亞地區各蘇聯加盟共和國有四千多萬穆斯林。蘇聯眼看著伊斯蘭基本教義派的火苗就要燒到邊界來了。三月十七日，蘇聯情報頭子安德洛波夫在政治局擴大會議上宣示：「我們不能失去阿富汗。」

接下來的九個月內，中情局沒能向總統預警一樁改變世界面貌的侵略行動。中情局雖能充分掌握蘇軍的實力，卻對蘇聯的意向毫無所悉。

一九七九年三月二十三日，中情局提交白宮、五角大廈和國務院的最高機密報告《每日國家情報》信心滿滿地說：「蘇聯想必極不願導入大批地面部隊到阿富汗。」該周，三萬名蘇軍搭乘卡車、坦克和裝甲運兵車在阿富汗邊界一帶集結。

七月和八月間，阿富汗反抗軍的攻勢增強，阿富汗各軍事要塞陸續出現兵變，莫斯科趕忙派一個營的空降戰鬥部隊前往位在喀布爾郊區的巴格蘭（Bagram）空軍基地。卡特總統在布里辛斯基敦促下簽署祕密行動令，命中情局提供阿富汗反抗軍醫療援助、經費和宣傳。蘇聯由地面部隊司令領銜，一共派出十三名將領到喀布爾。然而，中情局仍在八月二十四日向總統保證，「情勢惡化未必預告蘇聯會把軍事介入的程度升高到直接戰鬥形態」。

九月十四日，譚納將軍告訴總統，「蘇聯領導人可能已到了必須決定投入本國部隊以防範（阿富汗）政權崩潰的關頭」，但只是一點點地逐步投入小批軍事顧問和數千名軍隊。中情局對此一評估不太有把握，於是廣納局內所有專家的意見，以及美國軍事情報、電子監聽文本和間諜衛星偵察資料，全面檢視證據。九月二十八日，專家一致同意：莫斯科不會入侵阿富汗。

蘇軍源源而至。十二月八日，第二個空降營抵達巴格蘭基地。《每日國家情報》對蘇軍出現所做的評估是，加強防禦以防反抗軍攻擊空軍基地。次周，中情局喀布爾工作站長回報二手目擊消息說，蘇聯特種部隊的突擊隊已現身喀布爾街頭。

十二月十七日星期一早上，譚納將軍前往白宮，出席總統最高層助理所組成的「特別協調委員會」會議，與會的有副總統孟岱爾、國安顧問布里辛斯基、國防部長布朗以及副國務卿克里斯多福（Warren Christopher）等。譚納告訴他們，目前在巴格蘭空軍基地已有五千三百名蘇軍，阿富汗北方邊界亦增設兩個指揮站。他接著說道：「中情局不認爲這是緊急整備，（而是）可能與蘇聯認爲阿富汗國軍情勢惡化，必要時可予援手的想法有關。」他嘴裡就是不說「入侵」這個字眼。

中情局最優秀的蘇聯情報分析員，如後來出任副局長的麥益勤（Doug MacEachin）等人，全天候匯整情報，爲總統貢獻所知。十二月十九日，他們正式提出最後判斷：「蘇軍部署的速度並不意味……緊急應變。全國規模的反游擊作戰需動員爲數更多的地面部隊。」簡言之，蘇聯沒有攻擊意圖。

三天後，美國電子監聽龍頭「國家安全局」局長殷曼（Bobby Ray Inman）海軍中將，接到來自前線的一通快電：蘇軍入侵阿富汗已迫在眉睫。其實是已在進行中。十餘萬名蘇軍行將占據阿富汗。卡特立即簽署祕密行動令，命中情局開始武裝阿富汗反抗軍，該局馬上建立一條直通阿富汗的全球軍火運輸線。然而，蘇聯占領已是既成事實。

中情局不僅漏失蘇軍入侵的消息，甚且拒絕承認自己的失誤。只要是心智正常的人，誰會入侵二千年來一直是征服者墳場的阿富汗呢？情報不足不是失敗原因，中情局敗在沒有想像力。

因此，蘇聯入侵成了美國人眼中「壯觀的運動」，中情局明星分析員麥益勤二十年後寫道。「美國雖可在觀眾席上發出很多噪音，但對遊戲場上的影響不大。這可得等到下一輪『大競賽』（the Great Game）才見分曉。」[6]

〔注釋〕

1. 布里辛斯基說：「庫林斯基上校自動與美國合作，並強調他是以波蘭軍官的身分和美國軍方合作。他使美國更加瞭解華沙公約組織的戰爭計畫，蘇聯大規模突擊西歐的計畫中，包括一項鮮爲人知的計畫，亦即攻擊首日就動用核武。舉個明確的例子來說，開戰第二天，單是對西德漢堡一地就動用四十枚作戰核武。所以，這是極爲重大的貢獻，可以彌補我們在瞭解蘇聯戰爭計畫上的重大落差。就此而言，中情局這個管道在提供溝通聯繫上很成功；但庫林斯基上校是自動請纓，獨立作業，並不接受指令，嚴格說起來不算是中情局特工。」

2. 〔譯注〕「波將金村」原指一七八七年凱瑟琳女王訪問克里米亞之際，克里米亞戰爭的主導人波將金下令在聶伯河沿岸建立虛假的村莊，全村的屋子都只有漂亮的牆壁，並由受過訓練的農奴表演農家樂和舞蹈來歡迎女王，讓女王及隨行認爲這一仗打得值得。後人藉此泛指政治騙局，尤指共產國家讓外賓參觀特定工廠、學校、農家等，製造社會主義天堂假象的做法。

3. 戈森出生於德州，成長於貝魯特，一九六〇年加入中情局，以好運樂（Evinrud）引擎推銷員的身分爲掩護，遍歷中東各地，之後加入非洲課。一九六〇和七〇年代的時候，中情局有志青年紛紛投入非洲，與蘇聯、中國和東德間諜鬥法。戈森說：「我們是一群願意深入不毛的年輕人，我們是諜報導向的先鋒，局裡其他部門隨後才來。雖然我們課長說過：『給我二萬五千美元，我就能收買非洲任何一國的總統。』但我們不做這種事。我們從事的是諜報事業。非洲還是個變動性很大的地方，我們可以說是置身於正在形成的歷史當中。業務往往在不經意間開始，譬如你陪大使去見總統時，總統幕僚對你說：『我有部Pentax相機壞了，找不到零件。』只要幫他個小忙，搞不好就能看到總統府檔案。」

4. 儘管如此，還是有一樁在卡特任內啓動的祕密行動，在十五年後開花結果，也就是揭露毒梟和哥倫比亞政府掛鉤。美國駐哥大使館副館長德雷克斯勒（Robert W. Drexler）說：「（一九七七年）中情局工作站長帶著反毒計畫來找我，這計畫不宜讓聯邦緝毒署知道。所以，我一批准後我們就立即執行。計畫內容是利用少數（便於監督，確保他們不會回過頭來對付我們）值得信賴的哥國執法官員，蒐集毒梟和哥國高層官員掛鉤的情報。計畫相當順利，所得的情報卻相當嚇人，它顯示哥國貪腐迅速蔓延。」這項反毒行動在一九九四和九五年達到最高潮，哥國警方在中情局支持下，與緝毒署聯手清剿哥國最大毒窟卡里（Cali）。

5. 〔譯注〕「阿雅圖拉」係什葉派宗教領袖。

6. 〔譯注〕「大競賽」原指十九世紀中葉至二十世紀初，大英帝國與帝俄之間因中亞主權衍生的對立與戰略衝突。

〔第三十七章〕我們簡直是睡死了

自一九五三年中情局把巴勒維拱上寶座以來，這位伊朗國王一直就是美國中東外交政策的核心人物。尼克森在一九七一年四月沈吟道：「我只希望世上多幾位像他這麼有遠見的領袖，他的治國能力基本上是溫和獨裁。」

尼克森在一九七三年派赫姆斯出使伊朗，也許無意傳達什麼訊息。但他終究還是發出了訊息。美國大使館首席政治官蒲瑞奇（Henry Precht）說：「我們大驚失色，不知白宮怎會派這麼個人，畢竟，他和伊朗人人視爲莫沙德垮臺元凶的中情局淵源太深厚了。在我們看來，這等於是揚棄美國中立的僞裝，證實巴勒維是我們的傀儡。」[1]

一九七七年十二月三十一日，訪問德黑蘭的卡特在華麗的國宴上稱伊朗國王是「中流砥柱」，這個看法經中情局的間諜和分析員一再說了十五年而愈加堅定。事實上，巴勒維也用這句話形容自己。

可是，三個星期後，中情局祕密行動處最英勇的情報官霍華德．哈特（Howard Hart）來到德黑蘭，展開他最擅長的工作：街頭密訪，報導實況，卻得出完全相反的結論。他的結論很悲觀，也直接否定一九六〇年代至今中情局口中的伊朗國王，他的上司於是將報告壓下。

中情局沒有能力質疑自己這二十五年來的報告，乾脆就絕口不提巴勒維國王有問題。一九七八年八月，中情局告訴白宮，伊朗絕無革命之虞。幾個星期之後，街頭出現暴動。就在暴動蔓延的時候，中情局頂尖分析員送給譚納將軍簽字的「國家情報評估」報告卻說，伊朗國王也許還可以再當十年，也許撐不久了。譚納看到這裡，認爲這份報告沒用，便將它束諸高閣。

一九七九年一月十六日，巴勒維國王逃離德黑蘭。幾天後，哈特的街頭觀點益發不樂觀。他遭到一批武裝暴民伏擊，這些人都是宗教狂熱分子阿雅圖拉何梅尼的信眾，七十七歲的何梅尼正準備結束流亡返回德黑蘭。哈特是投資銀行家的兒子，二戰期間，年紀尚幼的他曾在菲律賓的日本俘虜營待了三年，現在又成了階下囚。俘擄者對他拳腳相向，舉行群眾公審後宣告他是中情局間諜，準備將他當場處死。哈特力稱無罪，在求饒同時心中也已準備受死，但他要求請見穆拉。有位年輕教士來到現場，一見立知這位金髮碧眼、身形壯實的年輕間諜正遭粗暴的審判。哈特回憶：「我說：『這是不對的，《古蘭經》絕不容許這種行爲。』」穆拉考慮一下，同意他的說法。哈特獲釋。

我們不知道何梅尼是何許人物

幾天後，一九七九年二月一日，驅逐孔雀王朝國王的群眾革命，也爲何梅尼返回德黑蘭打開大門。情勢越來越混亂，數千名美國人包括美國大使館多數館員在內，紛紛撤退。這時，世俗的首相仍然在位，與教士「革命委員會」共同掌理；中情局想盡辦法要與他合作、影響他、動員他對付海珊。美國大使館代辦蘭根（Bruce Laingen）說：「我們與首相有過幾次非常敏感的祕密對談，雙方已到確實坐下來會談的程度，我們提出有關伊拉克的極機密情報。」

一九五三年時，蘭根是美國駐德黑蘭大使館內最年輕的官員，如今已是最資深官員了。從一九五三到七九年這段期間裡，歷任工作站長、大使都與國王相濡以沫，都和他太融洽，太喜歡他的魚子醬及香檳。蘭根說：「我們爲此付出代價，我們現在才知道伊朗民眾的想法，以及他們會有這種想法和行爲的原因。一旦太過自得其樂地相信與自己目標相符的事物，就會有大麻煩。」

宗教會在二十世紀末葉成爲沛然莫之能禦的政治勢力，著實不可思議，中情局裡就很少人相信，一個年邁的教士居然會奪權，宣告成立伊斯蘭共和國。譚納說：「我們不瞭解何梅尼是何許人物，不知道支持他的運動有什麼能耐」——或者，何梅尼抱持的七世紀世界觀對美國有何影響。

「我們簡直是睡死了」，譚納說。

一九七九年三月十八日凌晨二點，代理工作站長的哈特密會SAVAK（巴勒維祕密警察）一位高層官員，此人是中情局的特工與線民，一向忠心耿耿。哈特把錢和假證件交給這位官員協助他逃亡後，一出門就碰見何梅尼的「革命衛隊」哨兵。他們狠狠地揍他，一面大叫「中情局！中情局！」哈特仰面躺在地上掏出手槍，開了兩槍解決兩名哨兵。多年後回想當時的情景，他仍記得他們眼中閃爍著狂熱的神情。這就是聖戰的面貌了。「我們搞不懂這是什麼樣的國家」，他沈吟道。

欺人太甚

伊朗各階層人士、飽讀詩書的教士和怒目橫眉的激進派，都以爲中情局是個操生殺大權的全能勢力，絕不相信一九七九年夏天中情局工作站事實上只是四人作業，而且四人都是剛到伊朗的新人。哈特已在七月返回總部，留下的是過去十三年一直待在日本的新站長艾亨（Tom Ahern）、經驗老到的主事官凱爾普（Malcolm Kalp）、通信技師華德（Phil Ward），以及三十二歲的陸戰隊退役老兵道格提（William Dougherty）——此人九個月前才加入中情局，在越戰期間出過七十六次戰鬥任務，德黑蘭是他到中情局後第一次外派。

他回憶道：「我對伊朗所知不多，對伊朗人所知更少。我所接觸到的伊朗，除了夜間新聞和國務院開辦三個星期的區域研究課程，就是我伏案苦讀五個星期的作業檔案了。」

五個月前，一票馬克思主義者的暴民盤據美國大使館，最後還是靠阿雅圖拉的追隨者發動反擊，把共產黨趕走，解救美國人。誰也沒料到大使館會再度遇劫。總部的伊朗科長向德黑蘭工作站保證：「別擔心使館再遭受攻擊，唯一可能觸發攻擊使館的事是我們讓巴勒維入境美國，但這兒沒人會笨到出此下策。」

然而，一九七九年十月二十一日，道格提一上班就看到總部來的電報，他憶道：「我簡直不敢相信。」

在巴勒維眾多友人（尤其是季辛吉）的強大政治壓力之下，卡特總統推翻自己的判斷，就在這一天決定讓伊朗遜王入境美國接受醫療。卡特對自己的決定也非常懊惱，唯恐伊朗會以挾持美國人質報復。「我叫道：『阻止遜王！』他在阿卡波卡打網球和在加州打一樣生龍活虎。要是他們捉了我們二十名陸戰隊員，每天日出時分殺一名，可該怎麼辦？我們眞要和伊朗開戰嗎？」卡特憶道。

白宮完全沒想到要徵詢中情局的意見。

兩個星期之後，由阿雅圖拉追隨者組成的學生團體占據美國大使館，五十三人淪爲人質達四百四十四個晝夜，直到卡特任期終了。道格提還記得，一九七九年最後那幾個星期在單人監牢中度過，十一月二十九日到十二月十四日間，共遭六次偵訊，都是由日後出任伊朗的副外長霍山（Hossein Sheik-ol-eslam）主持。十二月二日午夜過後，霍山交給他一通電報。「我心想完了，這通電報有我的眞實姓名，不僅明確寫著我奉派到德黑蘭工作站，更提到十個月前我加入中情局的一個特別計畫。我抬頭看看霍山和他兩名手下，但見他們㑥像柴郡貓般露齒嘻笑。」他在提交中情局日誌的回憶錄裡寫道。

道格提回憶，偵訊者「說他們知道我是中情局中東間諜網的頭子，又說我計畫暗殺何梅尼，挑動庫德族人反抗德黑蘭政府。他們指控我意圖摧毀他們的國家。這些伊朗人認爲，中情局居然派個對當地文化和語言如此無知的人到伊朗這麼重要的地方來，簡直不可思議。幾星期後，他們好不容易得知果不其然，在匪夷所思的同時，也感到莫大侮辱。他們很難接受中情局派個菜鳥到他們國家的事實，而這個菜鳥居然還不會說伊朗話，對他們的風俗習慣、文化和歷史毫無所知，簡直是欺人太甚」。

每次夜審之後，道格提就在工作站長辦公室內一張泡綿墊上時睡時醒。高牆圍繞的美國使館外頭，數萬名伊朗人在街上高唱，他夢到自己開著戰機飛過大街，對群眾投擲汽油彈。

中情局束手無策，救不了他和美國大使館人質。然而，一九八〇年一月間，中情局展開典型的諜報行動，救出六名已設法逃到加拿大大使館庇護的國務院官員。

這次行動出自中情局孟德斯（Tony Mendez）構想。孟德斯擅長僞造及僞裝，他和組員精於打造「不可能的任務」面具，可以讓白人官員喬裝成非洲人、阿拉伯人和亞洲人。他是中情局少見的直覺型天才。

爲掩護這次行動，孟德斯成立一間叫「六棚」（Studio Six）的好萊塢製片公司，在洛杉磯租下辦公室，又在《綜藝》（*Variety*）、《好萊塢記者》（*The Hollywood Reporter*）刊登全版廣告，宣布即將到伊朗出外景，開拍一部科幻電影《亞哥》（*Argo*）。電影（行動）腳本包括六名美國官員的證件和面具。他帶著假護照和假身分經由正當管道從波昂搭商務飛機入境伊朗後，住進德黑蘭喜來登飯店，並預定瑞士航空下星期一飛蘇黎士的機位，然後便搭計程車到加拿大使館見那六位

一九七九年十一月，卡特總統請首席軍事與外交顧問到大衛營討論伊朗人質危機，殿後的即是譚納局長。

美國同胞。孟德斯這次亞哥行動幾乎全無差錯。六名美國官員登機時，其中有位拍了下孟德斯的胳臂說，「都是你一手安排的吧？」他指了指機鼻上的名稱Argu——這是瑞士的州名。

「我們把它視爲一切順利的象徵。我們一直等到飛機飛出伊朗領空，才豎起大拇指，吩咐送上血腥瑪麗。」孟德斯回憶道。

報復行動

解救其他的人質可就沒這麼神了。一九八〇年四月，五角大廈特別行動部隊負責「沙漠一號」（Desert One）解救美國大使館人質任務。一九七八至八一年美國政府首席反恐協調官昆騰（Anthony Quainton）說：「這次行動須大力仰仗中情局。」中情局提供人質在使館區內的可能地點，並由該局飛行員開著小飛機到伊朗沙漠測試降落地點；哈特則協助規畫一個極其複雜的計畫，以便將救出的人質安全離開。可惜，這次任務以災難收場：直昇機撞上運輸機，八名突擊隊員死於伊朗荒漠。

人質的性命益發危殆。道格提由大使館轉到監獄，往後九個月大半時間都待在僅容他六呎三吋高身材的單人牢房裡，結果體重掉到只剩一百三十三磅。卡特總統終於離開白宮那一刻，俘虜者同意釋放他和其他人質。他們的獲釋純然是一種意在羞辱美國的政治聲明，與祕密行動或美國情報完全沒有關係。

第二天，已是一介平民的卡特飛到德國軍事基地探視獲釋的美國人。道格提記錄著：「我還留著那張照片。前總統神情尷尬，我則像是面無笑容的活死人一般。」

中情局老牌中東情報分析員波拉克（Ken Pollack）寫道，擄人爲質是針對中情局一九五三年在伊朗搞政變的「報復行爲」，這起陳年往事餘波所及，已不僅是美國的嚴酷考驗而已。伊朗革命熱情將糾纏往後四任美國總統，造成數百名美國人在中東送命。中情局最偉大世代祕密行動的光榮火焰，成了後人的悲慘大火。

〔注釋〕

1. 一九七九年九月，蒲瑞奇在醫院等候開刀：「進手術房之前，我四下一看，赫然看到還有一個人也在等候開刀。此人正是一九五三年莫沙德被推翻時的駐伊朗大使亨德遜。我一能走動就到他病房……問他當年巴勒維是怎麼樣的一個人。大使說：『他不值一提。他不重要。他優柔寡斷，但我們還是得和他打交道。』大使證實我的猜疑，巴勒維是被油元暴漲以及尼克森、季辛吉等外國領袖的恭維給膨脹了。」

〔第三十八章〕不羈的冒險家

一九八〇年十月四日，中情局長和三名高層助理驅車到維吉尼亞州韋克斯福（Wexford）一處百萬富翁宅邸——原爲約翰與賈姬．甘迺迪夫婦所有。共和黨總統候選人雷根答應給中情局一個小時，他們就是來做簡報的。

譚納將軍以十五分鐘的時間縱論海珊前不久入侵伊朗，另十五分鐘談已有九個多月的蘇聯占領阿富汗，以及中情局運交軍火協助阿富汗反抗軍。中情局中東專家艾姆斯（Bob Ames）又以十五分鐘談沙烏地阿拉伯王國與何梅尼的神權政治。雷根隨從一想到大選勝券在握，個個難掩興奮跑進跑出，活像是瘋狂喜劇裡的人物，時光一閃即逝。

雷根對中情局的瞭解大半來自電影。他保證要讓它鬆綁，而且說話還蠻有信用的。他選擇擔任這個差事的人，正是他那位精明又忠心的競選總幹事凱西。

二戰期間諜報大師唐諾文（背景人像）的精神，鞭策著許多曾在他麾下任事的未來中情局官員，凱西即是其中一員，他在一九八一至八七年出任中情局局長。這張是他在戰情局舊友重聚會上發表演說的照片。

仍無法忘情戰情局時代在倫敦當情報主管日子的凱西，把唐諾文親筆簽名的肖像掛在總部局長辦公室牆上，往後六年，唐諾文一直盯著他。唐諾文說過，在全球極權戰爭中，情報也應該是全球性和極權式的。這也是凱西的信條。他要恢復中情局的戰鬥精神。在他身邊待了六年的蓋茨說：「他對反極權戰爭的看法，很顯然是在二戰期間形成。不講情面，萬事可行。」

凱西本來意在國務卿，但他這念頭不免讓雷根親信大驚失色。這是觀瞻問題。凱西不是政治家：他邋邋遢遢，看來像是沒有整理的床鋪；說起話來囁囁嚅嚅，教人聽不明白；吃起東西來又是一副蠢相。待命的第一夫人忍不住想到，在正式國宴上，凱西把食物滴在燕尾服寬腰帶上的光景。凱西察覺眾人反對後，雖是滿心苦楚，卻也贏得雷根口頭協議：他可以接中情局，但必須有閣員級待遇，可以私下請見總統，他是第一位有此殊遇的中情局局長。後來他也就利用這些權限，不僅執行而且制定美國外交政策，彷彿他就是國務卿。凱西所要的只是和總統見個幾分鐘的面，眨個眼，點個頭，他便告退。

凱西其實是個很有趣的無賴漢，也可說是老派的華爾街炒手，財產大多來自出賣避稅方法。他的長處在於能把規則玩弄於股掌之間。有一回他對聯邦調查局長韋伯斯特（William Webster）這麼說：「天哪，我們得甩掉那些律師。」韋伯斯特本身就是徹頭徹尾的律師，他說：「我想他的意思倒不是說『廢棄憲法』，他只是覺得時時受法律拘束，因而想要規避罷了。」

雷根很信任他，別人可就不然了。前總統福特說：「雷根總統選了他，著實讓我大喫一驚，他沒有資格主掌中情局。」福特時期的中情局長老布希也衷心附合：「凱西不是個適當的選擇。」

凱西則是自認輔選有功，他和雷根可以攜手扮演歷史性的角色。他和尼克森一樣，相信就算是祕密，也是合法的；他也和老布希一樣，認爲中情局具體實現美國的價值觀。而且，他更和蘇聯人一樣，保留說謊和欺騙的權利。

雷根時代是由「國家安全計畫小組」批准的新一波祕密行動作爲開場。這個在白宮地下室戰情室密議的小組，可說是雷根時代祕密行動的研究室。起初小組的核心成員包括總統雷根、副總統老布希、國務卿海格、國防部長溫伯格、國家安全顧問、聯參首長主席、駐聯合國大使寇克派翠克（Jeane Kirkpatrick）和她的好友凱西局長。第一次會議由凱西主導，而且，該小組在雷根新政府頭兩個月就命他在中美洲、尼加拉瓜、古巴、北非和南非全面展開祕密工作。

一九八一年三月三十日，有個瘋子在華府人行道上對雷根開了一槍。美國人只知道那天雷根差點送命，有件事實卻很少人知道。

海格啞著嗓子、渾身冒汗發抖，在白宮新聞室用指節發白的雙手抓住麥克風，宣布自己暫主國政時，其實沒有提振多大的信心。總統復原得很慢、很辛苦，海格也崩潰得很慢、很痛苦。整個一九八一年都「有個潛在問題」，當時的國安會成員彭岱克（John Poindexter）海軍中將說。「就是誰來主持外交政策？」這個問題始終沒有答案，因爲，雷根的國安小組本身就因個人和政治尖銳對立，處於永無休止的內鬥狀態。國務院和五角大廈像敵人般爭鬥，雷根始終沒有設法阻止他們彼此放冷箭。吵吵嚷嚷的八年裡，共有六個人當國家安全顧問。

凱西占盡上風。舒茲（George P. Shultz）從海格手中接下國務卿職務後，赫然發覺凱西有很多天馬行空的計畫，譬如由中情局支持南韓一百七十五名突擊隊員，入侵位在南美洲東北部的蘇利南（Suriname）。將此構想封殺的舒茲說道：「這是極其魯莽的構想，簡直是瘋狂。推動如此狂妄的計畫，豈不教人震驚。」他很快便發現，「中情局和凱西獨立自主，不受控制。我認爲他們錯了」。

矇起眼睛的同儕團體

一九八一年奉雷根總統之命轉任凱西二把手的國安局長殷曼表示，凱西像歷任中情局領導人一樣聰明能幹，點子層出不窮，但他也是個「不羈的冒險家」，

殷曼說：「凱西很直接地告訴我，他不想當個墨守成規的中情局局長。他要當總統的情報官，要主管中情局的祕密行動。」

凱西相信，祕密行動已成爲「矇起眼睛的同儕團體，只知活在一九五〇、六〇年代前輩的傳奇與成就裡」，他的第一任幕僚長蓋茨說道。中情局需要新血，他才不管什麼中情局組織章程；他要直接從中情局內部或外部找些可以聽命行事的人。

於是，他把祕密行動處主管麥克馬宏趕走。麥克馬宏說道：「他認爲我在祕密行動上步調緩慢，說我心中缺少那把火。他知道，我會警戒他或中情局想做的事。」

凱西找了幫雷根募款和拉票的老朋友胡格爾（Max Hugel）來取代這位服務中情局三十年的老手。胡格爾是個滿口髒話的商界大亨，戰後在日本靠賣二手車發跡。他對中情局的無知，馬上原形畢露。身材矮小戴假髮的他，有一回身穿開岔到肚臍眼的淡紫色跳傘裝，毛茸茸的胸口掛著金鍊子，到局裡上班。中情局的祕密行動處人員，不管是現職還是已退休的，全都起來造反。他們扒他的糞，餵給《華盛頓郵報》，逼得他上任不到兩個月就走人。取而代之的史坦因（John Stein）曾暗助莫杜布上臺，也曾在越戰期間成立柬埔寨工作站。不過，五年內第五位出任祕密行動處主管的史坦因，也因爲行事太過謹慎，不合凱西的胃口，不久便由眞正膽氣過人的祕密行動人員喬治（Clair George）瓜代。凱西雖把麥克馬宏趕出祕密行動處，但還是命他改組情報處並整頓分析人員。麥克馬宏首先從改組已有三十年歷史的情報處著手。[1]

他的作爲比起一九八二年接手的蓋茨可就相形見絀了。年方三十八歲的蓋茨，以一篇頗獲關愛的報告獲得凱西提拔。「中情局已慢慢變成農業部」，他寫道。中情局患了「進行性官僚動脈硬化症」，各部門的大廳裡盡是些舉步維艱的庸碌之材，算計著多久可以退休，而這些人正是造成「近十五年來情報蒐集與分析品質低落」的主因。

蓋茨告訴情報分析人員說，他們「心態封閉、自鳴得意、無知」；他們的研究「言不及義、了無新義、緩不濟急、太狹隘、太沒有創意，且往往錯得離譜」；他們那一票人盡是「外行充內行」，近十年來蘇聯局勢的重大發展和蘇聯挺進第三世界，幾乎樣樣都漏失掉。好好幹，要不就滾蛋。

要好好幹就得統一口徑。凱西見到不合意的分析報告，就會改寫他們的結論來反映他自己觀點。所以，當他告訴總統說「這是中情局的看法」時，其實就是在說「這是我的看法」。凱西趕走中情局裡那些獨立思考、就事論事、不問結果的分析員，在最後一批離職的人裡面就有李曼，他可以忍受只据報告分量不問內容的艾倫．杜勒斯，卻受不了凱西。李曼說：「替凱西工作是一大試煉，這有一部分是由於他越來越不按規矩出牌，部分則是由於他自己的右翼傾向所致。他雖然不是蠻不講理，但要他接受卻得講上一大堆的道理。」

就像報紙屈服於發行人的成見一樣，中情局的分析團隊也成了一言堂。國務卿舒茲說：「中情局的情報往往只反映凱西個人的意識形態。」2

我會處理中美洲

雷根和凱西公開把卡特批評得一無是處之後，還是接納他任內推動的七大祕密行動計畫。其中，軍援阿富汗反抗軍，以及支援蘇聯、波蘭和捷克異議人士的政戰計畫，雖屬於中情局最重要的冷戰活動之一，但凱西更感興趣的卻是在美國後院打一場眞正的戰爭。

喬治表示，「在沈沈暗夜中」，凱西向雷根總統保證「我會處理中美洲問題，包在我身上」。

卡特總統已在一九八〇年批准三項中美洲小型祕密行動計畫，主要是針對已從右翼蘇慕薩家族四十三年殘暴統治中，奪得政權的尼加拉瓜左派桑定政權。結合民族主義、解放神學和馬克思主義的桑定主義者，已逐漸向古巴靠攏。卡特的祕密行動計畫則是授權中情局支援親美政黨、教會團體、農民合作社與工會，防堵桑定社會主義擴散。

凱西把小口徑手槍式的活動，變成散彈槍式的大規模準軍事行動。一九八一年三月，雷根總統授權中情局提供槍械與經費，「反制外國贊助的顛覆與恐怖活動」。白宮和中情局告訴國會，此舉目的是保護右翼政治人物及其行刑隊所統治的薩爾瓦多，切斷尼加拉瓜供應薩國左派軍火的供輸線。這是精心算計的策略，[3]眞正的計畫其實是要訓練並武裝在宏都拉斯的尼加拉瓜人，也就是反政府游擊隊（contras，尼游），利用他們從桑定政權手中奪回尼加拉瓜。

凱西說動雷根，中情局小動干戈便可讓尼加拉瓜大喫一驚。他提醒雷根，萬一他們失敗，拉美左派大軍可能從中美洲北上，直逼德州。中情局分析人員試圖駁斥他的論點：尼游贏不了，因爲他們少了民眾的支持。凱西保證讓這些否定論者的報告到不了白宮。爲反制這些人，他成立一個自擁「戰情室」的「中美洲任務小組」，由祕密行動官員竄改書刊、膨脹威脅、誇大成功展望，給來自前線的報告加油添醋。蓋茨說，他爲戰情室「和凱西大吵」好幾年，可惜徒勞無功。

凱西從欽點卡瑞基（Duane Clarridge）擔任祕密行動處拉美課長展開大計。卡瑞基還不到五十歲，雖然心臟病發作過一次，仍然煙酒不離口。他不曾在拉丁美洲工作，不會說西班牙語，對拉美地區完全不瞭解。卡瑞基道：「凱西說：『挪出一、二個月時間，好好想想怎麼處理中美洲問題。』這是他做事的總原則。其實，不需要什麼大學問就可以知道該怎麼辦。」卡瑞基提出兩點計畫：「在尼加拉瓜開打，開始殺古巴人。這正是凱西想聽的話，他於是說：『很好，放手去做。』」

駐尼加拉瓜大使昆騰，剛好在開打這一天到職，他說：「祕密戰爭從一九八二年三月十五日開始，中情局利用尼加拉瓜特工炸毀數座連接尼加拉瓜和宏都拉斯的橋樑。我與內人走下飛機，迎面而來的是電弧燈強光和麥克風陣，以及各式各樣的問題：對早上的情勢有什麼看法，炸毀橋樑事件對美尼雙邊關係有什麼影響。」[4]

昆騰大使說：「我未獲告知當天所發生的事件，中情局有他們自己的規畫程序。」

祕密戰爭的祕密並沒有維持多久。一九八二年十二月二十一日，國會通過法律，將中情局的任務局限在切斷共產黨在中美洲的軍火流動上，不得運用該局經費推翻桑定政權。雷根總統堅守中情局的表面說詞，強調美國無意推翻尼加拉瓜政權，並在參眾兩院聯席會議上信誓旦旦提出保證。此乃這位頗受愛戴的總統第一次爲保護中情局而向國會撒謊，但不是最後一次。

去它的國會

國會再撥數億美元給凱西，當作上任頭兩年的祕密活動經費。總計隱藏在五角大廈預算裡的美國情報業務經費已破三百億美元；其中，中情局的預算就超過三十億美元。這筆錢助長中情局的雄心以及祕密行動的規模。

凱西利用這筆意外的收穫，扭轉尼克森、福特與卡特任內裁汰冗員的做法，一口氣增聘將近二千名情報官員。這些新人對世局的瞭解比前輩們更不如，也更不可能派到軍中或海外工作。卡瑞基說，他們「正面證實中情局已不再吸引美國最優秀的人才。雅痞間諜比較關心自己的退休計畫和健保福利，不太關心捍衛民主」。

國會大力支持建立一個更大、更好、更強、更精的中情局，但不支持在中美洲打仗。美國民眾也不支持。雷根一直沒有花心思去解釋，爲什麼打仗是好點子。再說，中情局有些盟友，如尼加拉瓜的國民衛隊獨裁領導人、阿根廷軍事執政團的震撼部隊、宏都拉斯軍方殺人不眨眼的上校團、瓜地馬拉行刑隊的領導人等，都讓大多數的美國人不敢恭維。

國會監督中情局的權限，已在一九八一年前後慢慢演變成可行的制度。目前國會有兩個特別委員會，一個在參院，一個在眾院，理應審查總統的祕密行動計畫。這些制約並沒有讓凱西慢下腳步。蓋茨說道：「凱西從宣誓就職第一天起就犯了藐視國會罪。」凱西奉傳做證時，囁囁嚅嚅故布疑陣，不時口出謊言。「希望這樣可以制住那些混帳！」有一次他從公聽會上出來時就這麼說。欺騙作風從局長辦公室向下蔓延，很多高層情報官員都學會凱西的招數，以「中美洲特別任務小組」組長斐爾斯（Allen Fiers）的話來說，也就是在做證時採用「顧左右而言他」的妙招。有些人則採取反抗態度，譬如殷曼將軍就因爲「好幾次逮到他對我說謊」，當了十五個月的副局長之後便掛冠求去。

凱西說謊是爲了擺脫逐漸勒緊的法律束縛，就算國會不資助中情局在中美洲的活動，[5]他也要迴避法律，找民間金主或外國當權者募款。凱西雖公然鄙視國會情報委員會，他們還是在「環球調查」項目下賦予他極大權限，並由雷根總統簽署多項授權以祕密行動對付全球各地實際或臆想的威脅。中情局的活動很多都是凱西構思的大計，旨在拉抬美國的盟友或壓榨美國的敵人，簡言之就是運交軍火給各地軍頭。頭一批行動在凱西就職十天後展開，其中一項持續達十年之久。

一九八一年一月，環球調查授命中情局設法對付利比亞獨裁者格達費（Muhammar Qaddafi），他爲歐洲與非洲各地激進組織軍火庫。中情局爲建立反利比亞基地，於是便設法控制利比亞的鄰國，也就是非洲最貧窮最孤立的查德。擔任這個任務的特工叫哈布瑞（Hissan Habré），原爲查德國防部長，與政府決裂後帶著大約二千名戰士躲在蘇丹西部。雷根時代初期派駐查德的資深外交官諾蘭（Don Norland）大使說：「凱西做了決定之後，美援開始流入。中情局涉入很深，哈布瑞或直接或間接獲得不少援助。」

美國的官方政策是和平解決查德派系戰鬥。哈布瑞已對自己同胞犯下無數暴行；他只能憑暴力統治。但中情局對哈布瑞及其前科不甚了了，暗助他在一九八二年拿下查德。中情局之所以支持他，只因他與格達費爲敵。

中情局飛機運載軍火到北非的行動，係由國安會居間協調，國安會裡有位年輕中校叫諾斯（Oliver North），在第一次行動時便引起凱西的注意。一九八一年底某個星期五的晚上，查德行動的軍事副官布雷克摩爾（David Blakemore）接到諾斯緊急電話：「他問我運交軍火到查德一事爲何延誤。他希望能立即行動。」

「我說：『唔，諾斯中校，沒問題的啦。我們已照會國會，還得再等幾天才能行動。我們瞭解箇中的急迫性。』」

「諾斯的回答是：『去它的國會，馬上送出去。』我們立即照辦。」

哈布瑞和他的部隊展開爭奪查德控制權的戰爭，造成數千人死亡。戰事加劇，中情局再以當時全世界最先進的肩射式對空武器「螫刺」飛彈相助。諾蘭大使說，美國「大概花了五億美元把他拱上臺並讓他在位八年」。諾蘭說，美國支持查德（其實是凱西的政策）是個「誤導的決策」。可是，很少美國人聽過這個國家的名字，關心它命運的更少，至於中情局的盟友哈布瑞在一九八〇年代直接接受海珊援助一事，知道的人更是少之又少了。

一九九一年波斯灣戰爭前夕，中情局得知當年送給查德的螫刺飛彈，不見了十餘枚，亦未見查德方面說明，可能落入海珊手中。國務卿貝克獲悉後如遭雷殛。查德祕密行動之際，貝克是白宮幕僚長，卻忘了有這回事。他大聲質疑：「我們幹嘛給查德螫刺型飛彈？」[6]

有天美國不在了

中情局最大宗的軍火走私任務，是提供阿富汗聖戰士武器的全球供輸線，他們正與十一萬名蘇聯占領軍作戰。[7]這項行動始於卡特在任時的一九八〇年一月，正由於是卡特的想法，凱西一開始並不是全心支持。但他很快就察覺機不可失。

一九八一年出任巴基斯坦工作站長的霍華德．哈特說道：「我是第一個身懷『去殺蘇聯人』這奇怪的命令派赴海外的工作站長。怎麼可能！我愛死了。」這是很崇高的目標，但任務本身不是要解放阿富汗。因為，沒有人相信阿富汗人真能打贏。

沙烏地阿拉伯從一開始就出錢出力，全力配合中情局支持阿富汗反抗軍的行動；此外，中國、埃及和英國也都各自捐輸價值幾百萬美元的軍火。中情局負責協調運輸，再由哈特交給巴基斯坦情報機關。巴基斯坦先汙下大部分，再把武器交給流亡於開伯隘口東方白夏瓦的阿富汗反抗軍政治領袖，反抗軍領袖又扣下自己的部分，然後才把武器交到反抗軍手中。

麥克馬宏說：「我們並沒有對阿富汗反抗軍說要怎麼打這場仗，但我看到蘇軍打贏幾次勝仗之後，確信我們所提供的武器並沒有完全交到聖戰士手中。」於是他前往巴基斯坦，召集阿富汗七大反抗團體的領導人開會，這些人從一身便裝的流亡巴黎人士，到粗獷的山地人不一而足。「我告訴他們，我們很關切他們扣下軍火若不是私藏以備他日之用，就是『但願你們不是拿去賣了』。他們笑呵呵地說：『你說的對極了！我們是扣下一些武器，因為，美國總有一天會不在，屆時我們得靠自己繼續鬥爭。』」

汗下中情局軍火與經費的巴基斯坦情報首長，支持最為能征善戰的阿富汗派系，而這些派系正好也是最虔敬的伊斯蘭教徒。誰也沒想到，日後聖戰士會把聖戰目標轉向美國。

「在祕密行動裡，應該是在開始前就得想到結果。但我們往往沒這麼做。」麥克馬宏說道。

高明的計畫

一九八一年五月，蘇聯衡量雷根政府的言行與現實後，不免擔心美國會發動突襲，因此一直採取全球核武警戒態勢達兩年之久。蓋茲在十年後才坦承說，兩大超強差點走上偶發戰爭，中情局卻是渾然不覺。蓋茲是中情局最頂尖的蘇聯情報分析員，同時也對自己這一行的表現維護最力：「當時我們並不知道克里姆林宮絕望之情與日俱增……不知道他們是何等的平庸、孤立、只顧自己、偏執，恐懼。」[8]

不過，要是蘇聯偷聽到法國總統密特朗和雷根總統之間的談話，也許就眞得擔心了。

一九八一年七月渥太華經濟高峰會議時，密特朗把雷根拉到一旁，由兩位身兼特工的翻譯居間傳話：法國情報機關手下有位叫韋卓（Vladimir Vetro）的ＫＧＢ投誠上校，密特朗認爲美國不妨看看他的報告。他那份代號叫「再會」（Farewell）的卷宗轉到副總統老布希和凱西手中，國安會與中情局花了半年時間才充分消化檔案裡的意思。這時韋卓已因發瘋殺害一位ＫＧＢ同僚被捕，並於偵訊後處死。

「再會」卷宗包括四千份文件，詳述ＫＧＢ科技處屬下某單位近十年來的工作。這個叫「Ｘ線」（Line X）的小組與東歐各大情報機關攜手竊取美國技術，尤其是在當時美國領先蘇聯十年左右的軟體技術方面。ＫＧＢ竊取技術的活動，從最無趣的國貿展、到最戲劇性的一九七五年美國「阿波羅號」與蘇聯「聯合號」太空船會合，不一而足。

卷宗還包含蘇聯複製美國空中雷達系統、蘇聯軍事設計人員追求新一代軍機的雄心、始終不爲人知的彈道飛彈防禦目標等線索，更指明數十位奉命在美國和西歐各地竊取美國技術的蘇聯情報官員。

美國展開反擊。雷根任內第一位國安顧問李察・艾倫（Richard V. Allen）提到幕僚群所構思的計畫時說：「這是個很高明的計畫，我們開始餵蘇聯不好的技術，不好的電腦技術、不好的鑽油技術。我們是整批地給，讓他們偷偷高興。」聯邦調查局探員假裝背叛軍工複合體（millitary-industrial complex）的員工，把一大批科技特洛伊木馬送給蘇聯間諜。這些奉送的定時炸彈包括武器系統專用的電腦晶片、太空梭藍圖、化學工廠的工程設計和最新式渦輪機。

蘇聯一直想建一條從西伯利亞到東歐的天然氣輸送管線，正需要可以控制壓力計和汽門的電腦。

他們在美國公開市場上找尋軟體。華府拒絕蘇方請求之餘，巧妙地指出加拿大某公司可能有莫斯科所需要的軟體。蘇聯便派出「X線」官員偷取，中情局和加拿大暗通款曲讓他們得手。軟體起初運作很順利，一、二個月後再慢慢將輸送管壓力升高；西伯利亞荒野大爆炸，造成莫斯科至少數百萬美元損失。

針對蘇聯軍事與國家工程計畫的沈默攻勢則持續一年左右，最高潮是凱西派出麥克馬宏到西歐，將「再會」卷宗指明的蘇聯情報官員和特工大約二百人的名單，交給友好國家情報機關。

這次行動中情局幾乎是法寶盡出，舉凡心戰、破壞、經濟戰、戰略欺騙、反情報、電腦戰，無不與國安會、五角大廈和聯邦調查局密切配合，結果是摧毀一個嚴密的蘇聯諜報小組，破壞蘇聯經濟，動搖蘇聯國家安定，可說是成就非凡。然若易地而處，這可說是一種恐怖行動。

〔注釋〕

1. 麥克馬宏奉命整頓情報處的分析員，卻發現整個結構都得改組。麥克馬宏說：「我若想知道某個國家的現況，就得問三個不同的辦公室，有軍事情報室、經濟情報室、政治情報室。所以，我若問：『墨西哥有什麼狀況？』就會收到三個辦公室的情報，我還得自己整合和做分析。」

2. 一九八二年夏天，國務卿舒茲每星期和凱西有次午餐會報，相交已十年的他們，一年下來卻發覺彼此都很受不了對方。舒茲說：「他有太多的議程，中情局有議程是不對的。他們的責任是提出情報，一旦有了議程，情報可能就會偏差。」一九八五到八七年間，副國務卿懷海德（John Whitehead）和中情局的蓋茨仍維持每周午餐會報的做法。懷海德赫然發現：「在瞭解攸關我國利益或有問題國家的現況上，中情局對我的助益實在少得可憐……情報分析十分膚淺，而且往往都是不正確的消息，稱得上是確切消息的少之又少……我認爲，中情局組織本身已經退化，導致所接收的資訊和蒐集資訊的系統都不是很有效率。」

3. 一九八二至八四年間派駐尼加拉瓜的昆騰大使知道，這只是一場假戲：「白宮受到凱西的唆使，已放棄對話的可能性，認定解決問題的唯一辦法就是趕走桑定政權，手段則是精心策畫的祕密行動。白宮提交國會的報告很不實在。雷根政府主張，不斷擾亂可以讓桑定政權寢食難安，使他們無法鞏固政權，進而把他們逼上談判桌。中情局主張這是唯一能勸說他們改變政策的辦法，其實它也和全球各地的祕密行動一樣，並沒有產生預期的速效。」

4. 雷根時代的駐外大使，很少在中情局製造外交混亂的時候公開談論。在中美洲戰爭出現公關困境時，中情局悄悄送國務院一份公關利多。中情局在薩爾瓦多逮到一名十九歲的尼加拉瓜青年，供稱是在衣索匹亞接受古巴軍官訓練。他的故事很精彩，國務院是否要讓他在華府公開露面呢？在中情局請求下，國務院安排一場祕密簡報會，由新聞發言人帶領四位信任的記者到一個小房間，然後再將那位尼加拉瓜青年帶進來。他的故事果然精彩：「中情局刑求我，逼我說自己是奉派到薩爾瓦多的。其實，我是尼加拉瓜愛國者，根本沒到過衣索匹亞。」中情局被這位能言善道的尼加拉瓜青年反咬一口。

中情局獨樹一幟的「規畫程序」，差點毀了參議員蓋瑞・哈特（Gary Hart）和後來成為國防部長的柯恩（William Cohen）參議員。他們前往尼加拉瓜調查時，一架剛投下兩枚五百磅炸彈的中情局飛機墜毀，撞進馬納瓜（Managua）國際機場貴賓室，差點害他們命喪當場。昆騰大使道：「這起事故使兩位參議員對中情局祕密行動的品質產生很負面的觀感。」

5. 國會在一九八四年切斷中情局的尼游經費，戰爭戛然而止。尼加拉瓜舉行大選，中情局提供尼國前駐美大使、反桑定政權陣營的政治領袖克魯斯（Arturo Cruz）選舉經費與宣傳，但桑定黨的領導人奧提嘉（Daniel Ortega）仍以二比一的得票率大勝。本書截稿之際，奧提嘉業已當選總統，尼加拉瓜仍然是西半球最貧窮落後的國家。克魯斯在雷根與凱西雙雙過世之後表示：「這是一場無謂、不人道和不智的戰爭。我們必須這麼說，我們都犯了可怕的錯誤。」

6. 一九九一年波斯灣戰爭期間的駐蘇丹大使柏戈先（Richard Bogosian）目擊貝克當年的質疑。主管非洲軍事與情報事務的國務院官員詹姆士・畢夏普（James K. Bishop）的答覆是，哈布瑞是「我們的敵人的敵人……我們也是後來才知道他的經歷」。畢夏普在口述史中說：「非洲雖是我們的主要關切地區，我們在這方面的情報卻不是很好，人力情報資源尤其不佳。我們的情報內線主要是用來對付『主敵』蘇聯。」

7. 蘇聯在一九七九年耶誕期間開始入侵阿富汗，中情局完全沒向總統提出預警。正苦於伊朗人質解救無門的卡特，批准中情局援阿計畫，並在八〇年一月命中情局運交武器給巴基斯坦。巴國情報機關再將軍火轉交給阿富汗反抗軍。布里辛斯基接受筆者訪問時說道：「如果我沒記錯的話，我在蘇聯入侵兩天後提交總統的備忘錄，開頭是這麼說的：『現在正是給蘇聯一個越戰的大好機會。』我接著陳述說，此一侵略行動危及區域安定，甚至有波及我們在波斯灣的地位之虞，我們應該藉由援助聖戰士，全力遏阻蘇聯。總統批准我的提議之後，悄悄形成一個由我們、巴基斯坦、沙烏地、埃及、中國和英國提供援助的聯盟。這個聯盟的宗旨，基本上就是我在備忘錄開頭那幾句話。」

8. 莫斯科的實際情況到底如何?中情局既無法透過諜報活動提供政治局、蘇聯人民、蘇聯少數民族、異議分子以及邪惡帝國內日常生活的相關情報，凱西於是緊抱著自己先入爲主的想法。一九八一至八四年間擔任美國駐莫斯科大使館副館長的辛默曼（Warren Zimmerman）表示，在這四年裡，凱西和中情局把他據實呈報蘇聯帝國岌岌可危的報告視如敝屣。他到任的時候，蘇聯領導人布里茲涅夫已經「老邁昏憒，連話也說不清，整天不是睡覺，就是喝酒」。一九八二年十一月十日布里茲涅夫過世後，蘇聯情報頭子安德洛波夫成爲國家領導人；十五個月後，安德洛波夫也死了，接下來的領導人契爾年柯（Konstantin Chernenko）也來日無多（八五年三月十日過世）。辛默曼指出，莫斯科決策機關政治局則是個「由一批不曾出過國門的七、八十歲老人」領導的「徹底癱瘓、效率不彰的政治機關」。他們對美國的看法，完全是從報章雜誌得來的刻板印象。他們對美國「只有最粗淺的認識和瞭解」。

美國對蘇聯實況的瞭解也好不了多少。老邁的將領和腐敗的共黨死硬派已來日無多；蘇聯經濟被維持世界級的軍力拖垮；由於燃油不足，無法用卡車把農作物運到市場，只能任其在田裡腐壞。然而，中情局的集體意識裡並沒有這些事實。此外，中情局也沒有掌握到恐怖平衡的精義，一九七四到八六年間所提出的蘇聯戰略武力情報評估，莫不高估蘇方核武現代化的進展。

一九八二和八三年間這視之不見的核武危機，在雷根宣布美國將建立「星戰」飛彈防禦系統，空中打擊和摧毀蘇聯核武，達到最高潮。事過二十五年，美國至今仍然沒有雷根所預見的科技。雷根政府發動反宣傳戰來強化「戰略防禦構想」，著實讓蘇聯心驚膽顫。辛默曼說：「他們是眞的怕了。說來好笑，他們眞的以爲我們有能力建造。另一方面，我們假造試驗成果，他們也信了。」風水輪流轉，蘇聯在對國內人民的政治謊言和政治局的公開聲明中打腫臉充胖子，而中情局也信了。

〔第三十九章〕危險方法

十餘年來，恐怖分子劫機、擄質、殺害美國大使事件頻傳，中情局和美國政府部門都束手無策。一九八一年一月最後的星期六，當時仍擔任反恐協調官的昆騰大使，接到國務卿海格緊急電話：星期一午後一時，昆騰將到白宮做工作簡報。昆騰大使說：「我向總統做簡報，當時與會的還有副總統、中情局長、聯邦調查局長和數位國安會成員，總統吃了兩顆軟糖就打起盹來，眞教人喪氣。」

同一星期，海格宣布國際恐怖主義將取代人權問題，成爲美國的首要課題。不久之後，海格宣稱蘇聯暗中指使全球最惡性重大的恐怖分子進行齷齪勾當。他要中情局證明他這大膽的斷言。凱西私下同意海格的看法，但苦無事實可以證明。中情局除了局長在逞口舌之利，分析人員提不出絲毫證據。在壓力之下不免造假：凱西的結論凌駕無法佐證的分析之上。企圖把責任推到克里姆林宮頭上，正代表美國未能理解中東恐怖活動的眞正本質。

中情局曾經掌握一位職位特佳的消息來源：「巴勒斯坦解放組織」情報頭子，一九七二年慕尼黑奧運時殺害十一名以色列運動員的策畫者薩拉梅（Hassan Salameh）。[1]他所以會提供消息，其實是巴解主席阿拉法特（Yasser Arafat）向美國示好。薩拉梅的主事官艾姆斯曾在貝魯特街頭明查暗訪，後來升爲近東課副課長。薩拉梅和艾姆斯從一九七三年底開始協商，達成巴解不攻擊美國的默契，往後的四年間，雙方共享在阿拉伯世界的共同敵人相關情報。在這期間裡，中情局在中東恐怖活動的報告上的表現比以前更佳，顯示中情局已瞭解恐怖主義已升格爲國家主導，而且知道它是根源於被剝奪者的憤怒。中情局一九七六年四月的研究報告斷定，「未來的風潮」是「跨國恐怖活動的複雜支持基礎，大多獨立於國家導向的國際體制之外，並力抗其管制」。

一九七八年以色列暗殺薩拉梅以報復慕尼黑事件之後，這類思維方向便從中情局報告裡消失，到雷根總統就職的時候，中情局已幾乎沒有很好的中東恐怖活動消息來源。

許久沒有情報

一九八二年七月十六日星期五，舒茲國務卿宣誓就職頭一天就碰到黎巴嫩國際危機。他當天從辦公室打兩通電話給已成爲中情局在阿拉伯世界方面最頂尖情報分析員的艾姆斯。

艾姆斯是他那一世代最有影響力的中情局官員，蓋茨說他具有「獨特才能」。高大英挺、愛穿手工牛仔靴的他，曾當面和阿拉法特、約旦國王胡笙及黎巴嫩各領導人打過交道，在他所吸收的人裡面有位叫賈梅耶（Bashir Gemayel）的貝魯特政治強人，是馬龍派（Maronite）基督徒，[2]也是中情局在黎巴嫩位階最高的清息來源。

馬龍派網絡是貝魯特一支主控勢力，中情局由於太過仰賴它的緣故，竟無視大多數人黎巴嫩人對馬龍派少數群體深惡痛絕的事實。這股怒火正是導致國家分裂，且爲一九八二年六月以色列入侵大開方便之門的內戰主因。

到了八月前後，穆斯林打基督徒，穆斯林打穆斯林，黎巴嫩已分崩離析。賈梅耶在美國和以色列大力支持下，當選黎巴嫩國會議長。中情局又有一位全國性的領導人列名支薪冊。賈梅耶親口向中情局保證，只要巴解武裝部隊撤出、且以色列結束轟炸貝魯特，美國人在黎巴嫩絕對安全。

九月一日，雷根總統所宣布的中東轉型大策略，是由包括艾姆斯在內的一個小組私下匯整而成，成敗全看以色列、黎巴嫩、敘利亞、約旦和巴解，是否能在美國指揮下和睦相處。結果這番大計只維持兩個星期。

九月十四日，一枚炸彈毀了賈梅耶的總部，也殺了賈梅耶。中情局的馬龍派盟友在以軍煽動下展開報復行動，殺害大約七百名身陷貝魯特貧民窟內的巴勒斯坦難民。婦孺葬身亂石堆。在一陣殺戮以及因殺戮引發的暴力行爲之後，雷根派出海軍陸戰隊特遣隊維持和平。殊不知，貝魯特已無和可維。

美國駐黎巴嫩大使羅伯．狄倫（Robert S. Dillon）表示，陸戰隊抵達的時候，「中情局正忙著重建已瓦解的情報網絡，他們仍然（可能以危險的方式）和馬龍派有牽連」。

中情局忙於在貝魯特重建，沒有看到廢墟中興起一股新勢力。有個叫慕尼雅（Imad Mughniyah）的刺客，是一個暴力恐怖團體「眞主黨」（Hezbollah）的首領，正廣集經費和爆裂物，訓練手下，嗣後一連串炸彈攻擊與綁架事件，將在往後數年令美國動彈不得。此人歸附德黑蘭，聽命於何梅尼創設的「解放運動事務局」（Office of Liberation Movement）——專宣揚他以征服伊拉克、占有卡巴拉聖殿、渡過約旦河、前進耶路撒冷等救世觀。

現今慕尼雅的名字雖早已爲人遺忘，其實此人即是一九八〇年代版的賓拉登，有陰沈皺眉的臉孔。筆者撰寫本書時，他仍逍遙法外。

一九八三年四月十七日星期日，艾姆斯飛到貝魯特，從機場到市區途中順道造訪美國大使館，接著又和三名同僚前往吉姆·劉易士（Jim Lewis）家中吃晚飯。現爲工作站副站長的劉易士，十五年前在寮國被捕後，在「河內希爾頓」監獄待了一年。

艾姆斯離開貝魯特已有五年之久。周末夜同席的中情局官員蘇珊·摩根（Susan Morgan）說：「他顯得興高采烈。」他這次回貝魯特是要設法恢復賈梅耶遭暗殺而失去的舊觀。

星期一早上，艾姆斯打電話給摩根，邀她晚上到「五月花飯店」吃飯。摩根出門到貝魯特南面的錫登（Sidon）吃午飯。飯後，女侍在收拾碗盤的時候告訴她，電臺報導美國大使館發生爆炸案。摩根惶惶然開車回貝魯特，幾乎沒看到周遭盡是遭以軍攻擊摧毀的村莊。回到海濱大道（Corniche），穿過警方封鎖線來到美國大使館。使館全毀，艾姆斯和同僚當場被震波震死，埋在石塊、鋼筋和灰土底下，在瓦礫中找到他們的時候已是凌晨二點三十分。摩根取回艾姆斯的護照、錢包和結婚戒指。

遇害的六十三人當中，有十七名是美國人，包括德黑蘭工作站老手、貝魯特工作站長哈斯（Ken Haas），副站長劉易士，以及曾在南越各省歷練多年的中情局祕書費拉琪（Phyllis Filatchy）。總計中情局死了七名情報官和後勤人員，是中情局史上最慘的一天。爆炸案是慕尼雅的傑作，伊朗在背後支持。

艾姆斯身亡、貝魯特工作站化爲烏有，毀了中情局在黎巴嫩和中東大部分地區蒐集情報的能力。當時的美國駐以色列大使山姆．劉易士（Sam Lewis）表示：「不僅使我們往後許多年的情報量很少，使我們也更依賴以色列情報。」此後的冷戰年代裡，中情局將透過以色列的觀點看待中東的伊斯蘭威脅。

現在，貝魯特已成爲美國的戰場，但由於全無消息來源的緣故，中情局的報告完全沒有影響力。美國的陸戰隊與基督教徒並肩作戰，美國噴射戰機轟炸穆斯林，美國船艦則朝黎巴嫩山區發射足足一噸的炸彈，卻根本不知道自己在打什麼。白宮在中東開打，也根本不知道自己陷入什麼樣的麻煩。一九八三年十月二十三日，慕尼雅手下恐怖分子開著炸彈卡車，衝進設在貝魯特國際機場的美軍營區，造成二百四十一名陸戰隊員喪生。以戰術核武的計量標準來說，這次爆炸威力估計屬於千噸級規模。

摸黑行動

軍營爆炸案後三十六個小時，貝魯特仍在清點傷亡之際，白宮、五角大廈和中情局把美國民眾的注意力，轉移到格瑞納達（Grenada）一小股馬克思主義者的造反上。這座位於加勒比海的小島上，到處是建設軍事工程的古巴工人。入侵格瑞納達三位主要企畫人之一的中情局拉美課長卡瑞基表示，該島領袖莫里斯．畢夏（Maurice Bishop）在權力鬥爭中被殺，正好提供美國「處理此一問題的藉口」。

卡瑞基說：「我們在格瑞納達的相關情報上很不像話，幾乎是摸黑行動。」在混亂的行動中，造成十九名美國人和至少二十一名精神病院患者在美軍空襲中喪生。

中情局也在巴貝多（Barbados）一家旅館內展開中情局的入侵行動。[3]卡瑞基的副手將中情局對格瑞納達新政府的建議案，交給國務院官員吉萊斯比（Tony Gillespie）。「中情局計畫成立新政府，這是一張最高機密的名單，上面全是些密碼用語。」吉萊斯比回憶道。他把建議書交給一些在加勒比海地區最資深的外交官過目。「他們看了看，雙手一抬。他們說：『這些不乏加勒比海最惡劣的人，最好不要讓他們接近格島。』」名單中包括「最差勁的窩囊廢……毒梟和騙子」，而這些惡棍都是中情局花錢養的消息來源。當年艾倫．杜勒斯以秤重量來判斷分析員的報告分量，繼任者則是以成本來檢驗祕密消息的價值。這是貝魯特、巴貝多和世界各地的規矩。

到一九八四年二月二十六日最後一名陸戰隊員離開貝魯特時，解放格瑞納達的良好迴響早已消失無蹤，他們失敗的部署係因近乎完全沒有正確情報所致。這次任務造成二百六十名美國官兵和間諜死亡，並讓美國的敵人主控大局。

凱西一直在仔細找尋一位具有大勇、可恢復中情局在黎巴嫩耳目的新工作站長。唯一人選便是經驗老道但垂垂老矣的巴克萊（Bill Buckley）。此人曾在貝魯特服務，雖然掩護身分已經曝光，凱西仍認爲値得冒個險派他回貝魯特。

最後一名陸戰隊員離開黎巴嫩不過十八天，巴克萊就在上班途中遭綁架。他落入敵人手中。

〔注釋〕

1. 一九七三年三月二日，也就是柯比接掌中情局祕密行動處這一天，巴解綁架美國駐蘇丹大使及其二把手。這起攻擊事件，其實是反蘇丹總理（他和中情局的雇傭關係剛曝光）政變的餘波。雷根時期擔任國務院反恐協調官的歐克萊說：「把總理列入我們的受薪名單，簡直是自找麻煩和全然無謂之舉。」綁架者要求美國釋放已遭定罪的巴勒斯坦人瑟罕（Sirhan Sirhan），他是刺殺羅伯．甘迺迪的凶手。尼克森總統的回應是，美國不與恐怖分子談判。綁架者於是在阿拉法特命令下殺死這兩名美國外交官。

　中情局束手無策，因爲美國政府毫無對策。已運作九年多的巴解，主要是靠沙烏地阿拉伯政府和科威特大公資助，因此中情局和美國政府一致認定這是國家主導的恐怖主義，而且這種看法一直持續到冷戰結束後。因此，二十年後，蘇丹住了一位叫賓拉登的沙烏地富豪，竟不是國家支持的恐怖分子，而是主導國家的恐怖分子，美國人也就益發無法理解。

　一九七三年贖罪日戰爭（Yom Kippur war）之後的和談進程，把中情局帶向嶄新的未知境地。華特斯副局長祕密飛往摩洛哥會晤薩拉梅。這次會談其實是出自阿拉法特提議，此舉所透露的訊息是，他希望外界把他當成國家領袖，不要將他視作沒有國家的恐怖分子；他希望就贖罪日戰爭後的約旦河西岸問題進行協商，以便建立「巴勒斯坦民族權力機構」（Palestine National Authority）。華特斯回憶：「季辛吉說：『我不能派別人去，免得給人正式談判印象，激怒美國猶太社群。你是情報聯絡官無妨。』我說：『季辛吉博士，我是中情局副局長，搞不好在他們黑名單上排第六或第七位。』季辛吉答：『我是第一位，所以該你去。』」會談成果豐碩。中情局和巴解建立高層溝通管道。薩拉梅返回黎巴嫩基地後，定期與中情局駐貝魯特工作站長會面。

　薩拉梅管道讓中情局瞭解阿拉伯世界的憤怒根源，瞭解巴勒斯坦人的願望，可說是柯比擔任局長期間絕無僅有的成就，可惜只維持五年，到一九七八年薩拉梅遭以色列情報機關暗殺便戛然而止。

〔譯注〕贖罪日戰爭又稱第四次中東戰爭、齋月戰爭、十月戰爭，發生於一九七三年十月六日至二十六日。

2. 〔編注〕馬龍派是黎巴嫩的基督教派，由西元五至六世紀左右自敘利亞逃出的教徒所成立。一九二〇年，黎巴嫩山區的馬龍派領袖說服了殖民當地的法國，讓他們代理統治大黎巴嫩。黎巴嫩的宗教盤根錯節，伊斯蘭教和基督教、甚或是伊斯蘭教各派系之間爲爭政治領導權，衝突不斷，使得黎國陷入長期內耗。伊斯蘭教又分成遜尼派、什葉派和德魯茲派。基督教派則有馬龍派、希臘東正教、羅馬天主教和亞美尼亞東正教等。依據一九三二年的人口統計，馬龍派和其他天主教、基督教派合占黎巴嫩總人口百分之五十一強，自一九七〇年代以後，則降到總人口的三成；而穆斯林的人口則大幅成長到七成，其中什葉派躍升成爲黎巴嫩人數最多的穆斯林教派。

3.〔譯注〕巴貝多位於東加勒比海小安地列斯群島。

〔第四十章〕

他冒著大風險

中情局在處理人質問題上有點經驗。有位情報官剛在被擄四十天後獲釋。曾在越戰中受過傷的三十四歲中情局官員威爾斯（Timothy Wells），一九八三年奉派到衣索匹亞首都阿迪斯阿貝巴（Addis Ababa）。該國係由馬克思主義獨裁者孟吉斯圖（Haile Mengistu）掌控，總統府侍衛隊則由莫斯科提供、東德情報官員率領。威爾斯是第二次輪調海外，這次是奉命製造政治動亂。威爾斯說：「我有份由雷根總統簽署的任命狀，我到那裡是要協助推翻政府。」

十年前，威爾斯擔任美國駐蘇丹首都喀土木大使館陸戰隊警衛時，發生巴勒斯坦槍手在接待會上挾持大使和即將離職的代辦之事件。尼克森總統不假思索便發出絕不讓步的聲明，巴解主席阿拉法特則回應下令殺死美國人。這恐怖經驗改變威爾斯的一生。他返美後回大學讀書，之後便投效中情局。他參加爲期十八個月的祕密行動訓練後，先到烏干達待了兩年才轉到衣索匹亞。他的身分是國務院商務官員；當時孟吉斯圖名列白宮通緝名單，美國與衣索匹亞商務往來很少。

中情局曾因卡特總統壓力，提出小型祕密行動方案，資助一個叫「衣索匹亞人民民主聯盟」的流亡組織，到雷根主政時已變成毫無保留的數百萬美元大事。威爾斯接收一個疑似遭孟吉斯圖祕密警察滲透的衣索匹亞知識分子、教授和商人網絡。他的任務即是不斷供應他們經費和文宣——由與中情局合作的衣索匹亞流亡前國防部長所寫。海報、宣傳品和貼紙，以外交郵袋送到大使館內，這裡的中情局人員比國務院官員多一倍。

威爾斯雖知道已被人跟蹤，依舊不為所動。他說：「他們這麼久才盯上我，倒教我有點意外。」

一九八三年十二月二十日，威爾斯正在某中上階級社區召開會議，孟吉斯圖的手下闖入，逮捕三名反對陣營領袖：一位是已故皇帝塞拉西（Haile Selassie）的助理，高齡七十八歲，另二位是五十歲的商人和他侄子（生物學家）。威爾斯在存放宣傳品的密室裡躲了二天二夜，最後還是被孟吉斯圖的總統侍衛找到。他們將威爾斯五花大綁，再將三名異議人士帶回屋裡開始刑求他們。威爾斯聽見他們慘叫，趕忙招認自己是中情局官員。他們將他矇上眼睛丟進車裡送走；耶誕前夕，俘虜者把他帶到首都南方納茲雷特（Nazret）一間安全屋，往後五個星期他備受偵訊與毆打，頭骨裂傷，肩膀脫臼。

美國大使館副館長歐尼爾（Joseph P. O'Nell）說：「這個美國人為求自己活命，把組織的人全都招出來。」結果，數十名衣索匹亞人被捕下獄、遭到刑求或殺害。

刑求五個星期之後，衣索匹亞透過以色列駐肯亞首都奈洛比（Nairobi）大使館傳話說，他們手上有一名中情局官員。雷根總統一天內即指派無任所大使華特斯將軍去營救威爾斯，他當時正好在非洲。一九八四年二月三日，這位高齡六十七歲仍精神焯爍的中情局前副局長搭機來到阿迪斯阿貝巴，在海拔八千三百呎稀薄空氣中氣喘吁吁跳上車直奔大使館。歐尼爾問：「你打算怎麼對孟吉斯圖說？」華特斯答：「美國總統希望要回威爾斯先生。」他沒有談判的意思。

華特斯直奔位在阿斯馬拉（Asmara）的總統府，孟吉斯圖對他大談衣索匹亞歷史，足足訓了三小時。第二天威爾斯獲釋，他頭髮已變成灰白。他已招出工作站另外四名情報官。次日首都英文報《衣索匹亞先鋒報》（*Ethiopian Herald*）頭條：「當場逮捕反革命分子」，並在頭版搭配一張照片，十八名驚恐的衣索匹亞人站在一張堆滿武器、宣傳品和錄音帶的桌子前面。照片中的人後來大多死於獄中。

威爾斯搭李爾式（Lear）噴射機回華府，機上有一組中情局人員等著他。這可不是歡迎派對。他們懷疑他叛國，於是把他帶到維吉尼亞郊區一間安全屋，整整偵訊了六個星期。威爾斯告訴他們：「要是我想繼續當階下囚，我大可待在衣索匹亞。」

他說：「我之所以會投效中情局，只因他們很會照顧自家人。但他們根本沒照顧我。他們認為我招供就是叛徒，因而要我辭職，這太傷人了。」這痛苦伴隨他二十多年。

威爾斯被擄為人質時，在阿迪斯阿貝巴擔任代辦的柯恩（David Korn）說道：「雷根政府接手卡特時期的小規模祕密活動，把它變成在衣索匹亞執行的活動。我不認為這種事能做得神不知鬼不覺，也曾試圖阻止。我相信，以衣索匹亞政府對我們的監控而言，肯定會被發現。果不其然。」

你管的是哪門子情報機關？

一九八四年三月七日，ＣＮＮ（有線電視新聞網）貝魯特分社主任李文（Jeramy Levin）遭綁架；

三月十六日，中情局工作站長巴克萊失蹤；五月八日，長老教會傳教士魏爾（Benjamin Weir）牧師在街上憑空消失。總計在雷根時代共有十八名美國人在貝魯特被擄爲人質。

在凱西心目中始終以巴克萊爲第一順位，理由無他，巴克萊之所以會落難，完全是凱西局長所造成。凱西將巴克萊受刑的錄音帶播給雷根聽，據聞產生深遠的影響。

中情局想了至少十幾個解救巴克萊的方法，但都由於情報不足而無法落實。祕密行動處失望之餘，開始設法綁架慕尼雅。反恐協調官歐克萊說：「雷根總統已批准中情局局長凱西綁架慕尼雅的建議案。」中情局認爲慕尼雅在巴黎，於是通知法國，法方情報官員臨檢中情局所通報的旅館房間，卻找到一位五十歲的西班牙觀光客，不是二十五歲的黎巴嫩恐怖分子。

中情局巴黎工作站以反恐名義培養許多消息來源，其中有位伊朗騙子叫何巴尼法（Manucher Ghorbanifar），原是SAVAK（巴勒維祕密警察）探員，爲人頗工於心計。何巴尼法身材肥胖、禿頭、留著山羊鬍、一身稱頭打扮、隨身攜帶至少三本假護照，自舊政權垮臺後逃出伊朗以來，一直向中情局和以色列情報機關出賣情報至今。何巴尼法是典型的事後諸葛，他所提供的消息都是爲騙錢而精心炮製。巴克萊遭綁架的第二天，何巴尼法在巴黎和中情局官員碰面，說他有辦法可以救巴克萊。中情局隨即對他做了三次測謊，最後一次只有他自己的姓名和國籍無誤之外，其他的問題都不及格。一九八四年七月二十五日，中情局正式認定何巴尼法是個高明的騙子，說他是個「情報杜撰者和麻煩人物」，並罕見地發出全球「火線警告」，說明此人所說沒有一句眞話，絕對不可輕信。儘管如此，何巴尼法還是在一九八四年十一月十九日，誘使中情局退休的謝克禮和他在漢堡一家四星級飯店舉行三天會議。

謝克禮汲汲營營爬到祕密行動處第二把交椅的位置，卻在五年前遭譚納將軍強制退休。此舉讓有些中情局同僚鬆了口氣，因爲他的名字已成爲專業作弊的同義詞。他目前從事的是私家情報掮客工作，也就是和何巴尼法一樣靠出賣祕辛維生。他自稱是美國總統特使，數度與伊朗流亡領袖會面。

謝克禮興味津津地聽何巴尼法談論解救美國人質方法：可以祕密贖回、直截了當的現金交易，也可以大撈一筆。美國可以透過何巴尼法和以色列情報機關合作經營的「星矢」（Star Line）貿易公司，運交飛彈給伊朗，這筆軍火交易既可以讓德黑蘭產生好感，更爲民間企業人士帶來數百萬美元收入，籌得解救巴克萊和其他美國人質的所需的大筆贖款。謝克禮將兩人之間的對話向華特斯報告，華特斯再轉給反恐龍頭歐克萊。

一九八四年十二月三日，貝魯特美利堅大學圖書館員紀爾本（Peter Kilburn）遭綁架。在華府，人質家屬籲請白宮設法救人。他們的請求讓總統顏面大傷，於是立即質問中情局打算怎麼救人質。蓋茨說道：「雷根一心只想到人質的命運，不瞭解爲什麼中情局探不出他們的下落救他們出來。他對凱西所施加的壓力越來越重，而雷根式的壓力是讓人很難抗拒的。他的作風和詹森或尼克森截然不同，沒有粗口厲斥，只是一個揶揄的眼神、一個痛苦的神情，然後提出『我們必須把那些人救出來』的要求，日復一日，月復一月，重複斯言。其中隱含著無言的指控：『你管的是哪門子情報機關，連這些人都找不到救不出？』」

咎由自取

一九八四年十二月，華府正為雷根準備第二次任期就職典禮之際，何巴尼法以軍火換人質交易的提議仍然有效。這全是凱西的功勞。同一個月，他正式提議中情局應以海外經費資助中美洲戰爭，實則他這半年來一直向白宮推銷這個構想。

國會在一九八四年選舉日前禁止美國資助戰爭，係由中情局本身兩起風波促成。其一是所謂的漫畫書洋相。中情局在中美洲的準軍事行動專家本來就不多，全都被凱西用光了。中情局副局長麥克馬宏說：「中情局不得不從外面找些可以替我們執行戰爭任務的人，主要是指透過從越戰學得買賣本事的特別小組退休人員。」其中有位退休人員手上有本漫畫教科書，原是用來訓練越南農民如何利用殺害村長、警察局長和民兵以接管村莊，中情局把它翻成西班牙文版，分發給尼加拉瓜游擊隊。漫畫教科書大為風行，這一風行不打緊，有些中情局高層官員立時覺得「有人搞祕密行動對付我們」，麥克馬宏說道。「這本是荒唐事。結果是我們咎由自取。」凱西因漫畫書事件對五名資深官員發出申斥令，其中有三人拒絕簽字，最後抗命的人也沒有受到處罰。

其二是地雷風波。凱西為摧毀尼加拉瓜殘存的經濟，批准在尼加拉瓜科林多港（Corinto）埋設地雷。這已構成戰爭行為。這是卡瑞基在資助尼游經費用盡、走投無路之下想出來的點子。卡瑞基說：「有天晚上，我在家裡——不瞞各位，當時我手上拿的一杯琴酒——心想，地雷一定可以搞定！」中情局用排水管做成廉價地雷。凱西以幾不可聞的喃喃自語照會國會，共和黨籍參院情報委員會主席高華德為此大吵一架，中情局官員就詆毀他，說他是昏了頭的醉漢。

國會對凱西的手法早有提防，已明確禁止中情局向第三國募捐，規避不得協助尼游的禁令。儘管如此，凱西還是安排讓沙烏地阿拉伯捐助三千二百萬美元、臺灣二百萬，這些錢都是流經中情局的瑞士銀行帳戶。但只是應急的權宜之計。

一九八五年一月，連任的雷根政府一開始運作，凱西就碰到來自總統的兩項緊急指示：解救人質，搶救尼游。這兩個任務在他心中合而為一。

凱西把人生當成企業，認為政治、政策、外交和情報云云，歸結到最後全都是商業交易。他認為人質危機和尼游需錢孔急的問題，都可以透過與伊朗全盤交易來解決。局長本來想親自主持伊朗行動，只是祕密行動處一致反對和聲名狼籍的何巴尼法合作，而中情局又沒有別的管道可以打入伊朗。凱西當然也想隻手搶救尼游，可是中情局不得提供直接援助。因此，他的解決辦法便是兩個行動都得在政府外進行。

凱西構思的所謂終極祕密行動，從構想到破滅不到兩年，卻差點毀掉雷根總統、老布希副總統和中情局。

〔第四十一章〕

騙子中的騙子

一九八五年六月十四日，眞主黨將從雅典飛往羅馬與紐約的環球航空八四七班機挾持至貝魯特，拉出一位美國海軍潛水員，對他腦袋開了一槍，再把屍體丟掉距二十個月前美國軍營爆炸案不遠的柏油路上。

劫機者要求釋放囚禁在科威特的十七名恐怖分子（其中一人是慕尼雅的連襟），以及以色列所拘禁的七百六十六名黎巴嫩人犯。雷根總統暗中向以色列施壓後，三百名人犯獲釋，伊朗國會議長拉夫桑加尼（Ali Akbar Hashemi Rafsanjani）則應白宮之請，出面協調談判、結束劫機危機事宜。

這次考驗給凱西的教訓是，雷根願與恐怖分子打交道。

同一星期，何巴尼法透過但已遭起訴的伊朗籍美國人軍火商與拉夫桑加尼有親戚關係傳話給中情局長。他所傳達的訊息是配對成雙的快報：眞主黨握有人質，伊朗握有可以左右眞主黨的影響力，美伊軍火交易可以解救人質。

凱西仔仔細細地向雷根說明。一九八五年七月十八日，雷根在日記裡寫道：「這個提案可能是救回我方七名綁架受害人的一大突破。」八月三日，總統正式批准凱西敲定交易。

獲得批准後，以色列與何巴尼法運交兩批拖式飛彈，總計五〇四枚給德黑蘭，伊朗付出的代價是一枚一萬美元，中間人小有賺頭，伊朗革命衛隊則獲得一批美製武器。九月十五日，第二批軍火運抵後數小時，遭擄十六個月的魏爾牧師獲釋。

雷根外交政策的兩大支柱：不與恐怖分子打交道、不軍售伊朗，就此悄然崩塌。

三個星期後，何巴尼法傳話說，幾千枚鷹式防空飛彈即可交換另外六名人質。價碼節節升高，三百枚換一名人質，到四百、五百枚換一條命。十一月十四日，凱西和麥克馬宏拜會國家安全顧問麥法蘭（Robert McFarlane）和他的副手彭

一九八五年六月，雷根總統與國安小組在白宮戰情室討論環航客遭機劫持事件。此次人質危機以祕密交易收場；右二為凱西局長。

岱克將軍。四人都以爲以色列會把軍火交給伊軍內部一個有意推翻何梅尼的派系，殊不知，這是何巴尼法及可從中獲取數百萬美元利益的以色列後臺所編造的謊言和煙幕：運交的軍火越多，他們的進帳也越多。

爲監督這票中間人，凱西派出賽考德（Richard Secord）爲中情局代表。由將官退役後轉爲民間軍火商的賽考德，一向忠實執行美國背著國會暗中軍援與金援尼游的地下任務，這次的使命則是要確保友好人士都能利益均霑。

眞的不値得

一九八五年十一月二十二日星期五，凌晨三點過後不久，現爲歐洲課長的卡瑞基，被諾斯中校緊急電話吵醒。半個小時後，兩人在中情局總部會面。

鷹式飛彈班機出了亂子。以色列挑了八百枚技術過時的飛彈，由以色列國營航空（El Al 747）運送，原來的構想是飛到里斯本，交給賽考德租用的奈及利亞貨機轉運到伊朗，但以航飛到地中海附近時才發現，還沒有取得降落里斯本的許可。

諾斯說，飛機上載的是送交伊朗的鑽油設備，問卡瑞基能否大展神通，清除該機降落葡萄牙的障礙？卡瑞基雖不是墨守成規的人，可也不是傻子，聞言不由沈吟片刻。不管機上載的是鑽油設備，還是奶瓶或火箭砲，只要是運交東西給伊朗就違反美國法律和外交政策。諾斯向他保證，總統已取消禁運，並已批准解救人質的祕密交易。

卡瑞基整個周末都在處理這個問題。班機取消一次又一次，好不容易才在法蘭克福找到一架中情局七〇七飛機。十一月二十五日星期一，這架小型飛機從特拉維夫起飛，運送一小部分軍火（十八枚鷹式飛彈）到伊朗。這批軍火數量既少，品質又差，加上過時的武器上還有希伯來文，伊朗政府不高興自是不在話下。

但最不高興的要數中情局副長麥克馬宏，他在星期一早上七點赫然發覺中情局違法。麥克馬宏幾個星期前才將國安會意圖違反總統禁止政治暗殺命令的祕密指令打回票。麥克馬宏回憶道：「我們收到一紙行政命令草案，要我們以先制攻擊打擊恐怖分子。我要同事把行政命令丟回去，告訴他們『總統幾時撤銷禁止中情局暗殺的行政命令，我們就接令』。國安會幕僚遭此打擊，個個暴跳如雷。」

出動中情局的七〇七祕密行動，需有總統簽署的命令。麥克馬宏雖知雷根已原則批准軍火換人質交易，但中情局的實際作業仍需要總統簽字。麥克馬宏命局內法律顧問起草一份溯及既往的認定書，授權「中情局提供祕密關係人協助，以利中東的美國人質獲釋」。認定書繼續說道：「這些努力包括可能提供特定的外國設備與彈藥給伊朗政府，作爲順利釋放美國人質的措施之一。」

中情局把白紙黑字的認定書送交白宮。一九八五年十二月五日，美國總統簽字。根據這份認定書還有幾個星期後起草的第二份認定書，凱西是軍火換人質交易的最高負責人。

凱西召何巴尼法到華府，授予他中情局伊朗行動特工的身分。喬治請他打消此念：「比爾，這傢伙不是好東西。眞的不值得。」中情局人質搜尋特別任務小組長查爾斯．艾倫（Charles Allen）也有同感。艾倫在一九八六年一月十三日和何巴尼法見過面之後，立即去見凱西。

艾倫道：「我在局長面前形容此人是騙子。」凱西的回答是：「唔，搞不好眞是騙子中的騙子。」

凱西堅持要繼續用何巴尼法當中情局與伊朗政府之間的軍火商和對談者。艾倫知道，中情局堅持用他只有一個理由——這位伊朗騙徒曾對他說，軍火交易可以「幫諾斯的中美洲弟兄」弄點錢。

一九八六年一月二十二日，諾斯祕密錄下他和何巴尼法之間的對話。「諾斯，我覺得這是最好的機會。這麼好的時機以後再也找不到了，再也拿不到這麼多錢，我們做什麼都是免費的，我們擄人免費，免費幫恐怖分子和中美洲。」這位中間人笑道。

幾番討價還價之後，第一批鷹式飛彈交易向賽考德管理的瑞士銀行帳戶存入八十五萬美元，諾斯把這筆錢交給尼游。現在，伊朗成了中美洲戰爭的祕密資金來源。

這時，伊朗放話說他們需要戰場情報以便對伊拉克開戰，但中情局已提供情報給伊拉克對付伊朗。麥克馬宏覺得太離譜，於是在一九八六年一月二十五日，一通電報打給正在伊斯蘭馬巴德與巴基斯坦情報首長會談的凱西。他提醒局長，中情局「與惡人同謀，提供防禦性武器是一回事，提供戰鬥序列卻是另一碼事，而我們給伊朗的正是攻擊行動的手段」。

凱西沒理會他的規勸，不久麥克馬宏便以中情局第二號人物身分退休，結束三十四年中情局生涯。蓋茨接替他的職務。

美伊交易繼續進行。

很棒的點子

自一九八五年以降，諾斯在維持反桑定政權戰爭的地下活動所扮演的角色，已是華府盡人皆知的公開祕密。當年冬天，記者開始爬梳諾斯在中美洲作爲的詳細報告。至於他在伊朗行動中的作爲，則仍只有中情局和白宮極少數人知道。

軍火換人質計畫的經費部分由諾斯一手規畫。五角大廈轉移數千枚拖式飛彈給中情局。但很少人知道中情局是以一枚三千四百六十九美元的折扣價購入。代表中情局的賽考德以一枚一萬美元的價格買進，其間產生的六千五百三十一美元毛利，先將分紅的利潤入袋，再將淨利轉給中美洲的尼游組織。這一萬美元的成本則從何巴尼法抬高價格轉賣給伊朗後抵銷。尼游所得依美國賣給德黑蘭的武器多寡而定，幾百萬美元跑不了。

一月底，國防部長溫伯格下令首席助理、也就是日後出任國務卿的鮑爾，從五角大廈倉庫轉移一千枚拖式飛彈給中情局監管。二月間，這批飛彈經由賽考德與何巴尼法之手流入伊朗。軍火賣給德黑蘭之前，這位伊朗掮客將售價大幅提高，當這筆錢回流的時候，中情局以全球各地洗錢客慣用的手法償付五角大廈。中情局開出的支票面額都不超過九十九萬九千九百九十九元九毛九。因爲中情局金錢轉移在百萬或百萬美元以上時，依例須向國會提出報告書。賽考德從何巴尼法手上拿到的一千萬美元，大部分利潤爲援助尼游專用款。

諾斯在一九八六年四月四日備忘錄中，爲新任國安顧問彭岱克陳述大要。他說，每個人的成本抵償之後，「還有一千二百萬美元，可用來購買尼加拉瓜民主反抗軍急需的的補給」。正如諾斯很出名的一句話：「這是很棒的點子。」

這精細的盤算當中單單漏了人質因素。一九八六年七月時有四名美國人質，六個月後變成十二名。美國願意提供武器給伊朗，反而助長擄人爲質的胃口。

駐黎巴嫩大使凱利（John H. Kelly）說：「諾斯的論點（受到中情局內部協助他的人支持）主張，黎巴嫩的綁架者和拿到錢的團體不一樣，我們的什葉派很可靠，他們與綁架者分屬不同的什葉派團體。全是廢話！」

凱西跟少數幾位親信分析員炮製武器交易象徵支持伊朗政治溫和派的觀念。以一九八〇年代國務院首席情報官、兼對中情局聯繫的最高官員小威爾考克斯（Philip C. Wilcox, Jr.）的話來說，這正是雷根政府時代「中情局墮落」的可悲例子。伊朗的溫和派不是被接收武器的人殺了，就是被捕下獄，政府內根本沒有溫和派可言。

但願不會洩露

武器交易所得、以及凱西從沙烏地阿拉伯弄到的幾百萬美元，使中情局得以重新經營中美洲。中情局在聖薩爾瓦多郊外建立一個空軍基地，以及一個安全屋網絡，以利軍火運送。基地由兩位中情局支薪的反卡斯楚古巴人管理，其中一位是曾協助逮捕切．格瓦拉的羅德里蓋茲。另一位叫卡利列斯（Luis Posada Carriles），因恐怖爆破一架古巴客機，造成七十三人死亡，被關在委內瑞拉監獄，前不久才逃出來。

一九八六年夏季前後，他們空投九十噸的槍械彈藥給尼加拉瓜南部的游擊組織。六月間，國會態度急轉，批准以一億美元支援中美洲戰爭；十月一日起生效這一天，中情局又拿回狩獵執照。一時間，戰爭形勢一片大好。

然而，中情局細心掩藏的軍火網絡卻在這時瓦解。擔任軍火運輸空中運輸管制官的哥斯大黎加工作站長費南德斯（Joe Fernandez），有一座簡陋的小機場可供祕密班機起降，但哥斯大黎加新總統阿里亞斯（Oscar Arias）正致力推動中美洲和談，業已當面警告費南德斯不得利用該機場援助尼游。一九八六年六月九日，一架滿載軍火的中情局飛機，在惡劣天候中從聖薩爾瓦多郊區的祕密空軍基地起飛，未依預定飛航程序降落該機場，結果深陷泥巴地中。費南德斯驚怒交集，一通電話打到聖薩爾瓦多，命中情局同僚「把那架飛機弄出哥斯大黎加！」結果花了兩天的工夫。

同一個月，羅德里蓋茲漸漸察覺到，供應線上有人（他懷疑是賽考德將軍）從中中飽私囊。八月十二日，他和一位老朋友中情局老手葛瑞格碰面時，忍不住提出檢舉。時任老布希副總統國家安全顧問的葛瑞格，也認為這是一件「非常可恥的事」。

一九八六年十月五日，有位十幾歲的尼加拉瓜娃娃兵發射一枚飛彈，擊落一架從聖薩爾瓦多運載武器給尼游的C-123貨機。唯一倖存的那位美籍操作員告訴記者，他是中情局的約聘人員。羅德里蓋茲驚惶地打了通電話到美國副總統辦公室。貨機被擊落時，諾斯正在法蘭克福與伊朗商談一宗軍火換人質交易。

十一月三日，黎巴嫩一家小周刊在德黑蘭街頭散布匿名傳單，首度揭露祕密交易。幾個月後，全盤眞相浮出檯面：伊朗的革命衛隊已透過中情局辦事處，接收二千枚反坦克飛彈、十八枚精密的防空飛彈、兩架飛機的零件和若干戰場情報。這批軍火「大幅提高伊朗軍隊的能力」，反恐協調官歐克萊說。「我們轉給他們的情報，對他們也大有助益。」但伊朗還是被騙了；他們抱怨最後一批鷹式飛彈零件索價高出百分之六百。何巴尼法自己也手頭拮据：債主追討幾百萬美元，他已揚言為自保不惜揭露眞相。

凱西的祕密行動開始鬆動。國務院法律顧問索法爾（Abraham Sofaer）說：「凱西是負責綜理全局的人，這一點我毫無疑問。我很早以前就認識凱西，我很佩服他，也很喜歡他。但我一檢擧之後，覺得我所做所爲是叛國的也是凱西。」

一九八六年十一月四日，美國期中選擧日，國會議長拉夫桑加尼揭露美國官員曾到伊朗來送禮。第二天，老布希副總統在錄音日記裡說：「目前所要關切的是人質問題。我是少數完全瞭解詳情的人……這是一次非常非常嚴密的作業，但願不會洩露。」

十一月十日，凱西出席極爲緊張的國安會。他籲請雷根發表公開聲明，表示美國正在研擬一套可以挫敗蘇聯和伊朗恐怖分子的長程戰略計畫，並不是進行以軍火換人質計畫。雷根照本宣科。他在十一月十三日告訴全國民眾：「我們沒有，容我重複一句，我們沒有以武器或任何東西交換人質。」正如U-2偵察遭擊落、豬玀事件、中美洲戰爭一樣，總統再次爲了保護中情局的祕密活動，公然向人民說謊。

這次很少人相信。

最後一名美國人質獲釋是五年多以後的事。其中兩名人質一直沒有回來：圖書館員紀爾本已遭殺害，工作站長巴克萊連遭幾個月審訊與刑求後，死於獄中。

美國政府內沒人知道

國會情報委員會要凱西說個明白，但他選擇依循傳統的做法，在危機時刻出國避風頭。十一月十六日星期天，凱西南下中美洲視察部隊，留下副手蓋茨收拾爛攤子。公聽會改期到下星期五召開。這五天空檔期可說是中情局史上最難捱的幾天。

星期一，蓋茨和屬下開始拼湊大事紀。局長吩咐喬治和他主管的祕密行動處幫他準備向國會作證的證詞，用意當然不是要說實話。

星期二，情報委員會幕僚人員傳喚喬治，到國會山莊圓頂一間電子安檢的密室做閉門公聽會。喬治一年前就已知道中情局在未經合法授權下進行軍火換人質計畫，但在嚴密盤問之下，他的做法與五天前的雷根完全相同：說謊。

蓋茨漏夜派凱西另一名助理南下中美洲，轉交國會證詞草稿，並將局長請回總部。星期三，凱西飛回華府途中在寫字板上改寫證詞，不一會兒就發覺他寫的字連自己也看不懂，於是用錄音機口述一篇華麗無比的散文。但實在講不清楚。他乾脆拋開不管。

星期四，凱西公事包裡裝著證詞原稿，前往白宮跟諾斯和彭岱克開會。三人聚首商議的時候，凱西在原稿上潦草地寫下附註：「美國政府內沒有人知道」一九八五年十一月中情局運送鷹式飛彈。這是漫天大謊。他回到總部後，在七樓會議廳與中情局領導層以及多位直接參與伊朗軍火案的官員開會。

凱西的執行幕僚長麥卡洛（Jim McCullough）道：「這次會議純然是個敗筆。」另一位親信助理葛瑞斯（Dave Gries）則說：「與會者沒有一個人能夠或願意完整湊出伊朗／尼游拼圖。」

「現場氣氛顯得甚是離奇，許多與會者顯然都把心思花在自保上，沒有太大意願協助凱西。凱西則是一副心力交瘁的樣子，時時顯得前言不對後語。麥卡洛和我很清楚，明天早上我們就要陪這位迷迷糊糊的局長到國會。」葛瑞斯回憶道。

星期五，凱西向國會情報委員會提出的閉門證詞，通篇都是由遁詞和唬弄，加上一個醉人的事實拼湊而成。有位參議員問，中情局是否在伊朗和伊拉克自相殘殺之際，同時祕密援助兩伊。沒錯，凱西答道，我們這三年來一直在援助伊拉克。

星期六，諾斯向彭岱克提到從軍售伊朗所得中挪用數百萬美元給尼游的備忘錄浮現了。這幾星期來，兩人都急急忙忙地銷毀相關文件，不知諾斯怎麼漏了這份備忘錄。

十一月二十四日星期一，老布希副總統的口授日記說：「眞是十足的爆彈……諾斯把錢存進瑞士銀行戶頭……供援助尼游之用……準會變成大危機。」這是自尼克森離開華府以來最大的政治動亂。

四天後，凱西召集中情局、國務院和五角大廈情報首長會議。「我們這個情報界六年多來比政府大多數的部門更有效地合作而沒有重大失敗，令人十分欣慰」，他話中之意是，「沒有醜聞，許多極佳的成就」。[1]

沈默以終

自水門事件以降，侵蝕華府權力的不是犯罪，而是掩飾。凱西已掩蓋不了。在一個星期斷斷續續作證當中，他步履蹣跚到國會山莊後，人就癱在椅子上，一句話也說不完整，連頭也抬不起來，助手們雖是驚駭不已，仍然不停地催促他。

在中情局服務已三十四年的老手麥卡洛說：「凱西有很多問題沒回答，沒有他的默許和支持，作業能否上路，或能否撐過一年，很值得懷疑。」

十二月十一日星期四晚上，凱西到費城出席爲殉職的艾姆斯所舉行的紀念餐會。星期五凌晨六點回總部，接受《時代》周刊記者范武爾思（Bruce Van Voorst）專訪。中情局常在危機時刻利用《時代》改善公關形象。范武爾思曾在中情局服務七年，是個可靠的人。

中情局訂定採訪原則：三十分鐘談伊朗／尼游案，三十分鐘檢討中情局在凱西領導下的成就。麥卡洛聽過凱西長篇大論的報喜訪談很多次了，篤定局長雖然疲憊不堪也能背得出臺詞。前半個小時雖難捱，畢竟是捱過了，接著是一記好球投到本壘：「凱西先生，能否談點中情局在您領導下的成就？」「我們都如釋重負吁口氣，頓時放鬆下來。誰知凱西只是瞪著范武爾思，好像不相信他會問這種問題、或不瞭解他的問題似的。他什麼也沒說。沈默似乎永遠持續下去。」麥卡洛回憶道。

十二月十五日星期一早上，凱西在七樓局長辦公室突然病倒，大夥兒還沒弄清楚是怎麼回事，他已躺在擔架上被人推了出來。喬治城大學附屬醫院斷定他患了很難診斷的中樞神經淋巴瘤，這是一種惡性蛛狀網大腦蔓延的罕見疾病，很難察覺，但往往會在發病前十二到十八個月間，導致患者產生莫名其妙的詭異行爲。

凱西再也沒回到中情局。一九八七年一月二十九日，蓋茨奉白宮之命帶著一封辭職函到醫院去請局長簽字。凱西握不住筆。他躺回床上，眼中充滿淚水。第二天，蓋茨回到白宮，總統要他接下局長工作，「一個沒人想要的工作，難怪。」蓋茨回憶道。

蓋茨以代理局長身分度過了痛苦的五個月，一直到一九八七年五月二十六日，只是他的任命案註定要失敗。他必須再俟時待機。下任局長韋伯斯特說：「他和凱西的行事作風太相近了，他的處事方式是什麼都不想知道。在目前的環境下，這是很難讓人接受的。」

韋伯斯特已管理聯邦調查局九年之久。爲人方正清廉的他，是個沒有政治色彩的卡特時代老人，也是伊朗／尼游糾葛之後，雷根政府內極少數道德廉潔的象徵。他是聯邦法官出身，喜歡別人以敬語稱呼他。指派一位叫「法官」的人出掌中情局，在白宮的的吸引力不言而喻。他和譚納將軍一樣是基督教科學派，是個懷有道德信念的正直之士；他不是雷根人馬，與總統沒有絲毫的政治或個人關係。韋伯斯特說：「他沒請我幫過忙，我們從來不談公事，也稱不上是哥兒們交情。但在一九八七年二月底，我忽然接到一通電話。」現在雷根可是滿口公事了。三月三日，總統宣布提名韋伯斯特爲中情局局長，並稱許他是「獻身法治的人」。

他對凱西就沒說過這種話。凱西在五月六日以七十四歲高齡過世後，連主教都在葬禮講臺上罵他，雷根和尼克森默然無語。

凱西這六年間把中情局的規模擴充將近一倍，現今祕密行動處就有將近六千人。他花了三億美元，在總部爲新進人員打造一座玻璃宮；他在全球各地動員祕密部隊。但中情局卻被他的說謊遺毒撕個粉碎，留下一個更加耗弱的中情局。

蓋茨在凱西手下學到一個簡單的教訓：「祕密行動處是中情局的靈魂，卻也是讓人鋃鐺入獄的部分。」

〔注釋〕

1. 這句話是有力的旁證，顯示凱西擔任局長的最後十八個月裡，已因腦瘤而時有莫名其妙的舉動。他對「莫三比克民族反抗組織」（Renamo, Mozambique National Resistance Movement）反抗軍眉來眼去，便是他與現實脫節的例證之一。莫三比克民族反抗軍是由南非和羅德西亞白人種族主義者成立，並由南非情報機關武裝、訓練及資助的黑人游擊組織。他們所採行的戰術包括「削耳、殘肢、剜胸和一般的毀傷身體」，雷根時代負責非洲事務的傅立民（Chas W. Freeman Jr.）大使說。主管政治與軍事事務的國務院官員畢夏普則說，莫三比克反抗軍讓人「想到赤柬的凶狠及其過度使用的恐怖手段」。

〔第四十二章〕從不可能處著眼

美國總統向民眾坦承自己在軍火換人質問題上騙了大家之後，白宮設法把政治旋風轉到凱西和中情局身上。中情局的人和機關都提不出辯詞。國會傳喚凱西手下的情報官員和特工作證。他們留給人們的印象是，美國專請一些騙子、小偷來從事外交事務。

韋伯斯特法官上任意味敵意接收中情局。國會與一位獨立律師將判定凱西任內到底做了些什麼事。活動中止、計畫擱置、事業泡湯。三十餘名聯邦調查局探員帶著傳票高視闊步穿堂入室，打開雙重鎖的保險櫃，翻閱最高機密檔案、搜查妨礙司法與僞證罪的證據，總部內人心惶惶。祕密行動處各主管都遭到盤查，可能有遭起訴之虞。凱西的「中情局不受法律拘束」見解給他們帶來毀滅。

韋伯斯特說：「我花了好幾個月才弄清楚狀況，以及誰對誰做了什麼事。凱西留下很多問題。」

韋伯斯特認爲，主要問題在於不服上命的傳統。「現場人員覺得應該自行其是，他們不應該未經上司批准就擅自行動，但各工作站長卻都自認我就是老大。」

祕密行動處的官員都認定，韋伯斯特（馬上就被冠上「溫和比爾」的稱號）不瞭解他們的身分、業務或凝聚大夥兒的神祕感。曾在寮國、柬埔寨和越南服務的湯普森（Collin Thompson）說：「別人都不瞭解，這是一層迷霧，一旦深入其間，藏身其後，就會覺得自己已成爲美國政府裡的菁英。而且，中情局從你一加入就鼓吹這種想法，讓你不得不信。」

局外人把他們當成維吉尼亞男性俱樂部、白衫南方文化，他們卻自認是身穿迷彩裝的戰鬥團、血盟兄弟會。他們和韋伯斯特的磨擦從一開便陷入白熱化。卡瑞基抱怨：「我們或許可以克服韋伯斯特的自尊、外交事務經驗不足、美國小城式的世界觀，乃至他雅痞式的自大，卻克服不了他是律師的事實。」「他所受的律師和法官的訓練是不能做違法的事，他永遠不可能接受中情局在海外所做的正是違法的事。我們違反在地國的法律。但這正是我們蒐集情報的方法，正是需要我們辦事的原因。韋伯斯特和組織的存在之間有個無法跨越的障礙。」

韋伯斯特到任沒幾星期，卡瑞基和他同僚的話便已傳到白宮：他不夠分量、是個玩票的、半調子的交際花蝴蝶。韋伯斯特知道自己面對下屬反抗，於是聽從赫姆斯的建言，盡量設法還擊：赫姆斯已從與刑事法院的衝突中復出，仍是備受尊重的情報界元老。[1]韋伯斯特回憶：「赫姆斯向我提示一個重點：由於我們不得不在海外做那些事情且不得不撒謊，因此，重要的是，我們彼此間不能爾虞我詐和互扯後腿。我想要傳達的訊息是，讓別人信賴你，你就可以做更多的事。他們雖是很認眞的聽，但我實在不曉得有多少影響。局裡的問題是：他這話是眞是假？他們心裡始終存有這種想法。」

韋伯斯特矢言，中情局不會對國會保留任何祕密，但國會情報委員會已吃多了虧，且認定伊朗／

尼游案給他們的教訓是，中情局必須由國會山莊來管理。國會的確是可以管，因爲根據憲法，國會掌握著政府的支票。韋伯斯特已豎起白旗，而他這一投降，中情局就已不再是純粹的總統權力工具，而是在三軍統帥和國會之間隨機維持平衡。

祕密行動處擔心五百三十五名參眾議員裡，可能只有五位瞭解中情局內幕，於是力抗國會插手中情局管理。國會監督委員會的助理群迅速挑選可以照顧自己的職業中情局官員。

國會委員會刀口伸向仍爲祕密活動主管的喬治；他一直是凱西派駐國會的特別聯絡官，也是騙術大師。凱西看中他的魅力和巧詐，但這兩樣特質都不符韋伯斯特中情局的要求。韋伯斯特說：「喬治能言善道，很能討人喜歡，可惜他認爲應以迴避方式處理國會的問題。」

一九八七年十一月底，韋伯斯特把他叫過來：「國會既然不信你，我想我該接替你的工作。」喬治想了一下。「他說，『我想我眞的該辭職了，也許我會帶走一些也該辭職的人』。」三個星期之後某天正午，卡瑞基正和喬治爲耶誕暢飲，韋伯斯特喚他上樓要他走人。卡瑞基一時間想到要反擊，首先是恐嚇韋伯斯特，接著再運用他在白宮的人脈，怎奈剛剛接到好朋友、美國副總統一封短箋。老布希說：「你我友誼常存，我對你的尊重和敬意永遠不會改變。」但卡瑞基認爲盟約已毀，於是便辭職走人。一票經驗豐富的祕密行動老幹部和他一齊出走。

美國情報機關很大方

喬治最牽掛的不是失敗的任務或可能遭起訴，而是中情局內有臥底間諜的陰影。

在他監督之下的蘇聯暨東歐課，在一九八五和八六年分別損失一名特務，十餘名蘇聯潛伏間諜一一被捕或處決，莫斯科和東柏林工作站已停止運作，情報官員掩護身分曝光、工作全毀。一九八六及八七年間，蘇聯暨東歐課恍如慢動作的爆破大樓般崩潰，中情局搞不懂原因何在。中情局起先認為有位叫霍華德（Ed Howard）的新人是叛徒。此人一九八一年才加入祕密工作，第一次海外輪調就派到莫斯科當潛伏間諜。他雖通過二年訓練，但有些個人資料中情局竟是到最後一刻才知道：他是醉鬼、騙子和小偷。中情局請他走路，結果他在一九八五年四月向蘇聯投誠。

霍華德所受的訓練裡，有一課就是閱讀中情局在莫斯科最優秀間諜的檔案，托卡契夫（Adolf Tolkachev）便是其中之一；托卡契夫是軍事科學家，四年來一直提供蘇聯尖端武器研究方面的文件，是中情局近二十年來最可貴的蘇聯內線。

一九八六年九月二十八日政治局在克里姆林宮開會時，KGB主席雪伯里科夫（Victor Chebrikov）得意地告訴戈巴契夫，托卡契夫已在昨日以叛國罪名處決。戈巴契夫說道：「美國情報機關對他很大方，我們從他身上找到二百萬盧布。」這等於是五十幾萬美元。KGB現在總算知道世界級間諜的行情了。

中情局雖相信霍華德可能出賣托卡契夫，但那十幾名死者當中起碼有三人已從中情局的蘇聯間諜名單剔除，不可能是他所造成。必定是別的地方或別的人出問題。總統的國外情報顧問委員會調查本案後，提出報告：「蘇聯課基本上沒人能從不可能處著眼」，也就是，叛徒可能在祕密行動處。凱西看過這份報告，也為此申誡過喬治，說他經「此一慘事」之後兀自「自鳴得意」，著實令「本人深感震驚」。但凱西私底下對這份報告不以為意，隨意指派三個人（其中一人是兼差）調查中情局最可貴的外國特工死亡事件。

祕密行動處對韋伯斯特的信賴評量是，絕不告訴他本案的所有事實，因此他始終不知道這已構成中情局史上最嚴重的滲透事件。他知道有個層級很低的調查——「不過是做個樣子而已」。他說：「若能查出原因，當然很好，若是查不出不利的原因，他們也許會另外找理由，或根本不必找理由，我所知道的就是這些。」

調查無疾而終，中情局的反情報夢魘卻與日俱增。

一九八七年六月，古巴駐捷克情報組長阿斯比拉加（Florentino Aspillaga Lombard）開車越過邊界到維也納，走進美國大使館向中情局站長歐爾森（Jim Olson）投誠。他向歐爾森透露，中情局這二十年來所吸收的古巴特工都是雙面諜，一面假裝效忠美國，一面暗中替哈瓦那工作。[2]真是晴天霹靂，簡直教人難以相信。不過，中情局分析人員經長時間辛苦檢討後斷定，這位少校所說的全是實話。同年夏天，蘇聯及蘇聯集團的情報官開始點點滴滴地透露中情局特工死亡的相關情報，慢慢匯成小溪，然後變成大河，中情局在七年後才恍悟這是用來唬弄並誤導中情局的假情報。

他們著實做對了

韋伯斯特就任後不久，找來蓋茨問道，莫斯科現狀如何？戈巴契夫有什麼意圖？他始終不滿意他們的回答。「我手下有一票人是一知半解，另一票人是半調子；這邊說東，那邊道西。」韋伯斯特搖頭嘆息。

中情局不知道，戈巴契夫在一九八七年五月華沙公約會議上就已表明，蘇聯絕不會以入侵東歐來維持帝國大業。中情局不知道，戈巴契夫在一九八七年七月就告訴阿富汗領導人，蘇聯會盡快著手撤出占領軍。因此，一九八七年十二月華盛頓街頭擠滿贊許戈巴契夫為英雄的美國民眾時，中情局不免感到驚愕莫名。街頭上的人似乎已知道這位共產世界領導人想結束冷戰，中情局卻還茫無頭緒。接下來這一年，蓋茨不時問屬下，為什麼戈巴契夫老是會讓人嚇一跳。

在這三十多年裡，美國花了將近二千五百億美元，建設偵察衛星和電子監聽設備來監視蘇軍。這些計畫按理說是該由中情局局長負責，但實際上卻是五角大廈一手包辦。它們提供無數的資料供「限制戰略武器條約」談判使用，固然談判有助於讓冷戰冷卻下來，但華府和莫斯科始終沒有放棄一個雙方都想建立的武器系統。美蘇兩國的軍火仍然可以炸翻世界一百多次。而且，後來背棄武器管制理念的還是美國。

會談效益出現於一九八八年八月一個極其諷刺的場合裡。美國國防部長卡盧其（Frank Carlucci）前往莫斯科會晤蘇聯國防部長雅佐夫（Dmitri Yazov），並在伏羅希洛夫（Voroshilov）軍事大學對蘇軍將領發表演說。有位將軍問：「你怎麼這麼瞭解我們？」卡盧奇答道：「我們全靠衛星，貴方若能和我們一樣公布軍事預算，我們要瞭解你們就容易多了。」全場哄堂大笑，事後，卡盧奇問俄羅斯隨扈軍官，什麼事那麼好笑。俄國軍官答：「你有所不知，你這一問正好擊中他們體制的核心」——隱祕。美蘇軍事首長面對面接觸，讓俄羅斯瞭解兩件事。第一，美國人並不想殺他們。第二，他們在核武方面也許和美國一樣強大，卻於事無補，因為他們在其他各方面都弱多了。他們這時才知道，他們以隱密和謊言所建立的封閉制度，不可能打敗一個開放的社會。

他們知道遊戲已經結束，中情局卻見不及此。

中情局仍然在那一年（一九八八）達成三件轟動一時的成就。第一件是臺灣中山科學研究院核能研究所副所長張憲義上校投誠美國。張憲義還是軍校生時就被中情局吸收，[3]二十年來一直暗中爲美工作。他所服務的核研所表面上是爲民間用途而研究，實則有美國援助的鈽、南非的鈾和國際技術相助。臺灣領導人在核能研究所內另設一個製造核彈的小組。這種武器只有一個想當然爾的目標：中國大陸。中共領導人早已揚言，臺灣一部署核彈就攻臺。美國要臺灣中止計畫。臺灣表面佯從，暗中仍繼續開發。李潔明是少數知道張憲義長年爲美工作的美國人士之一，他曾任中國與臺灣工作站長，不久轉任駐中國大使。李潔明說：「選定一個新人，指派一個主事官，再根據意識形態（雖然金錢也包含在內）審慎地吸收他，然後保持聯繫。」張憲義向主事官發出通知、投誠、交出核武計畫進展的明確證據。一位中情局的二十年間諜阻止大規模毀滅性武器擴散，李潔明說：「這是他們著實做對一件事情的個案。他們把他弄出來，拿到文件，再當面質問臺灣。」國務院掌握證據之後對臺灣政府強力施壓，臺灣終於宣布臺灣雖有能力但無意製造核彈。這才是最高桿的武器管制。

其次是高明的反「阿布尼達爾組織」（Abu Nidal organization）的計畫，[4]該組織這十二年來不時在歐洲和中東殺害、綁架與恐嚇西方人。中情局的計畫牽涉到三個國家的政府和一位美國前總統，構想出自中情局的新反恐中心，開端則是由卡特在一九八七年三月將阿布尼達爾相關情報交給敘利亞總統阿塞德（Hafiz al-Assad）。阿塞德驅逐恐怖分子。往後二年間，中情局在巴解、以色列和約旦情報機關協助之下，展開反阿布尼達爾心戰。不斷流入有力的假情報，使阿布達尼爾逐漸相信手下高層助手都是叛徒；第二年，他殺了七名助手和數十名屬下，使得他的組織自亂陣腳。心戰活動在阿布尼達爾兩名手下投誠後，倒戈攻打他在黎巴嫩的總部，殺死他八十名手下，達到最高潮。該組織分崩離析，正是中情局反恐中心以及崔頓（Tom Twetten）主持的近東課所獲致的成就，崔頓不久即晉陞爲祕密行動處主管。

第三大成就（當時人人都這麼認爲）是阿富汗反抗軍勝利。

中情局扶植的其他自由鬥士勢力，每一個都分崩離析。尼游在中情局切斷祕密援助後不久與桑定政權簽署停火協定。在尼加拉瓜，選票取代子彈。一支失利的反格達費戰士，在蘇丹各地漂泊，迫使中情局不得不解散這支不成熟的叛軍，撤出北非，先是把他們弄到剛果，再送到加州。在非洲南部，外交取代祕密行動，從華府和莫斯科流入的軍火漸漸用罄。凱西支援柬埔寨反抗軍對抗河內部隊的計畫管理不善，不僅經費和槍械落入腐敗的泰國軍頭手中，也把中情局的盟友推向與柬埔寨屠夫赤柬同流合汙。當時擔任雷根副國安顧問的鮑爾提醒白宮三思之後，總算及時結束行動。[5]

唯獨阿富汗聖戰士在浴血奮戰，逐漸有勝利之望。這時，阿富汗行動已是每年花費中情局七億美元的大計畫，約占祕密行動處海外預算的八成。配備螫刺型防空飛彈的阿富汗反抗軍，殺蘇聯兵、擊落蘇聯直昇機，重創蘇聯形象。中情局已達成最初的目的：給蘇聯一個越戰。一九八一至八四年間負責武裝阿富汗的霍華德．哈特說：「我們把他們一個個宰掉，他們回老家。這才是恐怖活動。」

一走了之

蘇聯宣布，雷根政府一下臺，他們就會永遠撤出阿富汗。中情局的簡報始終沒有解答，一旦好戰的伊斯蘭部隊擊敗無神論的入侵者會有什麼後果。一九八八年夏天，已升爲祕密行動處第二號人物的崔頓，負責規畫阿富汗反抗軍的出路。他表示自己很快就搞清楚「我們根本沒有計畫」。中情局只是認定「將會有個『民主阿富汗』，而且不會太順利」。

蘇聯的戰爭已經結束，中情局的阿富汗聖戰則方興未艾。一九八八至九一年美國駐巴基斯坦大使歐克萊主張，美國和巴基斯坦應「大幅削減對（阿富汗）激進分子的援助」，致力讓聖戰士變得比較溫和些。他說：「可惜中情局無法或不願與巴基斯坦夥伴同心協力，所以我們繼續支持某些激進分子。」阿富汗反抗軍領袖之一的赫克馬帝亞（Gulbuddin Hekmatyar）接受中情局數億美元價値的軍援，大部分都私藏起來，如今已準備利用這些武器對阿富汗民眾展開全面戰爭。

歐克萊大使說：「我對中情局還有個意見，這批和蘇聯打仗的人，也正是從毒品交易獲利的人。」阿富汗至今仍然是全世界最大的海洛因來源，罌粟一年兩穫，栽種面積難以計數。歐克萊道：「我懷疑巴基斯坦情報機關也有份，中情局卻不願爲此動搖雙方合作關係因而置若罔聞。」

他說：「我一再要工作站從阿富汗內線口中取得毒品交易相關情報，他們卻矢口否認有可以勝任這種差事的內線。他們既能獲得武器與其他物資的相關情報，怎能否認有內線。」

「我甚至對韋伯斯特提過這件事，但始終沒有得到滿意的答覆，彷彿沒這回事。」歐克萊說。

韋伯斯特邀請阿富汗反抗軍領袖到華府作客，他回憶：「這票人可不是易與之輩。」赫克馬帝亞正是貴賓之一。幾年後，筆者在阿富汗與赫克馬帝亞見面時，他矢言要創造嶄新的伊斯蘭社會，就算再要死上一百萬人也在所不惜。他和手下殺害美軍與盟軍無數，迄至本書截稿爲止，中情局仍在阿富汗境內追捕他。

一九八九年二月十五日，最後一批蘇軍離開阿富汗。中情局的武器仍然源源湧入。歐克萊大使說：「沒人預見重大的後果。」不到一年的光景，阿富汗各省會和荒廢的村莊開始出現白袍阿拉伯人。自稱酋長的他們，逐步收買各村落的領袖，各自建立自己的小王國。他們是一支海外新勢力的使者，世人稱之爲「基地」組織。

「我們一走了之，其實不該走的。」韋伯斯特說。

〔注釋〕

1. 〔譯注〕赫姆斯是唯一因向國會撒謊而遭起訴的中情局局長，並在一九七七年判處最高罰款和二年緩刑。
2. 古巴情報機關玩弄中情局二十年的傷殺力，並未因阿斯比拉加投誠而結束。二〇〇一年九月二十一日，聯邦調查局逮捕國防情報局資深古巴分析員安娜·貝蘭·蒙蒂絲（Ana Belen Montes），六個月後，她供稱自從一九八五年起就替古巴工作。根據古巴投誠情報員的說法，自豬灣事件之後，以外交官、計程車司機、軍火商、毒梟和情報掮客身分在美國活動的「古巴國家情報局」間諜不下數百人。由國防部長勞爾（卡斯楚的弟弟）主持的古巴情報機關，在滲透古巴流亡團體和美國政府機關上，表現相當成功。以一九八八年跳船投誠的費南德斯（Jose Rafel Fernandez Brenes）爲例，他協助成立和經營的「馬蒂電視臺」（TV Marti，馬蒂是十九世紀古巴民族獨立英雄），係經美國政府資助，旨在對古巴進行反卡斯楚宣傳。但費南德斯卻暗中提供古巴消息，是以一九九〇年三月一開播，古巴政府便截住該臺訊號。接著，反卡斯楚最力的流亡團體「阿爾發六六」（Alpha 66）的領導人阿維拉（Francisco Avila Azcuy）是另一例，此人同時跟聯邦調查局和古巴國家情報局往來。一九八一年阿維拉計畫突襲古巴，卻同樣向美古兩國情報機關暗通消息，導致七名「阿爾發六六」成員因違反不得在美國境內計畫攻擊他國的《中立法》，而遭判刑。
3. 〔譯注〕張憲義一九六三年就讀於陸軍理工學院，即今日的中正理工學院。

4. 〔譯注〕「阿布尼達爾」組織係於一九七四年從巴解法塔革命委員會分離出來，策畫多起劫機與暗殺行動。二〇〇二年，首腦阿布尼達爾於巴格達逝世。

5. 中情局計畫軍援的對象「高棉人民民族解放軍」主席宋申，於一九八七年五月一日致函雷根總統，表示反對「改善美越關係」，並提醒雷根不宜對「蘇聯在東南亞的主要代理人……太過溫和」。

〔第四十三章〕

一旦柏林圍牆倒下，我們該怎麼辦？

一九八九年老布希宣誓就職爲美國總統時，中情局大肆慶祝。他是自家人。他愛中情局，瞭解中情局。事實上，他是第一位、也是唯一一位瞭解中情局如何運作的三軍統帥。

老布希形同自兼中情局局長。他很尊敬韋伯斯特法官，他手下人馬可不然，於是只好把韋布斯特請出權力核心。老布希要的是出自專家的每日簡報，若是簡報不滿意則要看報告原稿。要是祕魯或波蘭發生什麼事，他要工作站長盡速回報。他對中情局的信心近似宗教信念。

這種信念在巴拿馬遭到嚴厲考驗。在一九八八年選戰期間，老布希矢口否認曾與巴拿馬獨裁者諾瑞加見過面，但有很多照片可以作證。諾瑞加列入中情局員工名冊多年，凱西每年都在總部歡迎他，自己也曾不止一次南下巴拿馬去看他。雷根與老布希時期駐巴拿馬大使小戴維斯（Arthur H. Davis, Jr.）說：「凱西把諾瑞加視爲親信手下。」

一九八八年二月，諾瑞加雖在佛羅里達州以古柯鹼毒梟的罪名遭到起訴，但他仍然在位，而且不時譏誚美國。這時，一般民眾都已知道諾瑞加是殺人魔，同時也是中情局的長年友人。雙方僵持令人難耐。國安會幕僚帕斯多里諾（Robert Pastorino）說道：「中情局和他打交道多年，不想結束合作關係。」帕斯多里諾在一九八〇年代以五角大廈文官身分多次會晤諾瑞加。

諾瑞加遭起訴後，雷根兩度命中情局設法趕他下臺；老布希就職後不久，再度命該局推翻這位獨裁者。中情局每次都猶豫再三，現爲駐聯合國大使的華特斯將軍尤其審慎。一九八九年時正擔任美國駐巴拿馬大使館第二把手的達奇（Stephen Dachi），與華特斯將軍、諾瑞加將軍都有私交，他說：「身爲中情局前副局長的他，和若干曾在美軍南區司令部待過的人一樣，並不急於見到諾瑞加被押解到美國受審。」諾瑞加在中情局和軍方的老朋友，都不願他在美國法院作證時供出他們。

一九八九年五月巴拿馬大選時，中情局在老布希總統命令下，以一千萬美元暗助反對黨。諾瑞加第四度以智取勝中情局。老布希批准了第五次祕密行動，包括以準軍事行動支持政變。但多位祕密行動人員都不以爲然，認爲唯有全面軍事入侵才能把諾瑞加趕下臺。中情局內若干最有經驗的拉美通，包括巴拿馬工作站長溫德斯（Don Winters）在內，都不願挺身出來反對諾瑞加將軍。

老布希氣惱之餘，公開表示他從CNN得知的巴拿馬情勢，比中情局告訴他的還要多。這是韋伯斯特作爲中情局局長的末日。從此以後，老布希就和對中情局疑慮日漸加深的國防部長錢尼聯手，規畫推翻諾瑞加大計。

中情局未能扳倒祕密老友，迫使美國發動自西貢淪陷以來最大規模的軍事行動。一九八九年耶誕節那周，智慧型炸彈將巴拿馬市貧民窟炸成廢墟，特種部隊一路殺進首都。逮捕諾瑞加、並將他押進邁阿密的行動，為時兩個星期，死了二十三名美國人和數百名巴拿馬無辜民眾。

美國政府已在諾瑞加審判庭上坦承，透過中情局與軍方付給這位獨裁者至少三十二萬美元，中情局的溫德斯則在作證時代為辯護，形容諾瑞加是中情局在美國和卡斯楚之間可靠的聯絡人，是中美洲反共戰爭中的忠實朋友，更是美國外交政策不可或缺的人——他甚至曾經收容伊朗遜王巴勒維。諾瑞加一共被判販毒和不當獲利等八項罪名成立。多虧溫德斯的審後證詞，諾瑞加的戰犯罪減輕十年，重訂於二〇〇七年九月假釋。

我永遠不會再相信中情局

一九九〇年，另一位獨裁者海珊挑釁美國。

兩伊八年戰爭期間，雷根總統曾派倫斯斐為個人特使，前往巴格達與海珊握手致意，並提供他美國援助。中情局提供包括衛星所攝得的戰場資料等軍事情報，美國政府批准高科技出口執照，使伊拉克得以製造大規模毀滅性武器。

美國政府做出這些決策，凱西和中情局扭曲情報是決定性因素。國務院駐中情局聯絡官小威爾考克斯說：「海珊雖是眾所皆知的殘暴獨裁者，但很多人認為兩害取其輕，他還算是兩伊中比較不那麼邪惡的。當時有關伊朗威脅的情報評估，事後回想起來實在是太誇大伊朗戰勝的能耐了……」

「我們的確是一面倒向伊拉克。我們提供伊拉克情報，將巴格達從支持恐怖活動國家名單中剔除，正面評價海珊、暗示他支持以阿和平進程的談話，於是很多人開始樂觀地把伊拉克視為安定的潛在因素，而海珊則是我們可以合作的人。」小威爾考克斯說。

美國對伊拉克的投資，回報微不足道。沒有情報回流。中情局始終打不進伊拉克這個警察國家，對海珊政權的第一手認知幾乎等於零。中情局的伊拉克特工網，不過是幾位駐外使館的外交官和商務官員而已，這些人對巴格達各級祕密議會當然談不上什麼見解。中情局一度淪落到連在德國某家伊拉克飯店工作的職員也想吸收。

中情局仍然維持四十多名伊朗特工的情報網，其中有些中階軍官對伊拉克軍隊略有所知，法蘭克福工作站長於是利用隱形墨水這種古老的通信技術和這些人聯繫。詎料，一九八九年秋天卻有中情局職員從同一個信箱、相同的筆跡、發信給所有特工，寄信地址卻只有一個。一位特工洩漏身分，整個情報網便曝光。這是不及格的情報術。結果，中情局的伊朗特工一一被捕入獄，且其中很多人以叛國罪遭處決。

當時的伊斯坦堡基地副主任紀拉迪（Phil Giradi）說：「被捕的特工遭刑求致死，中情局裡沒人受到處罰，負責一線人員的主任反而升了官。」「伊朗情報網瓦解，等於關閉了中情局對兩伊的情報窗口。

一九九〇春天，海珊再度動員軍隊，中情局不僅再度漏失，甚且在提交白宮的國家情報特別評估報告中說，伊拉克軍疲士乏，需假以數年才能從對伊朗戰爭中恢復元氣，在最近的未來不可能發動軍事冒進。接著，韋伯斯特法官在一九九〇年七月二十四日帶著衛星照片，向老布希總統展示兩個共和衛隊師，約數萬名伊拉克軍隊在科威特邊界一帶集結，但第二天中情局的《每日國家情報》的標題赫然是：「伊拉克虛張聲勢？」

中情局裡只有負責國家情報預警的知名分析員查爾斯·艾倫，判斷戰爭機率高於往日。「我確實發出預警。奇的是，很少人聽得入耳。」艾倫說道。

七月三十一日，中情局稱伊拉克不可能入侵科威特；海珊也許會攫奪一些油田或若干島嶼，但不至於有進一步行動。一直到第二天，也就是入侵前二十四個小時，中情局副局長寇爾才提醒白宮，伊拉克入侵已迫在眉睫。

老布希總統不相信中情局的判斷。他急電埃及總統、沙烏地阿拉伯國王和科威特君主，三人異口同聲表示，海珊絕不會入侵。約旦國王胡笙告訴老布希總統：「伊拉克方面向您致上祝福與最高敬意，總統先生。」老布希安心地上床睡覺。幾個小時之後，伊拉克十四萬大軍的第一波部隊越過邊界占領科威特。

老布希最信任的情報顧問蓋茨正在華府郊外舉行家庭野餐，有位朋友的妻子走過來，你在這裡幹什麼？她問道。妳說什麼？蓋茨反問。入侵，她說。什麼入侵？蓋茨問道。簡言之，國務卿貝克指出：「我們對伊拉克情勢的相關情報不很充分。」

美國駐沙烏地阿拉伯大使傅立民說，往後兩個月中情局「表現出相當典型的作為」。[2] 中情局改採完全相反的作風：八月五日，該局報告說，海珊將會攻擊沙烏地地阿拉伯，結果是子虛烏有；它曾向總統保證說，伊拉克沒有化武彈頭可供短程及中程飛彈使用；接著又信誓旦旦地主張，伊拉克確實有化武彈頭，而且海珊可能會動用。這類警告並沒有確切證據，波斯灣戰爭期間海珊始終沒有動用化武，倒是伊拉克的飛毛腿飛彈落到利雅德和特拉維夫時，引起極大的恐慌。

在一九九一年一月十七日展開為時七周轟炸的前幾個星期，五角大廈請中情局選擇轟炸目標。中情局選了很多地點，其中一個是巴格達市內的地下軍事戰壕。二月十三日，美國空軍將它炸毀後才知道，這個戰壕一直當作民間防空避難所。數百名婦女與兒童死於非命。自此之後，五角大廈再也沒請中情局挑選轟炸目標。

不久，中情局和「沙漠風暴行動」美軍指揮官史瓦茨科夫將軍爆發嚴重爭議。口角的焦點是戰爭損害評估，也就是轟炸行動對軍事與政治衝擊的報告。五角大廈必須向白宮保證，美軍轟炸機已摧毀許多的伊拉克飛彈發射器，足以保護以色列和沙烏地阿拉伯；摧毀許多的伊拉克坦克與裝甲車，足以保護美軍地面部隊。史瓦茨科夫將軍向總統和美國民保證戰事順利，中情局分析人員則告訴總統，他誇大轟炸對伊軍造成的傷害；這話雖然沒錯，可惜這把劍一砍向史瓦茨科夫就斷了。中情局不得再做戰爭損害評估。五角大廈拿走衛星照片解釋權。國會迫中情局擔任屈從於軍方的角色，致使中情局不得不另設一個軍事事務處，專門擔任五角大廈的次級支援任務。往後十餘年間，中情局回答軍事人員無數的問題：那條馬路有多寬？那座橋有多堅固？翻過山頭是什麼？四十五年來，中情局一直對文職領導人負責，不是回答軍事官員的問題。它已喪失獨立於軍事指揮鏈外的地位。

波斯灣戰爭結束，海珊仍然在位，中情局卻大爲耗弱。中情局聽信伊拉克流亡人士的話，因而報告說有民變反獨裁的可能，老布希總統也呼籲伊拉克人民揭竿而起，推翻海珊。伊南什葉派和伊北庫德族聽信老布希的話，中情局則運用一切手段（主要是宣傳和心戰）激起民變。往後的七個星期裡，海珊無情鎮壓什葉派和庫德族，殺害數千人，數千人被迫流亡。中情局開始跟這些流亡倫敦、安曼和華府的流亡領袖合作，建立下次以及下下次政變的網絡。

波斯灣戰爭後，聯合國特別委員會派人前往伊拉克找尋核／生化武器。調查人員當中，有打著聯合國旗號的中情局官員。平日就緊張兮兮的國安會幕僚克拉克（Richard Clarke）回憶起當時臨檢伊拉克農業部，找到海珊核武指揮部核心的光景。克拉克十五年後在電視節目「前線」中說：「我們到了那兒破門而入，炸開鑰鎖，進入內室。伊拉克立即回應，他們包圍設施，不讓聯合國檢查人員出來。我們早已料到可能會發生這種事，因而發給他們衛星電話，讓他們在現場將核武資料由阿拉伯文譯成英文，透過衛星電話唸給我們聽。」他們斷定，伊拉克可能在九到十八個月之後，就可擁有第一枚核彈。

克拉克說：「中情局完全漏失了，我們該炸的都炸了，就是漏掉核武開發設施。我們不知它就在那兒，一顆炸彈也沒投。錢尼看了報告之後說道：『這等於是伊拉克自己在說：這兒有個在戰爭期間分毫未損的設施；他們非常接近可以製造核彈的地步，而中情局根本不曉得。』」

克拉克的結論是：「我相信錢尼一定會告訴自己，『以後中情局再說哪個國家即將製造核武，我絕不會輕信。』九年後錢尼重出政壇時，無疑心中還牢記著：『伊拉克要核武，伊拉克差點就獲得核武，而中情局毫不知情。』」

任務已結束

中情局「一九八九年一月完全不知道歷史浪潮即將襲來」，一月間離開總部（他以為是永遠離開）、出任老布希副國安顧問的蓋茨說道。[3]

中情局在蘇聯開始要消失的時候，兀自宣稱蘇聯獨裁體制文風不動且無可匹敵。一九八八年十二月一日，也就是老布希就職前一個多月，中情局發布正式報告，信心滿滿地說：「蘇聯國防政策與作為的基本元素，迄今未因戈巴契夫改革運動而改變。」六天後，戈巴契夫站在聯合國講壇上宣布片面裁減五十萬蘇軍。次周，中情局首席蘇聯問題分析員麥易勤在國會連呼不可思議：就算中情局斷定這種驚天動地的變化會橫掃蘇聯，「老實說，我們也不可能公布。要是我眞這麼做，肯定有人會要我腦袋。」

蘇聯日趨式微的當兒，中情局「一再報導蘇聯經濟日日成長」，老布希政府內最有經驗的克宮學家帕瑪（Mark Palmer）說。「他們習慣上是拿蘇聯官方宣布的數據，扣掉一個百分點就發布。這是不對的，只要是在蘇聯城市或鄉村待過的人，都不難看出這簡直是胡扯。」但這就是中情局最優秀的智囊，如擔任首席蘇聯問題分析員的蓋茨之流的工作，帕瑪覺得甚為氣惱。「他根本沒到過蘇聯！他一次也沒到過，卻是中情局所謂的頂尖專家！」

不知怎地，中情局連主要敵人日趨衰亡的事實也漏失了。老布希時期的聯參首長主席柯羅威（William J. Crowe Jr.）海軍上將說：「他們口中所說的蘇聯與現實脫節，好像他們根本不看報紙，更不去開發祕密情報似的。」一九八九年春天，蘇聯各加盟共和國開始出現裂痕時，中情局著實是從當地報紙得知消息，可惜已是三個星期前的舊聞。

一九八九年五月，中情局裡沒人問老布希剛指派的駐德國大使華特斯：「一旦柏林圍牆倒下，我們該怎麼辦？」

冷戰最大象徵柏林圍牆已豎立將近三十年。一九八九年十一月，當它一夕之間倒塌時，蘇聯課長畢爾登（Milt Bearden）在總部無言地盯著ＣＮＮ新聞。這個新秀電視網，已變成中情局的大問題。每遇有危機事件，CNN總是能提供及時情報，中情局怎麼拚得過？現在，白宮就在電話線上：莫斯科怎麼了？我們的諜報人員怎麼說？中情局很難啓齒，現在根本沒有值得一提的蘇聯特工——蘇聯的特工死的死，捉的捉，中情局也搞不懂原因何在。4

中情局想像征服英雄般乘勢東進，並接收捷克、波蘭和東德的情報機關，但白宮力持慎重。中情局首先要做的是，代捷克劇作家哈維爾等東歐新領袖訓練安全幕僚，並以最高價收購被推翻東德祕密警察的群眾拋到街頭的檔案。

蘇聯共產國家的情報機關，都是龐大且精密的壓迫工具，最主要作用就是監視、恐嚇和控制本國公民；它們的規模比中情局更大，手段比中情局更殘忍，也曾在許多海外戰役中擊敗敵人，最後卻毀在蘇維埃國家的殘暴和老朽上。

少了蘇聯這個大敵，等於是把中情局的心揪了出來。沒有敵人中情局要怎麼活？畢爾登說：「中情局獨樹一幟和隱密行事本來是再簡單不過的事，但這是指任務而言，不是指一個機關。這個任務就是十字軍東征，一把蘇聯拿掉就沒別的東西。我們沒有歷史，沒有英雄，甚至連我們的勳章都祕而不宣。現在任務結束。完了。」

數百名祕密行動處的老手在宣告勝利後功成身退，從羅馬一線情報官幹起，十六年後當到巴塞隆納基地主任的紀拉迪便是其中之一。他在羅馬工作站的夥伴已經拿到義大利政治學博士，但在巴塞隆納，他只是個不懂西班牙文的英文主修生。

他說：「最慘的是在精神層面上，我所認識的年輕情報官大多已辭職求去，他們是最優秀最聰明的一批人，但其中有八、九成半途就不幹。剩下的動機已然不多。熱情不再。我在一九七六年加入中情局的時候，局裡有一種部落意識（tribalism），[5]由這種意識創造出來的團隊情神，頗能適合需要。」如今這種文化不見了，祕密工作也泰半隨之消失。

在老布希政府下主管國安預算的中情局退休人員唐納休（Arnold Donahue）指出，早在一九九〇年，「就已迅速演變成很險惡的情況」。每回碰到索馬利亞、巴爾幹半島或世界各地發生危機，白宮要「十或十五名地祕密工作人員到現場查清狀況」時，就會問「有人可以派上用場嗎」？回答始終是「絕對沒有」。

不調整就是死路一條

一九九一年五月八日，老布希總統把蓋茨叫到「空軍一號」前艙，要他接下中情局局長的工作。蓋茨在興奮之餘，又有點害怕。他的任命確認聽證會變成殺戮戰場；試煉持續半年之久。蓋茨被凱西的罪愆拖累，被自己的弟兄小看；他想談中情局的未來，聽證會卻在追究它的過去。聽證會讓一大票被凱西和蓋茨串通欺騙多年的憤怒分析員有發言機會；他們的憤怒有對事也有對人，但都一致抨擊中情局自欺欺人的文化。服務四十年，績效卓著的哈洛德·福特說，蓋茨和中情局對蘇聯生活實態的理解「錯得離譜」。這四個字使中情局的論點備受質疑。

蓋茨彷彿是衛冕的拳手般渾身發抖，幾乎聽不到下一回合開始的鈴聲。但他還是盡力說服參議員，「在重新評估美國情報的角色、任務、優先事項與結構不容錯失的機會」上，他們將是他的夥伴。蓋茨贏得的贊成票大部分要歸功於參院情報委員會幕僚長，也就是未來的中情局局長坦內特。年方三十七歲的他，雄心勃勃，長袖善舞，是希臘移民後裔，雙親在皇后區邊上經營一個叫「二十世紀餐車」的漢堡連鎖店。坦內特是個天生的幕僚人才，工作認眞，對老闆忠心、樂於討好老闆。他替那些只要證明蓋茨可以釋出權力的參議員找尋證據。

蓋茨在華府受苦受難的時候，中情局在海外倒是樂陶陶。一九九一年八月，反戈巴契夫政變雖然失敗，蘇聯卻已逐漸垮臺；這時，中情局在莫斯科最佳地點做現場報導，即位於捷爾任斯基廣場（Dzerzhinsky Square）的蘇聯情報總部屋內。蘇聯課明星蘇立克（Michael Sulick）在立陶宛宣布獨立之際驅車趕到，成爲第一個站在前蘇聯共和國土地上的中情局官員。他公開介紹自己的身分，並向這個新生國家的領導人自薦，要幫他們建立情報機關。他獲邀進入副總統莫提耶卡（Karol Motieka）辦公室工作。蘇立克在局內刊物中寫道：「對一個一生打擊蘇聯的中情局官員來說，獨自坐在副總統辦公室裡，教人有疑眞疑幻之感。要是幾個月前一個人在蘇聯共和國副總統的辦公室，我肯定會覺得自己挖到情報母礦。現在，我坐在莫提耶卡辦公桌後，文件四散，我唯一的目的卻是打電話到華沙。」

諜報人員辛苦偷運出來的點滴情報，始終拼湊不出蘇聯大致架構。冷戰期間，中情局掌控三名可以提供具有恆久價値的蘇聯軍事威脅相關情報的特工，全都被捕和處決。偵察衛星可以準確地算出蘇聯坦克與飛彈的數量，但這些數字現在似乎已無關緊要；竊聽所蒐集來的千言萬語，現在已全無意義。

蓋茨宣誓就職後，立即在一九九一年十一月七日和八日與祕密行動處領導會議。「外面是個嶄新的世界，不調整就是死路一條」，是他在會議前兩天寫在記事本上的話。下個星期，老布希對內閣成員發出的國安檢討二十九號令（National Security Review 29），是蓋茨花了五個月起草的成果，命令中建議政府所有部門各自提出往後十五年對美國情報機關的要求。「這是歷史性的重大工作」，蓋茨向數百名中情局員工說道。

國安檢討令雖有老布希簽署，實際卻是蓋茨對政府各部門的請求：請告訴我們，你們需要什麼。他知道中情局要想存活，就得讓人有改革的印象。已在老布希任內當了四年副局長的寇爾不免懷疑，以後是不是還會有中情局存在。他說，中情局「和前蘇聯一樣在鬧革命，我們已喪失這四十多年來驅動情報機關乃至整個國家的單純目標或凝聚力」。也就是說，各界對美國利益所在以及中情局如何為國家利益效力的共識已經不見了。

蓋茨發布新聞稿，稱國安檢討是「自一九四七年以來，在評估未來情報需求與優先事項上，影響最為深遠的指令」。然而，到底是什麼需求呢？冷戰期間，總統和中情局局長毋需提出這個問題。現在中情局到底是專注於地球破壞，還是全球市場興起的問題？到底是恐怖主義還是科技更具威脅性呢？蓋茨整個冬天都在匯整新世界的工作清單，二月間完稿，一九九二年四月二日提交國會。最後定稿的清單從氣候變遷到網路犯罪，總共列有一百七十六項威脅。名列榜首的是核/生化武器；其次是毒品與恐怖主義這兩個孿生兄弟，可見這時恐怖主義還是次要問題；接著是世界貿易和科技上的意外發展，但沒有把蘇聯廣大市場計算在內。

老布希總統決定縮小中情局規模，重訂中情局業務範圍。蓋茨同意。這是冷戰結束後的合理反應。於是，中情局權限刻意縮小。人人都覺得，中情局變小了，應該也能變得精明些。情報預算從一九九一年開始減少，往後六年節節下降。削減預算在一九九二年中情局奉命大幅增援日常軍事活動時最為要命，總計有二十幾個海外據點解散，有些設於主要國家首都的工作站縮編百分之六十以上；同

冷戰結束形成中情局在六年內換五位局長的現象。不僅高層人事更迭頻繁，祕密工作人員與情報分析員亦大批出走。圖為韋伯斯特（左）以及蓋茨（最後一位出身中情局的局長）。

時，在海外服務的祕密行動處人員也爲之銳減。分析人員所受的打擊更嚴重，新任情報分析主管麥易勤「和一票兩年輪調一次的十九歲少年郎」很難做嚴肅的分析。這話雖然有些誇張，但也不致太離譜。

蓋茨在就職不久後的私人工作日誌上寫道：「預算縮水，緊張升高。」往後數年連年縮水，老布希和許多人把責任推到軟腳蝦的自由派頭上，但記錄顯示他們的作爲和他其實沒有兩樣。從一九九二年選舉季開始時，柯比爲「民主價值同盟」這個團體所拍的電視廣告來看，他們的主張其實蠻符合時代精神。

他說：「我叫柯比，曾任中情局局長。[6] 情報工作目的是要爲我們的軍隊提供預警。現在冷戰已經結束，軍事威脅大減，正是削減百分之五十軍事預算，把這些錢投資到教育、健保和經濟的時候。」這就是著名「和平紅利」(peace dividened)。

然而，事實證明這次和平也像二戰後的和平一樣轉眼即逝，而且這次還沒有勝利大遊行，難怪有些冷戰老手要爲消逝的敵人哀悼。

赫姆斯曾告訴筆者：「若是你想投入情報工作，必須要有很大的動機。」他目光凝注，聲音低沈而急迫。「這可不是好玩遊戲。它很齷齪，也很危險，往往會玩火自焚。二戰期間，我們在戰略情報局很清楚自己的動機是打倒納粹。現在冷戰突然結束了，還有什麼動機呢？還有什麼能讓人用一生去從事這種工作？」

蓋茨花一整年時間來回答這些問題：每天在國會山莊作證、爭取政治支持、發表公開演說、主持特別小組和圓桌會議、承諾提供軍方更多情報、少對分析人員施予政治壓力、全面打擊十大威脅、一個更優秀的新中情局。可惜，他沒有時間來落實這些願景。他上任十個月後，就得拋下工作飛到小岩城（Little Rock）為下任美國總統做簡報。

〔注釋〕

1. 姑且不談特工慘死的悲劇，中情局這段期間的報告和分析也不斷出錯。一九八七年夏天，兩伊戰爭進入最後階段之際，伊朗開始騷擾科威特籍的海上油輪。這些船隻紛紛掛上美國國旗，並由美國海軍戰艦保護，中情局的波斯灣形勢評估報告卻極力建議終止易旗護艦行動。爭議上達國安顧問卡盧奇。「中情局報告基本上是說，與伊朗搞軍事對抗無濟於事。事實上，伊朗一挑釁，我們二十四小時內就擊沈他們一半的船隻，嚇得他們掉頭把船隻開進港內，我們才能安然航行波斯灣。中情局錯了。」曾任中情局副局長的卡盧奇說道。

2. 一九九一年一月十日，中情局提醒白宮和五角大廈說：「海珊肯定會對西方國家，特別是美國，展開大規模恐怖行動。可能在包含美國在內的若干地區同時展開多起攻擊，以爭取最大曝光並製造恐慌。」中情局和聯邦調查雖在美國攻打伊拉克前幾天，在中東和亞洲地區追捕到起碼三批伊拉克軍官，但沒有任何證據顯示伊拉克情報機關的外圍組織已滲入美國本土。

3. 蓋茨手下的國安會幕僚，盡是些對中情局分析充滿不屑的專家。一九八九至九〇年間在國安會裡負責蘇聯與東歐事務的布雷克威爾（Robert D. Blackwill）大使就說：「中情局仍然提出很多分析報告，可我一份也沒看。就我所知，除了蓋茨，國安會裡根本沒人要看中情局報告。」

4. 一九九〇和九一年間蘇聯崩解期間，是中情局最用心追究這些特工死亡原因的時候。蓋茨告訴筆者：「一九八七年初獲提名為中情局局長後，我和赫姆斯一起吃了頓午餐。我還記得，在局長餐廳用餐之際，赫姆斯對我搖搖手，而這時在場的只有我倆，他告訴我說，每晚回家都不免心想，內奸在哪兒。」這個問題在蓋茨為時不久的局長任內最後幾個月漸露端倪，一九九二年四月，艾姆斯（Aldrich Ames）被捕。

5. 〔編注〕tribalism在西方中心直線史觀中，帶有負面，消極、落後的絃外之音。在政治上，用以形容政治組織型態與西方相異者，甚有派系意識、裂解、殘暴之意。

6. 〔譯注〕柯比於一九七三年九月至七六年一月任中情局局長。

6. 1993-2007 柯林頓與小布希時期的中情局

思量評估

〔第四十四章〕我們沒有事實

自柯立芝（Calvin Coolidge）以來，[1]從沒有哪位三軍統帥像柯林頓一樣那麼小看大世界。不管他怎麼轉動地球儀，最後一定停在美國上。

出生於一九四六年，年紀不比中情局大的柯林頓，係由全國反越戰和反徵兵運動形塑人格，經阿肯色地方與州事務磨練成爲政治人物，再憑著復甦美國經濟的承諾當選美國總統。在他的五大議程裡並沒有外交政策這一項。他對美國在冷戰後的戰略利益並沒有很深入的看法。以他的國安顧問雷克（Tony Lake）的話來說，他把自己在位的時代視爲「龐大民主與企業機會的時機」。柯林頓政府上臺八個月後，才由雷克宣布，美國的外交政策是增加全世界自由市場的數目。這比較像是商業企畫，不像是外交政策。柯林頓把自由貿易和自由畫上等號，彷彿出售美國商品就能把美國價值觀普及到海外。

柯林頓的國安小組人馬都是二流貨色。他選品格高尚但散漫急躁的眾議員亞斯平（Les Aspin）當國防部長，結果亞斯平撐不到一年；他選高傲的律師克里斯多福爲國務卿，但此人既古板又冷淡，把重大的全球性問題當成判例處理。柯林頓到最後一刻選擇尼克森時期國安會幕僚、神經過敏的伍爾西（R. James Woolsey Jr.）爲中情局局長。

伍爾西五十一歲，律師出身，也是經驗豐富的武器管制談判人才，曾任卡特政府海軍部副部長。此君太陽穴外凸，尖嘴利舌，倒像是頭高智慧的座頭鯊。伍爾西在柯林頓當選一個月後，發表一篇相當引人注目的談話，說美國苦鬥惡龍四十年，好不容易屠龍成功，卻發現自己置身於毒蛇遍地的叢林中。這話簡直在說冷戰後的美國情報機關，沒人能刻畫得更加生動了。幾天後，他接到一通電話，於是飛到小岩城，在十二月二十二日午夜後見到柯林頓。總統當選人悠悠談起自己在阿肯色州的童年時光，然後問起伍爾西在隔壁奧克拉荷馬州的童年歲月，帶他走一趟一九五〇年代記憶長巷。到黎明時分伍爾西才得知自己將是下任中情局局長。

伍爾西。

當天早上正式宣布前十五分鐘，柯林頓的新聞祕書蒂蒂．邁爾斯（Dee Dee Myers）看了一下記事本，說道，「將軍，我不知道你也在老布希政府服務過。」

伍爾西說：「蒂蒂，我不是將軍，我在軍中最高只當到上尉。」

「哇，那我們新聞稿最好改一下。」她說。

他忙不迭地逃開。由於機場已起霧，伍爾西找來一名中情局官員開車送他到達拉斯，再搭機到加州過耶誕節。這是他最後一次自由意志行爲，往後他即將成爲中情局的戰俘。

往後兩年內，他只和總統開過兩次會議——創中情局史上最低記錄。多年後他說道：「我和總統不是壞關係，我是根本沒有關係可言。」

現在，中情局高層官員服侍的是一個他們曉得沒有影響力的局長，服侍的總統對中情局毫無所知。一九九一到九三年間擔任祕密行動處處長的崔頓說：「我們在老布希時期與白宮關係極佳，常有大衛營耶誕派對之類的活動，接著就從相濡以沫變成毫無關係。經過大約半年之後，我們才赫然發覺，局裡沒人見過總統或國安會成員。」沒有總統的指令，中情局就沒有權力，宛如扣上鐐鍊的船隻漂泊浮沈。

柯林頓雖是在刻意無視中情局的狀態中上臺，但很快就得靠祕密行動處來解決海外的問題，在任的前兩年便批准數十項祕密行動方案。碰到祕密行動無法迅速撥亂反正的時候，他不得不轉向軍事指揮官，而這些人泰半看不起他這個逃兵者。結果很慘。

沒有情報網

「再也沒有比索馬利亞更嚴酷的考驗了。」小魏斯納說道，他是中情局祕密行動處創始人魏斯納的兒子。

索馬利亞可說是冷戰受害者。美國和蘇聯提供給競爭派系的大量武器，爲彼此交戰的部族留下大批軍火。一九九二年感恩節前夕，老布希總統以人道理由批准美國軍事介入。索馬利亞已有五十萬人餓死；在老布希政府末期，幾乎是每天要死上一萬人。如今，各交戰部族又在偷取糧食援助，互相殘殺。糧食援助垂垂待斃民眾的任務，很快就演變成針對勢力最強大的軍頭艾迪德（Mohamed Farah Aideed）將軍的軍事行動。小魏斯納在短暫代理國務卿職務後，於一九九三年總統就職日當天，轉任國防部副部長，負責政策事務。他看看索馬利亞，只發現一片空白。老布希總統兩年前就已關閉美國大使館和中情局工作站。

小魏斯納說：「我們沒有事實，沒有情報網，無從得知當地的動態。」這是他必須靠中情局協助解決的問題。他設立索馬利亞特別任務小組，先部署美國特種部隊突襲隊，再以中情局為前線耳目。這工作落在剛派任索馬利亞工作站長鍾斯（Garret Jones）的身上。原為邁阿密警探的鍾斯，帶著七名手下和推翻一大票軍頭的任務，被丟到一個沒人知道的地方。他的總部設在原美國駐莫加迪休（Mogadishu）大使廢棄住處中洗劫一空的房間內。沒幾天光景，他手下最優秀的索馬利亞特工飲彈自裁，另一位被美軍直升機火箭砲打死，副站長被狙擊手一槍打中脖子丟了半條命，鍾斯自己則主持在各處暗巷追捕艾迪德及其副手的行動；在一次造成一千二百名索馬利人死亡的衝突中，這些暗巷葬送十八名美軍。

索馬利亞行動的事後檢討，出自柯羅威將軍之手；他已從參謀首長聯席會議主席職務退休，轉任當年艾森豪所創設的元老委員會「總統國外情報顧問委員會」主席。委員會的調查結論是：「索馬利亞情報失誤就發生在國安會裡。他們指望情報不只是提供當地情勢的消息，更要代他們做決策。他們不瞭解為什麼情報不能正確地建議他們該怎麼做。」柯羅威將軍說。

「這也造成層峰對索馬利亞情勢相當的迷惑，總統自己對情報不是很感興趣，這才是最不幸的事。」柯羅威道。

結果是，白宮和中情局之間一直存在的不信任感益發加深。

報復行動對伊拉克洗衣婦相當有效

一九九三年伊始，恐怖主義還不是中情局大多數人最優先的課題。美國自從被逮到出售飛彈給伊朗後，一直沒有採取有效行動處理恐怖根源。雷根時期被擄的人質，除了巴克萊成了屍骨裝棺而回，其餘都已在一九九一年前後從貝魯特返國。因此，一九九二年就出現關閉中情局反恐中心的嚴肅議論。事態已平靜下來，很多人以爲恐怖活動問題已自然消解。

柯林頓執政第五天，一九九三年一月二十五日，黎明過後不久，中情局總部入口外的停車號誌前有一排車子，排第一位的正是六十歲的中情局官員史塔爾（Nicholas Starr）。號誌燈一直沒轉綠，車輛已回堵到一二三號高速公路，耐心等候進入總部林蔭區。上午七點五十分，有位巴勒斯坦青年下車，開始以ＡＫ-47攻擊型步槍掃射。他首先對二十八歲的祕密行動通信官達林（Frank Darling）開槍，擊中達林的右肩，在達林太太驚叫聲中，槍手一旋身，射殺六十六歲的中情局醫師班內特（Lansing Bennett），再轉身對史塔爾左臂和左肩開槍，接著是六十一歲的中情局工程師摩根（Calvin Morgan），以及後來經由法院記錄確認爲中情局員工的四十八歲男子威廉斯（Stephen Williams）。殺手再次回身，一槍轟掉達林的腦袋，然後駕車揚長而去。全部過程大約半分鐘。身受重傷的史塔爾總算趕到中情局大門的警衛室告急。

柯林頓始終沒有到中情局慰問傷亡。他派老婆出面。中情局總部裡說有多怒都不誇張。同年夏天，中情局派駐在喬治亞共和國首都第比利斯（Tbilisi）的代理工作站長伍德魯夫（Fred Woodruff），在觀光途中被一個顯然是隨興殺人的凶手射殺，伍爾西飛了大半個地球去接他遺骸。

一九九三年二月二十六日，中情局大門槍殺事件一個月後，世貿中心地下停車場發生爆炸案，造成六人死亡，千餘人受傷。聯邦調查局原以爲是巴爾幹分離主義者幹的，但不到一個星期便查出，炸彈客乃是居住於布魯克林區的埃及酋長拉曼（Omar Abdel Rahman）的手下。這位盲眼酋長在中情局總部可是大名鼎鼎；他曾號召數百名阿拉伯戰士，打著「伊斯蘭團」（Al Gama'a al Islamiyya）的旗號，投入阿富汗反蘇戰爭。一九八一年他以暗殺沙達特總統罪名受審並定罪，但一直軟禁在埃及直到一九八六年。他一出獄就開始設法進入美國，一九九〇年終於成功入境。他是怎麼入境的呢？他是眾所皆知的煽動家，因而也成爲殺害美國人陰謀的精神領袖。

美國大使館代辦歐尼爾說，他的簽證是在蘇丹首都「由中情局駐喀土木的某位官員所簽發，中情局知道他在該地區遊走找簽證，卻始終沒告訴我們」。歐尼爾心想，一定是搞錯了：「定是這個名字飛快地掠過一時看花了。」事實上，中情局審查過七次拉曼的入境申請，其中有六次通過。歐尼爾說：「居然會發生這種事，眞是可怕，這是嚴重的錯誤。」

一九九三年四月十四日，老布希飛抵科威特慶祝波斯灣戰爭勝利，隨行的有他的妻子、兩個兒子和前國務卿貝克。在這趟行程中，科威特祕密警察逮捕十七名男子，並控告他們在豐田Land Cruiser車上藏暗大約二百磅的塑膠炸彈，意圖炸死老布希。有些嫌犯熬不過刑求，招供說是伊拉克情報機關指使這起暗殺。四月二十九日，中情局的技師報告說，炸彈的結構體上有伊拉克記號。數日後，聯邦調查局接手審問嫌犯，其中兩人承認是伊拉克所派。這幅拼圖唯一兜不攏的是嫌犯本身：大部分是威士忌走私客、大麻葉販子和彈震症退役軍人。儘管如此，中情局還是斷定海珊意圖殺害老布希。

第二個月，柯林頓衡量反應措施。六月二十六日凌晨一點半左右，二十三枚戰斧飛彈落在位於巴格達市中心一處高牆堅壁設施裡的七幢建築，即伊拉克情報機關及四周。起碼有一枚飛彈擊中一幢公寓，造成一位知名女藝術家及其夫婿等七名無辜平民死亡。聯參首長主席鮑爾將軍表示，這次轟炸旨在「扯平對老布希總統的攻擊」。

中情局局長對柯林頓總統的平衡觀甚爲憤怒。伍爾西在多年後說道：「海珊意圖暗殺老布希前總統，柯林頓總統卻在巴格達午夜時分對空屋發射數十枚巡弋飛彈，這報復行動對洗衣婦和守更夫倒是十分有效，要報復海珊卻不盡然。」他在不久之後又指出：「我們一有直升機在莫加迪休被擊落，就像十年前在貝魯特一樣，忙不迭地一走了之。」

陸軍遊騎兵的屍體被拖到莫加迪休街上示眾的印象記憶猶新，柯林頓已著手恢復海地民選總統、左派神父阿里斯蒂德（Jean Bertrand Aristide）的權力。他確實把阿里斯蒂德看作海地人民的合法統治者，希望藉此彰顯正義。這必須先瓦解罷黜阿里斯蒂德的軍事執政團，可是，其中很多人列名中情局受薪名冊多年，一直是祕密行動處可靠的線民。[2] 對白宮而言，這個事實是令人不快的意外。由此揭露中情局所創設的海地情報機關，其軍事領袖除了分銷哥倫比亞古柯鹼、摧毀政敵、維持自身在首都太子港的權勢，幾乎沒有其他作爲，著實令人難堪。現在，中情局要推翻自家特工，處境十分尷尬。

這也使得柯林頓和中情局處於正面衝突的局面。所以，中情局正確評估說，無論是實力還是德行，阿里斯蒂德都不是棟樑之才。伍爾西則形容這是意識形態之爭。他回憶，總統和他的助理群「急著要我們中情局的人說，阿里斯蒂德可以成為海地的傑佛遜。我們有點不悅地予以拒絕，並指出他的缺點和一些正面的事。我們因此惹人嫌」。伍爾西只說對一部分。中情局對阿里斯蒂德缺點的分析雖讓白宮感到不便，中情局在海地的老盟友更令白宮駭然失色。

柯林頓氣中情局在海地問題上與他交鋒；然而他未能擬具外交政策致使行動癱瘓；直升機在索馬利亞遭擊落更令他震驚，總統於是決定暫撤出第三世界。然而，美軍和間諜一撤出非洲角（Horn of Africa），[3]結束人道任務，該地馬上陷入殺人和被殺的局面；這批軍人和間諜隨即奉命前往盧安達救人——該國兩大部族正自相殘殺。

一九九四年一月底的時候，中情局研究報告說，盧安達可能會有五十萬人死傷，白宮則刻意不予理睬。[4]不久盧安達即爆發二十世紀最慘重的人為浩劫。國安會幕僚霍爾珀林（Mort Halperin）說：「由於沒有影像資料，消息也不多的緣故。事態尚未失控之前，沒有人真正注意到情況有多麼嚴重。」柯林頓政府不太願意捲入未見諸電視報導的他國苦難，因此不願將盧安達發生的單向大屠殺稱為「種族滅絕」。總統決定狹義地界定美國國家利益，亦即偏遠地區的失敗國家如索馬利亞、蘇丹和阿富汗，就算崩潰也不會直接影響到美國，這是他對盧安達的反應。

毀了吧

伍爾西幾乎是每仗必輸，而且輸得次數還不少。還留在局裡的冷戰世代明星分析員，一旦明白伍爾西無法恢復中情局的經費和權力，大多熄燈打包走人。老手先閃，三十和四十出頭的有為才俊繼之，紛紛出走另謀高就；招收二十幾歲的新人才，一年比一年難。

中情局的才智之士和行動人才逐漸流失，總部由一些職業文官管理，只知道把日漸縮水的經費分出去，不知道哪些計畫管用。前輩沒有留下辨別計畫優劣的制度，他們當然也沒有；既沒有成敗優劣的評分表，自然不太知道怎麼分派選手上場。有經驗的行動人員和分析員日漸減少之際，局長的權限也被虛胖的中間管理階層削弱，特別助理、幕僚助理和特別任務小組越來越多，總部容納不下，他們竟到各商場和工業園區租賃辦公室。

伍爾西赫然發覺，自己主持的是一個漸漸和政府其他部門脫節的祕密官僚機構。猶如大城市的醫院醫療管理不當會讓患者病情加重，出錯已成爲中情局日常業務的一部分。中情局首席行政官賽門（James Monnier Simon Jr.）寫道：美國情報機關已逐漸變成「科學怪人」，是個「由不同甚至是漠不關心的作業員，在不同時間把不搭軋的零件湊在一起的集合體」，由於「中樞神經缺陷，造成協調與平衡障礙」。

這問題太過複雜，不是馬上能解決的。中情局像太空梭一樣，是個只要有個組件故障就會爆炸的複雜系統。美國總統是唯一有權力讓各零件搭軋的人，可惜柯林頓根本沒時間去瞭解中情局是啥玩意、怎麼運作、如何與政府其他部門配合。總統把這些問題全交給他帶到白宮來主管國安會情報業務的幕僚長坦內特。

坦內特在柯林頓政府裡已待了十四個月，時時在離白宮兩條街外的露天咖啡座喝雙倍義式濃縮咖啡，邊抽雪茄邊沈吟。到底他認爲要怎麼改革中情局呢？坦內特說：「毀了吧。」當然，他的意思是指創造性毀滅，由根底重建。只是他的措詞倒是頗爲傳神。

〔注釋〕

1.〔譯注〕柯立芝係美國第三十任總統，任期爲一九二三年八月二日至一九二九年三月四日。

2.推翻阿里斯蒂德的軍事執政團成員普魯多姆（Ernst Prudhomme）上校，主管海地的情報機關，也是收受中情局金錢的海地軍官之一。一九八九年十一月二日，頂著全國治安機關首長頭銜、領受中情局優渥待遇的普魯多姆，在主持偵訊時，嚴刑拷打首都太子港市長保羅（Evans Paul），他斷了五根肋骨且有嚴重內傷。保羅說：「普魯多姆自已倒是沒動手，他扮演智囊的角色，細心地找出你供詞中的矛盾點。他想向世人證明我是個恐怖分子……他好像亦步亦趨跟著我似的，對我從小至今的生活瞭如指掌。」

3.〔譯注〕非洲角係非洲東北部的俗稱，範圍包括衣索匹亞、厄利垂亞、吉布地和索馬利亞。非洲角是聯絡印度洋、紅海、地中海的要衝，地理位置和戰略意義重要，歷來成爲列強爭戰角力的地區。

4.即使白宮理睬，中情局也拿不出什麼辦法來防止屠殺，因爲中情局並沒有派人駐在盧安達。「中情局在非洲政局上幫不了太大的忙。始終沒有作用，他們對非洲不是很感興趣。」駐盧安達大使葛里賓三世（Robert E. Gribbin III）說道，他是長年服務非洲大陸的職業外交官。

〔第四十五章〕

我們怎麼會不知道？

中情局督察長奚茨（Fred Hirz）說，他的工作是在煙硝散去的時候，到戰場射殺受傷者。他的內部調查報告很盡心，也很嚴厲。他是老派中情局人，普林斯頓大學四年級當選學生會長後被中情局吸收。命運弄人，他手上最大的案子就是一九六九年中情局幹部在職訓練時的同學，蘇聯諜出身的酒精性精神倦怠者艾姆斯（Aldrich Hazen Ames）。

一九九四年二月二十一日「總統日」（Presidents' Day）這天，「艾姆斯從郊區住家到總部上班時，一票聯邦調查局人馬把他從積架轎車裡揪出來，扣上手銬帶走。他被捕後，筆者曾到亞歷山卓郡監獄看他。他是個五十三歲的灰髮男子，替蘇聯當間諜將近九年，不久就要被送去終身監禁，因此急著要找人談談。

艾姆斯是個不滿分子和裝病逃避勤務的人，他能找到中情局工作，只因他父親曾在中情局服務。

他的俄語還過得去，不喝酒的時候寫起報告倒也通順，只是人事資料上卻記載著他長期酗酒和不適任。他已十七年沒有升遷，一九八五年擔任蘇聯暨東歐反情報課長是他事業最高峰。眾所皆知，他一醉就滿腹牢騷，中情局卻任他接觸在鐵幕後工作的重要特務人員檔案。

他變得很看不起中情局，認爲老是說蘇聯對美國的威脅多麼強大且與日俱增，實屬荒唐。他認定自己比別人更瞭解。「我知道蘇聯眞正的用意是什麼，更知道什麼對我們的外交政策和國家利益最爲有利，我必須有所作爲。」他忖道。

艾姆斯佯稱可以吸收蘇聯駐華府大使館的情報官，因而取得上司許可去和這位俄國人見面。一九八五年四月，他以五萬美元代價交出三名替中情局工作的蘇聯公民名字。幾個月後，他將自己所知道的名字和盤托出。莫斯科撥給他二百萬美元。

美國在蘇聯的間諜一一被捕、下獄和處決。艾姆斯說，他們被處死的時候，祕密行動處內「警鈴和警哨」大作，「霎時間，克里姆林宮各處霓虹燈和探照燈全開，一路照過大西洋，『我們遭間諜滲透了』」。但中情局領導人一直不相信自家人會出賣他們。KGB利用雙面諜和騙術，巧妙地操縱中情局對本案的看法。一定是遭竊聽，不可能是內奸。

此外，艾姆斯還提供莫斯科數百名中情局同僚的身分及其工作的詳盡綱要。奚茨說：「他們的名字和美國正在進行中的活動詳情，都交到蘇聯情報機關手上。從一九八五年開始，一直持續到被捕前一、二年，艾姆斯一直很熱心蒐集情報，交給他的蘇聯主事官。以嚴格的情報術語來說，這是恐怖事件。」

中情局雖知道有個地方出了差錯，壞了蘇聯作業，卻拖了七年才慢慢地面對現實。中情局沒有能力自己調查自己，這點艾姆斯很清楚。他得意笑道：「非得到最後才會有人舉手投降，說『我們做不來』。你有二、三、四千人到處搞諜報，不可能監督、控制和制衡，這或許是諜報機關最大的問題。諜報機關最好要小，一旦變大了，不是變成像KGB那樣，就是像我們這樣。」

違反第一誡命

艾姆斯被捕後，奚茨花了一年多時間來評估他所造成的傷害，最後卻發現中情局本身就是高明騙術的一環。

中情局在冷戰期間和冷戰結束後所匯整的最高機密文件中，有些是所謂的「藍帶報告」，也就是在報告書邊上以藍條線標示其重要性的報告，專門評估蘇聯飛彈、坦克、噴射機、轟炸機、戰略和戰術實力，由中情局長簽名，呈送總統、國防部長和國務卿的報告。奚茨說：「這是情報界存在理由。」

從一九八六到九四年的八年裡，負責這些報告的中情局官員都知道，中情局內線已受蘇聯情報機關控制，卻明知故犯地把這些受莫斯科操弄的消息提供給白宮，而且刻意地隱瞞此一事實。揭露中情局一直提供錯誤情報和假情報的事實，未免太難堪。這些染了毒的報告，扭曲美國對莫斯科軍事與政治發展的看法。其中有十一份報告直接呈交雷根、老布希和柯林頓總統，大大扭曲並減弱美國瞭解莫斯科情勢的能力。

奚茨說道：「這是匪夷所思的發現。」負責這些報告的最資深中情官員和艾姆斯一樣，都自認爲自己最瞭解蘇聯；只要他自己知道孰眞孰假就行，報告出自特工欺瞞的事實無關緊要。奚茨說：「是他自己做的決定，可惡至極。」

「這整個事件給人的感覺是中情局不可信。簡言之，這是違反第一誡命。正因如此，才會有殺傷力這麼大的影響。」奚茨表示，中情局對白宮撒謊，就是破壞「神聖的信任」，少了這種信任，諜報機關就啥事也辦不了」。

需要徹底翻修

伍爾西承認，艾姆斯案所揭露的制度性疏忽，已瀕於刑事過失（criminal negligence）的程度。他說：「我們大概可以做個結論說，不僅沒有人監督，甚至沒人在意。」但他也表示，不會有人因中情局在艾姆斯案的「制度缺失」遭到開除或降級。他寄出申誡信給六名前資深官員，以及包括祕密行動處主管蒲萊斯（Ted Price）在內的五名現職官員。他把失誤界定爲「怠忽之罪」（sins of omission），[2]且認爲是中情局的缺陷文化，也就是自大和否認的傳統所致。

一九九四年九月二十八日下午，伍爾西向眾議院情報委員會提出他的決定，卻留下很不好的印象。委員會主席、堪薩斯州出身的民主黨人葛利克曼（Dan Glickman）從會場出來後表示：「教人不得不懷疑，中情局是否已變得和其他官僚機構無異，讓人不得不懷疑它是否失去特殊任務的活力。」

艾姆斯案對中情局的打擊強度可謂前所未見。攻擊來自美國政壇左派、右派和逐漸萎縮的中間派。白宮與國會的憤怒和嘲諷源源而來。大家都深深覺得，艾姆斯案不是單一的脫軌現象，而是結構性乾腐的證據。雷根時代的國安局長歐多姆（Bill Odom）中將說，唯一解決辦法是動個大手術。

伍爾西內外交煎之餘，一方面要為中情局辯護，一面要向美國民眾保證，他們有權利質問中情局的未來走向。可惜，他已喪失規畫走向的能力。於是，國會在一九九四年九月三十日成立一個委員會，專門檢討中情局的未來，並賦予它為中情局擘畫二十一世紀新道路的權力。艾姆斯案為中情局帶來難得的改革機會。

「這地方需要徹底翻修。」已廁身參院情報委員會六年的賓州共和黨籍參議員史貝特（Arlen Specter）說。

此刻最需要的是美國總統推一把，但柯林頓一直沒有動作。國會花了三個月時間才選定十七名委員、四個月起草議程、五個月後召開第一次會議。情報委員會係由國會議員主導，尤其是佛州出身共和黨籍保守派戈斯（Petre J. Goss）眾議員。戈斯於一九六〇年代在中情局的祕密行動處服務，表現優異，是唯一有中情局實務經驗的國會議員。委員會裡最知名的一位局外人伍佛維茨，則是認為中情局透過諜報活動蒐集情報的能力已然瓦解，此君也是下任總統權力核心裡最有影響力的人士之一。

委員會由亞斯平主持，他九個月前因優柔寡斷而丟了國防部長職務。柯林頓已任命他為總統國外情報顧問委員會主席。既沮喪又漫無章法的亞斯平，提出幾個沒有解答的大問題：「現在它的意義何在？有什麼目標？我們打算怎麼做？」幾個月後，五十六歲的他因心臟病突發過世，委員會幕僚意志消沈，委員會的工作更加漫無目的。委員各執一端，十幾個方向並陳，無法決定目的地。

幕僚長史奈德（Brit Snider）宣稱：「我們的目標是出賣情報。」但很多證人紛紛提醒，銷售不是問題，問題在產品本身。

委員會終於開議並聽取證詞。三年前列出三百七十六項威脅與目標清單的蓋茨，現在卻說太多的任務讓中情局喘不過氣；主事官和工作站長紛紛表示，太多離題太遠的小事情讓祕密行動處應接不暇。白宮為什麼要中情局報告拉丁美洲福音運動的成長？這對美國國家安全真有這麼重要嗎？中情局能做的只有少數重大任務而已。告訴我們，你們到底要我們怎麼做吧，中情局官員央求道。

委員會仍然抓不到重點，即使是一九九五年三月日本發生真理教派主導的東京地鐵沙林毒氣事件，造成十二人死亡，三千七百六十九人受傷，象徵恐怖主義已由民族國家轉型為自命不凡的恐怖分子活動；即使一九九五年四月發生自珍珠港事變以來美國本土死傷最慘重的奧克拉荷馬市聯邦大樓爆炸案（一百六十九人死亡）；即使查獲伊斯蘭好戰分子意圖在太平洋地區炸毀十餘架美國航空公司班機，並駕駛一架劫持而來的噴射客機衝撞中情局總部的陰謀；即使中情局官員已提出警告，有一天美國會面臨「空中恐怖活動」，亦即以飛機俯衝標的；即使情報圈總共只有三個人具備可以瞭解穆斯林對談的語言能力；即使電子郵件、個人電腦、手機和加密技術已公開供民間通信使用等，已淹沒中情局的情報分析能力；即使中情局處於崩解狀態的事實已漸為人所知，情報委員會依舊抓不到重點。

因此，該會歷經十七個月醞釀所提出來的報告，毫無分量和影響力。委員會幕僚莊森（Loch Johnson）說道：「很少人關心反恐。」

「祕密活動的界限一直沒有明確界定，責任缺失的問題也大多沒有處理。」看過報告的人都不信稍微調整一下就能修好這部大機器的溫吞論調。

委員會完成這份報告的時候，中情局在職訓練中心總共只有二十五名新人報到。中情局吸引人才的能力，降到有史以來最低點。中情局的名聲也一樣。艾姆斯案使得中情局的未來變成自身前科的受害者。

奚茨表示，祕密行動處「極爲關切前線工作人員不足的問題，找到合適的人擺到合適的地方，已經成爲另一亟待解決的問題。我們找到一些很好的人才，可惜人數不足，不夠派到最需要他們的地方。要是美國總統和國會不幫忙，一旦有不測事態把我們拉回來可就爲時已晚了，屆時世界某個地方，或許就在我們國內，發生類似珍珠港事變的可怕事件，我們便會瞿然驚醒，自問：我們怎麼會不知道呢？」

〔注釋〕

1. 〔譯注〕「總統日」是慶祝華盛頓生日的國定假日。
2. 〔譯注〕「怠忽之罪」係聖經語言，還有另一種罪是干犯之罪（sins of commission）。怠忽之罪是指沒有做到應該做的；干犯之罪則指做了不該做的。

〔第四十六章〕我們有麻煩

一九九四年底，伍爾西錄下給中情局同仁告別談話，同時派信差將辭呈送到白宮，隻身匆匆離開華府。柯林頓趕忙找尋有意願和能力接下這份差事的人。

副國防部長杜奇（John Deutch）說：「總統問我是否有意思當中情局局長。我很明確地向他表示沒有。眼見好友伍爾西局長當得那麼辛苦，我沒有任何理由自認會比他做得更好。」

沒關係，柯林頓說，那麼去找個可以勝任的人。六個星期之後，杜奇設法拱一位叫卡恩斯（Mike Carns）的空軍退役將軍出來。又過六個星期，提名作業從搖擺、暴跌到墜毀。

杜奇說：「總統逼我接下工作。」他就這樣開始短暫而痛苦地學習美國情報政治學。杜奇不敢接這差事其來有自。他在國安圈子待了三十年，當然知道從來沒有一個中情局局長可以完成同時擔任美國情報機關主席和中情局執行長的任務，於是他提出和凱西一樣的請求，也同樣取得閣僚層級的身分，以確保自己有點接近總統的機會。他原寄望柯林頓若能在一九九六年連任，自己可以出任國防部長，但他也知道中情局處於混亂狀態，不是一、二年內就可以撥亂反正。

中情局老牌分析員簡萃（John Gentry）在杜奇初上任頭幾天寫道：「中情局苦於領導無方，可謂風雨飄搖。它得了明顯的萎靡症，從雇員到管理階層，不快樂的程度很高。資深官員同樣步履蹣跚。」中情局「由一批極度缺乏領導技巧的資深官員主導，導致它無法進行獨立而有創意的活動」。簡萃寫道，柯林頓只要從CNN獲得情報就心滿意足，中情局已「沒人願迎合他」。

杜奇當國防部副部長的時候，曾以一整年的時間和伍爾西探討美國情報得失，並設法調停五角大廈和中情局之間永無休止的經費與權限之爭。他們會選定一個議題來檢討，譬如核武擴散問題，一天下來的結論是，應該可以有更大的作爲。艾姆斯案之後，當然就更多了。支援軍事活動？很重要。人力情報？需更多的諜報人員。更好的分析？絕對重要。一番檢討下來，需求不勝枚舉，經費和能勝任需求的人才也龐大無比。美國情報圈無法從內部改革，當然也無法從外部改革。

杜奇。

杜奇與伍爾西都患了「老子最聰明症候群」，所不同的是，杜奇是「以前」最聰明。他當過麻州理工學院的理學院院長和教務長，專長是物理化學，也就是分子、原子和亞原子層物質轉換的學問。他可以把煤碳怎麼變鑽石解釋得清清楚楚，而他就是要在這種壓力下改變中情局。他在任命聽證會上矢言要「徹頭徹尾」改變中情局祕密行動處的文化，至於要怎麼做卻沒有明確的想法。他和前幾任局長一樣，到赫姆斯跟前請教。

已高齡八十二歲的赫姆斯，渾身流露英國貴族般的氣息。筆者在他和新局長聚首商議後不久，約他在離白宮兩條街的一家餐廳吃午飯。赫姆斯坐在慢慢轉動的吊扇底下，邊喝著啤酒邊透露說，杜奇本能地疏離祕密行動處，「把它看成只會惹麻煩。雖然他不是第一位和它保持距離的局長，但他應該做的是讓他們相信，自己和他們是同一團隊」。

一九九五年五月，杜奇到中情局總部上班後沒幾天，一直很注意必須找個新老闆的祕密行動處各領導人，提交一份光面的小冊子，標題就叫《新局長，新未來》，內容是他們的十大目標：核外流、恐怖主義、伊斯蘭基本教義派、支援軍事活動、宏觀經濟、伊朗、伊拉克、北韓、俄羅斯、中國。新局長和諜報人員都知道，白宮想把中情局當作御用網際網路，也就是從熱帶雨林到光碟仿冒等情報的資料庫；因此，中情局必須更加聚精會神。杜奇說：「問題在於有太多的事要做，我們接到各式各樣的請求：印尼現狀如何？蘇丹情勢如何？中東有何異狀？」諜報人員說，全球覆蓋率的主張既然很難落實，我們就應該把心力放在幾個硬目標上。杜奇委決不下。

他改採以五個月的時間設法掌握祕密行動處的做法。他飛到全球各地工作站，邊聽邊問，邊衡量該從何處著手。杜奇發現「士氣極爲低落」，更震驚於手下間諜連自己的問題都沒有能力解決。他發現他們處於驚恐狀態。

他把他們比擬爲越戰後的美國軍方。誠如杜奇在一九九五年九月所說的，當年，許多校尉級菁英相互言道：「我們有麻煩了。我們必須改變，必須想個不同的處事方式。我們要不一走了之，要不就是設法改變制度。」杜奇寄望祕密行動處解決自己的問題，卻發現手下已沒有變革的能力。杜奇說

「相較於軍官」，諜報人員「在能力、自身相對角色與責任的理解上，明顯不如」。祕密行動處「沒有信心可以執行日常業務」。

信心危機以各種形態呈現，有時表現在產生反效果的被誤導行動上，有時表現在情報蒐集與分析不斷出錯上。有些則表現在令人膽顫心驚的錯誤判斷上。

一九九五年七月十三日，全球媒體都在報導塞爾維亞人集體屠殺穆斯林，偵察衛星也在當天傳回波士尼亞斯里布瑞尼卡鎮（Srebrenica）外槍手看守俘虜的照片，中情局卻擱了五個星期才有人去看衛星照片。沒人想到塞爾維亞會占領該鎮，更沒人料到會發生大屠殺。沒人理會人道團體、聯合國和新聞界。中情局沒有官員或特工在現場確認報導眞假，更沒有時間和人才去查證驚恐難民的說法。

新聞報導大屠殺兩個星期之後，中情局派一架U-2偵察機到斯里布瑞尼卡，錄下當時俘虜所站立的田野上塚塚新墳的照片，三天後由定期軍用交通班機送到中情局。三天後，中情局的照片分析員比對第一批衛星照片俘虜站立的位置和第二批U-2所拍到的墳墓地點。一九九五年八月四日，中情局分析報告送到白宮。[1]

中情局的報告就這樣晚了三個星期。這起自五十年前希特勒死亡集中營以來最大規模的集體屠殺歐洲平民的事件，死了八千人，中情局居然漏失了。

在歐洲的另一端，巴黎工作站已展開精密的作業，以竊取法國在貿易談判立場上的相關情報。白宮堅守自由貿易是外交政策引導力量的理念，不斷要中情局提供更多的經濟情報，使得中情局更加苦不堪言。巴黎工作站此刻所探求的是對美國國家安全的重要性微乎其微的祕密，譬如有多少美國電影在法國上映等等。法國內政部所進行的反情報活動，則包括誘惑一名以非官方的商人身分爲掩護的中情局女性官員。法國政府公開將巴黎工作站長驅逐出境，何姆就這樣與另外四名倒楣又丟臉的中情局官員被趕出法國。何姆原本是名副其實的祕密工作英雄，曾負責寮國前線活動，三十年前在剛果墜機而倖保一命。

杜奇說，這是又一次的失敗行動，對祕密行動處而言，則是又一次公開羞辱，以及「中情局在自己所講求的標準受人質疑時，沒有能力發揮功能的又一例證」。他一再質問手下：「你們執行艱難任務的專業標準何在？你們在全世界都表現得可圈可點嗎？」對後面的問題，他的回答是一聲響亮的不。

明顯的惡意

巴黎工作站的問題和拉丁美洲課的問題比起來，只是一時的困擾而已。拉美課在中情局內自成一個世界，主事者都是反卡斯楚戰爭的老鳥，規則和紀律全由自己訂。自一九八七年以降，哥斯大黎加、薩爾瓦多、祕魯、委內瑞拉和牙買加工作站長，先後遭指控欺瞞上司，性騷擾同事，盜用公款，恐嚇下屬，主管反毒業務卻仍有一噸的古柯鹼流入佛羅里達州街頭，讓一百萬美元公款的帳目不清。中情局在冷戰期間一直和拉丁美洲的軍事政權合作打擊左派抗暴軍，這種舊誼很難割捨。

在瓜地馬拉，自一九五四年反民選總統的政變以來，已有二十萬平民喪生，其中百分之九十到九十六死於瓜地馬拉政府軍之手。一九九四年，中情局駐瓜地馬拉官員仍然極力掩飾他們與軍事政權親密關係的本質，壓制媒體報導列名中情局員工的瓜地馬拉官員都是凶手、拷問者和竊盜者。這種掩飾行爲已違背伍爾西一九九四年推行的權衡措施。這個稱爲「特工認證」的考核措施，係以特工行爲是否背信衡量情報品質。

督察長奚茨道：「除非是服膺合法的情報目標，否則沒有立場與眾所皆知雙手沾滿血腥的軍官或政府官員打交道，除非那人知道瓜地馬拉南部某貯藏所在製造化學武器，且將在公開市場出售。」「若是一個聲名狼藉的殺人者、違法者，則須將中情局和那個人打交道的事實、以及那人提供的情報權衡斟酌。若是情報攸關難解之祕，我們也許可以冒個險。所以，我們要睜大眼睛，不要憑著慣性或衝動行事。」

碰到瓜地馬拉有位上校涉嫌掩飾殺害一個美國餐館老闆，以及有一個瓜地馬拉游擊隊員的事件，而這位上校又娶了美國律師的事件曝光時，這個問題益加沸騰。旅館老闆之死引發民眾抗議，雖促使老布希政府切斷數百萬美元的軍援，但中情局仍繼續經援瓜地馬拉軍事情報機關。一九八九至九二年駐瓜大使史楚克（Thomas Stroock）說，「瓜地馬拉工作站的規模比實際需要大了一倍」，但顯然仍無法就本案提出正確的報告。布魯格（Fred Brugger）站長並沒有告訴大使，這位主嫌上校是中情局特工。史楚克大使說：「他們不僅沒告訴我，也沒告訴我的上司國務卿或國會。他們太笨了。」

一九九四年丹・唐納休（Dan Donahue）出任工作站長後，愚蠢變成惡意。新大使麥卡菲（Marilyn McAfee）女士主張人權和正義，中情局卻仍對心狠手辣的軍事情報機關忠心耿耿。

大使館分裂為二。麥卡菲回憶：「站長到我辦公室，讓我看一則來自瓜地馬拉內線的消息，暗指我和女祕書墨菲（Carol Murphy）有曖昧。」瓜地馬拉軍事情報局在大使房間裝設竊聽器，錄下她對墨菲喁喁私語，然後放話說大使是個女同志。中情局工作站把這份後來稱為「墨菲備忘錄」的報告發回華府廣為流傳。麥卡菲大使說：「中情局還把這份報告送到國會山莊，這是明顯的惡意。中情局用走後門方式毀謗一位大使的名譽。」

麥卡菲大使出身保守家庭，爲人也極爲保守，且已結婚，她與祕書並沒有私情。其實「墨菲」是她那隻兩歲大黑色貴賓狗的名字，竊聽器所錄到的正是她在安撫愛犬。

中情局此舉顯示，它對瓜地馬拉軍方友人的情誼，遠超過對美國大使的好惡。麥卡菲道：「情報與政策分離，這是最讓我害怕的。」

杜奇也感到害怕。一九九五年九月二十九日，杜奇在就任第五個月快結束的時候，前往中情局總部附近的「泡沫」（Bubble）——有六百個座位、原爲頗具未來風的劇場，向祕密行動處轉達壞消息。內部審查委員會衡量瓜地馬拉情勢的證據後，告訴杜奇應開除一九九〇至九三年間擔任拉美課長、現爲瑞士工作站長的華德（Terry Ward）。審委會說，瓜地馬拉工作站前任站長布魯格也應開除，並對繼任的丹．唐納休站長予以嚴厲申誡，永不得再擔任站長。

杜奇表示，中情局「在瓜地馬拉執行業務的方式有很大缺失」，問題就在於說謊；或者，以杜奇的話來說，工作站長和美國大使之間、工作站和拉美課之間、拉美課和總部之間，乃至中情局和國會之間，「缺乏誠信」。

從祕密行動處被開除的情況很罕見，但杜奇說他會遵照審委會的建議確實執行。他在「泡沫」劇場宣布此議十分不討好；在場的數百位官員怒不可遏。在他們看來，杜奇的決定是令人透不過氣來的「政治正確」。局長告訴他們，他們必須不斷深入到世界各地，爲國家安全冒險犯難。劇場後排傳出一聲低吼，一聲表示「哎呀，不得了」的苦笑。局長和祕密行動處就此分道揚鑣。這一刻決定了杜奇在中情局的命運。

我們要撥亂反正

這一分手便難復合。杜奇把祕密行動處問題的相關文件，交給中情局第二號人物副局長坦內特。現已四十二歲的坦內特，在參院情報委員會當了五年幕僚長，又在國安會當了兩年的情報事務負責人，一直是個孜孜不倦的忠實助手，對如何經營中情局和國會與白宮關係有深入的看法。他對祕密行動處的看法和杜奇不一樣，不把它視爲亟須解決的問題，而是把它當成應該擁護的主張。坦內特要竭盡所能地帶領他們。坦內特告訴祕密行動處各主管：「我來向各位解釋一下，這兒有十到十五件事是不容違背的，是可以提升美國國家安全利益的，也是我希望各位投注經費、人力、語言訓練和技術的地方。我們要撥亂反正。」

恐怖主義不久便躍登坦內特名單榜首。一九九五年秋天，蘇丹工作站一波波險惡的報告傳到中情局總部和白宮反情報主管克拉克，但所有報告都根據單一的中情局吸收的特工。報告中警告，工作站、美國大使館和柯林頓政府某要員即將遭到攻擊。

總統國家安全顧問雷克回憶道：「克拉克跑來對我說：『他們要炸死你』。」誰要炸死我？雷克問。大概是伊朗人，也可能是蘇丹人，克拉克答道。「我於是住進安全屋，每天搭防彈車上下班，他們一直無法證明眞僞。我想他們也證明不了。」雷克說。

當時，蘇丹是無國籍恐怖分子的國際交流中心，賓拉登便是其中之一。中情局最初知道這個人的時候，他是阿拉伯富豪，支持中情局所武裝的阿富汗反抗軍對付蘇聯壓迫者。他是很出名的金主，支持不少具有打擊伊斯蘭敵人遠見的人。中情局始終沒有把賓拉登及其人脈網絡相關的片段情報，匯整成一份有條理的報告上呈白宮。他所代表的恐怖威脅，直到他的名字轟傳全世界之後，才有正式的評估報告問世。

賓拉登已在一九九一年波斯灣戰爭後回到沙烏地阿拉伯，號召阿拉伯人反抗美軍進駐。沙烏地政府將他驅逐出境後，他就在蘇丹落腳。中情局蘇丹工作站長柯佛・布拉克（Cofer Black）是智勇雙全的老派情報員，曾協助追捕恐怖分子「豺狼」卡羅斯。布拉克全力追蹤賓拉登在蘇丹的活動與動機。一九九六年一月，中情局成立一個由十二人組成的反恐小組，全心對付賓拉登的工作站——蘇丹。中情局當時就隱約覺得，賓拉登可能對美國的海外目標發動攻擊。

然而，到了一九九六年二月，中情局卻聽信吸收而來的特工警告，關閉蘇丹業務，自己掩起耳目，無視與新目標相關的情報。工作站和大使館關閉後，人員移往肯亞。這個決定遭到美國駐蘇丹大使卡尼（Timothy Carney）強烈反對，具有軍事素養和外交敏感度的他，力稱美國撤出蘇丹是個危險的錯誤。他質疑中情局所謂恐怖攻擊一觸即發的警告，後來證明他所料不假。那位發出警訊的特工是個說謊者，中情局因而正式撤銷大約一百項根據此人提供的情報而做的報告。

不久之後，賓拉登即轉到阿富汗。賓拉登工作站長舒爾（Mike Scheuer）認爲這是絕佳機會，因爲中情局已和流亡巴基斯坦西北部落區的阿富汗人重新搭上線。中情局口中的「部落」，正協助該局追捕坎西（Mir Amal Kansi），他在中情局總部外殺害兩名情報官員。

中情局寄望他們有一天能綁架或殺死賓拉登。不過，這一天還得慢慢等，目前中情局已鎖定另一個人。

近東課長史帝芬．李克特（Stephen Richter）已花兩年時間規畫支持反海珊軍事政變事宜。出自柯林頓的這項命令，已是白宮在這五年內第三次向中情局下達此種指示。在約旦，一組中情局官員會晤伊拉克特種部隊前指揮官沙瓦尼（Mohammed Shawani）。在倫敦，中情局與領導伊拉克反抗軍和復興黨的阿拉威（Ayad Alawi）密商大計，並提供他經費與槍械；[2]在伊北，中情局集結無國籍的庫德族領袖，重拾昔日擾嚷不休的交往。[3]

中情局雖盡了最大努力，可惜這些性質相異且任性的勢力，沒有一個能團結一致。中情局挹注數百萬美元，想盡辦法吸收海珊的軍事與政治核心重要人士，希望他們能揭竿而起，可惜這些計畫都遭到海珊的間諜滲透和破壞。一九九六年六月二十六日，海珊開始在巴格達內外逮捕二百餘名官員。其中，包括沙瓦尼的幾個兒子在內，起碼有八十人遭處決。

眾院情報委員會幕僚長羅文索（Mark Lowenthal）曾擔任中情局資深分析員，他在政變計畫失敗後表示：「海珊案很有意思。沒錯，我們要扳倒海珊，這是好事。但我們找誰來接手呢？我們在伊拉克有什麼人？我們拱上臺的人可能都會坐不安穩。所以，這是決策者說要『想辦法』的個案。這『想辦法』的衝動就已表明他們其實莫可奈何。」他們不知道中情局「沒辦法處理海珊問題」。他說：「問題在於，沒有可靠的伊拉克人可以打交道，可靠的人又辦不了你要他們做的事。所以，這是個失敗的行動，不可行的行動。可是，作業人員很難啓齒說：『總統先生，這我們辦不到。』於是才會有原本就不該啓動的行動。」

失敗不可避免

杜奇告訴國會，中情局大概永遠解決不了海珊問題，令柯林頓勃然大怒。他十七個月的中情局長任期在苦澀中結束。一九九六年十二月，柯林頓取得連任後，立即開除杜奇，改請國家安全顧問雷克接下這很少人欣羨的工作。

雷克沈吟：「這是個大挑戰，我的打算是推動分析業務，讓情報來源和成果都能符合一九九〇年代的世局。我們拿到手的情報，往往只是臨時的新聞分析。」

然而他的提名卻過不了關。共和黨籍的參院情報委員會主席謝爾比（Richard Shelby）要他當代罪羔羊，只要保守派認爲柯林頓政府外交政策有點不對勁就找他。情報委員會維持了二十年的兩黨協商政治表相就此消失。此外，另一股反對的暗流則是來自祕密行動處。他們所傳達的訊息是：別再找個局外人來。

雷克道：「在中情局眼中，人人都是局外人。」

他的任命聽證會不盡公平。雷克於是在一九九七年三月十七日忿然退出，並向總統表示他不願再當三個月的「政治馬戲團裡跳舞的狗熊」。於是，這只毒杯交到剩下的唯一人選坦內特手上。已經以代理局長身分管理中情局的坦內特，成爲六年內第五位中情局長。

奚茨說：「層峰所造成的騷動與混亂一言難盡。從殺傷力的角度來說，對士氣的衝擊實在一言難盡。局裡的感受是：這裡誰在當家？上頭的人上不上道呀？他們難道不瞭解我們是幹什麼的？不曉得我們的使命？」

坦內特知道自己的使命是什麼：解救中情局。然而，中情局背負著創始於一八八〇年代的人事制度、一九二〇年代一貫作業工廠似的情報輸送帶、一九五〇年代官僚制度等包袱，業已走向「美國世紀」末日了。它動用人員與經費的方式令人想起史達林的「五年計畫」。蒐集與分析祕辛的能力隨著資訊爆炸時代一起瓦解，網際網路則使得加密（將語言變成密碼）功能成爲普世共通的工具。眾院情報委員會指出，祕密行動處已成爲「大成就很稀罕，大失敗很尋常」的地方。

這類失敗一再成爲頭條新聞。中情局的偵察能力再度因內部出了叛徒而重創。在中情局維吉尼亞州威廉斯堡「農莊」（Farm）的訓練中心擔任總教官職務兩年的尼柯森（Harold J. Nicholson，曾任羅馬尼亞工作站長），從一九九四年起一直在替莫斯科當內奸，把幾十名中情局駐外人員以及一九九四至九六年從「農莊」結訓的每一位學員檔案賣給俄國人。中情局向判了尼柯森二十年徒刑的聯邦法官表示，他對全球所造成的傷害無可估計。那三年受訓的中情局學員，事業毀於一旦：只要留下烙痕，永不可能派赴海外。[4]

一九九七年六月十八日，也就是坦內特宣誓就職前三個星期，眾院情報委員會發布新報告，將僅餘的「中情局是美國第一防線」這自豪的念頭一筆勾銷。由戈斯領銜的情報委員會指出，中情局充斥著沒有經驗的情報官員，既不會說自己任務國家的語言，對該國的政治生態又毫無所知；透過諜報活動蒐集情資的能力微不足道，且仍在消退。該報告結論道，中情局缺乏「監視全球政治、軍事及經濟發展所需的深度、廣度和專業知識」。

那年夏天，有位叫崔佛斯（Russ Travers）的情報官在內部刊物發表一篇令人難忘的文章，他說美國蒐集與分析情報的能力已經瓦解。他寫道，美國情報圈的領導人多年來一直堅稱他們設法把中情局拉回正軌，其實這是個迷思。「我們只是微調我們的結構，稍微更動計畫……把鐵達尼號甲板上的座椅弄整齊」而已。他提醒道，但「我們會漸漸地犯下更多更大的錯誤……我們已偏離蒐集與不偏不倚分析事實的根本初衷」。

他為未來的中情局領導人貢獻一則預言：「時間是二〇〇一年，世紀交替前後，分析已變得支離破碎。情報圈仍可蒐集『事實』，但分析早已被唾手可得的大量資訊淹沒，無從分辨重要事實與背景噪音。分析品質越來越讓人懷疑……資料仍在，但我們卻已無法充分瞭解它們的重要性。」

他寫道：「從二〇〇一年的角度來看，情報失敗不可避免。」[5]

〔注釋〕

1. 〔編注〕二〇〇五年電影《衝出封鎖線》（*Behind Enemy Line*）即以斯里布瑞尼卡為背景，本書反英雄的敘述，可與電影觀點做對照。
2. 二〇〇四年五月，亦即美軍占領伊拉克一年之後，美國把阿拉威拱上總理職位。此人雖有辯才和雄心壯志，卻不是政治人才。他和中情局近乎眾所皆知的老交情未必對他有利。
3. 一九七二年夏天，中情局運交尼克森和季辛吉親自批准的五百三十八萬美元經援與軍火，「以協助……伊北庫德族反抗伊拉克復興黨政權」。兩年後，季辛吉出賣庫德族，撤銷美國支持，以安撫伊朗國王巴勒維對庫德族成為獨立國家的不安。
4. 中情局訓練課程結業，不保證派駐海外一帆風順。歷任莫斯科、維也納和墨西哥市工作站長的歐爾森提到一則往事，一對剛獲派任為主事官的年輕男女來向他報到，女的是律師，男的是工程師。歐爾森憶述：「我對他們抱有很高的期望。」不料，不到一個星期他們就跑來告訴他，對自己以偽裝身分吸收特工感到良心不安，「他們不能讓自己如此誤導和利用不知情的人」。殊不知，中情局駐外人員就專做這種事。這對年輕人沒救了。他們辭職。歐爾森「很奇怪他們在受訓時怎沒提出這種道德疑慮」；其實，他們確實已表達疑慮，但教練要他們別擔心，「派任後就沒問題了」。

5. 崔斯寫道：「失敗也許是傳統的變數：我們未能預測友好國家政府垮臺；沒有提供充分預警，防範突襲我方盟國或設施；國家主導型恐怖活動完全出乎我們意料之外；未能察覺預期之外的國家取得大規模毀滅性武器。或以更多非傳統的形態出現：我們高估威脅，導致無謂耗費數百億美元；資料庫錯誤導致執行和平任務時，出現在政治上無法接受的傷亡，或效果不佳……總之，我們容或沒有遭受珍珠港事變式的奇襲，但一連串錯誤引發各界質疑我們（令大多數國家國防總預算相形見絀）的情報預算。情報圈必須解釋失敗原因，而此舉必然會走向文過飾非。我們會漸漸地犯下更多更大的錯誤，最後走向承認情報失敗的地步，這只是時間問題……理由很簡單：我們已偏離蒐集和不偏不倚分析事實的根本初衷。」

〔第四十七章〕

再眞實不過的威脅

一九九七年七月十一日，坦內特宣誓就職爲第十八任中情局局長。當時他曾向筆者自誇說，中情局其實比外界所知的還要精明和高明許多，他很清楚自己所說的話會在《紐約時報》上出現。這是公關話。他在七年後坦承：「我們差點崩潰。」他所接手的是個「專業知識消退」，祕密行動處「一團亂」的中情局。[1]

當時，正忙著籌備九月間的創局五十周年慶祝大典的中情局，已擬妥一份最傑出中情局官員五十人名單，但名單上的人大多是白髮蒼蒼的老者，不然就是已經過世的故人。赫姆斯是少數還在世的傑出官員，但他卻沒有慶祝的心情。該月赫姆斯向筆者表示：「美國身爲當世僅存的超強，對世界局勢的興趣卻不足以組織和經營一個諜報機關。我們這個國家已漸行漸遠。」他的繼任者詹姆士・史勒辛格頗有同感：「我們對中情局的信賴已消失。現在的中情局破敗老朽，在諜報上的用處很值得商權。」

坦內特動手重建，首先是把已退休的老手找回來，如曾任莫斯科與北京工作站長的唐寧（Jack Downing），已答應經營祕密行動處一、二年。此外，坦內特還想辦法幫中情局找來幾十億美元。他保證只要立即挹注經費，中情局可在五年內，也就是二〇〇二年前後恢復舊觀。在眾院看管中情局荷包的戈斯，先安排一筆幾億美元的「緊急援助」祕密經費，隨後又一口氣撥下十八億美元。這也是十五年來情報經費增加最多的一次，而且戈斯保證還會再找錢。

戈斯說道：「中情局不只是應付冷戰的機關，各位若回想一下珍珠港事變，就不難明白箇中原因。外面有很多令人不快的意外。」

重大的制度性情報失敗

坦內特在戒懼謹慎中度日，隨時提防發生大亂。他在總部一次鼓舞士氣的集會上宣示：「我不容中情局變成二流機關。」幾天後，也就是一九九八年五月十一日，印度試爆核彈再一次讓中情局大吃一驚。這次核試重塑全球權力平衡局面。

印度民族主義新政府早已公開揚言，要讓核武成為印度軍需工業的一部分，負責原子武器開發的長官也曾表示，只要政治領導人點頭，他隨時可以準備試爆。巴基斯坦則發射新型火箭，試探新德里的反應。按理說，全球最大民主國家美國應該早有所知才對，誰知印度核爆還是讓美國大為震驚。新德里工作站發回來的報告懶懶散散，總部的分析含含糊糊。警鈴始終沒響。這次核爆揭露，中情局諜報失誤、解讀衛星照片失誤，理解報告失誤、思考失誤、看法失誤。查爾斯·艾倫說道，這是「令人很不安的事件」，艾倫從長年負責預警作業中退休，被坦內特找回擔任副局長、主管情報蒐集業務。這是中情局制度瓦解的跡象。

人們漸漸有大禍將至的預感。「劇變性預警失誤的可能性逐漸升高」，接手坦內特在國安會職務的瑪麗·麥卡錫（Mary McCarthy），於印度核爆後不久在一份非機密報告中指出：「浩劫臨頭！」

坦內特在印度核爆的時候分神他顧是有原因的，他的手下正在演練捉拿賓拉登的行動。賓拉登在一九九八年二月宣示，他是奉眞主的命令執行殺美國人的任務。在阿富汗，他召集震撼部隊和反蘇聖戰的附和者投入反美新聖戰。在巴基斯坦，中情局工作站長施羅恩（Gary Schroen）則在修正計畫，打算利用阿富汗老戰友趁賓拉登到南部大城坎大哈（Kandahar）時伺機綁架。一九九八年五月二十日，他們展開爲期四天的最後正式演練，誰知坦內特卻在五月二十九日決定取消行動。此舉成敗全在與巴基斯坦的合作協調上，但現在巴基斯坦也在核爆，等於是已敲起戰鼓。阿富汗人不可靠。失敗不是選項，而是極有可能的事。活捉賓拉登的機率打從一開始就很渺茫，現在世局不穩，不宜冒險從事。

六月過去，七月也過去，賓拉登口中的反美攻擊並沒有出現。一九九八年八月七日凌晨五時三十五分，柯林頓被電話吵醒：美國駐肯亞首都奈洛比和坦尚尼亞首都達拉薩蘭（Dar-es-Salaam）大使館發生爆炸事件。兩起爆炸相隔四分鐘。筆者親眼目睹，奈洛比爆炸案的損害十分嚴重：包括一名中情局年輕官員在內，共有十二名美國人在爆炸中喪生，使館外圍辦公大樓和街頭爆炸，則造成數百名肯亞人死亡，數千人輕重傷。

第二天，坦內特帶著賓拉登前往阿富汗與巴基斯坦邊界的柯斯特（Khost）外圍某營區相關消息來到白宮。坦內特與柯林頓的國安助理群一致同意以巡弋飛彈攻擊該營區，爲扯平兩國使館遇襲，他們還得找第二個標靶，結果選中蘇丹首府喀土木郊區西法（Shifa）一家工廠。中情局的埃及特工從工廠外圍採集的土壤樣本，可能含有製造ＶＸ神經毒氣的化學成分。

這證據非常薄弱。瑪麗·麥卡錫在國安會議上警告，「我們需要更多與這間工廠相關的情報」，才能進行轟炸。沒有進一步證據。

美國海軍在阿拉伯海的軍艦，於八月二十日朝兩處目標發射巡弋飛彈，炸死大約二十名路經柯斯特的阿富汗人（賓拉登早就走了）以及蘇丹一名夜間警衛。柯林頓權力核心宣稱，攻擊蘇丹的理由無懈可擊。其實，他們先是說西法是賓拉登的兵工廠，實際上卻是製藥廠，和賓拉登扯不上關係；之後他們又說它是伊拉克散播神經武器計畫的一環，但聯合國武檢人員測試證實，伊拉克並沒有武器化的ＶＸ神經毒氣。土壤採樣裡的成分可能是ＶＸ的前驅劑，而且很可能是除草劑。

本案是由十幾點推論和猜測串聯而成，但沒有一點可以支持攻擊西法的決定。一九九二至九五年駐蘇丹大使皮特森（Dnoald Petterson）說：「這是錯誤決策，柯林頓政府提不出該藥廠製造化武的決定性證據；政府雖有理由懷疑，但要訴諸飛彈攻擊這類戰爭行爲，須有鐵證才行。」他的繼任者卡尼大使則語帶保留：「對準西法的決定與蘇丹活動相關情報不足的傳統乃一脈相承。」柯林頓政府的反恐攻勢發動得太早。

三個星期之後，坦內特與美國情報圈各領導人會談，與會者一致同意，在蒐集、分析和發布情報方式上，必須做「實質且全面的變革」，否則必會導致「重大的制度性情報失敗」。[2]日期爲一九九八年九月十一日。

我們依舊會措手不及

坦內特在十月間第一次以中情局局長身分，接受列入記錄的採訪時，告訴筆者，倘若中情局再不自我重建，不消多久，「十年內我們就會變成無關緊要；除非能發展一套專業技術，否則我們便無法完成使命」。

自一九九一年至今，中情局已流失三千名最優秀的人才，其中兩成左右是資深諜報人員、分析員、科學家和科技專家。每年大約百分之七的祕密行動處人員出走，至今總共已流失大約一千名經驗老到的諜報人員，還在崗位上的只剩一千多人。坦內特知道，第一線人馬如此薄弱，日後恐怕無法防患於未然。

他說：「屆時我們不得不時時追著我們未能預見的事件跑，這倒不是說有人怠忽職守，而是事態過於複雜的緣故。各界都有一個期望，認爲我們已建立一個不會出錯的情報體系，認爲這個情報體系不但可以告訴大家潮流、事件和提供見解，更有責任說明每一事件的日期、時間和地點。」中情局自己在許久之前所營造的這種希望和期待，其實是個幻相。「我們依舊會措手不及。」

他痛感重建中情局是得花費數年、數十億美元和數千名新進人員的戰爭，於是開始組織全國性的尋才計畫。這是一場和時間賽跑的苦戰。把一名新手變成有能力在全球各國首都獨當一面的主事官，大概要花上五到七年時間。既嫻熟外國文化又願意爲中情局服務的美國公民很難找。一九九〇年代中期擔任中情局總法律顧問的傑福瑞・史密斯說，諜報人員必須懂得「如何運用欺騙、操縱和不正當手段來完成使命。管理階層必須時時留意找尋有能力因應欺騙和操控的世界的特殊人才，同時又得保持他或她的道德安定力量」。可惜，中情局一直沒有用心找尋、禮聘和留住這類特殊人才。

這些年來，中情局越來越不願意聘用「有點與眾不同、有點古怪、不修邊幅、和別人不太合得來的人」，蓋茨說道。「我們所採用的那些心理測驗等諸多考試，讓一些可能才智不凡、具有特殊才能或特殊能力的人，很難進入中情局。」這種短視文化的後果讓中情局誤判世局。中情局官員很少能讀說漢語、韓語、阿拉伯語、印度語、烏都語或帕西語，[3]曾在阿拉伯市集殺過價或走過非洲村莊的官員更是少之又少。中情局派不出「亞裔美國人到北韓而不致被認出是剛從堪薩斯來的小夥子，或非

苦心孤詣七年，力圖重建中情局的坦內特（右）與坐在椅上的柯林頓（中）、高爾。

裔、阿拉伯裔美國人到全球各地工作」。

蓋茨在一九九二年還是局長的時候，就想聘用一位在亞塞拜然長大的美國公民。蓋茨回憶：「他的亞塞拜然話說得很溜，但寫起英文卻不怎行，結果他就因爲英文考試不及格而吃了閉門羹。我得知後氣得快發瘋。我說：『這兒有好幾千人會說寫英文，卻沒有一個會說亞塞拜然語。瞧你們幹了什麼好事？』」

中情局開始在全國大城小街找尋移民和難民的子女、在第一代亞洲人和阿拉伯人家庭長大的男女青年、在全國各少數民族的報紙刊登徵才廣告。可惜收穫不大。坦內特知道，往後幾年中情局的生死存亡，全看它如何把國際興味和知性冒險的形象投射到青年才俊身上，但他也知道新血只是療法的一部分。徵募新人解決不了基本問題：中情局能吸引未來五到十年內所需的人才嗎？它自己都不知道何去何從。它只知道在已經下陷的境況中無法存活。

我們要炸這裡

中情局日漸式微的同時，敵人卻益形壯大。攻擊賓拉登失利已使他的地位水漲船高，吸引數千名新兵投入他的旗下。中情局打擊基地組織的急迫性，也隨著他的聲勢逐步攀升。

坦內特重拾利用阿富汗代理人擒拿賓拉登的計畫。一九九八年九月和十月，阿富汗人宣稱發動四次伏擊，可惜都功敗垂成，中情局則表示強烈懷疑。但他們還是說動中情局的前線官員，認爲他們可以追蹤到遊走各訓練營的賓拉登行蹤。他們在十二月十八日報告說，賓拉登正趕回坎大哈，二十日會在省長大院內某一間房舍過夜。工作站長施羅恩從巴基斯坦傳話回來：今夜突襲——機會難逢。巡弋飛彈蓄勢待發，鎖定目標。然而，這則情報只是一個人的片面之詞，其實當晚大院裡住了好幾百人。坦內特心頭疑慮終究克服了想要解決賓拉登的衝動，高層的命令是稍安勿躁。於是，一鼓作氣變成謹愼行事，衝鋒陷陣變成徐圖緩進。

柯林頓主政初期的祕密行動處第二把手麥加芬（John MacGaffin）說，從一九九八年秋天以降，「美國有能力把賓拉登趕出阿富汗，甚或殺死他」，但卻總是臨陣退縮。「賓拉登每天的行蹤中情局差不多全知道，有時誤差在五十哩之內，有時則在五十步之內」。另一方面，爲執行預期攻擊而進行特訓的美國特種部隊，卻有十五人在訓練中或死或傷。五角大廈的指揮官和白宮的文官，不斷地從反賓拉登軍事任務的政治博奕中退縮。

他們把差事丟給中情局。中情局沒有能力執行。

一九九九年頭幾個星期，阿富汗報告說，賓拉登前往坎大哈南部一處頗受放鷹富戶喜愛的狩獵場。偵察衛星在二月八日鎖定該地，可是卻有一架阿拉伯大公國政府的飛機停在那裡，美國可不能爲了殺賓拉登而犧牲盟邦諸位大公的性命，於是巡弋飛彈就留在發射器裡。

一九九九年四月，阿富汗繼續追蹤賓拉登在坎大哈內外的行蹤；五月間，他們連續鎖定他三十六個小時。施羅恩手下特工對他的行蹤都有詳細報告，中情局副局長戈登（John Gordon）將軍也認爲，機會千載難逢。

有三次機會發動飛彈攻擊，三次都被坦內特打回票。前幾天中情局挑選攻擊目標的能力，已讓他信心大爲動搖。

北約轟炸塞爾維亞的行動，原意是要迫使米洛塞維奇（Slobodan Milosevic）總統把軍隊撤出科索沃。中情局應邀爲美國戰機挑選轟炸目標——這個任務落在反擴散課，也就是分析大規模毀滅性武器擴散相關情報的小組。分析人員確認最佳標靶是位在貝爾格勒市烏美諾斯提大道（Umetnostic Boulevard）二號的「南斯拉夫軍需處」。他們以觀光地圖鎖定地點。定標作業從中情局上行到五角大廈，協調作業則輸入B-2匿蹤轟炸機的電路板上。

標的是毀了，但中情局卻看錯地圖。那棟大樓不是南斯拉夫軍需處，而是中國大使館。

一九九九年七月出任國防情報局長的威爾遜（Thomas R. Wilson）海軍中將說：「誤炸中國駐貝爾格勒大使館，對我個人而言是極爲不快的經驗，是我指著中國大使館的照片（連同另外九百張照片），對總統說：『我們要炸這裡，因爲它是南斯拉夫的軍事採購部門。』」那張照片是從中情局拿來的。

這次失誤造成的傷害之深，不是外人所能知道的。有很長一段時間，中情局所提的任何事或任何人，凡是要動用到美國飛彈的，白宮和五角大廈都不予採信。

你們美國人都是糊塗蛋

美國的軍事和情報機關仍然汲汲於打擊某些軍隊和國家——不容易殺掉，但很容易在世界地圖上找到。新敵人則是容易殺、不容易找的人。敵人夜裡開著豐田Land Cruiser，如幽靈般遊走阿富汗各地。

柯林頓已簽署密令，授予中情局殺死賓拉登的權力。他在即將面臨彈劾之際，念茲在茲的是美國忍者從直昇機繞繩而下，一把揪起這位沙烏地人。他讓坦內特擔任此次針對一人的戰爭指揮官。

坦內特自己雖對中情局的情報和祕密行動的能力懷有疑慮，卻不得不在賓拉登再展攻勢之前，規畫新的攻擊計畫。他和新上任的反恐主管布拉克聯手，在一九九九年夏天結束前提出的新戰略：中情局將和全球各地的舊友宿敵合作殺掉賓拉登。布拉克深化他和已在阿富汗邊界的外國軍事、情報與安全機關的聯繫，如烏茲別克與塔吉克等，寄望他們能協助中情局官員深入阿富汗。

此舉的目的是希望和阿富汗戰士馬蘇德（Ahmed Shah Masoud）搭上線，他自蘇聯入侵以來即在喀布爾西北山谷據地稱雄近二十年。高貴英勇的戰士、希望有一天成為阿富汗國王的馬蘇德，向中情局聯絡人提出大聯盟建議。他提議攻擊賓拉登各處據點，並在中情局與美國軍火援助下，推翻由農民、穆拉和聖戰士所組成的喀布爾統治者「神學士」（Taliban）。他可以協助中情局建立基地，以便中情局自己擒拿賓拉登。布拉克完全贊同，他的副手們也躍躍欲試。

可是在坦內特看來，失敗的機率還是太高。他再次打回票——進出阿富汗的風險太高。記者和外國救援志工一直都在阿富汗出生入死，中情局卻不願冒這個險。

馬蘇德得知後哈哈大笑：「你們美國人都是糊塗蛋，你們真是死性不改。」

千禧年將近之際，由中情局創立並支持的約旦情報機關，逮捕十六名疑似準備在耶誕期間在各地飯店和觀光景點搞破壞的分子。中情局認為這是基地組織打算在新年期間發動全球攻擊的先聲。坦內特立即聯絡歐洲、中東和亞洲二十個國家的情報首長，請他們把和賓拉登有關係的人全部逮捕，同時發出急電給中情局駐外官員：「這次威脅再真實不過了，採取一切必要措施。」千禧年安然度過，並沒有發生重大的攻擊事件。

二〇〇〇年二月和三月，總統在聽取中情局對付賓拉登的祕密行動計畫後表示，美國應該可以做得更好。坦內特和新上任的祕密行動處主管帕維特（Jim Pavitt）表示，中情局需要追加幾百萬美元經費，白宮反恐主管克拉克則認爲，中情局欠缺的是意志，不是荷包。他說，已經給中情局「很多錢和很多時間去做，我不想再投錢下去」。

政治季節帶回始於杜魯門的傳統：爲在野黨總統候選人做情報簡報。中情局代理副局長麥羅林（John McLaughlin）和反恐中心副主任彭克（Ben Bonk），於九月勞動節當天前往德州克勞福（Crawford），爲小布希州長舉行四個小時的講習。彭克的任務是告訴這位共和黨候選人，往後四年某段時間會有美國人死在外國恐怖分子手中。

五個星期後就有第一批死傷者。十月十二日，葉門亞丁港內，一艘快艇上站著兩個人，邊鞠躬邊接近美國柯爾號（Cole）戰艦。轟然巨響過後，炸死十七人、炸傷四十人，把造價兩億五千萬美元美國海軍最先進的戰艦炸出個大洞。

基地組織是顯而易見的嫌疑犯。[4]

中情局在克勞福設立衛星辦公室，讓小布希在漫長的二〇〇〇年選戰期間，隨時得知攻擊事件與其他世界局勢。最高法院宣告小布希當選後，坦內特於十二月親自向總統當選人簡報賓拉登相關消息。小布希還記得，他當時特別問坦內特，中情局殺不殺得了這傢伙；坦內特答稱，殺他解決不了他所代表的威脅。小布希接著又單獨會晤柯林頓，就國家安全問題談了兩個鐘頭。

柯林頓記得當時就對他說：「你最大的威脅是賓拉登。」小布希卻賭咒說沒聽過這句話。

〔注釋〕

1. 二〇〇四年四月十四日坦內特在「九一一委員會」作證指出，他所接手的中情局「經費縮水，專業知識消退……爲祕密工作吸收、訓練和留住人才的基層一團亂……在我們遭逢畢生最大的資訊科技變革時，我們的資訊系統已漸漸過時」。

2. 情報圈內瀰漫著即將發生大事的預感，使得許多人無法承受。坦內特與情報圈各領導人會談後三個星期，在眾院情報委員會主席戈斯手下擔任幕僚長的祕密工作老手米利斯（John Millis）提出警告，中情局淹沒在全無意義的資料堆裡，缺乏智囊人才，已漸趨崩潰。他沈吟道：「以前有人自誇說，中情局是政府的九一一報案專線。現在你再撥九一一看看，情報早沒了。」二〇〇〇年六月四日，米利斯在華府郊外旅館飲彈自殺。

3. 〔譯注〕烏都語是以波斯語和梵語爲主的北印度方言。帕西語是中世紀波斯語，由西元八世紀自波斯遷至印度的瑣羅亞斯德教徒後裔所使用。

4. 中情局在大選前後對小布希和柯林頓所做的簡報，均列入「九一一委員會」報告。美艦柯爾號爆炸案引來雷根時期的海軍部長約翰．李曼嚴辭抨擊。他於事發後三天在《華盛頓郵報》輿論版撰文指出，這起攻擊事件是「令人極爲不快的情報失誤。當然，情報失誤已是家常便飯，沒有人會感到意外。在我服務三任政府的十四年公職期間裡，眼見多次歷史性的危機，每次情報官僚不是沒有提出預警（如科威特），就是評估完全錯誤……結果還是依然故我。柯爾號是三百億美元任務計畫下的最新受害者，把最神奇的太空與電子技術變成無用垃圾」。

〔第四十八章〕黑暗面

主管中情局行政業務的助理局長賽門，在二〇〇一年一月小布希就職後不久提醒道，「美國情報機關有問題」，中情局「中心已遭破壞」。中情局沒有保護國家所需的蒐集與分析情報的能耐。

賽門道：「二〇〇一年的美國，在能力日消與國安需求日漲之間的失衡狀態，日益擴大至令人目眩程度，行動計畫與美國可能面臨危機之間，脫節現象十分明顯。」總有一天，總統和國會必須出面說明「何以未能預知可見的大災難」。

美國情報機關各自為政與散漫無章的情況，與一九四一年時幾乎沒有兩樣。連續十八位中情局局長都無法完成統合的任務。如今，中情局這個美國政府機關即將垮臺。

中情局現有員額一萬七千人，相當於一個陸軍師的規模，可惜絕大多數是辦公人員，在海外從事祕密工作的大約只有一千人。大多數官員日子過得很愜意，不是住在市郊小街，就是住在華盛頓環道外圍公寓，不習慣飲用髒水、睡泥巴地，更不習慣犧牲奉獻。

一九四七年九月，有兩百人加入中情局祕密行動處成爲創始成員；到二〇〇一年一月時，有能力和勇氣在險惡據點打拚的，大概也只有兩百人。專門對付基地組織的全班人員，人數大概就已多出一倍，而這些人大多只是在總部盯著電腦看，以過時的情報技術與現實世界隔絕。[1] 指望他們保護美國不受攻擊，無異是錯誤的信念。

空口白話

坦內特在白宮很有面子，他已正式把中情局總部依總統老爸的名字改名爲「布希情報中心」，新三軍統帥挺喜歡他這硬漢態度。可是，小布希就職後的前九個月裡，中情局得到的關愛卻是最少。小布希爲五角大廈增加百分之七的預算，中情局和其他情報界只是聊勝於無加個萬分之三。兩者之間的差異是由倫斯斐主持的五角大廈會議所設定，情報界沒有代表與會。倫斯斐和副總統錢尼這兩位自尼克森與福特以來的國安、政治最佳搭檔，在小布希政府擁有極大權勢，而兩人都很不信任中情局的能力。

小布希幾乎每天早上八點都會在白宮接見坦內特，只是坦內特所提賓拉登相關情報，沒有一句能引起總統注意。日復一日，坦內特在晨間簡報中向總統、錢尼和國安顧問萊斯（Condoleezza Rice）提到基地陰謀攻擊美國的種種前兆，小布希的心思卻在飛彈防禦、墨西哥、中東問題上，完全沒有感受到急迫感。

雷根政府時期，總統聽而不聞，中情局局長囁囁艾艾，助理人員常開玩笑說，誰也不知道他倆在說些什麼。小布希和坦內特之間雖然沒有這種毛病，但問題出在中情局不明確，白宮沒焦點。赫姆斯說過，單是按警鈴還不夠，還得確認別人能聽到。

噪音——恐怖攻擊將臨的情報音量和次數，震耳欲聾，可惜都是片片段段，未能證實，坦內特無法向總統傳達一個有條理的訊息。二〇〇一年春夏，高音警報器越來越大聲，中情局繃緊神經，想要看清聽明威脅何在。警訊從沙烏地阿拉伯、波斯灣國家、約旦、以色列和歐洲各國源源湧入，中情局老舊的電路差點負荷過量。密報不斷進來：他們要攻擊波士頓、他們要攻擊紐約、他們要攻擊倫敦。五月二十九日克拉克寫電子郵件給萊斯：「一旦發生這些攻擊，我們不知還能做什麼才能阻止他們。」

中情局擔心七月四日假期，美國駐外使館習慣上會放下防守，開放門戶慶祝美國獨立革命，此時可能發生海外屠殺事件。因此坦內特在假期前幾周就致電安曼、開羅、伊斯蘭馬巴德、羅馬和安卡拉情報機關首長，請他們摧毀各地已知或疑似基地外圍的組織與分支機構；中情局會提供情報，外國情報機關負責逮人。波斯灣國家和義大利的確是捉了幾個嫌疑分子關進牢裡。坦內特告訴國會，逮捕行動也許可以破壞他們攻擊二、三個美國使館的計畫，也許無濟於事，很難說。

現在坦內特必須做出沒有一個中情局長曾面臨的生死決定。一年前，中情局與五角大廈在結束長達七年的鬥爭之後，宣布即將以一架配備攝影機和偵測感應器的無人飛機「掠奪者」(Predator)，部署於阿富汗上空，並已在二〇〇〇年九月七日進行第一次飛行。現在，中情局和空軍已想出如何在掠奪者上加裝反坦克飛彈。理論上，只要投資幾百萬美元，一名中情局官員就可以利用影像螢幕和操縱桿在總部追殺賓拉登，但指揮鏈怎麼安排？坦內特忖道。誰來下令？誰來動手？坦內特自覺沒有殺人權力，中情局自作主張發動遙控暗殺又令他心驚膽顫。中情局挑選標靶失誤的例子歷歷可數。

二〇〇一年八月一日，國安小組的第二級決策機關「副首長級會議」（Deputies Committee）決議，中情局以掠奪者殺死賓拉登乃屬國家自衛的合法行爲。這麼一來，中情局卻面臨更多的問題。經費誰來負擔？誰來武裝掠奪者？誰來當空中交通管制員？誰來擔任駕駛和砲手？中情局這種束手無策的樣子，簡直要把克拉克逼瘋，怒道：「不管基地是不是値得我們動手的威脅，中情局必須決定打或不打，不要盡是蛇鼠兩端。」

中情局始終沒有回答小布希的問題：恐怖攻擊會打到美國來嗎？現在已是回答的時候了：八月六日，中情局給總統的每日簡報標題就是「賓拉登決意攻打美國」。標題下的警訊是一則很弱的報告，最新的情報竟是一九九九年。這是歷史作業，不是新聞簡報。總統便放心去度假，回到克勞福老家劈柴，輕輕鬆鬆過了五個星期。

白宮長假在九月四日星期二結束時，小布希的第一線國安小組「首長級會議」（Principals Committee），第一次正式討論賓拉登和基地威脅。當天早上，克拉克傳了一封短箋給萊斯，請國安顧問想像下次數百名美國人橫屍的光景。他說，中情局「已經變成只說不做的空殼子」，只知依賴外國政府阻止賓拉登，致使「美國人坐待大攻擊」。他請萊斯當天立即促成中情局展開行動。

交戰中

情報會失誤乃是因爲它有人性，最大的能耐不過是察知他人心意而已。美國遠征索馬利亞期間的工作站長鍾斯（Garret Jones）說得很明白：「肯定會搞砸、失誤、混亂和失足，只能冀求它們不是致命的失誤。」

九一一事件是坦內特三年前就已預言的慘重失誤，不但是白宮、國安會、聯邦調查局、聯邦民航局、移民局和國會情報委員會等美國政府制度性的失誤，更是政策與外交上的失敗。它也是報導美國政府、瞭解政府亂象、並傳達給讀者知情的記者們之失職。不過，最重要的失誤還是不瞭解敵人。成立中情局正是爲了要防範這種珍珠港事變式的奇襲。

九月十五日星期六，坦內特和反恐中心主任布拉克趕到大衛營，提出派遣中情局官員到阿富汗，聯合當地軍頭對付基地組織的計畫。星期日晚上，坦內特回到總部，對手下人馬發出宣示：「我們已處於交戰狀態中。」

誠如錢尼在當天早上所說的，中情局已深入「黑暗面」。九月十七日星期一，小布希向坦內特和中情局發出長達十四頁的最高機密指令，命中情局追蹤、逮捕、拘禁並訊問全球各地的嫌疑分子，而且沒有訂下限制。這正是祕密監獄制度的基礎，中情局官員及其約聘人員可以利用刑求等手段進行審訊。有位中情局約聘人員因毆打阿富汗嫌疑分子致死而遭定罪。這當然不是民主社會內文人情報機關該扮演的角色，但白宮顯然就是要中情局這麼做。

中情局以前就曾經營祕密審訊中心，從一九五〇年開始，在德國、日本和巴拿馬都設有黑牢。中情局也參與過刑求敵軍戰鬥人員——在越南「鳳凰」計畫之下，從一九六七年開始。中情局也綁架過有嫌疑的恐怖分子和刺客，其中最著名的是一九九七年坎西案（就是那位綁架殺害兩名中情局官員的坎西）。但小布希還授予中情局一項特別的新權限：將綁架的嫌疑分子交給外國情報機關審訊和刑求，利用他們所取得的口供。正如筆者於二〇〇一年十月七日在《紐約時報》上所說：「美國情報或許得仰賴當世最強悍的外國情報機關，讓那些看法、想法和行爲都像恐怖分子的人來作主。若是在開羅或圭塔（Quetta）地牢審問，[2]最好由埃及或巴基斯坦官員來主持。美國情報機關不必像律師那樣問太多問題，就可以取得消息。」

小布希一聲令下，中情局開始發揮世界警察的作用，把好幾百名嫌疑分子丟到阿富汗、泰國、波蘭祕密監獄，以及美國設在古巴關塔那摩的軍事監獄。另外數百名人犯則交給埃及、巴基斯坦、約旦和敘利亞情報機關審問。脫下手套揍人，毫不留情。九月二十日小布希在國會兩院聯席會議上告訴美國人：「我們的反恐戰爭從基地組織開始，但並不是以基地爲結束。除非找出、阻止並擊敗全世界每一個恐怖團體，否則行動沒有結束的一天。」

我不能不這麼做

美國國內也有一場戰爭，中情局即是戰爭的一部分。九一一事件之後，助理局長賽門主持情報界的國土安全事務。他到白宮和司法部長艾胥克羅夫（John Ashcroft）開會，討論主題是建立國民身分證制度。賽門說道：「身分證上該有些什麼資料呢？唔，拇指手印。但血型及眼球掃瞄也很有用。還要一張以特殊方式拍攝的照片，即使僞裝我們也可在人群中找出你。我們要聲紋資料，因爲從全世界手機聲音中找出你聲音的技術已經開發出來了。事實上，我們還要你一點ＤＮＡ，萬一有所不測的時候，可以辨識屍體。順帶一提，我們還要在身分證上加裝晶片，以便我們隨時可以找到你。但我們馬上又想到，如此一來，你可能會把身分證擺到一旁。所以，我們要把晶片放進你血流裡。」

這樣的安全措施會走到什麼地步呢？賽門思忖不定。史達林和希特勒情報機關的名字霎時閃進腦海。「最後可能眞會變成KGB和NKVD（內務人民委員會，乃蘇聯的祕密警察機關），或德國的蓋世太保。」到底要怎麼監視美國民眾固然是個大問題，中情局長代表在白宮討論把微晶片植入美國公民體內卻是另一碼事。因此，國民身分證的構想一直沒有落實。倒是國會確已賦予中情局監視國內民眾的合法權限。現在，中情局毋需法官批准，即可調閱大陪審團的祕密證詞、取得民間機構與企業的資料。中情局可利用這項授權，要求並取得金融機關中美國公民與公司的財務和信用資料。中情局一直沒有正式權力可以監視國內民眾，現在可有了。

坦內特在九一一恐怖攻擊後不久就和國安局長海頓（Michael Hayden）將軍談過。坦內特問：「你們還可以多做點嗎？」海頓答：「不在我現有權限內。」海頓想出一個不經司法令狀授權即可竊聽國內恐怖分子嫌疑犯的計畫。此舉大致上是非法行為，但也大致上可以用「緊追不捨」（hot pursuit）理論，來合理化在境外或法外追捕嫌犯的行爲。二〇〇一年十月四日，小布希命他執行該計畫。非做不可。海頓說：「我不能不這麼做。」國安局再度展開監視國內民眾的行動。

布拉克命手下反恐人馬提賓拉登人頭來見。十五年前在祕密行動處下自立門戶的小單位「反恐中心」，雖然還是在地下室辦公，卻已成爲中情局的核心。退休官員回籠任職，新人加入這個準軍事突擊隊；他們飛到阿富汗打仗。中情局人員交出數百萬美元，爭取阿富汗部落領袖的忠心，而他們確實也爲美國占領阿富汗當了好幾個月的先鋒部隊。

到了二〇〇一年十一月第三個星期，美國以軍事行動趕走「神學士」領導階層，雖然還留下一些普通士兵，卻也為喀布爾新政府鋪好一條路。數萬名神學士擁護者毫髮未傷；他們修剪鬍鬚，融入各村莊，等候美國人打膩了阿富汗戰爭時東山再起。他們要保住性命，異日再戰。

中情局花了十一個星期的時間籌辦追捕賓拉登事宜，到如火如荼展開追捕行動時，筆者也在近年來五度往返的阿富汗東部加拉拉巴德（Jalalabad）一帶。老朋友卡迪爾（Haji Abdul Qadir）剛在神學士垮臺兩天後恢復省長身分。他是阿富汗民主的典型例子，教養好、文化水平高，是一九六〇年代初期帕坦族（Pathan，亦稱普什圖）領袖，也是經營鴉片、軍火與其他基本民生用品的富商；他是蘇聯占領期間中情局所支持的指揮官，一九九二至至九六年擔任省長；神學士全盛時又和他們走得很近。他曾親自迎接賓拉登到阿富汗，並協助他在加拉拉巴德郊外建立營區。現在，他迎接美國占領軍。卡迪爾是很好的東道主。我們一起在省長官邸花園棕櫚樹和榿柳樹下散步。現在他每天都盼望美國朋友來訪，更盼望早日恢復昔日人脈以及用現金換情報的舊觀。

卡迪爾把全省各村莊的耆老都請到省長官邸。十一月二十四日，他們報告說，賓拉登和基地組織的阿拉伯戰士，現身在本城西南南三十五哩外托拉波拉村（Tora Bora）附近的荒山。

十一月二十八日早上五點左右，第一聲早拜響起的時候，一架小飛機載著中情局代表團和特種部隊官員，降落加拉拉巴德機場。他們會晤卡迪爾，他剛派任為自行宣告成立的新政府旗下加拉拉巴德指揮官。他告訴美國人，「百分之九十」確定賓拉登就在托拉波拉。從加拉拉巴德到托拉波拉的公路，終點就是僅容人和騾子通過的崎嶇山徑，山徑另一頭連接走私客的路線，可直通山隘口進入巴基斯坦。這些路線是當年阿富汗反抗軍的補給線，托拉波拉則是抗蘇戰爭一個很出名的地方。山裡有一個當年在中情局協助下開挖、可以符合北約軍事標準的洞窟堡壘；奉命摧毀托拉波拉的美軍司令官，大概得動用戰術核武；奉命逮捕賓拉登的中情局官員，則需要徵用「第十山岳師」相助。

十二月五日，B-52轟炸機群轟炸石堡，筆者則在幾哩外遙望。

我想親眼看到賓拉登的腦袋掛在長矛上。他人就在中情局觸手可及範圍內，卻苦於抓不到他。要逮他只有靠圍攻，偏偏中情局就是沒有辦法發動這種攻勢。中情局派來阿富汗追捕基地分子的人都是最優秀的好手．只是人數太少了。他們帶了很多錢來，卻沒帶多少情報。靠啞彈追捕賓拉登徒勞無功，不消多久便不言自明。賓拉登在阿富汗邊境各營區移動，身旁隨時有數百名久經戰陣的阿富汗戰士，以及數千名寧死也不會出賣他的帕坦族人保護。他在阿富汗以人數和謀略打敗中情局，全身而退。

坦內特氣得兩眼通紅，口中咬著雪茄，幾已到達忍受極限。他手下反恐人馬已經力有不逮。他們配合美軍特別行動部處隊，在阿富汗、巴基斯坦、沙烏地阿拉伯、葉門和印尼，追蹤、捉拿和殺死賓拉登不少副手之餘，也逐漸出現誤襲目標的老毛病。二〇〇二年一月和二月，掠奪者攻勢至少誤殺二十四名阿富汗無辜民眾；中情局對受害戶發出每人一千美元的賠償。坦內特說，九一一事件後的那一年，中情局人馬分赴歐洲、亞洲和非洲，與全球各友好國家的情報機關合作，在一百多個國家逮捕三千多人。他提醒道：「但不見得被逮捕的人都是恐怖分子，有些已經釋放。不過，這種全球追捕『基地』的行動，肯定已破壞他們的活動。」這是毋庸置疑的。然而，三千多人裡面只有十四人是基地及其分支機構高層人物的事實仍不容忽視。中情局還關了好幾百位名不見經傳的人，他們都成了反恐戰爭中的幽靈人犯。

捕殺賓拉登任務的焦點和強度，在二〇〇二年三月攻打托拉波拉無功後逐漸減弱。中情局已奉白宮指示，把注意力轉移到伊拉克。中情局的回應是一個比九一一恐怖攻擊更要命的大洋相。

〔注釋〕

1. 筆者雖聽過不少中情局工作站和資訊技術很差勁的說法，卻是一直到情報員出身的中情局顧問波柯維茨（Bruce Berkowitz）於二〇〇三年在《情報研究》中披露若干確切事證才恍然大悟。「分析員對新資訊技術和服務的瞭解，比不上民間企業和其他政府機關。他們平均落後五年以上。很多分析員似乎不知道，從網路和非中情局資訊源就可以取得資料。」他說，中情局管理階層的看法是：「資訊技術有害無益，中情局不會太看重輕易使用人工智慧的情報分析；更糟的是，中情局自己網路之外的資料，都不及情報任務重要。」
2. 〔譯注〕圭塔爲巴基斯坦卑路支省（Balochistan）省會所在地，名稱源自Kuwatta，亦即堡壘之意。

〔第四十九章〕

嚴重失誤

副總統錢尼在二〇〇二年八月二十六日表示：「現在海珊必定已擁有大規模毀滅性武器，必定已大量囤聚武器，打算用來對付我們的友邦、盟國和我們。」國防部長倫斯斐論調相同：「我們知道伊拉克有大規模毀滅性武器，這是毋庸置疑的。」

坦內特也在九月十七日參院祕密聽證會上提出嚴厲警告：「伊拉克提供基地戰鬥和製造炸彈、生化、放射與核武等各式訓練。」他的說法完全根據單一消息來源里比（Ibn al-Shakh al-Libi）的供詞；此人是外圍分子，曾遭毆打、塞進二呎見方的箱子以及長期刑求的威脅。他在刑求威脅降低後翻供，但坦內特並沒有更正供詞。

十月七日國會辯論是否對伊克開戰前夕，小布希總統說「伊拉克擁有及製造生化武器」，接著提出警告：「伊拉克隨時可能提供生物或化學武器給恐怖團體或個別的恐怖分子。」這話使坦內特進退兩難。幾天前，他的副手麥羅林才在參院情報委員會作證時，提出與總統說法相悖的證詞。坦內特在白宮命令下發表聲明，表示「我們對海珊威脅日增的看法和總統在演講中的觀點並沒有扞格」。

他自己也知道，這種話千萬說不得。他在四年後作證時表示：「這是不對的事情。」坦內特在公職生涯歲月裡，一直很嚴謹正派，但在九一一事件後的強大壓力下，他那奉承上意的唯一缺陷卻成了斷層線。坦內特的人格分裂，中情局亦然。在他領導之下，中情局提出該局悠久歷史中最為拙劣的報告：標題為「伊拉克繼續推動大規模毀滅性武器計畫」的國家情報特別評估。

國家情報評估是美國情報界的最佳判斷，由中情局製作與指導，再以中情局長的權限和許可分發。這等於是坦內特的話。

評估報告係受參院情報委員會委託，該會委員認為開戰前應先檢討一下證據。中情局應委員會之請，花了三個星期時間蒐集且查核從偵察衛星、外國情報機關、伊拉克特工、投誠者與志工提供的情報。在二〇〇二年十月中情局報告說，威脅之大無從估計。這份最高機密的報告指出，「巴格達擁有生化武器」，海珊提升飛彈技術、購入致命武器、重啓核武計畫。評估報告說：「萬一巴格達從海外取得足夠的分裂物資，那麼它在幾個月內就可以製造一枚核武。」最恐怖的是，中情局警告，伊拉克可能在美國境內發動生化攻擊。

中情局不僅證實白宮所說的一切，甚至言過其實。祕密行動處主管帕維特二年後坦承：「我們的伊拉克內線不多，不過寥寥數人而已。」「中情局就從這一盎司的情報生產出一噸的分析報告。倘若這一盎司是純金而不是純浮渣，或許還可行。

中情局是押注美軍或諜報人員可在入侵伊拉克後找到證據。這是天大的賭注，若赫姆斯還在世，肯定會大驚失色；赫姆斯已在二〇〇二年十月二十二日過世，享年八十九歲。中情局爲向他表示敬意，已將他多年前一次演講的部分內容再版。演講全文深埋中情局檔案室，但它的力道絲毫未減。赫姆斯說：「我們往往很難理解輿論批評的強度，批評我們的效率是一回事，批評我們的責任則是另一回事。我認爲身爲政府重要機關，我們理所當然是大眾關切的對象……但最讓我痛心的是，公共辯論對我們的正直與客觀抱持懷疑態度，減弱我們對國家的助益。若是無法爲人相信，我們也就失去目標。」

沒有答案

要瞭解中情局何以會說伊拉克有大規模毀滅性武器，還得從一九九一年及波斯灣結束後的情勢說起。戰後七年間，由聯合國武檢人員領銜的國際調查，一直在嚴密搜查海珊隱藏武器的證據。他們搜遍全伊，盡可能地蒐集。

一九九〇年代中期，海珊擔心國際經濟制裁，尤勝於美國發動另一波攻擊。他雖遵照聯合國的指示，銷毀大規模毀滅性武器，但仍保留武器生產設施，並謊稱已銷毀，美國和聯合國都知道他在說謊。這說謊遺緒造成武檢人員和中情局對伊拉克所說的一切都不予採信。

一九九五年，海珊的女婿卡默爾（Hussein Kamal）將軍帶著幾名助理投誠。卡默爾證實海珊已銷毀武器，但中情局認定又是欺騙之詞，完全不予理睬。卡默爾返伊後遭岳父大人暗殺的事實，依舊改變不了中情局的信念。

卡默爾的助理曾向中情局提到，伊拉克有個「全國監測指導委員會」（National Monitoring Directorate），專門負責掩飾海珊軍事意圖與能力。中情局想要打進這個隱瞞體系，機緣湊巧使得構想成眞。聯合國武檢團團長艾克幼斯（Rolf Ekeus）是瑞典人，通信業鉅子易利信（Ericsson），亦即全國監測指導委員會所使用的對講機製造商，也是瑞典業者。中情局、國安局、艾克幼斯和易利信攜手設計竊聽伊拉克通信的方法。一九九八年三月，一名中情局官員喬裝聯合國武檢人員，前往巴格達裝設竊聽系統。截收到的對話傳到設在巴林的一具可以自動搜尋飛彈和生化等關鍵字的電腦上。作業很順遂，但有一點例外：中情局完全聽不到伊拉克有大規模毀滅性武器的證據。

那年春天，武檢人員發現一些殘餘物，就認爲是伊拉克飛彈彈頭上VX神經毒氣。他們將報告洩漏給《華盛頓郵報》。巴格達當局稱這是美國謊言。迪尤爾福（Charles Duelfer）在一九九〇年代曾率領武檢團，並在二〇〇四年以坦內特首席武器搜查代表身分，重返伊拉克，他的結論是：「總歸一句，我認爲伊拉克說的沒錯。他們沒有武器化的VX毒氣。」

雙方在VX報告上的對立是個轉捩點。伊拉克因此不信任武檢人員，武檢人員更是根本就沒信過伊拉克。一九九八年十二月，聯合國撤出武檢人員，美國再度轟炸巴格達。這時，中情局從易利信竊聽系統所得到的情報，用在選定美國飛彈攻擊竊聽對象（人員或機構）上，如全國監測指導委員會主事者的住家等。

伊拉克向聯合國申告，伊拉克已自毀大規模毀滅性武器。這宣告基本上是正確的；實質違反聯合國規定的行爲的確很少。但海珊唯恐敵人認定他已沒有製造武器的能力，會使得自己好像光溜溜站在敵人面前一般，因而刻意在武器問題上含糊其詞。他要聯合國、以色列、伊朗、國內政敵、尤其是他自己的軍隊，相信他仍握有武器。假相是最佳的嚇阻和最後的防禦力量。

這就是中情局在九一一事件後所面對的事態。它最新的可靠報告全是舊聞。「從一線特工的角度來說，我們已並沒有人力情報，完全沒有」，曾經領導聯合國武檢團的凱伊（David Kay）說，他同時也是在迪尤爾福之前的擔任中情局派駐伊拉克的首席武器搜查員。白宮要答案，但「我們沒有答案」，凱伊說道。

到了二〇〇二年，「人力情報可貴來源突然出現：投誠者。這些從海珊政權出走的投誠者告訴我們，海珊的武器計畫與進展。這些人分別向法國、德國、英國與其他國家的情報機關投誠，並不是完全投向美國。情報好得令人難以置信。」凱伊道。最引人注目的說法之一是，機動式生物武器實驗室。消息來源是一位向德國情報機關投誠，代號「變化球」的伊拉克人。

凱伊說：「這些伊拉克投誠者知道二件事：第一，我們在政權交替上具有共同利益。第二，美國很關切伊拉克大規模毀滅性武器。因此，他們和我們談武器是要我們對海珊動手。這是牛頓物理學基本原理：給我大槓桿和大支點，我就可以移動全世界。」

只有一件事比沒有消息來源還糟糕，也就是受這些消息來源引誘而說起謊來。

祕密行動處的伊拉克相關情報微不足道，只要是能佐證開戰主張的說法，分析人員一概接受。他們全盤接受可以符合總統計畫的第二手和第三手傳言。在中情局看來，沒有證據並不能證明沒有。海珊曾經擁有武器，投誠者也說他還有武器，因此他必定還有武器。中情局拚命想獲得總統的青睞及認同，於是盡說些總統想聽的話。

根據確切情報的事實與結論

在二〇〇三年一月二十八日國情咨文裡，小布希不只提出中情局的主張，還說：海珊擁有的生物武器可殺死數百萬人、化學武器可殺人無數、機動生物武器實驗室專爲製造細菌戰藥劑。他說：「海珊不久前從非洲取得大量的鈾。情報來源告訴我們，他意圖購入適用於核武製造的高強度鋁管。」

這些當然都很可怕，但沒有一樣是眞的。

二〇〇三年二月五日開戰前夕，在布希政府中國際地位無人可比的國務卿鮑爾前往聯合國。坦內特站在他背後，一向是忠誠助手的他，在聯合國出現所代表的是沈默的證實；美國駐聯合國大使、日後出任國家情報總監的尼格羅龐提站在他身旁。國務卿開始說道：「我今天所說的每一句話，都有消息來源、確實的消息來源佐證。它們不是主張。我告訴各位的是根據確切情報的事實與結論。」

鮑爾說：「海珊擁有生物武器是毋庸置疑的事，而且他有能力以造成大量死亡與破壞的方式散布這些致命毒物與疾病。」他再度提到伊拉克的機動生物武器實驗室，以及它們如何停在公園裡製造毒劑，行動自如，毫不引人注目。他說，海珊的致命化學武器足可供一萬六千枚戰場火箭之用。最恐怖的是，「伊拉克與基地恐怖網之間有更邪惡的關連」之虞。

這不是選擇性地運用情報、不是「選出最有利的證據」、不是修改事實配合戰爭計畫，而是中情局所提供的最佳情報就是這麼說。鮑爾和坦內特一起，花好幾個晝夜再三查對中情局報告。坦內特看著他的眼睛告訴他說，證據確鑿。

二〇〇三年三月二十日，中情局一則錯誤密報使得戰爭提前開打。坦內特帶著快報跑到白宮說，海珊躲在巴格達南方一個叫多拉農場（Doura Farms）的地方。小布希立即下令五角大廈摧毀該地。鑽地彈和巡弋飛彈如雨滴般落下。副總統錢尼說，「我認爲，我們是撂倒海珊了。」[2]有人看到他被人從瓦礫中挖出來，已經沒氣了。」這是誤報：海珊行蹤如謎。這是伊戰第一次定標失敗，但不是最後一次。二〇〇三年四月七日，中情局報告說，海珊和他幾個兒子在巴格達曼蘇區的薩雅飯店（Saa Restaurant）隔壁的屋子裡開會。空軍對那間房子投下四枚一噸重的炸彈。海珊沒在那裡。十八名無辜平民被炸死。

中情局預測，一旦從科威特邊界展開攻勢，沿路會有數千名伊拉克士兵和指揮官投降；然而，美國入侵部隊卻是打通大城小鎮一路殺到巴格達。中情局預見，伊拉克軍隊會整批投降，尤其是情報機關；駐紮納希利亞（Nasiriya）的

二〇〇三年三月伊拉克戰爭開打之際，坦內特（左二）在白宮與小布希總統（右二）、錢尼副總統（左一）和白宮幕僚長卡德（Andy Card）討論戰情。坦內特支持中情局的主張，認為海珊擁有大規模毀滅性武器。

陸軍師會棄械投降。然而，第一批進入該城的美軍卻遭到伏擊；這是伊戰第一次大交鋒，共有十八名陸戰隊員喪生，而且其中有些是死在友軍手中。中情局告訴美軍，伊拉克人會揮舞美國國旗（祕密行動處提供）歡迎他們，巴格達大街小巷會撒滿糖果鮮花。迎接他們的是子彈和炸彈。

中情局列出九百四十六個海珊藏匿大規模毀滅性武器的可疑地點清單，美軍為了找這些子虛烏有的武器死傷無數。中情局漏失了海珊之子烏岱（Uday Hussein）領導的非正規軍「民兵敢死隊」（Fedayeen）所持有的攻擊型步槍和火箭推進式榴彈所造成的威脅。這一失誤導致美軍在第一波交戰中傷亡無數。美國陸軍官方版侵伊史《論點》（*On Point*）的執筆群說：「民兵敢死隊和其他準軍事武力的威脅之大，出乎預料之外，情報和作戰圈內萬萬沒料到他們如此凶悍、頑強和狂熱。」

中情局以伊拉克人組成「蠍子隊」準軍事小組，在戰前和戰爭中執行破壞工作。美軍占領期期，蠍子隊因毆打一位伊拉克將軍致死而引人側目。涉嫌領導叛軍攻擊的莫豪希（Abed Hamed Mowhoush）少將，自動向美軍投案後被蠍子隊以大柄槌打得不省人事，當時領導他們的中情局官員也在場，此人是特種部隊軍官退役，專為打伊戰而跟中情局簽約。兩天後，也就是二〇〇三年十一月二十六日，莫豪希傷重致死。十一月初，一位叫加邁迪（Mandal al-Jamadi）的伊拉克人犯，在阿布格萊布監獄（Abu Ghraib）遭刑求致死，當時也有一位中情局官員在場。殘酷審訊正是白宮脫下白手套時對中情局的吩咐。

中情局在入侵後三年所做的結論是，美國占領伊拉克已成為「聖戰士最佳訟案，造成阿拉伯人怨恨美國介入穆斯林世界，培養出無數支持聖戰運動的人士」。這種評估為時已晚，對美軍沒有太大用處。佩特羅斯（David H. Petraeus）中將寫道：「每一個解放軍都有個變成占領軍的半衰期。」佩特羅斯於伊戰第一年領導一〇一空降師，第二次輪調時負責監督伊拉克軍隊訓練，二〇〇七年重返伊拉克擔任美軍司令。

他說：「情報是成敗關鍵。」沒有情報，軍事作戰便會陷入「慘敗的漩渦」。

純屬臆測

戰爭結束後，中情局大舉湧進巴格達。祕密行動主管處帕維特說：「伊拉克從專制轉型到自決期間，巴格達成爲越戰以來中情局最大工作站。我對我們在伊拉克的表現，以及把伊拉克人民從數十年壓迫中解放出來感到十分自豪。」巴格達工作站的官員與特種部隊的士兵合作，竭力營造伊拉克政治氣氛、遴選地方領導人、收買政治人物、從草根開始重建伊拉克社會。他們也和英國情報機關合作，成立伊拉克新情報機關，可惜成果乏善可陳。伊拉克人開始反抗美國占領之後，這些計畫和巴格達工作站領導階層也隨之瓦解。

占領失控，中情局官員發覺自己坐困大使館內，逃不出高聳圍牆和刮刃刺網的保護。他們變成「綠區」（Green Zone）內的俘虜，[3]平日盡在巴格達工作站經營的巴比倫酒吧流連，根本不瞭解伊拉克民變四起。很多人無法接受一到三個月輪調的做法，認爲這樣根本沒有時間掌握巴格達形勢。

工作人員近五百人的巴格達工作站，由一年三輪的站長管理。二〇〇三年時，中情局找不到人選來替代第一任站長。國務院外交服務處老手克蘭道（Larry Crandall）說：「他們很難找到可以勝任的人。」克蘭道在阿富汗聖戰期間與中情局密切合作，目前擔任一百八十億美元重建伊拉克計畫第二管理人。中情局最後選了一位完全沒有管理業務經驗的分析員當站長，結果他撐不到幾個月。這是戰時領導統御上特別嚴重的失誤。

中情局派一九九〇年代搜查海珊武器的最佳武檢員凱伊重返伊拉克。凱伊所領導的「伊拉克調查團」，係由一千四百名專家組成、直接向中情局局長負責的團隊。坦內特仍然支持中情局的報告，力斥各界日漸升高的「誤信、誤導和明顯錯誤」的批判。凱伊返美回報說，調查團大舉搜索全伊，仍然毫無所獲，坦內特把他訓了一頓，但凱伊還是在二〇〇四年一月二十八日向參院軍事委員會說出實話。

他說：「我們幾乎是完全搞錯了。」

當確定伊拉克的末日武器全是中情局想像出來的，中情局逐漸籠罩在道德疲乏的氣氛下。鬱怒情緒凌駕九一一事件後的激昂精神。中情局再怎麼說，對白宮、五角大廈或國務院都已無關緊要，已是不言自明的事。[4]

美國占領伊拉克期間，中情局的報告越來越恐怖，讓小布希十分不齒。他說，中情局「純屬臆測」。

這是喪鐘。倘若不能爲人相信，我們就沒有目標可言。

證據薄弱

二〇〇四年二月六日，小布希任命希伯曼法官主持中情局虛構海珊武器的調查，他說：「我們處於戰爭狀態中，要是美軍犯下類似中情局那樣嚴重的錯誤，想必有很多將官會被撤職查辦。」

他接著說道：「要是他們對總統和國會說，根據海珊的前科、他欺騙的行為和稍嫌不足的跡象，海珊很可能擁有大規模毀滅性武器，那還情有可原。」但中情局卻「在結論上犯了很嚴重的錯誤，斷定他九成已擁有大規模毀滅性武器，證據十分薄弱，且錯得很離譜，而且他們的諜報手段也不佳。抑有進者，情報界的內部溝通也慘得一塌糊塗，往往左手不知右手在做什麼。」

中情局之所以會得出伊拉克擁有化武的結論，完全是誤判伊拉克油罐車的照片所致。伊拉克擁有生物武器的結論，則是根據「變化球」這唯一消息來源。至於伊拉克核武的結論，幾乎全根據海珊進口製造傳統火箭的鋁管。希伯曼法官說：「認為那些鋁管適用於或專為離心機、核武之用，眞是錯得離譜。」

「更大的災難是，鮑爾居然跑到聯合國去宣布，那些糟得不能再糟的結論是絕對不會錯的事實，眞是一大失策。」

希伯曼法官和他主持的委員會獲得前所未有的授權，得以調閱中情局給總統的每日簡報中與伊拉克大規模毀滅性武器相關的所有報告。他們發現，中情局給總統過目的報告，和該局臭名昭彰的評估報告等其他工作大同小異，只是「更加誤導」。委員會發現，它們「多了些大驚小怪，少了些隱微含蓄」。總統的每日簡報「標題顯眼且老調重彈，予人的印象是很多言之鑿鑿的報告其實消息來源很貧乏……每日簡報似乎是為了維持顧客或起碼是首要顧客的興趣，以含蓄和不怎麼含蓄的方式『賣弄』情報」。

我們沒有完成使命

坦內特心知時不我予。他已竭盡所能復興及重建中情局，但一提到他就會讓人想到一件事：他向總統保證，中情局握有伊拉克大規模毀滅性武器「灌藍」般穩當的證據。坦內特反省：「這是我這輩子所說最糗的兩個字。」不管他活多久，不管他未來有什麼懿德善行，這兩個字必定會在他訃聞的第一段出現。

值得稱許的是，坦內特請前副局長寇爾調查伊拉克情勢評估報告到底錯在哪裡。這份報告在二〇〇四年七月完成，一完稿就列爲機密文件，往後兩年一直祕而不宣。一開封大家才明白，中情局爲什麼要把它封存起來。它簡直是墓誌銘。它說冷戰一結束，中情局便已停息；蘇聯瓦解對中情局的衝擊，「有如隕石撞地球對恐龍的影響」。

在伊拉克個案和許多其他個案中，分析人員習慣性地「仰賴出處有誤導甚至不可靠之虞的報告」。在可恥的「變化球」個案中，已有中情局官員警告，此人是個騙子，但這警告無人聞問。這雖不算怠忽職守，但也相當接近。

祕密行動處習慣性地「以不同的描述訴說同一消息來源」，分明只有一個消息來源，卻讓看到報告的人誤以爲有三個相互佐證的消息來源。這雖不算詐欺，但也相當接近。

中情局研究伊拉克武器問題十餘年，但坦內特卻在開戰前夕拿假消息當作確鑿的事實跑去找小布希和鮑爾。這雖不是詐欺，但也相當接近。

可悲的是，這就是坦內特的遺產。他終於承認中情局錯了；不是錯在「政治因素或想把國家導向戰爭的欲望」，而是因爲無能。他說：「我們沒有完成使命。」

至於這一失誤的影響，則留給中情局首席武檢員凱伊來做充分說明：「我們總以爲情報對戰爭勝負很重要。戰爭不是靠情報打贏，而是靠鮮血、資財、戰場上青年男女的勇氣……有效情報的作用其實是要協助阻止戰爭。」結果，這卻是最大的情報失誤。

〔注釋〕

1. 中情局的最佳內線是由已吸收伊拉克外長薩布里（Naji Sabri）爲特工的法國情報機關所提供。薩布里說，海珊並沒有現行的核武或生化武器開發計畫，但此說顯然不爲採信。坦內特二〇〇四年二月五日提到，中情局「有個直通海珊及其權力核心的內線」，指的就是薩布里。中情局的專家極爲稀少，而且都由一票新手在幫場，幾乎沒有能力正確分析手上僅有的極少情報。九一一事件後，中情局老手波柯維茨說：「不熟悉恐怖活動、基地組織或東南亞情勢的分析員匆匆上陣。過了好幾個月，他們還在重新擺設家具、重新裝潢辦公室、重拉電腦線路。」

2. 根據人權觀察（Human Rights Watch）二〇〇三年十二月所發表的《戰爭行爲與平民傷亡》（*Off Target: The Conduct of the War and Civilian Casualties in Iraq*）報告的說法，「鎖定五十五名伊拉克領導層的五十起攻擊，情報無懈可擊：沒有殺死半個領導人，倒是死了幾十位平民。」

3. 〔編注〕「綠區」位於巴格達市區底格里斯河畔，原爲海珊的大本營，他在這裡蓋了輝煌的「共和宮」和其他建築物，並下令親信、幕僚、衛士及其家屬都須住在綠區內。綠區現爲伊拉克政府及國會、外國使館、派駐伊拉克的外國新聞媒體辦事處等的所在地，已改稱爲「國際區」。

4. 二〇〇〇至〇五年間擔任中東事務國家情報官的皮勒（Paul Pillar）說，到了二〇〇四年最爲重大的國家安全決策都不會仰賴中情局的情報分析。「戰前美國情報機關最引人注目的不是錯誤連連和誤導決策者，而是它在美國近數十年來最重大的決策上，扮演微不足道的小角色。」

〔第五十章〕
葬禮

二〇〇四年七月八日，坦內特在就職七年後提出辭呈。他在中情局總部的告別談話中引用老羅斯福的話：「不是說三道四的批評者，不是指出強人失足的人，或做得比人更好的實行家。功勞屬於實際身在沙場，臉上交織塵土和血汗的人。」當年尼克森不名譽地離開白宮之前，也曾引用這篇演講。

坦內特寫出一本他在中情局那段痛苦歲月的個人回憶錄。[1]這是一本充滿自豪和苦澀的書。他持平地誇耀，中情局在英國情報機關可貴的協助之下，成功地解除巴基斯坦和利比亞祕密武器計畫。他堅稱自己讓中情局從屠宰場轉型爲發電機。然而，這部發電機卻因無法承受壓力而發生故障。九一一事件之前，坦內特不能隨便攻擊基地組織。他寫道：「沒有確鑿的情報，祕密行動徒勞無功。」恐怖攻擊之後，一波波子虛烏有的威脅排山倒海而來，他每天都向白宮傳達最新的恐懼，若是相信他所說的「全部或一半，你很可能會把自己逼瘋」。他自己就差點瘋了。他和中情局在驚疑不定之餘，竟說服自己相信伊拉克毀滅性武器果眞存在。他寫道：「我們是歷史的俘虜。」因爲他們唯一的確切事實，已是四年前的舊事。他雖承認錯誤，卻是出於受譴責之餘，祈請赦免。他逐漸認定，白宮想把開戰決策的責任推到他身上。

這頂帽子太重，他可承受不起。現在，輪到批評者上戰場了。

戈斯在中情局一直沒有太大的作爲。他在一九五九年耶魯大學三年級時，被吸收加入中情局的祕密行動處，先後在杜勒斯、麥康和赫姆斯手下服務過。他在拉美課待了十年，工作重點是古巴、海地、多明尼加共和國和墨西哥，最風光的時候是一九六二年時，在邁阿密工作站管理一批藉著秋夜掩護、以小船進出古巴島的古巴籍特工。

九年後，戈斯在倫敦工作站服務時，因心肺受細菌感染差點送命。他退休養病，身體康復後買下佛羅里達州一家小報社，並利用這份報紙在一九八八年躋身國會。他在維吉尼亞州有休閒農場，在長島灣有地產，是身價一千四百萬美元的富豪，同時也是眾院情報委員會主席，負有監督中情局之責。

他對自己在中情局的成就倒是頗爲謙虛：「今天我可能沒辦法在中情局謀份差事，我不夠格。」他這話雖說得沒錯，卻認定自己應該是下任中情局局長，唯有自己才能勝任。他針對坦內特展開惡毒攻擊。情報委員會調查中情局年度報告裡的措辭便是他的武器。

還得再努力五年

二〇〇四年六月二十一日，也就是坦內特下臺前三個星期，戈斯報告提出警告，諜報機關已成爲

「毫無建樹的浮誇官僚機構」，前一年雖有十三萬八千名美國人申請加入中情局，達到諜報人員標準的卻寥寥無幾。坦內特已證實「我們還得再努力五年，才會有我們國家所需要的那種諜報機關」。

戈斯咬住此一可悲的事實：「重建已進入第八年，居然還得再花五年才能健全，太可悲了。」

戈斯接著把矛頭轉向中情局的情報處，說它盡是製造沒有價值的「重點新聞」，缺乏長程情報戰略，而這正是當初成立中情局的初衷。戈斯這話也沒錯，而且情報圈的人也都知道。二〇〇一年五月至〇三年十月擔任情報與研究事務助理國務卿的前中情局官員卡爾・福特（Carl W. Ford Jr.）說：「我們太久沒有經營戰略情報，導致現在大部分的分析人員已不知道要怎麼經營。」

卡爾・福特說道：「若是我們依舊重量而不重質地評斷情報，我們就會繼續製造現在已廣爲人知的四百億美元的垃圾堆。」他最惱怒的是，中情局被海珊的化武嚇呆了，對於其他小布希所指其他邪惡軸心國家的核武計畫一無所知。小福特說：「我們對伊拉克核武計畫的瞭解，多過伊朗核計畫一百倍和北韓核計畫一千倍。」北韓依舊是一片空白。中情局重建伊朗境內情報網未果，現在伊朗也是一片空白。中情局對他們的核計畫的瞭解，其實還不如五或十年前。

小福特說中情局已經毀了：「中情局已成廢墟，荒廢得沒人敢相信。」戈斯報告在這方面就說得很清楚，中情局「對矯正行爲的需求一概採取功能失調性的拒斥，一逕走向一條通往眾所周知的懸崖的道路」。

戈斯相信自己有辦法解決。他知道，中情局對自己的工作品質一直在自欺欺人；他知道，祕密行動處在四十年冷戰裡時間，大部分都在等待和希望蘇聯人自動當他們的間諜；他知道，中情局駐外反恐官員日夜等待和希望巴基斯坦、約旦、印尼和菲律賓情報機關出售他們消息；他知道，解決之道就在於徹底改造中情局。

國會所成立的九一一委員會即將發表最後報告。委員會只說重建導致恐怖攻擊的種種事件，但沒有指出一條明確的道路。九一一事件之後，國會除了提供幾十億美元的經費和許多免費的建言，並沒有在糾正中情局上花太多心力。九一一委員會把國會監督情報業務形容爲「功能失調」，和戈斯報告加諸於中情局的形容完全相同。多年來，參眾兩院的情報委員會對中情局所面臨的生死大問題，幾乎不聞不問，就以戈斯所領導的眾院情報委員會來說，上一次對中情局管理的實質報告是在一九九八年。國會監督中情局二十五年來乏善可陳，兩院情報委員會和幕僚的做法是，偶爾公開譴責，爲一些老問題拼湊些治標的方法。

眾所皆知，九一一委員會將建議另設國家情報總監一職，但這只是自艾倫・杜勒斯全盛期以來議論多時的構想。它提不出眞正能解決中情局危機的辦法。重新安排政府流程圖，不見得就比較容易管理中情局。

國防部前副部長，現爲華府「戰略暨國際研究中心」執行長的何慕禮（John Hamre）說：「它是個靠欺騙壯大的機關，像這樣的機關教人怎麼管理呢？」

這也是中情局和國會始終沒有回答的問題之一。如何在開放民主國家經營祕密情報機關？如何以謊言對待眞實？如何以欺騙普及民主？

他們終究沒有留下

有關中情局的迷思，例如所有的成就都祕而不宣，只有失敗才會被大肆張揚，可以回溯到豬玀灣事件時代。其實，若是招不到和留不住經驗與膽色俱佳的軍官及外國特工，中情局便毫無成功可能，而這正是中情局天天失敗的任務，若是佯稱成功就是自欺欺人了。

要想成功，中情局網羅到的男女青年必須具有優秀軍官的紀律和自我犧牲、優秀外交官的文化認知與歷史知識、優秀駐外特派記者的好奇以及冒險精神。這些新人若能擴及到巴勒斯坦人、巴基斯坦人或帕坦人，也會大有助益；因爲，在美國人裡面實在很難找到這種人才。

領導中情局準軍事行動人員的霍華德．哈特當年出生入死，在伊朗經營特工，走私軍火給阿富汗反抗軍，他說道：「中情局能否因應現行的威脅？目前的答案是不能，絕對不可能。」戈斯稱中情局是「一票功能失調的蠢蛋」和「一堆白痴」的時候，哈特雖然加以反擊，但他也承認：「中情局的祕密行動處沒有做好該做的事，的確値得批評，那是持平的說法，因爲我們的確是有些人沒有盡到本分。這些人之所以能尸位素餐，實在是因爲找不到淘汰他們的方法。」

小布希保證要增加中情局百分之五十的員額，殊不知，當前危機在質不在量。小福特說：「我們不需要加錢或增人，至少目前沒有必要；增加百分之五十的情報人員和分析人員，等於是增加百分之五十的浮誇。」現今的人事問題和當年史密斯局長面臨韓戰方殷的時候沒有兩樣。「我們找不到夠格的人才，他們根本就不存在。」

中情局以一般公家薪水找不到願當間諜的美國人才。另一方面，二〇〇四年時又有數百名總部和前線人員，因中情局信用和權威破產故而羞憤辭職。吸收、雇用、訓練和再訓練年輕情報官員，仍然是中情局最棘手的工作。

戈斯矢言要找到他們。二〇〇四年九月十四日，他在參院任命聽證會上大言炎炎，表示他可以一舉端正中情局。他在攝影機前表示，「我無意告訴各位問題有多麼嚴重，以免助長敵人氣燄」，但問題一定會解決。戈斯獲得參院以七十七對十七票通過任命案後，立即意氣風發地直趨中情局總部。

他告訴三個月前被他痛罵的總部人員：「我做夢也沒想到自己會回到這裡，但我還是來了。」他宣稱，他的權限會由總統頒授「行政命令提升」：他是小布希的情報簡報官、CIA龍頭、中情報機關首長、國家情報總監以及新成立的國家反恐中心主任。他不像歷任局長身兼二職。他要身兼五職。

戈斯上任第一天就展開中情局史上最為迅速與全面的整肅行動，最資深的官員幾乎全被他掃地出門，因而也在總部製造出近三十年來未見的憤懣氣氛。[2]這股怨氣在祕密行動處主管卡佩斯（Stephen Kappes）遭除名時，表現得尤為激烈。卡帕斯是陸戰隊出身，當過莫斯科工作站長，是中情局最優秀的人才。他不久前才和英國情報機關聯手，勸說利比亞放棄經營多年開發大規模毀滅性武器的計畫，在取得情報與外交勝利上扮演關鍵性的角色。他一質疑戈斯的判斷，戈斯便請他走路。

新局長身旁是一批由國會山莊引進的政治助手。這些人自以為奉白宮或高層之命，來肅清中情局的左翼顛覆分子。總部的一致看法是，戈斯與他幕僚群—這批「戈斯人馬」是效命於總統，尤其是總統的政策，不希望中情局成為白宮的絆腳石，凡是質疑他們的人後果都很慘。若是根據能力問題來整肅中情局人馬，很正確；若變成意識形態問題，可就謬之千里了。

局長向不滿總統政策的人發出多項命令。他的訊息很明顯：配合計畫，不然就滾蛋。對中情局內十分之一的人才而言，後一項選擇似乎越來越讓人心動；華府外緣興起龐大的國土安全產業，提供政府的外包專業技術研究服務。中情局最優秀的人才一下走光，十五年前的現象是，頭重腳輕高層充斥老軍官；現在則呈現腳重頭輕的現象，新人充斥基層。二〇〇五年時的中情局人力（情報員和分析員），資歷都不到五年。

總統宣稱中情局在伊拉克問題上「純屬臆測」，擺出一副撇清關係的樣子，激起還留在局裡的專業人才滿腔怒火。中情局派駐巴格達和在華府的官員都提醒白宮，總統在伊拉克所推行的政策一團亂，美國無法管理一個自己所不瞭解的國家。但這些話聽在白宮耳中沒有半點分量。在一個以信仰來擬定政策的政府裡，這些話全是異端邪說。

先後有四位前任祕密行動處主管想聯絡戈斯，勸他放慢整頓腳步，以免毀了中情局僅存的一點基業。戈斯不接他們的電話。其中一位乾脆公開出面，崔頓在二〇〇四年十一月二十三日《洛杉磯時報》輿論版撰文指出：「戈斯和他的任務可能對中情局造成很大傷害，要是專業人員都不相信領導階層會全力相挺，他們自然也不會爲中情局賣命，到最後他們終究會待不下去。」第二天，在坦內特辭職後以代理局長身分全力維繫中情局的麥羅林，在《華盛頓郵報》發表另一篇反擊戈斯的文章，說中情局不是個「功能失調」和「流氓」機關。從反情報中心幕僚長職位上退休的哈維蘭．史密斯加入論戰：「中情局並不是在根本原則上反對總統，戈斯和他那一幫國會山莊來的人馬才是亂源。在這亟須處理恐怖主義各式現實課題的不幸時刻整肅中情局，不啻是損人又不利已。」歷年來只有中情局被媒體修理，從沒有一位局長在平面媒體上遭到美國情報圈大多數資深官員公開抨擊。

最後一任中央情報總監戈斯與小布希總統攝於中情局總部。

中情局自毀長城，連門面也倒了。

艾森豪總統五十年前就說過：「這是任何政府都沒的最奇怪之作業形態，它也許需要奇才異士來管理。」當過中情局局長的十九個人當中，沒有一個符合艾森豪所設定的高標準。中情局的創始者因自己對北韓和越南的無知而遭重挫，又因在華府目中無人而受創；後繼者因蘇聯衰亡而頓失所倚，又在恐怖攻擊美國權力中心時後知後覺；他們想要瞭解世局的企圖只產生熱，發不了太大的光。中情局的境況與草創時無異，五角大廈的軍人和國務院的外交官看不起他們。半個多世紀來，歷任總統徵詢中情局局長看法和情報的結果，不是灰心失望，就是一肚子火。

這不可能完成的任務，如今將予廢除。

二〇〇四年十二月，在中情局全力反

彈聲中，國會依九一一委員會的敦促，通過另設國家情報總監的法律，並經總統簽署生效。這項匆匆起草、草草審議的法律，只是一貫的改革僞裝，對緩和中情局成立以來的先天老問題毫無助益。

戈斯以爲總統會選他當國家情報總監，怎知電話始終沒來。二〇〇五年二月十七日，小布希宣布提名駐伊拉克大使尼格羅龐提出任新職。尼格羅龐提是個保守色彩鮮明的外交官，更是個身段柔軟、手段高明的內鬥好手，但他從沒在情報圈待過，所以他待的時間也不會太久。

新龍頭和一九四七年時一樣，仍然是只被交付責任而沒有賦予相應的權限。五角大廈仍然掌控龐大的國安預算，而在每年將近五千億美元的預算裡，中情局大約只分到有百分之一。新秩序只是正式承認舊秩序失敗而已。

失敗不必解釋

中情局嚴重受創。依照叢林法則和華府作風，更強壯的野獸紛紛搶食。總統把諜報、祕密活動、竊聽和監測的權限，交給五角大廈主管情報的副部長，並將情報工作提升爲國防部第三要職的層級。曾在老布希任內先後擔任中情局副局長、總統國外情報顧問委員會執行長的鄧普西（Joan Dempsey）說：「此舉使情報界不寒而慄，這比克里姆林宮作風還要過分。」

五角大廈不斷地悄悄轉進海外祕密活動，接收祕密行動處的傳統角色、責任、權限和任務，進而吸收年輕有爲的準軍事行動軍官，留住最有經驗的好手。情報軍事化加速，文人情報機關漸遭侵蝕。

尼格羅龐提任命馮稼時（Thomas Fingar）爲首席分析員。原爲國務院所屬一規模小、但表現出色的「情報研究局」局長的馮稼時，在調查中情局情報處的現狀後迅速斷定：「沒人知道誰在哪裡做什麼」。他於是著手將中情局分析部門僅存的功能拉到自己保護之下。中情局裡還剩下的最優秀和最聰明的人紛紛轉投到他旗下。

中情局逐漸消失。大樓還在，大樓裡也還有個機構。二〇〇五年三月二十日，一記重錘把中情局僅剩的一點精神全給打散。這記重錘以希伯曼委員會六百頁報告的形式出現。希伯曼法官是華府少見的愼思明辨之士，過人智慧和強烈保守色彩相得益彰，兩度差點就當上中情局局長。在他擔任華盛頓上訴法院法官的十五年裡，一向支持國家安全的手段與目標，即使它們會侵害自由理想也不改其志。希伯曼委員會幕僚人員和九一一委員會幕僚群不一樣，個個在情報活動和分析上經驗十分豐富。

他們的裁斷很不留情。中情局局長的領域是個「封閉世界」，在抗拒改革上有個「近乎完美的記錄」。局長所主持的是一個「細碎、管理鬆散、協調不良」的情報蒐集與分析拼盤。中情局「往往無法蒐集我們最關心事物的相關情報」，中情局的分析「無法讓決策者知道自己所知何其有限」。中情局「對大規模毀滅性武器所構成的新挑戰越來越不相干」，而它最主要的缺失則是「人力情報不佳」，也就是沒有能力執行諜報工作。

希伯曼委員會說：「我們承認，諜報工作往往靠不住；打擊蘇聯五十年，結果眞正重要的人力情報來源，屈指可數。儘管如此，我們除了精益求精，沒有別的選擇。（中情局）若想成功地正面迎擊二十一世紀威脅，則須做徹底的變革，（這是個）即使在最完美世界裡也很難達成的目標，而我們並不是生活在完美世界裡。」

二〇〇五年四月二十一日，中央情報總監一職從歷史上消失。戈斯稱尼格羅龐提的就職是老中情局的「喪禮」。這一天，新主官接到維吉尼亞州出身的軍事委員會主席華納（John Warner）參議員一份古怪的祝賀：「但願狂野唐諾文對他的工作有引導和啓發作用。」

唐諾文的銅像就樹立在中情局總部入口處，二〇〇五年八月二十一日，戈斯邀請還在世的歷任局長到總部接受勳章，一則表揚他們在中情局的服務，再則表示中情局局長一脈就此結束。老布希也在場，他的名字就在最中間。到場的還有以局外人身分入主招來不滿的詹姆士·史勒辛格與譚納，失敗的改革者與復興者韋伯斯特和蓋茨，竭力導正這艘已迷失方向大船的杜奇和坦內特。這些人有的是互相鄙視，彼此看不順眼，有些則是交誼深厚，互信互重。這是頗爲怡人的守靈聚會，還帶有那麼一點虛華，有午餐會，中情局首席史家羅巴吉（David S. Robarge）也就已消失的中情局歷史發表演講。戈斯坐在前排，內心焦急如焚。督察長的報告提出他自己在當眾院情報委員會主席時一樣的質疑，令他苦惱了好幾個星期。這份報告無情地審視造成九一一恐怖攻擊的種種缺失，宛如一把利刃插進中情局心口，仔細地檢討中情局沒有能力對美國敵人展開像樣的戰爭。戈斯採取艾倫·杜勒斯的傳統，把報告束諸高閣。中情局絕不爲無能保護美國負責。然而，懲罰其實已經判下。

中情局史家羅巴吉憶述，在一九五九年十一月三日爲新建中情局總部主持奠基儀式時，艾森豪總統所說的話：

> 美國的基本宏願是維護世界和平，爲達此目的，我們規畫各種政策及安排，以維繫恆久與公義的和平。這唯有在廣泛且適切的情報基礎上，始能克盡全功。
>
> 在戰爭中，對司令官最重要的莫過於與敵人軍力、部署和意圖相關的事實，以及對這些事實適切

的解釋。在承平時期……必要的事實與正確的解讀，攸關促進我們長程國家安全與最佳利益政策的規畫……這是最爲重要的使命。我們促進國家在國際地位的努力，其成敗大部分要靠你們的工作品質而定……

本局講求所有成員需有最高度的奉獻、能力、可信度和無私——隨時發揮最可貴的勇氣自不待言。成功不必聲張，失敗不必解釋。在情報工作裡，英雄沒有勳章，沒有謳歌。

「這裡將會興起一座完善又實用的建築，願它長長久久，爲美國與和平大業效力。」艾森豪最後說道。

美國大兵在戰場因缺乏情報而喪生之際，中情局歷任局長起身握手道別，一一走入夏日午後暑氣中，繼續過他們的日子。正如艾森豪這位老兵多年前所擔心的，他們留下「灰燼的遺產」。

概不承認，一概否認

二〇〇六年五月五日，小布希開除十九個月來不斷在中情局放冷箭的戈斯。最後一位中情局局長垮得很快、很不光彩，所留下的則是一片苦澀。

第二天，戈斯搭機到俄亥俄克里夫蘭市西邊九十哩外的蒂芬大學（Tiffin University）畢業典禮上發表演說：「如果這是中情局主事官的結業班，我的建議很短，一針見血：概不承認，一概否定，再加上提出反控。」他拋下這句話後便消失無蹤，留下中情局史上最薄弱的諜報與分析幹部。

戈斯辭職後一個星期，一批聯邦調查局探員臨檢中情局總部。他們接管福戈（Dusty Foggo）的辦公室；福戈是剛下臺的執行長，也是中情局第三號人物。戈斯莫名其妙地讓他負責日常業務管理，其實他之前一直在祕密行動處當總務官，常駐法蘭克福，從安曼到阿富汗的中情局官員，從瓶裝水到防彈背心都靠他供應。他的工作之一就是監督手下的會計人員和發貨人員，遵守中情局的規定。他寫信給同僚：「身爲風紀人員，我祝願你這次年度演習有很好表現。」福戈顯然不懂風紀兩字的意思。

美國政府起訴福戈的訴訟案件，明確地透露箇中細節。二〇〇七年二月十三日的訴狀控告福戈詐欺、同謀及洗錢，指控福戈安排多項百萬美元的合同給一位至交（招待福戈吃香喝辣、到蘇格蘭和夏威夷豪華旅行、答應給他一份有賺頭的工作——老套的行賄手法）。這樣的案子是中情局史上第一遭。本書截稿時，福戈已提出無罪申訴。一旦罪名定讞，福戈可能被判二十年徒刑。

福戈遭起訴的同一天，中情局約聘工作人員帕薩洛因在阿富汗監獄毆人致死被卡羅萊納州聯邦法官，判處八年又四個月有期徒刑。帕薩洛在距巴勒斯坦西部邊界幾哩的阿富汗昆納省（Kunar）省會阿薩達城（Asadabad）的準軍事小組服務。帕薩洛原在康乃狄克州哈特福德警局工作，曾因與人口角動手打人而遭逮捕，中情局明知帕薩洛有暴力前科，仍然聘用他。

被他打死的人叫瓦里（Abdul Wali），一九八〇年代和蘇聯打過仗，雖然只是個農夫，在當地卻是家喻戶曉。瓦里聽說美軍要找他，查問美軍基地附近連遭火箭攻擊的事故，於是自動向美軍報到以示清白。帕薩洛對他的說法表示懷疑，因而拳腳相向，瓦里求饒無用之餘，甚至請帕薩洛一槍結果他性命；兩天後，他因重傷而亡。在准許於美國境外領地犯罪的美國公民受審的《愛國法》條款下，帕薩洛遭起訴定罪。法官指出，由於死者未經解剖驗屍，使得帕薩洛逃過謀殺罪名。

法官接到昆納省前省長的一封信，指出瓦里之死對美國在阿富汗的活動造成嚴重傷害，對東山再起的基地和神學士而言，更是個有力的宣傳。省長寫道：「阿富汗人對美國的不信任日益加深，阿富汗安全與重建的努力遭受重大打擊，帕薩洛行爲的唯一受益者，是基地組織和他們同夥。」

帕薩洛判刑後三天，義大利法官下令起訴中情局羅馬站長、米蘭基地主任及二十餘名情報官，罪名是綁架一名曾在埃及遭數年殘暴審訊的激進傳教士。在德國，一名中情局官員因綁錯人，誤將一位黎巴嫩出生的德國公民拘禁，而遭法院起訴。加拿大政府正式向一位叫阿拉爾（Maher Arar）的公民道歉，並支付一千萬美元和解金；阿拉爾赴美度假在紐約轉機時，遭中情局逮捕，並轉送到敘利亞，經歷十個月最殘忍的審訊。

這時，中情局的祕密監獄制度已廣受各方譴責，既已不是祕密，自然無法再存在。美國政府要國人相信，綁架、監禁和刑求無辜人士，乃是預防恐怖攻擊美國事件再現計畫重要的一環。這話也許不假，可惜證據十分薄弱。我們可能永遠不會知道。

接替戈斯在中情局職務的海頓將軍是國家情報副總監、國安局前局長、奉小布希總統之命執行電子監聽美國目標任務，是第一位出掌已消失的中情局局長職務的人，也是自一九七七年譚納上將就任後，第一位以現役軍人身分管理中情局的將官。海頓將軍在參院任命聽證會上宣示，中情局的「玩票時間」結束。其實不然。

以中情局自己的標準來說，將近一半的人力仍屬於學員階段，可用且可以提出成果的人，少之又少，但中情局無計可施，只能破格提升他們擔任超乎能力水平的工作。二十出頭的年輕小夥子取代四、五十歲的前輩，其結果是情報縮水；祕密行動處由於能力不足的緣故，逐漸放棄昔日心戰、宣傳戰和祕密行動的技術。中情局仍然是個很少人能說阿拉伯話、波斯語、韓語或漢語的地方，仍然以安全之名爲由，不願聘用還有親戚住在中東的阿拉伯裔美國人。資訊革命使得情報官和分析員對恐怖威脅的理解，還比不上當年他們對蘇聯的瞭解。就在中情局報告完全集中在伊拉克災難的時候，巴格達工作站新站長收拾行李，啓程前往與外界隔絕的綠區，他是不到四年內的第五任站長。

這是中情局最背的時候。總統不再聽它的，美國領導人轉向如五角大廈和民間企業其他地方，尋求情報。

權力錯置

二〇〇六年十二月十八日接掌五角大廈的蓋茨，是唯一位曾經管理中情局的「入門級」分析員，也是唯一一位當上國防部長的中情局

中情局成立六十周年之際，在美國情報界的龍頭地位不再。二〇〇六年三月，海頓將軍（左三）在中情局總部宣誓就任局長時，中間鼓掌那位就是他的新上司國家情報總監尼格羅龐提，唐諾文的銅像則在後冷眼旁觀。

局長。兩個星期後，國家情報新龍頭尼格羅龐提，在任職十九個月後辭職，轉往國務院擔任第二號人物，接替他的海軍退役上將麥康納（Mike McConnell）；麥康納數位時代初起造成國安局第一次大崩盤之際出任國安局局長，他復出前十年在軍事承包商「博思艾倫漢彌敦」（Booz Allen Hamilton）發財。

蓋茨在五角大廈坐定之後，放眼四顧情報機關，所看到的是滿眼星星：管理中情局的是一位將軍、主管情報的國防部副部長是將軍、負責國務院反恐情報計畫的是將軍、五角大廈情報事務主管是位中將、在中情局管理諜報人員的是位少將。多年前，這些職務都是由文人擔綱。蓋茨眼中所看到的是，五角大廈終於完成六十年前的誓言，完全打敗中情局。他想關閉關塔那摩軍事監獄，把恐怖分子嫌疑犯從古巴押回美國，要不就定他們罪，要不就吸收他們。他想約束國防部對情報業務的掌控，扭轉中情局在美國政府中式微的的核心角色。可惜他能耐有限。

中情局式微只是美國情報棟樑日久腐蝕的一部分，伊拉克戰爭四年後，軍方領導人投下更多的未來型武器，已使得軍方失血孱弱；國務院爲立基於信仰的外交政策辯護五年下來，已經失去方向，無法再爲民主價值發聲；監督中情局的國會委員會，已在一無所知的政治人物任意操持了六年之下瓦解。九一一委員會說過，美國情報圈所面臨的使命當中，最困難、也最重要的當屬加強國會監督。國會在二○○五和○六年，連續兩年沒有通過管理中情局及其政策與經費的年度授權法案。唯一的路障是有位共和黨籍參議員阻撓，因爲該法案命令白宮提出中情局祕密監獄的機密報告。

未能通過授權，國會參眾兩院情報委員會便無所作爲。自一九六○年代以來，未曾見過國會對中情局管理如此稀鬆的現象。現在對情報具有重大影響力的，是另一個截然不同的勢力：美國企業。艾森豪在總統任期行將結束之際，先是感嘆他留給後世情報失誤的遺產，幾天後又在告別演說中向全國發出警告：「我們必須防範軍工複合體刻意或不經意獲得不當的影響力，災難性誤置權力崛起的可能性永遠存在。」經過半個多世紀，九一一事件後國安祕密經費暴增，已創造出一個欣欣向榮的情報產業複合體。

複製中情局的企業在華府周邊如雨後春筍般興起。有人估計，以愛國牟利的總額約與美國情報預算相當，已成爲年產值五百億美元的大生意。這種現象可以回溯到十五年前。冷戰結束後，中情局開始把好幾千個工作發放外包，用以塡補一九九二年之後預算削減所形成的空白，中情局官員可以提出辭呈，交還藍色身分識別章，到洛克希德馬丁或博思艾倫漢彌敦等軍事承包商謀個薪水更優渥的差事，改天再回中情局戴起綠色識別章。二〇〇一年九一一事件後，外包一發不可收拾，有些綠章老闆竟公然在中情局餐廳召募人手。

很多的祕密工作完全仰賴一些表面上看來像是在中情局指揮鏈內工作，其實是各爲企業老闆效力的承包商。於是，中情局變成有兩批人力，而民間這一批的待遇更好。到二〇〇六年時，巴格達工作站和新設的全國反恐中心屬於約聘人員的大約占一半，全美最大軍事承包商洛克希德馬丁則大打廣告，徵聘「反恐分析員」審訊關塔那摩監獄的恐怖分子嫌疑犯。

情報產業大有賺頭。錢是強大的引力要素，結果造成中情局最吃不消的人才外流現象加速，也促使「完全情報」（Total Intelligent Solutions）之類的公司紛紛成立。二〇〇七年二月成立的「完全情報」由中情局九一一反恐中心前主任布拉克主持，合夥人包括祕密行動處第二號人物李徹（Robert Richer）和布拉克手下的反恐行動助手普拉多（Enrique Prado）。三人都是在二〇〇五年從小布希政府出走，加入民間保全公司「美國黑水」（Blackwater USA），該公司提供許多服務，其中之一即是給在巴格達的美國人當「禁衛軍」（Praetorian Guard）。他們在黑水公司學到許多公家發包的竅門，一年多之後，布拉克和黑水公司便經營起「完全情報」。戰爭中棄艦而跑去賺錢的奇觀，在二十一世紀的華府已不足爲奇。大批中情局老手出走，提供中情局寫分析報告、幫海外服務的情報官製造掩護、成立通信網路、經營祕密行動等服務。中情局新人也紛紛起而效法，各自擬定五年計畫：加入、出走、賺錢。一份最高機密的身家清白切結書和一枚綠章，就是華府社交政治圈新生代的金卡。情報業務外包現象，正是中情局在九一一事件之後已無法在沒有外援之下執行基本任務的明確跡象。

最重要的是，中情局無法協助軍方在伊拉克強行推展民主。美國人已痛心地發現，沒有情報的行動極其危險。

組織與經營諜報機關

冷戰時期，中期局的作爲屢受美國左派譴責，反恐戰爭時期，中情局的無作爲備受美國右派抨擊。罪名是無能，開砲的是錢尼和倫斯斐之流。不管別人怎麼批判他們的領導能力，他們已從長年經驗裡得知現在各位讀者也曉得的事實：中情局沒有能力落實它作爲美國情報機關的角色。

存在於小說電影中虛構的中情局全知全能。中情局黃金年代的神話，其實是中情局自家炮製，是一九五〇年代艾倫．杜勒斯搞公關和政治宣傳的成果。它堅信中情局可以改變世界，也有助於說明中情局何以對改革如此遲鈍。這則傳奇在一九八〇年代時由凱西手中確立，他竭力活絡艾倫．杜勒斯與狂野唐諾文時代肆無忌憚的衝撞精神。現在，中情局已重視它是美國最佳防禦的神話，在奉命訓練和留住數千名新人之餘，必須投射成功形象才能存活。

其實，中情局的好日子並不多，只有在赫姆斯主持的時候，中情局在越戰情勢上實話實說，詹森和麥納瑪拉也都能聽得入耳。再來就是蓋茨主持中情局的時候，也有那麼短暫的好時光：他在蘇聯垮臺的時候，保持冷靜，繼續向前。事過十五年，光榮已逝，在情報和理念乃是最有力武器的戰爭上，中情局發現自己前途茫茫。

六十年來，數萬名祕密工作人員只蒐集到極少數真正重要情報的線索，而這才是中情局最深藏不露的祕密。他們的任務異常困難，但我們美國人仍不甚瞭解這些我們想加以約束和管理的人與政治勢力。中情局還沒達到當年創立者希望達到的標準。

赫姆斯十年前就說過：「當世僅餘的唯一超強美國對世局的興趣，還不足以組織和經營諜報機關。」倘若能再挹注數十億美元經費、有新領導激勵和新生代活化，中情局也許可以在十年後從灰燼中再起。屆時，情報分析員可能會看清世局，美國諜報人員也許有能力監視敵人。中情局也許有一天能如創立者所願。我們必須仰賴它，因爲我們目前所從事的戰爭可能會拖得和冷戰一樣久，成敗就靠我們的情報。

〔注釋〕

1. 本段文字引自坦內特回憶錄《身處風暴中心：我在中情局的歲月》（*At the Center of the Storm: My Years at the CIA*），頁一一〇、二三二。
2. 他逼走的人包括中情局第二號人物麥羅林副局長、第三號人物柯隆格（Buzzy Krongard）執行長，以及祕密行動處正、副主管卡佩斯和蘇立克（Michael Sulick）、情報處處長米希克（Jami Miscik）、反恐中心主任葛蘭尼（Robert Grenier）、主管歐洲、近東和亞洲業務的大老。總計幾個月內就趕走三十多名最高層官員。

歷史與現場 178

CIA——罪與罰的六十年

作　　者——提姆・韋納（Tim Weiner）
譯　　者——杜默
審　　訂——林添貴
主　　編——陳俊斌
編　　輯——陳怡文
美術編輯——張瑜卿
執行企畫——曾秉常
董 事 長——孫思照
發 行 人——孫思照
總 經 理——莫昭平
總 編 輯——林馨琴
出 版 者——時報文化出版企業股份有限公司
10803台北市和平西路三段二四〇號四樓
發行專線—（〇二）二三〇六—六八四二
讀者服務專線—〇八〇〇—二三一—七〇五
讀者服務傳眞—（〇二）二三〇四—六八五八
郵撥—一九三四四七二四時報文化出版公司
信箱—台北郵政七九～九九信箱
時報悅讀網—http://www.readingtimes.com.tw
電子郵箱—history@readingtimes.com.tw
法律顧問—理律法律事務所　陳長文律師、李念祖律師
印　　刷—盈昌印刷有限公司
初版一刷—二〇〇八年五月五日
定　　價—新台幣四九〇元
行政院新聞局局版北市業字第八〇號

國家圖書館出版品預行編目資料

CIA：罪與罰的六十年／提姆・韋納（Tim Weiner）作
；杜默譯. -- 初版. -- 臺北市：
時報文化, 2008.05
面；　公分. --（歷史與現場；178）
譯自：Legacy of ashes : the history of the CIA

ISBN 978-957-13-4826-1（平裝）

1. 美國中央情報局　2. 情報　3.歷史　4. CIA

599.7352　　　　97005317

ISBN　978-957-13-4826-1
Printed in Taiwan